中高职衔接核心课程精品系列教材

建筑工程测量

主 编 李小敏

ZHEJIANG UNIVERSITY PRESS
浙江大学出版社

图书在版编目（CIP）数据

建筑工程测量 / 李小敏主编. —杭州：浙江大学
出版社，2016. 4(2022.7重印)
ISBN 978-7-308-15595-3

Ⅰ.①建… Ⅱ.①李… Ⅲ.①建筑测量—教材 Ⅳ.
①TU198

中国版本图书馆 CIP 数据核字(2016)第 024000 号

内容简介

本书在保持建筑工程测量传统理论的基础上，结合国内外建筑工程测量的最新动态，反映了全站仪及全球卫星定位系统等现代测量仪器和技术，并参阅国家部委最新颁布的《工程测量规范》(GB 50026—2007)，系统地阐述了建筑工程测量的主要内容，包括测量学基础知识、施工测量、竣工测量和变形监测等。除教学目标、教学要求、各章小结外，还增加了引例、知识链接、特别提示及推荐阅读资料等模块。此外，每章还附有习题供读者练习。

本书既可作为中职学校、高职高专院校建筑工程类相关专业的教材和指导书，也可作为土建施工类及工程管理类各专业执业资格考试的培训教材，还可为备考从业和执业资格考试人员提供参考。

建筑工程测量

主编　李小敏

责任编辑　邹小宁
责任校对　余梦洁　王文舟
封面设计　续设计
出版发行　浙江大学出版社
　　　　　（杭州市天目山路 148 号　邮政编码 310007）
　　　　　（网址：http://www.zjupress.com)
排　　版　杭州金旭广告有限公司
印　　刷　杭州杭新印务有限公司
开　　本　787mm×1092mm　1/16
印　　张　25.5
字　　数　636 千
版 印 次　2016 年 4 月第 1 版　2022 年 7 月第 3 次印刷
书　　号　ISBN 978-7-308-15595-3
定　　价　52.00 元

前　　言

为适应 21 世纪职业技术教育发展需要，培养建筑行业具备施工和管理的专业技术管理应用型人才，我们结合当前建筑工程测量的前沿问题编写了本书。

本书内容共分 15 个模块，主要包括测量基础知识、水准测量、角度测量、距离测量和直线定向、全站仪和 GPS 的使用、小区域控制测量、大比例尺地形图测绘、地形图应用、施工测量的基本工作、民用建筑施工测量、工业建筑施工测量、测量误差基本知识、线路工程测量、变形监测及竣工测量、数字测图技术等内容。

本书突破了已有相关教材的知识框架，注重理论与实践相结合，采用全新体例编写。内容丰富，案例翔实，并附有多种类型的习题供读者选用。

本书全面考虑了中、高职院校建筑工程类专业所需掌握的测量知识的广度和深度，既可以作为中职学校、高职高专院校建筑工程类相关专业的教材和指导书，也可以作为土建施工类及工程管理类等专业执业资格考试的培训教材。鉴于本书是中、高职院校建筑工程类专业教学的配套教材，各学校在具体选取教学内容时，应遵循课程教学大纲的要求，建议中职学校的学生着重掌握测量仪器的基本操作技能和方法，尤其是传统光学仪器的使用，对于一些重要的理论性强的内容，只要求有定性的认识即可；而高职阶段的学生则要进一步强化测量仪器的操作技能，并着重在测量基础理论上要有深入的理解和掌握，以便在今后的实际工程建设岗位上能够根据工程情况解决施工测量中的问题。

本书由浙江工业职业技术学院李小敏担任主编。本书具体模块编写分工为：浙江工业职业技术学院李小敏编写模块一、模块四和模块十四，嘉兴市建筑工业学校杨芳玉编写模块九和模块十，诸暨市职业教育中心金允昌编写模块二和模块八，上虞区职业教育中心孙素美编写模块三，绍兴市中等专业学校卢文举编写模块五、模块六和模块十五，浙江工业职业技术学院潘益民编写模块七和模块十三，浙江工业职业技术学院刘中辉编写模块十一和模块十二。本书得到了浙江工业职业技术学院、嘉兴市建筑工业学校、诸暨市职业技术教育中心、上虞区职业技术教育中心、柯桥区职业技术教育中心、绍兴市中等专业学校领导的大力支持，在此一并表示感谢！

本书在编写过程中，参考和引用了国内外大量文献资料，在此谨向原书作者表示衷心感谢。由于编者水平有限，本书难免存在不足和疏漏之处，敬请各位读者批评指正。

编　者

2015 年 5 月

目　　录

模块一　测量基础知识

能力目标

通过学习建筑工程测量的基础知识,初步具备合理确定测量工作任务和内容的能力,为后续章节的学习和顺利进行测量工作奠定理论基础。

知识目标

1. 了解建筑工程测量的任务和分类、用水平面代替水准面的限度;
2. 理解确定地面点位的方法及测量常用坐标系统;
3. 掌握测量工作的基准线和基准面、基本内容和基本原则。

背景资料

2005 年 10 月 9 日上午 10 时,在国务院新闻办公室举办的新闻发布会上,国家测绘局局长陈邦柱宣布:珠穆朗玛峰峰顶岩石面海拔高程 8844.43m(其中珠穆朗玛峰峰顶岩石面高程测量精度±0.21m,峰顶冰雪深度 3.50m),比我国 1975 年公布的高程 8848.13m 低3.7m。同时也宣布,我国于 1975 年公布的珠峰高程数据 8848.13m 停止使用(图 1-1)。

图 1-1　珠峰测绘

那么,珠峰到底有没有变矮呢?"珠峰是否变矮,现在还不能得出结论",国家测绘局局长陈邦柱解释说,"因为在珠峰的历次测量活动当中,有测量技术的进步程度问题,也有珠峰

· 1 ·

峰顶冰雪深度的测量精度问题,还有珠峰本身的地壳运动造成的问题。所以,在历次测量获得的不同的数据当中,还不能够完全得出珠峰变矮的结论,应该通过地学专家的研究才能做出准确的判断。但是,我们目前公布的这个数据是迄今为止最精确、最可靠的。"

我国测量工作者在本次珠峰测量中,为了得出更精确的权威数据,采用了经典测量与卫星 GPS 测量结合的技术方案,并首次动用了冰雪深雷达探测仪。

项目一　测量学基础

一、测量学

测量学是一门历史悠久的科学,早在几千年前,由于当时社会生产发展的需要,中国、古埃及、古希腊等国家的人民就开始创造与运用测量工具进行测量。远在古代,我国就发明了指南针,之后又创制了浑天仪等测量仪器,并绘制了相当精确的全国地图。指南针于中世纪由阿拉伯人传到欧洲,以后在全世界得到广泛应用,直到今天,它仍然是利用地磁测定方位的简便测量工具。我国古代劳动人民为测量学的发展作出了重要的贡献。

测量学一开始是用于土地整理,随着社会生产的发展,它被逐渐应用到社会的许多生产部门。17 世纪发明望远镜后,人们利用光学仪器进行测量,使测量科学迈进了一大步。自 19 世纪末发展了航空摄影测量后,又为测量学增添了新的内容。通过现代光学及电子学理论在测量中的应用,人们创制了一系列激光、红外光、微波测距、测高、准直和定位的仪器。通过惯性理论在测量学中的应用,人们又创制了陀螺定向、定位仪器。20 世纪 60 年代以来,由于电子计算技术的飞速发展,出现了自动化程度很高的电子经纬仪、电子全站仪和自动绘图仪。人造地球卫星的成功发射,使其很快就被应用于大地测量,促使了利用卫星无线电导航原理的全球定位系统的建立。用卫星遥感技术可以获得丰富的地面信息,为自动化成图提供了大面积的、全球性的资料。随着现代科学技术的发展,测量科学也必将向更高层次的自动化方向和数字化方向发展。

中华人民共和国成立后,我国测绘事业有了很大发展。建立和统一了全国坐标系统和高程系统;建立了遍及全国的大地控制网、国家水准网、基本重力网和卫星多普勒网;完成了国家大地网和水准网的整体平差;完成了国家基本图的测绘工作;完成了珠穆朗玛峰和南极长城站的地理位置和高程的测量;完成了全国天文大地网和空间大地网联合平差;配合国民经济建设进行了大量的测绘工作,如南京长江大桥、长江三峡水利枢纽、宝山钢铁厂、北京正负电子对撞机、北京 2008 奥运场馆建设等工程的精确放样和设备安装测量。出版发行了地图 1600 多种,发行量超过 11 亿册。在测绘仪器制造方面,经历了从无到有的过程,现在不仅能够生产系列的光学测量仪器,还研制成功各种测程的光电测距仪、卫星激光测距仪、解析测图仪、激光垂准仪、激光扫平仪和全站仪等先进仪器。在人才培养方面,已培养出各类测绘技术人员数万名,大大提高了我国测绘科技水平。特别是近几年来,我国测绘科技发展更快,如 GPS 全球定位系统已经得到广泛应用,全国 GPS 大地网已经完成;在地理信息系统方面,正在全力打造"数字中国",虽然我国目前的测绘科技水平,与国际先进水平相比,还有一定的差距,但只要发奋图强、励精图治,是能够迅速赶上甚至超过国际测绘科技水平的。

（一）建筑工程测量的任务

建筑工程测量是测量学的一个组成部分。它是研究建筑工程在勘测规划设计、施工和运营管理阶段所进行的各种测量工作的理论、技术和方法的学科。它的主要任务是：

（1）地形图测绘和应用——运用测量学的理论、方法和工具，将小范围内地面上的地物和地貌测绘成大比例尺地形图等（这项任务简称为测图或测定）；所测绘的地形图为工程建设的规划、勘测、设计提供基础资料，例如，量取点的坐标和高程、两点间的距离、地块的面积、图上设计线路、绘制纵断面图和进行地形分析等，这项任务称为地形图的应用。

（2）施工放样和竣工测量——把图上设计的工程建（构）筑物按照设计的位置在实地标定出来，作为施工的依据（这项任务简称为测设或放样）；配合建筑施工，进行各种测量工作，保证施工质量；开展竣工测量，为工程验收、日后扩建和维修管理提供资料。

（3）建筑物变形监测——对于一些重要的建（构）筑物，在施工和运营阶段，定期进行变形监测，以了解建（构）筑物的变形规律，监视其安全施工和运营。

由此可见，测量工作贯穿于工程建设的整个过程，测量工作的质量直接关系到工程建设的速度和质量。所以，每一位从事工程建设的人员，都必须掌握必要的测量知识和技能。

（二）测量学的分类

测量学按照研究对象及采用的技术不同，又分为多个学科，如：

大地测量学——传统的大地测量学是指研究和测定地面点的几何位置，在广大地面上建立国家大地控制网，以及测定地球形状、大小和研究地球重力场的理论、技术与方法的学科。由于现代科学技术的迅速发展，大地测量学已超越了过去传统的局限性，由区域性大地测量发展为全球性大地测量；由研究地球表面发展为涉及地球内部；由静态大地测量发展为动态大地测量；由测地球发展为可以测月球和太阳系各行星，并有能力对整个地学领域及航天等有关空间技术作出重要贡献。因此，大地测量学是一门既很现实，又不断发展、富有生机的学科。

地形测量学——测量小范围地球表面形状时，不考虑地球曲率的影响，把地球局部表面当作平面看待所进行的测量工作。

摄影测量学——利用摄影影像信息测定目标物的形状、大小、空间位置、性质和相互关系的科学技术。根据获得影像信息的方式不同，摄影测量又分为航空摄影测量、水下摄影测量、数字摄影测量、地面摄影测量和航空航天遥感等。

工程测量学——研究工程建设在勘测设计、施工和管理阶段所进行的各种测量工作的学科。主要内容有：工程控制网建立，地形测绘，施工放样，设备安装测量，竣工测量，变形观测和维修养护测量的理论、技术与方法。

海洋测量学——以海洋和陆地水域为研究对象，研究海岸、港口、码头、航标、航道及水下地形等各种海洋要素的位置、性质、形态，还包括它们之间的相互关系和发展变化的理论和方法。

地图制图学——研究各种地图的制作理论、原理、工艺技术和应用的一门学科。研究内容主要包括地图编制、地图投影学、地图整饰、印刷等。现代地图制图学正向着制图自动化、电子地图制作及地理信息系统方向发展。

本书为适合土木工程的需要，主要介绍地形测量学和工程测量学中的有关基本内容。

二、测量工作的基准面和基准线

（一）测量工作的基准面和基准线

1.地球的形状和大小

测量工作是在地球表面上进行的,而地球的自然表面是很不规则的,有高山、丘陵、平原和海洋。其中最高的珠穆朗玛峰峰顶岩石面,根据国家测绘局2005年最新公布的数据,高出海水面达8844.43m,最低的马里亚纳海沟低于海水面达11022m。地球表面约71%的面

图 1-2 旋转椭球体

积被海洋覆盖,虽有高山和深海,但这些高低起伏与地球半径相比是很微小的,可以忽略不计。所以人们设想有一个受风浪和潮汐影响的静止海水面,向陆地和岛屿延伸形成一个封闭的形体,用这个形体代表地球的形状和大小,这个形体被称为大地体。长期测量实践表明,大地体近似于一个旋转椭球体(图1-2)。为了便于用数学模型来描述地球的形状和大小,测绘工作便取大小与大地体非常接近的旋转椭球体作为地球的参考形状和大小,因此旋转椭球体又称为参考椭球体,它的表面又称为参考椭球面。我国曾先后采用过多个参考椭球体

参数,见表1-1。目前采用的参考椭球体的参数为

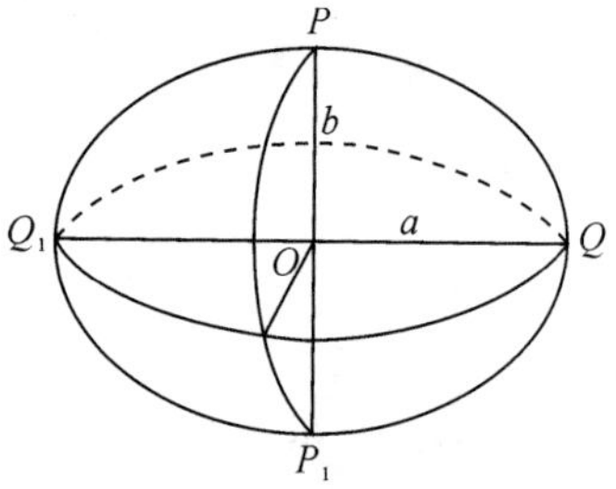

长半轴：$a = 6378137$m；

短半轴：$b = 6356755$m；

扁率：$\alpha = \dfrac{a-b}{a} = \dfrac{1}{298.257}$。

由于参考椭球体的扁率很小,所以在测量精度要求不高的情况下,可以把地球看作是圆球,其半径取6371km。

表 1-1　旋转椭球体参数值

坐标系名称	椭球体名称	长半轴 a/m	参考椭球体扁率 α	推算年代和国家
1954 北京坐标系	克拉索夫斯基	6378245	1：298.3	1940 年苏联
1980 西安坐标系	IUGG−75	6378140	1：298.257	1975 年国际大地测量与地球物理联合会
2000 国家大地坐标系（GPS）	CGCS 2000	6378137	1：298.257223563	2008 年中国
WGS−84 坐标系（GPS）	WGS−84	6378137	1：298.257223563	1984 年美国

2.铅垂线、水平线、水平面和水准面

铅垂线就是重力的方向线,可用悬挂垂球的细线方向来表示(图1-3),细线的延长线通过垂球 G 尖端。与铅垂线正交的直线称为水平线,与铅垂线正交的平面称为水平面。

处处与重力方向垂直的连续曲面称为水准面。任何自由静止的水面都是水准面。水准面因其高度不同而有无数个,其中与不受风浪和潮汐影响的静止海水面相吻合的水准面称

为大地水准面(图 1-4)。由于地球内部质量分布不均匀,所以地面上各点的铅垂线方向随之产生不规则变化,致使大地水准面成为有微小起伏的不规则的曲面。

图 1-3　铅垂线

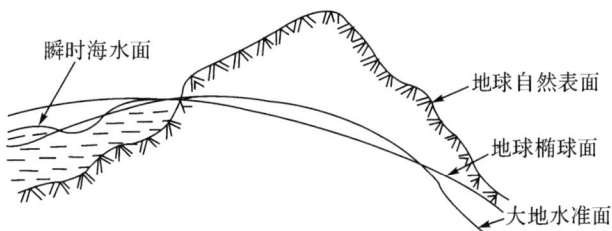

图 1-4　大地水准面

确定地面的位置需要有一个坐标系,测量工作的坐标系通常是建立在参考椭球面上,因此参考椭球面就是测量工作的基准面。建筑工程测量地域面积一般不大,对参考椭球面与大地水准面之间的差距可以忽略不计。测量仪器均用垂球和水准器来安置,仪器观测的数据是建立在水准面上的,这易于将测量数据沿铅垂线方向投影到大地水准面上。因此在实际测量中是将大地水准面作为测量工作的基准面。即使在精密测量时不能忽略参考椭球面与大地水准面之间的差异,也是经由以大地水准面为依据获得的数据通过计算改正转换到参考椭球面上。

由于铅垂线与水准面垂直,知道了铅垂线方向也就知道了水准面方向,而铅垂线又是很容易求得的,所以铅垂线便成为测量工作的基准线。

(二)用水平面代替水准面的限度

当测区范围小,用水平面代替水准面所产生的误差不超过测量误差的容许范围时,可以用水平面代替水准面。但是在多大面积范围才容许这种代替,有必要加以讨论。为讨论方便,假定大地水准面为圆球面。

1.对距离的影响

如图 1-5 所示,设地面上 A、B、C 三个点在大地水准面上的投影点是 a、b、c,用过 a 点的切平面代替大地水准面,则地面点水平面上的投影点是 a、b'、c'。设 ab 的弧长为 D,ab' 的长度为 D',球面半径为 R,D 所对的圆心角为 θ,则用水平长度 D' 代替弧长 D 所产生的误差为

$$\Delta D = D' - D \qquad (1\text{-}1)$$

将 $D = R\theta$,$D' = R\tan\theta$ 代入上式,整理后得

$$\Delta D = R(\tan\theta - \theta) \qquad (1\text{-}2)$$

将 $\tan\theta$ 展开为级数式

$$\tan\theta = \theta + \frac{1}{3}\theta^3 + \frac{2}{15}\theta^5 + \cdots$$

因为 D 比 R 小得多,θ 角很小,只取级数式前两项代入式(1-2),得

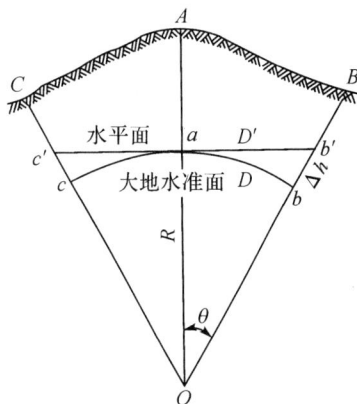

图 1-5　水平面代替水准面的限度

$$\Delta D = R\left(\theta + \frac{1}{3}\theta^3 - \theta\right)$$

将 $\theta = \dfrac{D}{R}$ 代入上式,得

$$\frac{\Delta D}{D} = \frac{D^2}{3R^2} \tag{1-3}$$

取 $R = 6371\text{km}$,用不同的 D 值代入式(1-3)得到表 1-2 的结果。从表 1-2 中可知,当两点相距 10km 时,用水平面代替大地水准面产生的长度误差为 0.8cm,相对误差为 1/1220000,相当于精密测距精度的 1/1000000。所以在半径为 10km 范围的测区进行距离测量时,可以用水平面代替大地水准面。

表 1-2　不同 D 值下的 $\dfrac{\Delta D}{D}$ 值

D/km	$\Delta D/\text{cm}$	$\dfrac{\Delta D}{D}$
5	0.1	$\dfrac{1}{4870000}$
10	0.8	$\dfrac{1}{1220000}$
20	6.6	$\dfrac{1}{304000}$
50	102.7	$\dfrac{1}{48700}$

2. 对高程的影响

在图 1-5 中,以大地水准面为基准的 B 点绝对高程 $H_B = \overline{Bb}$,用水平面代替大地水准面时,B 点的高程 $H_B' = \overline{Bb'}$,两者之差 Δh 就是对高程的影响,也称为地球曲率的影响。由图可知

$$\Delta h = \overline{Bb} - \overline{Bb'} = \overline{Ob'} - \overline{Ob} = R\sec\theta - R = R(\sec\theta - 1) \tag{1-4}$$

将 $\sec\theta$ 展开为级数,$\sec\theta = 1 + \dfrac{\theta^2}{2} + \dfrac{5}{24}\theta^4 + \cdots$,因为 θ 值很小,只取级数式的前两项代入式(1-4),并且 $\theta = \dfrac{D}{R}$,则

$$\Delta h = R\left(1 + \frac{\theta^2}{2} - 1\right) = \frac{D^2}{2R} \tag{1-5}$$

对于不同 D 值,产生的高程影响如表 1-3 所示。

表 1-3　不同 D 值下的 Δh 值

D/km	0.05	0.1	0.2	1	10
$\Delta h/\text{mm}$	0.2	0.8	3.1	78.5	7850

表 1-3 的计算结果表明,地球曲率对高程的影响较大,距离 200m 就有 0.31cm 的高程误差,这是不允许的。因此,进行高程测量时,应考虑地球曲率对高程的影响。

三、地面点位置的确定

如图 1-6 所示,设想将地面上高度不同的 A、B、C 三点分别沿垂线方向投影到大地水准面 P' 上,得到相应的投影点 a'、b'、c',这些点分别表示地面点在水准面上的相应位置。

如果在测区的中央作水平面 P 并与水准面 P' 相切,过 A、B、C 各点的铅垂线与水平面相交于 a、b、c,这些点便代表地面点在水平面上的相应位置。

由此可见,地面点的空间位置可以用点在水准面或水平面上的位置及点到大地水准面的铅垂距离来确定。

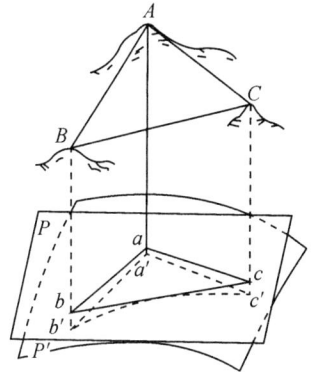

图 1-6 地面点的投影

(一)地面点的高程

地面点到大地水准面的铅垂距离称为该点的绝对高程,简称高程,用 H 表示。如图 1-7 所示,H_A 和 H_B 分别表示 A 点和 B 点的高程。

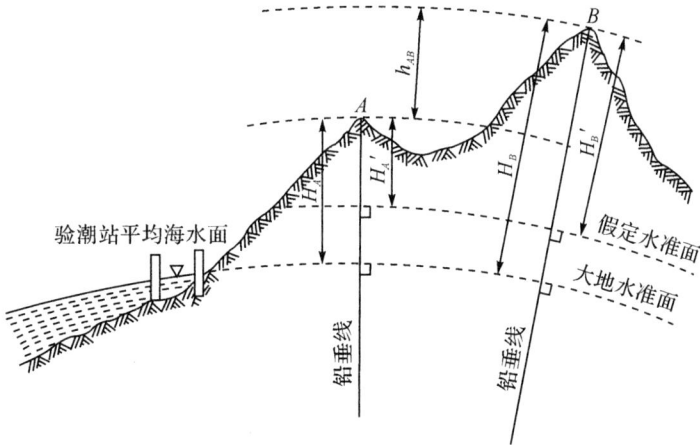

图 1-7 地面点的高程

一般地,一个国家只采用一个平均海水面作为统一的高程基准面,由此高程基准面建立的高程系统称为国家高程系,否则称为地方高程系。1985 年前,我国采用"1956 黄海高程系",以 1950—1956 年青岛验潮站测定的平均海水面作为高程基准面;1987 年开始启用"1985 国家高程基准",以 1952—1979 年青岛验潮站测定的平均海水面作为高程基准面。并在青岛建立了国家水准原点,其高程为 72.2604m。

当局部地区采用国家高程基准有困难时,也可以假定一个水准面作为高程起算面,地面点到假定水准面的铅垂距离称为该点的相对高程。如图 1-7 所示,H_A' 和 H_B' 分别表示 A 和 B 两点的相对高程。

地面两点之间的高程之差称为高差,用 h 表示。A、B 两点之间的高差为

$$h_{AB} = H_B - H_A \tag{1-6}$$

或

$$h_{AB} = H_B' - H_A' \tag{1-7}$$

B、A 两点之间的高差为

$$h_{BA} = H_A - H_B \qquad\qquad (1-8)$$

或

$$h_{BA} = H_A' - H_B' \qquad\qquad (1-9)$$

可见

$$h_{AB} = -h_{BA} \qquad\qquad (1-10)$$

(二)地面点的坐标

地面点的坐标常用地理坐标系或平面直角坐标系来表示。

1. 地理坐标系

地面点在球面上的位置常采用经度(λ)和纬度(φ)来表示,称为地理坐标。

如图 1-8 所示,N 和 S 分别是地球的北极和南极,NS 称为地轴。包含地轴的平面称为子午面。子午面与地球的交线称为子午线,通过原格林尼治天文台的子午面称为首子午面。过地面上任意一点 P 的子午面与首子午面的夹角 λ 称为 P 点的经度。由首子午面向东量称为东经,向西量称为西经,其取值范围为 $0° \sim 180°$。

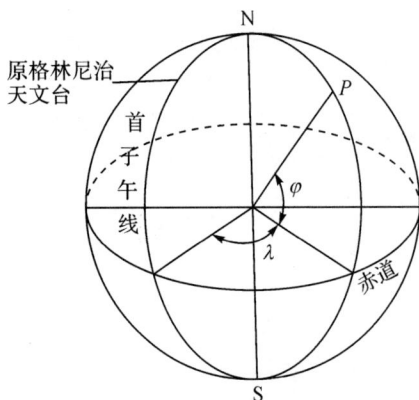

图 1-8 地面点的地理坐标系

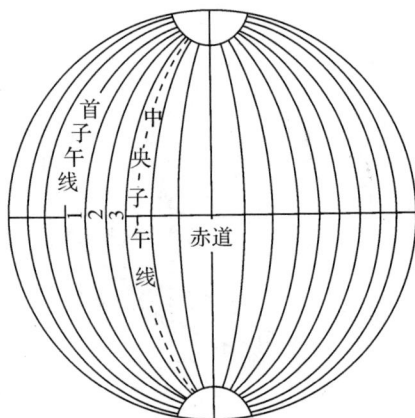

图 1-9 高斯投影分带

通过地心且垂直于地轴的平面称为赤道平面。过 P 点的铅垂线与赤道平面的夹角 φ 称为 P 点的纬度。由赤道平面向北量称为北纬,向南量称为南纬,其取值范围为 $0° \sim 90°$。

我国位于东半球和北半球,所以各地的地理坐标都是东经和北纬,例如北京的地理坐标为东经 $116°28'$,北纬 $39°54'$。

2. 平面直角坐标系

地理坐标是球面坐标,若直接用于工程建设规划、设计、施工,会带来很多计算和测量的不便。为此,须将球面坐标按一定的数学法则归算到平面上,即测量工作中所称的投影。我国采用的是高斯投影法。

(1)高斯平面直角坐标系。高斯投影法是将地球按 $6°$ 的经度差分成 60 个带,从首子午线开始自西向东编号,东经 $0° \sim 6°$ 为第 1 带,$6° \sim 12°$ 为第 2 带,以此类推,如图 1-9 所示。

(2)位于每一带中央的子午线称为中央子午线,第 1 带中央子午线的经度为 $3°$,各带中央子午线的经度 λ_0 与带号 N 的关系为

$$\lambda_0 = 6N - 3 \tag{1-11}$$

为便于说明,将地球当成圆球。设想将一平面卷成横圆柱套在地球外面。如图 1-10(a) 所示,使圆柱的轴心通过圆球的中心,将地球上某 6° 带的中央子午线与圆柱面相切。在球面图形与柱面图形保持等角的条件下将球面图形投影到圆柱面上,然后将圆柱体沿着通过南、北极的母线切开并展平。投影后如图 1-10(b) 所示,中央子午线与赤道成为相互垂直的直线,其他子午线和纬线成为曲线。取中央子午线为坐标纵轴,即 x 轴,取赤道为坐标横轴,即 y 轴,两轴的交点为坐标原点 O,组成高斯平面直角坐标系,规定 x 轴向北为正,y 轴向东为正,坐标象限按顺时针编号。

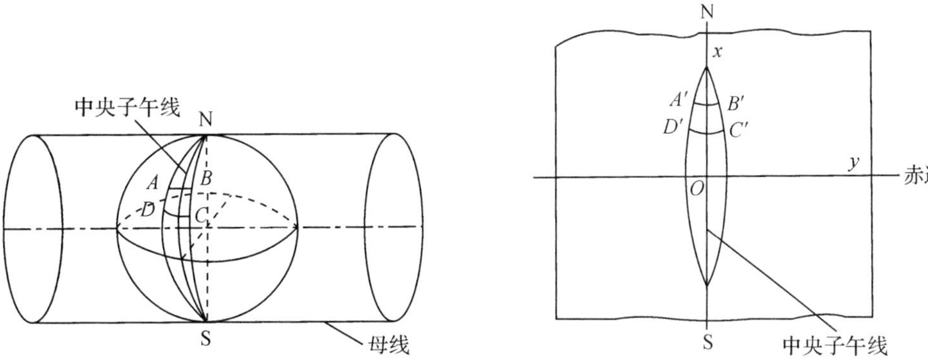

图 1-10　高斯平面直角坐标的投影

我国位于北半球,x 坐标均为正值,y 坐标则有正有负,如图 1-11(a) 所示,设 $y_A = +136780\text{m}$,$y_B = -272440\text{m}$。为了避免出现负值,将每带的坐标纵轴向西移 500km,如图 1-11(b) 所示,纵轴西移后,$y_A = 500000 + 136780 = 636780(\text{m})$,$y_B = 500000 - 272440 = 227560(\text{m})$。

为了确定某点所在的带号,规定在横坐标之前均冠以带号。设 A、B 点均位于 20 带,则 $y_A = 20636780\text{m}$,$y_B = 20227560\text{m}$。

在高斯投影中,离中央子午线愈远,长度变形愈长,当要求投影变形更小时,可采用 3° 带投影。

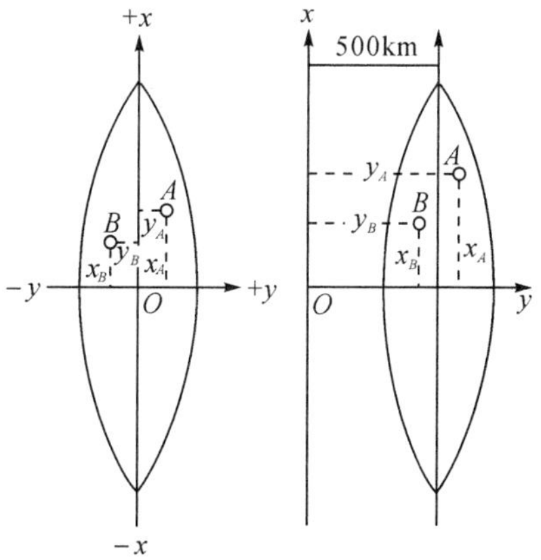

如图 1-12 所示,3° 带是从东经 1°30′ 开始,按经度差 3° 划分一个带,全球共分为 120 带。每带中央子午线经度 λ_0' 与带号 n 的关系为

$$\lambda_0' = 3n \tag{1-12}$$

图 1-11　高斯平面直角坐标系统

为避免 y 坐标出现负值,同 6° 带一样将 3° 带的坐标纵轴向西移动 500km,但加在 y 坐标前的带号应是 3° 带的带号。例如 C 点所在的中央子午线经度为 105°,$y_C = 538640\text{m}$。该点所在 3° 带的带号为 $n = \dfrac{105°}{3°} = 35$,则该点加上带号后的 y 坐标值为 $y_C = 35538640\text{m}$。

图 1-12　6°带、3°带中央子午线及带号

3.独立平面直角坐标系

当测区范围较小时,可以不考虑地球曲率的影响,而将大地水准面当作平面看待,并在平面上建立独立平面直角坐标系,地面点在大地水准面上的投影位置就可以用平面直角坐标来确定。

如图 1-13 所示,一般将独立平面直角坐标系的原点选在测区西南角,以使测区内任意点的坐标均为正值。坐标系原点可以是假定坐标值,也可以采用高斯平面直角坐标值。规定 x 轴向北为正,y 轴向东为正,坐标象限按顺时针编号,如图 1-14 所示。

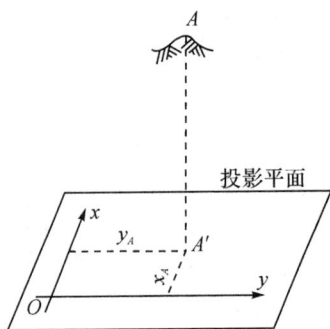

图 1-13　独立平面直角坐标系

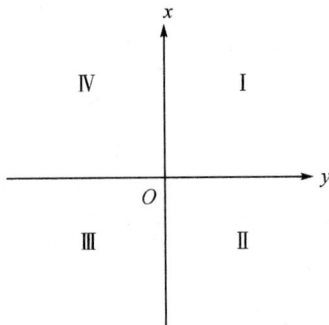

图 1-14　直角坐标系象限

图 1-15　空间直角坐标系

4.空间直角坐标系

随着卫星定位技术的发展,采用空间直角坐标来表示空间一点的位置,已在各个领域越来越多地得到应用。空间直角坐标系是以地球的质心为原点 O,z 轴指向地球北极,x 轴指向格林尼治子午面与地球赤道的交点 E,过 O 点与 xOz 面垂直,按右手规则确定 y 轴方向,如图 1-15 所示。

以上几种坐标系是相互联系的,可以进行相互换算,它们以不同的形式来表示地面点的平面位置。

我国选择陕西省泾阳县永乐镇某点大地原点

进行大地定位。利用高斯平面直角坐标建立了全国统一坐标，即现在使用的"1980 西安坐标系"。以前使用的是"1954 北京坐标系"，其原点在苏联普尔科沃天文台。我国国家测绘局于 2008 年 6 月 18 日发布 2 号公告，宣布我国自 2008 年 7 月 1 日起启用"2000 国家大地坐标系"，具体见表 1-1。

项目二　测量工作的实施

一、测量工作的基本内容

测量工作的主要目的是确定点的坐标和高程。在实际工作中，常常不是直接测量点的坐标和高程，而是观测坐标、高程已知的点与坐标、高程未知的待定点之间的几何位置关系，然后推算出待定点的坐标和高程。

如图 1-16 所示，设 A、B 为坐标、高程已知的点，C 为待定点，三点在投影水平面上的投影位置分别是 a、b、c。在△abc 中，ab 边的长度是已知的，只要测量出一条未知边的边长和一个水平角（或两个水平角或两个未知边边长），就可以推算出 C 点的坐标。可见，测定地面点的坐标主要是测量水平距离和水平角。

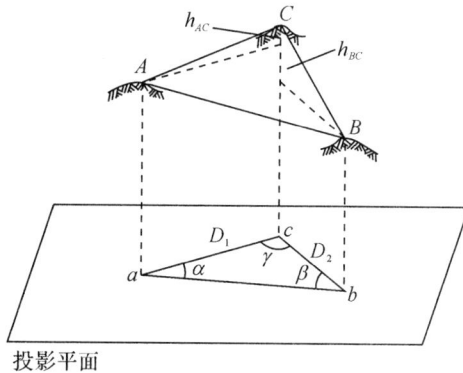

图 1-16　测量工作基本内容

欲求 C 点的高程，则要测量出高差 h_{AC}（或 h_{BC}），然后推算出 C 点的高程，所以测定地面点高程主要是测量高差。

因此，高差测量、角度测量、距离测量是测量工作的基本内容。

测量工作一般分外业工作和内业工作两种。外业工作的内容包括应用测量仪器和工具在测区内所进行的各种测定和测设工作。内业工作是将外业观测的结果加以整理、计算，并绘制成图以便使用。

二、测量工作的基本原则

进行工程测量时，需要测定（或测设）许多特征点（也称碎部点）的坐标和高程。如果从一个特征点开始到下一个特征点逐点进行施测，虽可得到各点的位置，但由于测量中不可避免地存在误差，会导致前一点的测量误差传递到下一点，这样累计起来可能会使点位误差达到不可容许的程度。另外逐点传递的测量效率也很低。因此测量工作必须按照一定的原则进行。

"从整体到局部、先控制后碎部"是测量工作应遵循的基本原则之一。也就是先在测区选择一些有控制作用的点（称为控制点），把它们的坐标和高程精确测定出来，然后分别以这些控制点为基础，测定出附近碎部点的位置。这种方法不但可以减少碎部点测量误差积累，而且还可以同时在各个控制点上进行碎部测量，提高工作效率。

此外，在控制测量或碎部测量工作中都有可能发生错误，如果测量工作中发生错误，又没有及时发现，则所测绘的成果资料就是错误的，势必造成返工浪费，甚至造成不可挽回的损失。为了避免出错，在测量工作中必须进行严格的检核工作，因此，"前一步工作未做检核，不进行下一步工作"是测量工作必须遵循的又一个基本原则。

三、测量工作的基本要求

建筑工程测量过程中，为确保建筑工程测量工作的顺利进行，测量人员必须坚持"质量第一"的观点，以严肃认真的工作态度，保证测量成果的真实性、客观性和原始性，同时要爱护测量仪器与工具。

四、测量工作中常用的度量单位

测量工作中，常用的度量单位有角度、长度和面积三种。如要进行土方量计算则要用到体积单位。

（一）角度单位

测量工作中常用到的角度单位有 60 进位制的度和弧度两种。

1. 60 进位制的度

1 圆周角 ＝360°（度）；

1°（度）＝60′（分）；

1′（分）＝60″（秒）。

2. 弧度

与半径相等的一段弧长所对的圆心角作为度量角的单位，称为 1 弧度。弧度与 60 进制的角度单位之间的关系为

1 圆周角 ＝2π（弧度）＝360°（度）；

1 弧度 $=\dfrac{360°}{2\pi}\approx57.3°=3438′=206280″$。

（二）长度单位

前面讲到测量工作中基本内容有高差测量、距离测量，所用的长度单位，按我国规定采用国际米制单位。

1 千米（公里）＝1000 米，1km＝1000m；

1 米 ＝10 分米＝100 厘米＝1000 毫米，1m＝10dm＝100cm＝1000mm。

（三）面积单位

面积单位一般为平方米，如面积较大可用平方千米或公顷。

1 平方千米＝1000000 平方米＝100 公顷,1km²＝1000000m²＝100hm²;

1 公顷＝10000 平方米,1hm²＝10000m²。

（四）体积单位

测量工作中,有时要进行土方量的计算,常用立方米(m³)。

习　题

1.建筑工程测量的任务是什么？

2.测定与测设有何区别？

3.为何选择大地水准面和铅垂线作为测量工作的基准面和基准线？

4.水平面、水准面、大地水准面有何差异？

5.何谓绝对高程？何谓相对高程？何谓高差？

6.已知 $H_A=64.632m$,$H_B=73.039m$,求 h_{AB} 和 h_{BA}。

7.测量工作中所用的平面直角坐标系与数学上的直角坐标系有哪些不同之处？

8.简述用水平面代替水准面对水平距离和高程分别有何影响。

9.测量工作的基本内容是什么？测量工作的基本原则是什么？

10.测量学对你所学的专业起什么作用？学完后应达到哪些基本要求？

11.假定某教学楼底层室内主要地面±0 相当于绝对高程为 35.800m,室外地面设计标高为－1.500m,女儿墙设计标高为＋52.300m,问室外地面和女儿墙的绝对高程分别是多少？

模块二　水准测量

![能力目标图标] 能力目标

1. 能正确设置水准路线的方案；
2. 熟练使用水准仪并正确测出待测点的高程；
3. 能分析判断测量结果的精度；
4. 有较强的团队合作精神。

![知识目标图标] 知识目标

1. 理解水准测量的原理在实践中的应用；
2. 掌握水准仪的构造与操作要领；
3. 熟练掌握水准测量的外业施测方法；
4. 熟练掌握水准测量的内业数据处理方法；
5. 理解误差的防止、消除或减弱的方法；
6. 了解精密水准仪等新仪器在工程中的应用。

![背景资料图标] 背景资料

2005年10月9日,国家测绘局局长陈邦柱宣布根据《中华人民共和国测绘法》,珠峰高程新数据经国务院批准并授权,由国家测绘局公布。珠穆朗玛峰高度最新测量结果:珠穆朗玛峰峰顶岩石面绝对高程8844.43m。原1975年公布的珠峰高程数据8848.13m停止使用。

本次测量分两个阶段。

第一阶段为从拉孜(位于西藏自治区西南部,为此次测量起点)出发行进500km到海拔5600m的珠峰半山坡,都要使用水准测量法测量高度。但测绘队的8名队员使用这种方法每天只能行进4km,而在平原每天至少能走8km。根据要求,从2005年3月就开始从拉孜出发的陕西测绘队在6月15日前测完全程500km的路段。

第二阶段为海拔5600m以后,测量人员直接进行珠峰山体测量。这一阶段的测量由测量人员在观测点通过观测登山队员立到珠峰峰顶上的觇标,通过计算最终得出珠峰山体高度。为了提高测量精度,本次珠峰测量一共在珠峰脚下布下了6个观测点,观测队员进行了6点联测的多角度测量。

通过珠峰高程测量,不但得到了更精确的高度本身,而且可更好地研究它的高度变化及相关测量数据的变动对全球生物圈、大气圈、岩石圈的变化影响,也就是我们所生活的自然界和所居住的城乡。另外也实践应用了测绘科技和测量技术设备的巨大进步。

在建筑工程测量中,随着测量技术设备的进步与社会需求的增长,也需要有更高的精度和工效。国家为此还制定或修订了大量的测绘标准或规范,这里列举一些:《国家一、二等水准测量规范》(GB/T 12897—2006),《国家三、四等水准测量规范》(GB/T 12898—2009),《水准仪》(GB/T 10156—2009),《工程测量规范》(GB 50026—2007),《测绘基本术语》(GB/T 14911—2008),等等。我们在开展测量工作时,应尽量与标准或规范相吻合。

工作任务

以学习小组为单位(3~4人一组),检验 DS3 型水准仪的可靠性;熟练正确完成 1km 距离左右的附和或闭合水准路线的内外业工作,要求测出 3~4 个待测点的高程;另外了解学校相关的先进仪器。

任务说明

在建筑工程中,经常会碰到需测量某点的高程,或与某个已知点的高差是多少的问题。如何正确、快速制订测量方案、选用合格仪器和合理安排人员、完成测量过程并对测量结果进行判断处理,是完成任务必不可少的关键环节。

项目一　光学水准仪的使用

问题提出

在中职学校读建筑专业三年级的王新,在建筑工地实习。有一次,工友拿出一台水准仪向他请教如何整平。王新摆弄了半天,就是不能把圆水准器的气泡调节到中央,红着脸解释道:"有一个脚螺旋的杆子不够长,所以调不平。"王新在学校里早已学了水准仪的使用,那他为什么会调不平,真的是脚螺旋有问题吗?

提示与分析

水准仪是建筑工程中必不可少的仪器,其最主要的作用是提供水平视线,以此来判断点的高低。作为施工技术人员都要懂得相关仪器与工具的部件名称、作用、位置和调节方法,以及使用方法和工作原理。

知识链接

测量地面各点高程的工作称为高程测量。根据所使用的仪器和工程要求,高程测量的方法有水准测量、三角高程测量、气压高程测量、流体静力水准测量、GPS高程测量等。水准测量是最基本、精度最高、最常用的一种方法,广泛应用于国家高程控制测量、工程测量中。所以,本模块只介绍水准测量。

一、水准测量原理

(一)原理

水准测量原理是利用水准仪提供的水平视线,观测在已知点和待测点上竖立水准尺的读数,得出两点间的高差,再根据已知点的高程,推算出待测点高程。

(二)确定待测点高程的计算方法

1. 高差法

如图 2-1 所示,设已知 A 点的高程为 H_A,要测出 B 点的高程 H_B。施测时在 A、B 两点上分别垂直竖立水准尺(也称水准标尺),在 A、B 两点中间约等距离处安置水准仪,先照准 A 点水准尺,利用水准仪提供的水平视线读出水准尺上的读数 a,再照准 B 点的水准尺,保持同一水平视线,读出读数 b,则 B 点对于 A 点的高差 h_{AB} 为

$$h_{AB} = a - b \tag{2-1}$$

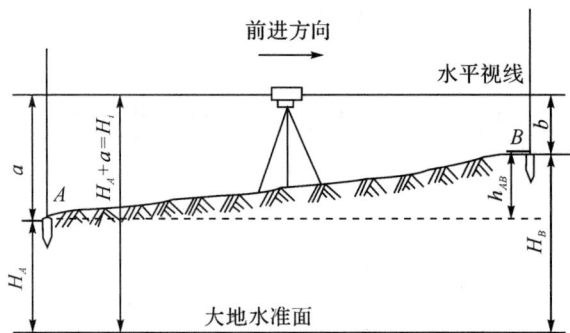

图 2-1 水准测量原理

在图 2-1 中,如箭头所示,测量的前进方向由已知高程的 A 点向待测高程的 B 点前进,一般称 A 点为后视点(也称已知点),所立水准尺称为后视尺,尺上读数 a 称为后视读数;同理,称 B 点为前视点(也称待测点),所立水准尺称为前视尺,尺上读数 b 称为前视读数。

用文字表达为:地面上已知点 A 与待测点 B 两点间高差始终等于后视读数 a 减去前视读数 b。并记为"h_{AB}",表示是 B 点对 A 点而言的高差。

若 $a>b$,高差 h_{AB} 为正,说明待测点 B 比已知点 A 高;若 $a<b$,高差 h_{AB} 为负,说明 B 点比 A 点低;若 $a=b$,则高差 h_{AB} 为零,说明 B 点与 A 点高相等。

也可以这样理解:水准测量中水准尺读数小表示点的位置高,读数大表示点的位置低。掌握这个知识对高程测量中现场粗略检查观测误差有很大帮助。

再由 $H_A + a = H_B + b$ 得出

$$H_B = H_A + (a - b)$$

即 $\qquad\qquad H_B = H_A + h_{AB} \qquad\qquad\qquad\qquad (2-2)$

用文字表达为：待测点高程始终等于已知点高程加上高差。

这种利用两点间高差计算待测点高程的方法称为高差法。

2. 视线高法（也称仪高法）

由图 2-1 可以看出，H_i 是仪器水平视线的高程，通常叫作视线高程（也称仪高），它等于后视点高程加后视读数。通过 H_i 也可以计算出 B 点的高程。由公式

$$H_i = H_A + a \qquad\qquad\qquad\qquad (2-3)$$

并根据 $H_B = H_A + a - b$ 得出

$$H_B = H_i - b \qquad\qquad\qquad\qquad (2-4)$$

用文字表达为：待测点高程等于视线高程减去前视读数。

当安置一次仪器要求测出多个待测点时，如场地平整、线路测量（纵横断面测量）和施工放样、沉降观测等常可采用视线高法，既简便又能保证精度，从而提高工效。如图 2-2 所示。

【例 1】 设已知 A 点高程为 48.270m，B 为待测点。后视读数 a 为 1.654m，前视读数 b 为 1.234m。请问：(1)A、B 两点哪点高？(2)分别用高差法和视线高法求 B 点高程。

【解】

(1) $h_{AB} = a - b = 1.654 - 1.234 = 0.420$(m)

因为 $h_{AB} > 0$，由此可知，B 点高于 A 点。

(2)高差法求 B 点高程：

$H_B = H_A + h_{AB} = 48.270 + 0.420 = 48.690$(m)

视线高法求 B 点高程：

$H_i = H_A + a = 48.270 + 1.654 = 49.924$(m)

$H_B = H_i - b = 49.924 - 1.234 = 48.690$(m)

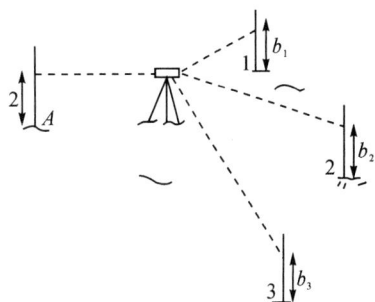

图 2-2 场地平整测量

二、水准测量的仪器和工具

(一) 水准仪的作用与分类

水准测量所使用的仪器为水准仪。水准仪的作用是提供水准测量必需的一条水平视线，并读取目标的读数。

按精度分水准仪有三级：高精密水准仪（DS03、DS05）、精密水准仪（DS1）和普通水准仪（DS3、DS10）。字母 DS 分别代表"大地测量"和"水准仪"，取其汉语拼音的第一个字母；数字表示精度，即每千米往返测高差的偶然中误差值，以"mm"为单位。DS1 型以上精度的水准仪主要用于国家一、二等水准测量，高要求工程测量等；DS3 型水准仪广泛应用于国家三、四等水准测量、图根控制测量和一般工程水准测量。

按构造分水准仪有微倾式水准仪、自动安平水准仪、数字水准仪(也称电子水准仪)、激光水准仪等类型。

本章重点介绍 DS3 型微倾式水准仪。

（二）DS3 型水准仪的构造

DS3 型(简称 S3)水准仪主要由望远镜、水准器及基座三部分组成,具体部件名称如图 2-3 所示。

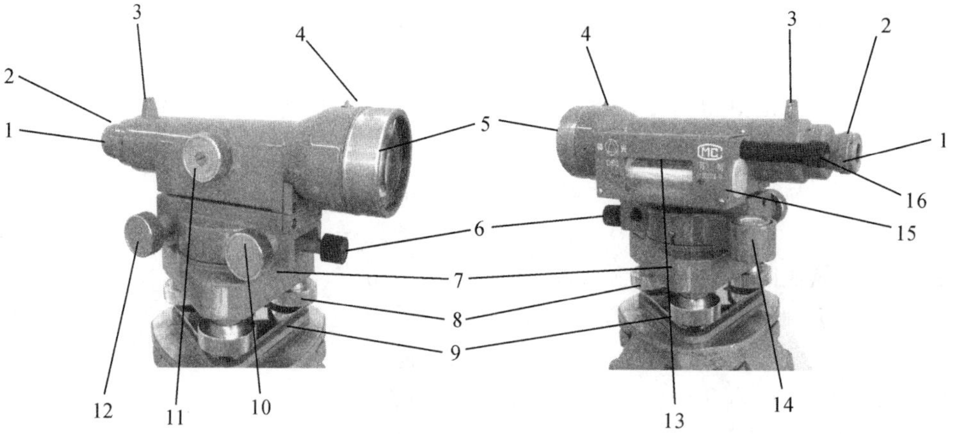

图 2-3　DS3 型水准仪的主要部件

1—目镜　2—目镜对光螺旋　3—缺口　4—准星　5—物镜　6—制动螺旋　7—轴座
8—脚螺旋　9—连接板　10—微动螺旋　11—物镜对光螺旋　12—微倾螺旋
13—管水准器　14—圆水准器　15—水准管校正螺钉　16—水准管气泡观察窗

1. 望远镜

望远镜主要由物镜、物镜对光螺旋、对光凹透镜、十字丝分划板、目镜、目镜对光螺旋等组成,如图 2-4 所示。

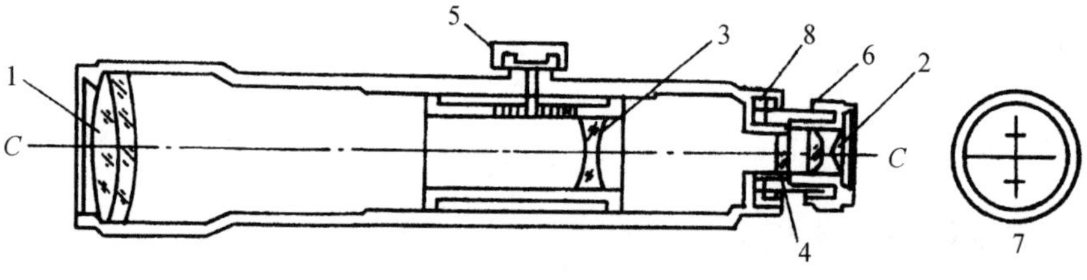

图 2-4　望远镜的构造

1—物镜　2—目镜　3—对光凹透镜　4—十字丝分划板　5—物镜对光螺旋
6—目镜对光螺旋　7—十字丝放大像　8—分划板座止头螺钉

望远镜的作用是精确瞄准水准尺并读出水准尺的读数。

（1）物镜。由复合透镜组成。其作用是将瞄准的水准尺成像在十字丝平面,形成缩小的实像。转动物镜对光螺旋,调节由凹透镜组成的对光透镜,可使不同距离的水准尺像都清晰地位于十字丝分划板上,称物镜对光。

（2）目镜。也是由复合透镜组成。其作用是将物镜所成的实像连同十字丝放大成虚像。转动目镜对光螺旋,使成像清晰,称目镜对光。

（3）十字丝分划板。它安装在目镜筒内的一块平板玻璃圆片上，如图2-5所示。上面刻有两条互相垂直的细线，称为十字丝，竖直的称竖丝（或纵丝），水平的称为横丝（或中丝），竖丝用来瞄准目标，横丝用来读数。在横丝的上下还对称刻有两条平行的短丝，称为视距丝，简称上丝、下丝。视距丝的作用是可测定出水准仪到目标水准尺的水平距离。

十字丝交点与物镜光心的连线CC（图2-4）称为望远镜视准轴。视准轴的延长线就是瞄准目标时的视线。水准测量要求视线必须水平。

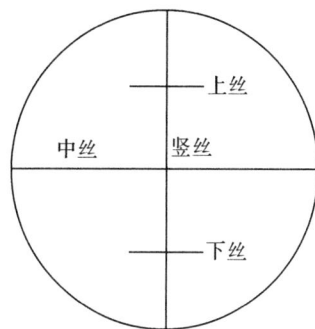

图2-5　十字丝分划板

2.水准器

水准器有圆水准器和管水准器两种。其作用是整平水准仪。

（1）圆水准器。圆水准器安装在水准仪基座上，作用是粗略整平水准仪，指示竖轴是否竖直。

圆水准器是密封的玻璃圆盒，内装酒精等液体而形成气泡。其内壁为球面，球面中央刻有圆指标圈，指标圈的中心就是圆水准器的零点。通过零点的球面法线称为圆水准器轴。如图2-6所示。

当圆水准器气泡居中时，该轴线处于竖直位置，即表示水准仪竖轴竖直。若气泡不居中，圆水准器轴线倾斜，即表示水准仪竖轴不竖直。

当气泡中心偏移零点2mm时，其圆弧所对应的圆心角，称为圆水准器的分划值。其值一般为$(8' \sim 10')/2\text{mm}$，精度较低。

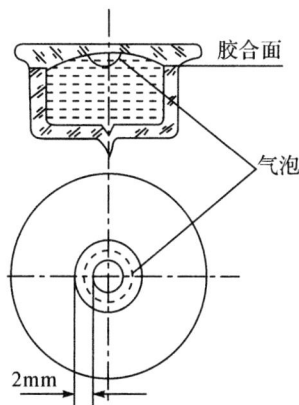

图2-6　圆水准器轴示意

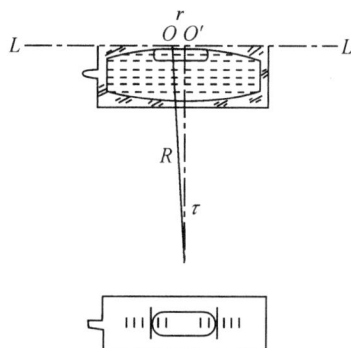

图2-7　水准管轴示意

（2）管水准器（又称水准管）。管水准器安装在望远镜的左侧面，作用是精确整平水准仪，指示视准轴是否水平。

管水准器由带有一定弧度的玻璃管制成，里面封装了酒精和乙醚的混合液并形成气泡。气泡比液体轻，所以气泡始终处于管内最高位置。管水准器刻有间隔为2mm的分划线，分划线的中点O称为水准管零点。

过水准管零点O与圆弧纵向相切的切线LL，称为水准管轴。如图2-7所示。

当水准管的气泡居中时，说明水准管轴处于水平位置。水准管圆弧2mm所对应的圆心角称为水准管分划值。其分划值为 $20''/2mm$，精度较高。

为了提高目估水准管气泡居中的精度及便于观测，DS3 型微倾式水准仪在水准管的上方安装了一组符合棱镜，如图 2-8(a)所示，通过符合棱镜的反射作用，使气泡两端的像反映在目镜左侧的气泡观察窗中。若气泡两端的半像吻合成光滑的抛物线(又称 U 线)，就表示气泡居中。若抛物线错开或无抛物线，则表示气泡不居中，必须调节，如图 2-8(b)所示。具有这种符合棱镜装置的管水准器称为符合水准器。

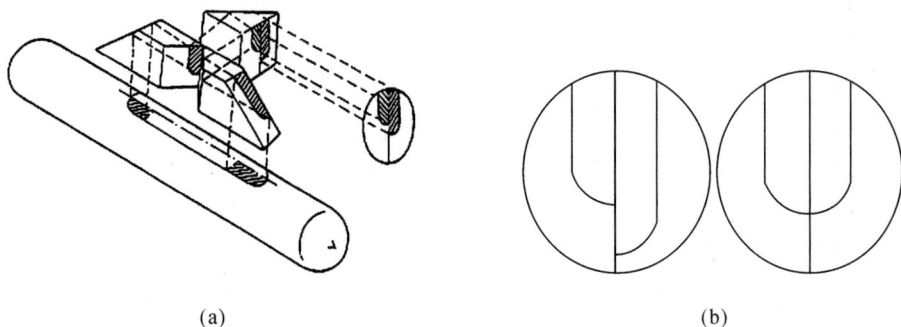

(a)   (b)

图 2-8　符合水准器

3.基座

基座主要由轴座、脚螺旋和连接板构成。它的作用一是支撑仪器的上部并通过连接螺杆与三脚架连接，二是转动脚螺旋使圆水准器气泡居中。

(三)水准尺和尺垫

水准测量的主要工具为水准尺和尺垫。

1.水准尺(也称水准标尺)

水准尺常用铝合金或木质材质，有塔尺、双面水准尺等。水准尺的作用是供水准仪读取尺上读数。

(1)塔尺。其长度一般为 5m，分 4～5 节套接而成。如图 2-9 所示。

塔尺度量方法与一般尺相似。尺的底部为零，尺上有"E"字形黑白格或红白格相间分划，分划线宽度为 1cm，一个"E"距离为 5cm。也有分划线宽度为 5mm 的。塔尺在米和整分米处有注记。超过 1m 时，在注记上标小圆点，有多少整米就标多少个小圆点。为了近距离测量方便，有的塔尺有一面整尺标注到毫米为止。

塔尺有携带方便、读数简捷的优势。但使用时接头位置必须对准，否则严重影响精度，且接头处容易损坏。所以塔尺仅用于等外水准测量，在一般工程测量中使用较普遍。

(2)双面水准尺(也称双面尺)。其长度一般为 2m 或 3m，尺的两面均有"E"字形分划，分划线宽度为 1cm。黑白相间的一面称黑面尺(也称主尺)，红白相间的一面称红面尺(也称辅尺)。如图 2-10 所示。

双面尺一般两根一组成对使用，黑面尺的尺底部都为零，红面尺的尺底部分别从 4.687m 或 4.787m 起算。其作用是便于检验读数的正确性。双面水准尺多用于三、四等水准测量。

图 2-9　塔尺

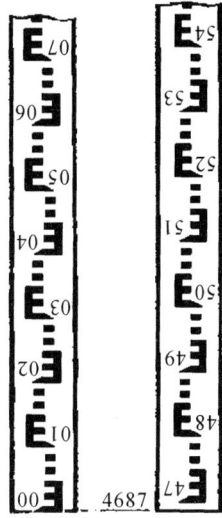

图 2-10　双面水准尺

2.尺垫

尺垫用生铁铸成,一般为三角形,中央有一突起的半球体,下方有三个支脚。如图 2-11 所示。

图 2-11　尺垫

尺垫在使用时先用脚踏实,再将水准尺竖立在半球形突起的顶点。尺垫的作用是作为标志点或在转点处立水准尺,以防水准尺下沉和转向时改变位置。

注意:已知高程点和待测高程点上不能放尺垫。

三、光学水准仪使用

DS3 型微倾式水准仪的操作程序分为安置仪器、粗略整平、瞄准水准尺、精确整平、读数五个步骤。

（一）安置仪器

安置仪器是将仪器正确安装在可伸缩的三脚架上并置于两观测点之间。如图 2-12 所示。

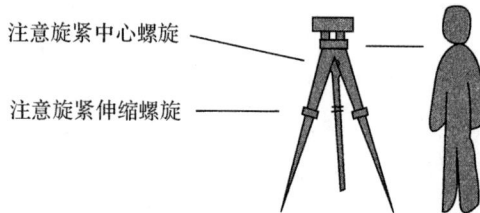

注意旋紧中心螺旋
注意旋紧伸缩螺旋

图 2-12　水准仪安置方法

（1）在前后视距离约等处确定安置仪器的位置，设立测站（即测量时仪器的设置点）。

（2）松开三脚架伸缩螺旋，合拢三脚架调整高度约与操作者的肩齐平，再旋紧伸缩螺旋。

（3）打开三脚架，高度合适，估计水准仪在架头上的视线与操作者眼睛高度相近。目估架头大致水平，踩实三脚架的三个脚尖。

（4）打开仪器箱，取出仪器安置在架头上，旋紧连接螺旋。

（二）粗略整平（简称粗平）

粗平是调节脚螺旋，达到使圆水准气泡居中、仪器的视线粗略水平的目的。

（1）旋转望远镜使圆水准器位于 1、2 脚螺旋中间。

（2）用双手根据规则以相对或相反的方向调节 1、2 脚螺旋使气泡运动到 1、2 脚螺旋的大致中垂线上。如图 2-13(a)所示。

（3）调节第 3 个脚螺旋使气泡居中。如图 2-13(b)所示。

粗平调节规则是：气泡的运动方向与左手大拇指运动方向相同，与右手大拇指运动方向相反。

（4）重复以上操作，直至转动望远镜在任何方向时气泡都居中为止。

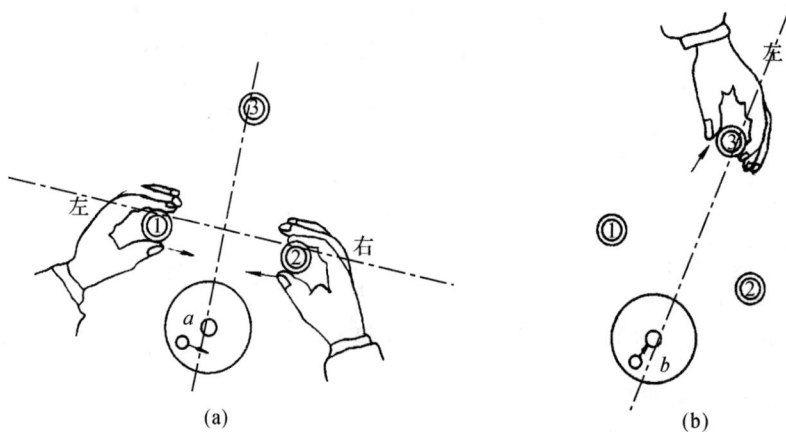

(a)　　　(b)

图 2-13　粗略整平基本方法

（三）瞄准水准尺

调节望远镜有关部件，达到准确瞄准目标（水准尺）的目的。

（1）目镜调焦。把望远镜对着明亮的背景，转动目镜对光螺旋，使十字丝清晰。

（2）粗瞄目标。松开制动螺旋，并以制动螺旋为把手，转动望远镜，用望远镜筒上的缺口和准星瞄准目标水准尺，轻轻旋紧制动螺旋。

（3）物镜调焦。从望远镜中观察，转动物镜对光螺旋使水准尺清晰。

（4）精确瞄准。转动微动螺旋，使十字丝竖丝照准水准尺中央或边缘。如图 2-14 所示。

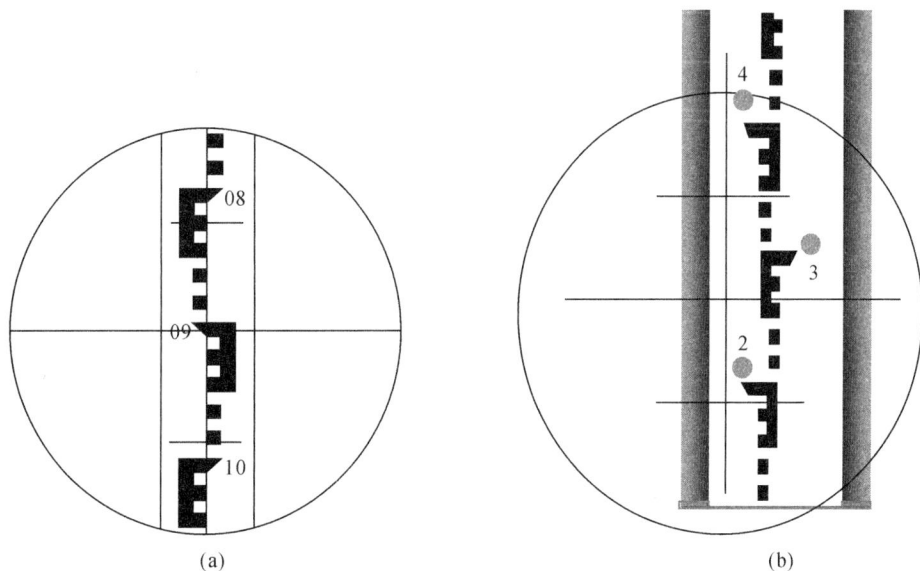

图 2-14　瞄准水准尺与读数

（5）消除视差。眼睛在目镜端上下微微移动，若发现十字丝横丝在水准尺上的读数也随之变化，则这种现象称为视差。

产生视差的原因是由于调焦部件没有配合好，使水准尺像与十字丝平面不重合而产生。如图 2-15(a) 所示。

视差会产生明显的读数误差，所以必须消除。消除的方法是仔细调节目镜对光螺旋和物镜对光螺旋，直到眼睛上下移动而读数不变为止。如图 2-15(b) 所示。

图 2-15　视差及消除视差

（四）精确整平（简称精平）

精平是调节微倾螺旋，达到水准管气泡居中、视线精确水平的目的。

眼睛观察符合气泡观察窗口,右手转动微倾螺旋,使气泡两端的像形成光滑的 U 线,说明仪器可提供水平视线,满足水准测量原理的要求。如图 2-16(a)所示。

若气泡两端的像不吻合,说明视线不水平。这时必须调节微倾螺旋,使气泡两端的像吻合,如图 2-16(b)所示。

注意:气泡左半部分的移动方向,总与右手大拇指转动方向一致。

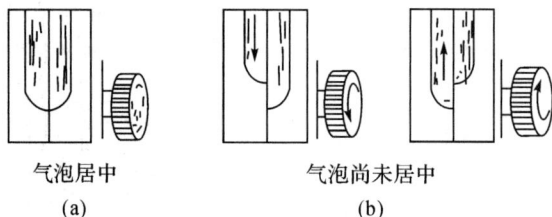

气泡居中　　　　　　气泡尚未居中
(a)　　　　　　　　(b)

图 2-16　精确整平的基本方法

(五)读数

读数是观察十字丝上的物像,达到用十字丝横丝截读水准尺上读数的目的。

当水准仪已经精平,立即用十字丝横丝读取水准尺读数。读数时应从小数往大数方向读。如果是倒像望远镜,则从上往下读;反之,正像望远镜,则从下往上读。直接读取米、分米、厘米,估读毫米,共计四位数。如图 2-14(a)所示,十字丝横丝读数为 0.907m,而不要错读为 1.093m。如图 2-14(b)所示,十字丝横丝读数为 1.263m,而不要错读为 1.337m。

注意:每次读数前必须精平,读数后再检查精平,如水准管气泡不居中,应重新精平后再读数。

📓知识实训

实训任务一　水准仪的认识和使用

一、实训的目的和意义

熟悉 DS3 型微倾式水准仪的构造和使用方法,掌握水准测量工作的基本操作技能,培养集体配合、协调作业等团队合作的意识。

二、实训的仪器和工具

每组配 DS3 型微倾式水准仪 1 台、三脚架 1 个、水准尺(塔尺)1 根、记录板 1 块及 2H 铅笔 1 支、记录表 1 只、遮阳伞 1 把等。

三、实训的任务和要求

(1)对照仪器了解水准仪构造,熟练确认各部件的名称、位置、作用和调节方法。
(2)练习水准仪的安置和水准仪整平、瞄准与读数。

(3)分别对 4～5 根有一定高差的水准尺进行观测,计算各立尺点的高差,并做好记录。

(4)高差测量读数误差控制在±5mm 内。

(5)高差计算、记录表实训结束时上交。

四、实训的方法和步骤

(一)水准仪的使用

1. 安置仪器

在选定的测站上松开脚架伸缩螺旋,竖直合拢架高与操作者肩齐平,将螺旋拧紧。先安放脚架的一脚,手执另两只脚,移动至三脚架架头大致水平,放下,把三脚架的脚尖踩入土中。然后一手握住仪器,一手将三脚架架头的连接螺旋旋入仪器基座内,拧紧。

2. 认识仪器与工具

认识水准仪的构造,了解各部件名称、位置、作用和使用方法。同时熟悉水准尺的分划注记。

前面图 2-3 为 DS3 型微倾式水准仪的外形及各部件名称,对照仪器的实物,按图找到各个部件,熟悉名称,了解它们的作用并试试调节方法。

3. 粗略整平

(1)操作者双手各执一脚螺旋(第三只脚螺旋居于操作者正前方)。双手同时向内(或向外)旋转脚螺旋。根据气泡移动方向规律使圆水准器气泡移动至两脚螺旋连线方向的中点。

(2)旋转第三只脚螺旋,使气泡居中。

若气泡仍有偏离,应重复以上操作至气泡居中。

4. 瞄准水准尺

(1)首先进行目镜对光,即把望远镜对向明亮的背景,转动目镜对光螺旋,使十字丝清晰。

(2)转动望远镜,通过望远镜上的缺口和准星初步瞄准水准尺,旋紧制动螺旋。

(3)从望远镜目镜中进行观察,转动物镜对光螺旋进行对光,使水准尺影像清晰,再转动微动螺旋,使水准尺成像在十字丝交点处或一侧依靠十字丝纵丝。

(4)眼睛在目镜前略作上下移动,检查十字丝与水准尺分划像之间是否有相对移动(即视差),如果存在视差,则重新进行目镜调焦与物镜调焦,以消除视差。

5. 精平

从目镜旁的气泡观测窗观察气泡的移动,如图 2-15 所示。转动微倾螺旋使两端气泡吻合,水准管气泡居中,即表示视线处于水平状态。掌握微倾螺旋转动方向与水准管气泡左侧影像移动的一致性规律,可以使操作既快又准。

6. 读数

精平完成后,立即用十字丝横丝在水准尺上读取米、分米、厘米,估读毫米,即读出四位有效数字。读数应从小的注记数字往大的注记数字方向读。对于倒像望远镜,则是从上往下读至横丝。

(二)测站高差测量练习步骤

(1)每组按每人至少观测 1 根的要求,有序地观测 3～5 根高度不同的水准尺(水准尺各组共用)。要求水准尺与仪器的距离大致相等。

(2)以第 1 根水准尺为后视尺,其余为前视尺的方法有序地进行高差测量,数据记入表 2-1 中相关栏目内,并计算高差。高差测量读数误差不超过±5mm。

表 2-1 水准测量读数练习

组别:　　　　观测:　　　　记录:　　　　立尺:

站　测	点　测	水准尺读数/m		高差/m		备　注
		后视(a)	前视(b)	＋	－	
计算 检核	$\sum$					
		$\sum a - \sum b =$		$\sum h =$		

五、实训的注意事项

(1)水准仪箱放地上,开箱后先看清仪器放置情况,再用双手取出仪器并随手关箱。

(2)装箱时先松开制动螺旋,按取出时的位置放回,试着合上箱盖,不可用力过猛,防止损坏仪器。

(3)任何时候都禁止坐在仪器箱上。

(4)三脚架应支在平坦、坚固的地面上,架设高度应适中,架头应大致水平,架腿固定螺旋应紧固,整个三脚架应稳定。

(5)水准仪安放到三脚架上必须立即将中心连接螺旋旋紧,防止仪器脱落。

(6)水准仪是精密仪器,在转动各部件、各螺旋时,动作要轻而平稳,绝不可粗暴地快速旋转。旋螺旋时最好使用螺旋运行的中间位置。

(7)读数时不要忘记消除视差与精平,不能用脚螺旋调整精平。

(8)从水准尺上读数必须为四位数。不到 1m 的读数,前面以零补齐;整米、分米、厘米的读数,后面相应的位数也以零补齐。

(9)做到边观测、边记录、边计算。记录者要清晰复述观测者的报数。

(10)在记录表格中,要求字迹工整、清晰,不得涂改。数字、文字应记在表格相应栏内靠下方。如需修改,应用双实线段把错误处划去,在其上方写上正确内容。

(11)立尺者应站在水准尺后,双手扶尺,以使尺身保持竖直。

(12)发现异常情况应及时向指导老师汇报,不得擅自处理。

项目二　普通水准测量的实测方法

问题提出

有一项建筑工程需进行开工前的实地勘察,测出拟建场地部分特征点的高程。王新随师傅等3人领取了这项工作,师傅给了他几份标有水准点、特征点的图纸,问他怎么测? 王新研究了半天,回答师傅说:"从图纸的比例尺可以看出,水准点离工地有 2km 距离,水准仪望远镜看不了这么远的,高程测不了。是不是还有更近点的已知点? 我们在学校里测高程实训距离就几百米。"王新的看法对吗?

提示与分析

水准仪一次可看清楚的距离一般在 100m 内,根据水准测量原理,可以推算出近距离的待测点高程。这一点王新说得不错,值得肯定。如果再进一步思考,如果第一次测出的待测点高程以已知高程看待呢,那像不像蹬自行车的链条,一直到你的目的地呢?

知识链接

一、水准点与水准路线

若需测出待测点的高程,必须有已知高程点作为参照,而如何获得已知点的高程呢? 先要知道水准点在何处,高程是多少,然后还要考虑选择哪种测量路线最合适。

（一）水准点

用水准测量方法测定的高程控制点称为水准点。常用"BM"表示。水准点是引测高程的依据,它一般分为永久性水准点和临时性水准点两大类。国家等级水准点是永久性水准点,是在控制点处设立永久性的水准点标石,标石埋设于地下一定深度,顶部嵌有金属或瓷质的标志。如图 2-17(a)、(b)所示。在城镇居民区,也可以采用把金属标志嵌在墙上的"墙脚水准点"。如图 2-17(c)所示。

目前,水准点标志采用的材质多为不锈钢,标牌刻上单位名称或编号,以起到警示作用。

临时性水准点则可用简便的方法来设立,如在坚硬岩石上或在房屋勒脚、台阶上等用油漆或刻划作标志。

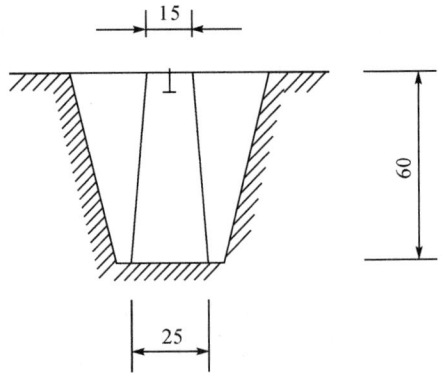

（a）二、三等水准点标石埋设　　　　　　（b）四等水准点标石埋设

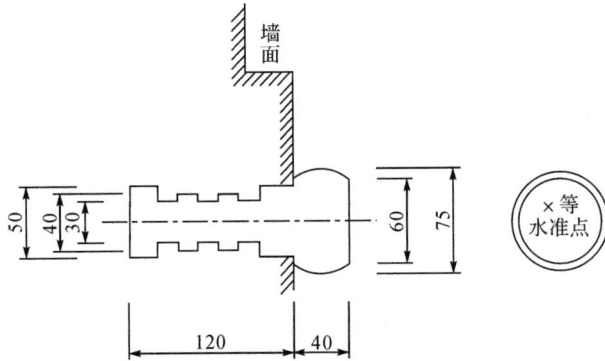

（c）墙脚水准点标石埋设

图 2-17　水准点标石埋没

　　建筑工地上的永久性水准点一般用混凝土或钢筋混凝土制成,可参照四等水准点埋石形式。如图 2-18(a)所示。临时性水准点可用木桩,在木桩顶钉一半球状铁钉作为标志。如图 2-18(b)所示。或者用直径为 14～20mm,长度为 30～40cm 的普通钢筋,在距底端约 5cm 处弯成钩状,打入土中,再在周围堆混凝土加以保护。

(a)永久性水准点　　　　　　　　　　(b)临时性水准点

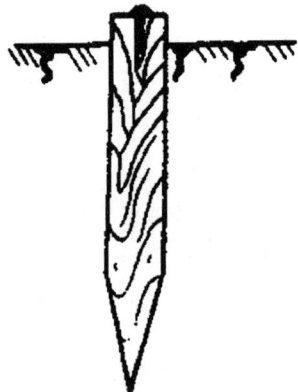

图 2-18　建筑工地上的水准点埋设

埋设水准点后,在记录本中绘制水准点与附近固定建筑物或其他地物的关系图,还要写明水准点的编号和高程,称为点之记,如图 2-19 所示。实践经验表明,正确的点之记在日后的工程上需要寻找水准点位置时是非常有用的。

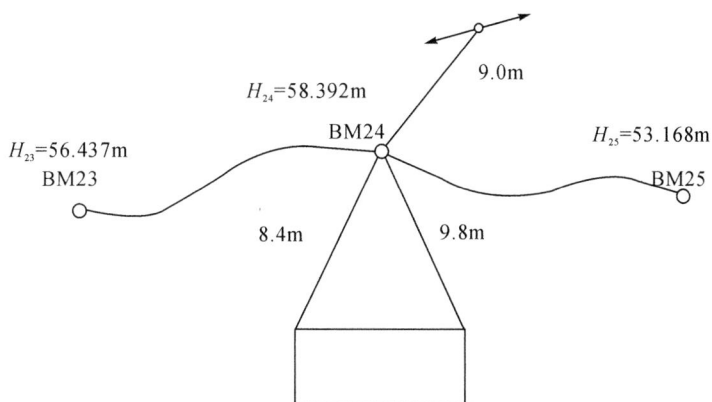

$H_{24}=58.392\text{m}$
9.0m
$H_{23}=56.437\text{m}$
BM23
BM24
$H_{25}=53.168\text{m}$
BM25
8.4m 9.8m

图 2-19　点之记

（二）水准路线

水准测量的主要目的是从已知水准点引测出其他水准点或地面点的高程。在水准测量前先拟定水准路线,即水准测量所经过的路线。采用水准路线的方法进行测量有什么实际意义?按照规范要求选择恰当的水准路线可以检核测量过程中存在的问题,避免误差积累,保证测量精度,提高测量效率。

水准路线的布置有以下几种形式可以选择。

1.附合水准路线

从一个已知高程的水准点出发,沿各个待测点路线进行水准测量,最后连测到另一已知高程的水准点上,这样的水准路线称为附合水准路线。如图 2-20(a)所示。

2.环线水准路线

从一个已知高程的水准点出发,沿各个待测点路线进行水准测量,最后测回到原来的水准点上,这样的水准路线称为环线水准路线。如图 2-20(b)所示。

3.支水准路线

从一个已知高程的水准点出发,沿各个待测点路线进行水准测量,最后既不附合也不闭合,这样的水准路线称为支水准路线。这种形式的水准路线由于不能对测量成果自行检核,因此必须进行往测和返测,而且,路线不宜太长,待测点一般不超过 2 个。如图 2-20(c)所示。

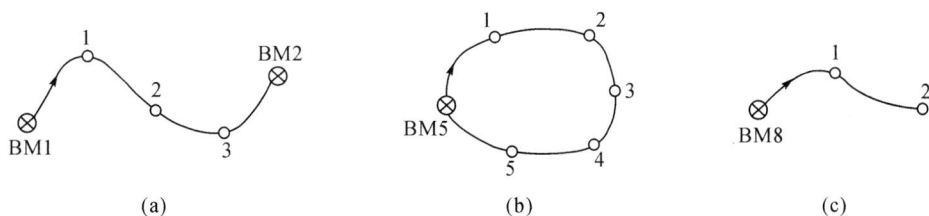

图 2-20　水准路线的布置形式

二、水准测量的野外作业

要完成水准路线的测量一般由多个简单水准测量或复合水准测量组合而成,施测的整个环节通俗分为野外作业(简称外业)和室内作业(简称内业)。水准测量的外业是指在现场进行的水准测量方案设计、踏勘、观测、记录、计算等工作。

(一)简单水准测量施测程序

简单水准测量是指用一个测站就可以测出各待测点高程的水准测量工作。

它常用于已知水准点到待测点距离较近(不超过 200m)、高差较小(不超过水准尺长)及通视良好的情况。可根据具体要求选择高差法或视线高法进行施测。

其基本程序如下:

(1)在已知水准点 BM_A 上立水准尺,作为后视尺;在待测点 B 上立水准尺,作为前视尺。

(2)在前后视等距的测站上安置好仪器,进行粗略整平,使圆水准器气泡居中。

(3)用望远镜照准后视尺,注意消除视差。

(4)转动微倾螺旋使水准管气泡居中,立即用横丝读取后视读数 a,检查精平无误后把后视读数 a 记入手簿。

(5)松开制动螺旋,转动望远镜照准前视尺,参照操作步骤(3)、(4),读取前视读数 b,并把前视读数 b 记入手簿。

注意:从测后视读数转到测前视读数绝不可以再粗平。

(6)数据检查无误后,计算高差 $h=a-b$ 或视线高 $H_i=H_A+a$,推算出待测点高程 $H_B=H_A+h$ 或 $H_B=H_i-b$。

(二)复合水准测量施测程序

在水准测量中,如果已知水准点与待测点间相距较远、高差较大或不能通视,安置一次水准仪不能测定两点之间的高差,必须设置若干个转点,将距离分成若干个测段,然后连续多次安置仪器,重复简单水准测量过程,测出待测点的高程,这样的水准测量称为复合水准测量。如图 2-21 所示。

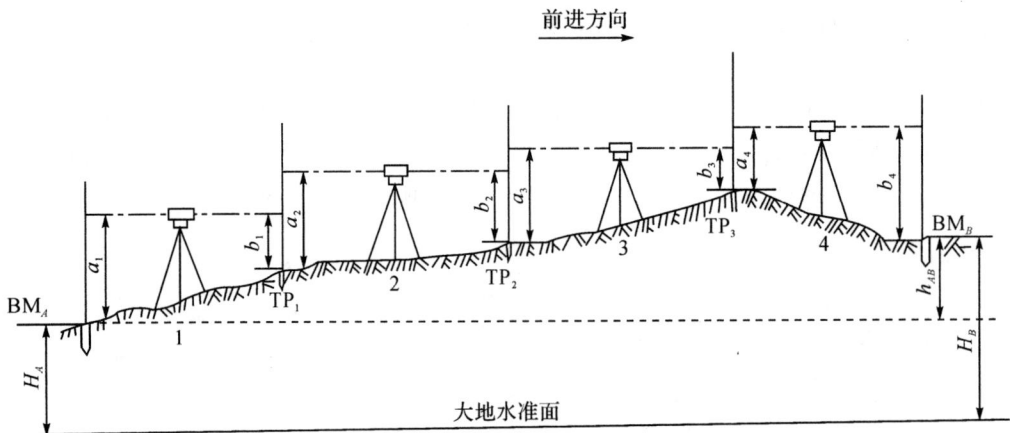

图 2-21 复合水准测量

在复合水准测量中一般都会设置转点,转点是指在水准测量中,为传递高程所设的临时立尺点。用"TP"表示。

复合水准测量的基本程序如下:

(1)选择好转点,确定测站,立水准尺。在合适地方设置 TP_1,放上尺垫作为临时标志。在 BM_A 与 TP_1 的等距位置设测站1,安置好水准仪,在 BM_A 与 TP_1 上垂直竖立水准尺。

(2)按简单水准测量方法操作,分别读取 BM_A 与 TP_1 的水准尺读数,作为后视读数与前视读数记入手簿,并计算出这两点间的高差。

(3)仪器迁到测站2,保持 TP_1 上水准尺不动,仅把尺面转向前进方向,正确读数,作为后视读数记入手簿;再移动水准尺到 TP_2,正确读数,作为前视读数记入手簿,并计算出这两点间的高差。

(4)再把仪器迁到测站3,依次连续进行,直至测出 B 点上的前视读数为止。

(5)数据检查无误后,利用已计算的高差或视线高,推算出 B 点高程。

(三)记录、计算与检核

外业的目的是为了获取有关地面点位置的数据,良好的记录、计算能力是保证原始数据正确、可靠,提高外业效率的关键。

1.高差法的记录、计算与检核

【例2】 如图2-22所示,由高程为20.450m的已知水准点 BM_A,需在施工场地引测待测点 B、C、D 等的高程,根据地形和距离情况需在中间设若干转点进行高程传递。具体的记录、计算与检核格式见表2-2。

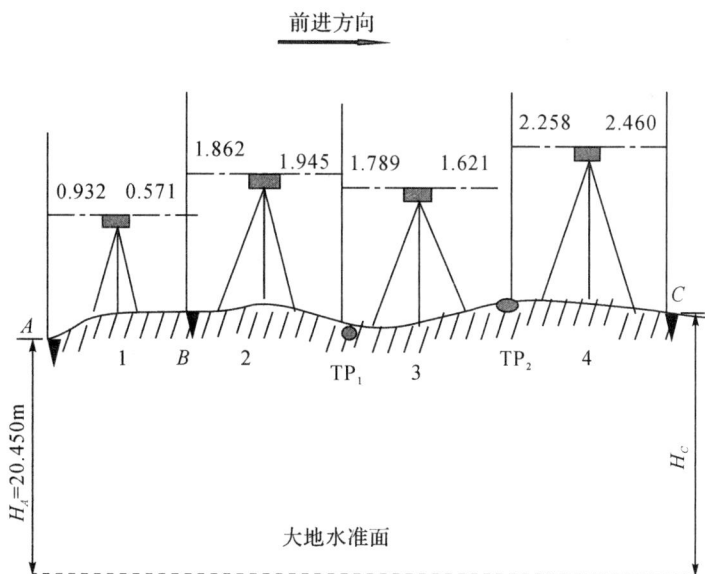

图2-22 高差法测待测点高程

表 2-2　水准测量手簿（高差法）

测　站	测　点	水准尺读数/m		高差/m		高程/m	备　注
		后视	前视	＋	－		
1	BM_A	0.932		0.361		20.450	已知
	B		0.571			20.811	
2	B	1.862			0.083		
	TP_1		1.945				
3	TP_1	1.789		0.168			
	TP_2		1.621				
4	TP_2	2.258			0.202		
	C		2.460			20.694	
计算检核	$\sum$	6.841	6.597	0.529	0.285		
	$\sum a-\sum b=+0.244$			$\sum h=+0.244$		$H_C-H_A=+0.244$	

注意：观测所得的每一个读数应由记录员回报后立即记入手簿，记录时应注意把读数填写在相应的栏内中间偏下的位置。

例如，在测站 1 时，起点 A 上所得水准尺读数 0.932m 应记入该点的后视读数栏内，在待测点 B 所得读数 0.571m 应记入 B 点的前视读数栏内。随即计算高差：

$$h_{AB}=a_1-b_1=0.932-0.571=+0.361(\text{m})$$

把结果记入相应的高差栏内。并计算待测点 B 的高程：

$$H_B=H_A+h_{AB}=20.450+0.361=20.811(\text{m})$$

把结果记入相应的高程栏内。

在测站 2 时，后视点 B 上所得水准尺读数 1.862m 应记入 B 点的后视读数栏内，照准转点 TP_1 所得读数 1.945m 应记入 TP_1 的前视读数栏内。随即计算高差：

$$h_{B1}=a_2-b_2=1.862-1.945=-0.083(\text{m})$$

把结果记入高差栏内。但不必计算转点 TP_1 的高程。因为大多数转点只是临时设定的标志点，所以各转点的高程一般不需计算。

以后各测站观测所得均按同样方法记录和计算。

在每一测段结束或手簿上每一页结束后，必须进行计算检核。检核方法如下：

要求 $\sum a-\sum b=\sum h=H_{终}-H_{始}$，即后视读数之和减去前视读数之和等于各测站高差之和并等于终点高程减起点高程。检查该三项数值，如果相等，说明计算正确；如果不相等，则计算中必有错误，分项检查并纠正错误。

但需强调的是：这种检核只能检查计算过程有无错误，而无法检查测量过程中所产生的错误，如读错、记错等。大家可以在前、后视中随便换一个数字看看检核结果如何。下述的视线高法的检核情况也如此。

2. 视线高法的记录、计算与检核

【例3】 如图 2-23 所示，由高程为 50.118m 的已知水准点 BM_A，需在施工场地引测待测点 M、N、B 等的高程。根据地形和距离情况利用视线高法进行高程测量可以提高效率。

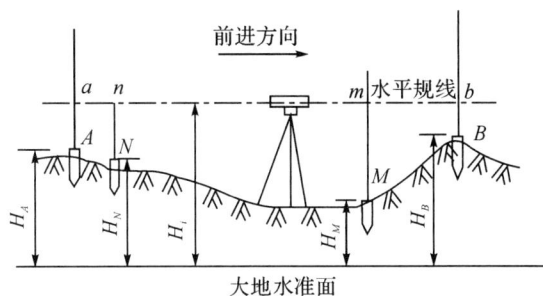

图 2-23 视线高法测高程

需注意的是：M、N 点只有前视读数，没有后视读数，所以称中间点，它是待测点，但不是转点。在前视观测时，先观测转点，后观测中间点。具体的记录与检核见表 2-3。

表 2-3 水准测量手簿（视线高法）

测 站	测 点	后视读数 a/m	视线高 H_i/m	前视读数/m 转点 b	中间点	高程/m	备 注
1	BM_A	1.073	51.191			50.118	已知
	N				1.224	49.967	
	M				1.657	49.534	
	B			0.697		50.494	
计算检核	$\sum$	1.073		0.697			
	$\sum a - \sum b = 1.073 - 0.697 = +0.376 \qquad H_B - H_A = 50.494 - 50.118 = +0.376$						

计算过程如下：

$H_i = H_A + a = 50.118 + 1.073 = 51.191(m)$

$H_N = H_i - b_N = 51.191 - 1.224 = 49.967(m)$

$H_M = H_i - b_M = 51.191 - 1.657 = 49.534(m)$

$H_B = H_i - b_B = 51.191 - 0.697 = 50.494(m)$

检核时，要求 $\sum a - \sum b = H_B - H_A$。

（四）测站检核

如需检查测站发生的误差，则必须进行测站检核。它可防止因某个测站发生较大误差而导致整个水准路线结果无效。可采用的方法如下。

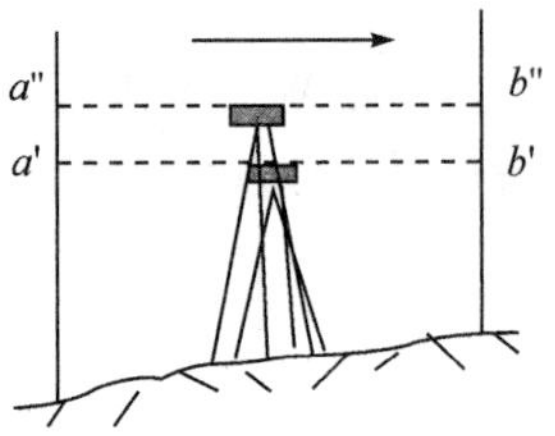

图 2-24 两次仪器高法测高差

1. 两次仪器高法

该方法是指同一测站用两次不同的仪器高度,测得两次高差相互比较从而达到检核目的的方法。即测得第一次高差后,改变仪器高度 10cm 以上,重新安置水准仪,再测一次高差。如图 2-24 所示。对于普通水准测量,当两次所得高差之差小于 5mm 时可认为合格,取其平均值作为该测站所得高差,否则应重测。

2. 双面尺法

该方法是指仪器高度不变,立在后视点和前视点上的双面尺分别用黑面和红面各进行一次读数,测得两次高差相互比较从而达到检核目的的方法。即读取后视、前视尺的黑面和红面中丝读数,黑面读数算出一个高差,红面读数算出另一个高差,扣除一对双面尺的常数差后,两个高差之差小于 5mm 时认为合格,取其平均值作为该测站所得高差,否则应重测。

三、水准测量的室内作业

水准测量的室内作业是指通过数据处理等工作,对水准路线外业工作的结果进行计算、检核,保证水准测量成果的正确性。基本程序如下。

（一）高差闭合差的计算

1. 附合水准路线

为使外业的测量成果得到可靠的检核,根据规范要求,可以把水准路线布设成附合水准路线。对于附合水准路线,理论上在两已知高程水准点间所测得的各站高差之和应等于起点与终点两水准点间高程之差。即 $\sum h_{理} = H_{终} - H_{起}$。如果实际测得的高差与理论高差不相等,其差值称为高差闭合差,用 f_h 表示。附合水准路线的高差闭合差为

$$f_h = \sum h_{测} - \sum h_{理} = \sum h_{测} - (H_{终} - H_{起}) \tag{2-5}$$

2. 环线水准路线

环线水准路线也可对外业的测量成果进行检核。对于环线水准路线,因为它起止于同一个点,所以理论上全路线各测点高差之和应等于零,即 $\sum h_{理} = 0$。如果实际测得的高差之和不等于零,则其差值即 $\sum h_{测}$ 就是环线水准路线的高差闭合差,即

$$f_h = \sum h_{测} - \sum h_{理} = \sum h_{测} \tag{2-6}$$

3. 支水准路线

支水准路线必须在起终点间用往、返测进行检核。理论上往、返测所得高差是:绝对值应相等,符号相反。换言之:往、返测高差的代数和应等于零,即 $\sum h_{往} = -\sum h_{返}$。如果往、返测高差的代数和不等于零,其值即为支水准路线的高差闭合差,即

$$f_h = \sum h_{往} + \sum h_{返} \tag{2-7}$$

（二）高差闭合差容许值的计算

高差闭合差的大小反映了测量成果的精度。在各种等级的水准测量中,规定了高差闭合差的限值,即高差闭合差容许值,用 $f_{h容}$ 表示。普通水准测量的高差闭合差允许值为

$$\left.\begin{array}{l} 平地\ f_{h容} = \pm 40\sqrt{L} \\ 山地\ f_{h容} = \pm 12\sqrt{n} \end{array}\right\} \tag{2-8}$$

式中:L 为水准路线的长度,km;n 为测站数。$f_{h容}$ 单位为 mm。

平地公式精度要求比山地的高,为了保证测量精度,当每千米的测站数 $n \geqslant 16$ 个时,才允许用山地公式进行判断。

比较 f_h 与 $f_{h容}$ 的绝对值大小,当 $|f_h| \leqslant |f_{h容}|$ 时,表示水准路线外业施测精度满足要求,可以进行高差闭合差的调整,否则应对外业资料进行检查,甚至返工重测。

（三）高差闭合差的调整和高程的计算

当实测的高差闭合差在容许值以内时,应调整高差闭合差并分配到各测段的高差上。一般认为水准测量的误差随水准路线的长度或测站数的增加而增加,所以调整的原则是:把闭合差以相反的符号,按各测段路线的长度或测站数成正比的方法分配到各测段的高差上,这分配的值称为高差改正数。各测段高差的改正数公式为

$$v_i = -\frac{f_h}{\sum L_i} \cdot L_i \tag{2-9}$$

或

$$v_i = -\frac{f_h}{\sum n_i} \cdot n_i \tag{2-10}$$

式中:L_i 和 n_i 分别为各测段路线之长和测站数;$\sum L_i$ 和 $\sum n_i$ 分别为水准路线总长和测站总数。

【例4】 某普通环线水准路线,经过外业施测,结果如图 2-25 所示,水准测量观测的各段高差及路线长度标注在图中,1、2、3 点为待测高程点,已知水准点 BM_A 的高程为 10.000m,试在表 2-4 中填写有关计算结果。

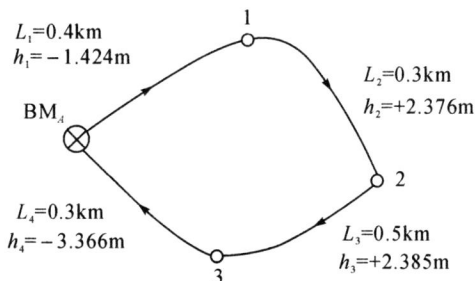

图 2-25 普通环线水准路线施测

表 2-4　环线水准路线成果计算

点　名	距离/km	高差/m	改正数/mm	改正后高差/m	高程/m	备　注
B	0.4	−1.424	+8	−1.416	10.000	
1					8.584	
	0.3	+2.376	+6	+2.382		
2					10.966	
	0.5	+2.385	+9	+2.394		
3					13.360	
B	0.3	−3.366	+6	−3.360	10.000	
$\sum$	1.5	−0.029	+29	0		
辅助计算	$f_h = \sum h_测 = -29(\text{mm}) \quad f_{h容} = \pm 40\sqrt{L} = \pm 49(\text{mm})$ 所以 $\|f_h\| < \|f_{h容}\|$，说明外业观测成果合格 每千米的改正数 $= -\dfrac{f_h}{\sum L} = -\dfrac{-29}{1.5} = +19.3(\text{mm})，\sum v = +29(\text{mm})$					

解算如下：

【解】

(1)计算高差闭合差：

$$f_h = \sum h_测 = (-1.424) + 2.376 + 2.385 + (-3.366)$$
$$= -0.029(\text{m}) = -29(\text{mm})$$

(2)判断外业测量精度结果：

$$f_{h容} = \pm 40\sqrt{L} = \pm 40\sqrt{1.5} = \pm 49(\text{mm})$$

因为 $\|f_h\| < \|f_{h容}\|$，其精度符合要求，可进行高差闭合差的分配。

(3)调整高差闭合差：

$$v_1 = -\frac{f_h}{\sum L} \cdot L_1 = -\frac{-29}{1.5} \times 0.4 = +8(\text{mm})$$

$$v_2 = -\frac{f_h}{\sum L} \cdot L_2 = -\frac{-29}{1.5} \times 0.3 = +6(\text{mm})$$

$$v_3 = -\frac{f_h}{\sum L} \cdot L_3 = -\frac{-29}{1.5} \times 0.5 = +9(\text{mm})$$

$$v_4 = -\frac{f_h}{\sum L} \cdot L_4 = -\frac{-29}{1.5} \times 0.3 = +6(\text{mm})$$

$$\sum v = -f_h = +0.029(\text{m}) = +29(\text{mm})$$

(4)计算各测段改正后高差：

$$h_{1改} = h_{1测} + v_1 = -1.424 + 0.008 = -1.416(\text{m})$$
$$h_{2改} = h_{2测} + v_2 = +2.376 + 0.006 = +2.382(\text{m})$$
$$h_{3改} = h_{3测} + v_3 = +2.385 + 0.009 = +2.394(\text{m})$$

$$h_{B改} = h_{4测} + v_4 = -3.366 + 0.006 = -3.360(\text{m})$$

$$\sum h_{改} = 0$$

（5）计算待定点高程：

$$H_1 = H_A + h_{1改} = 10.000 - 1.416 = 8.584(\text{m})$$

$$H_2 = H_1 + h_{2改} = 8.584 + 2.382 = 10.966(\text{m})$$

$$H_3 = H_2 + h_{3改} = 10.966 + 2.394 = 13.360(\text{m})$$

$$H_A = H_3 + h_{4改} = 13.360 - 3.360 = 10.000(\text{m})$$

【例5】 如表2-5所示，附合水准路线上共设置了5个水准点，各水准点间的距离和实测高差均列于表中。

表2-5 附合水准路线成果计算

点 名	测站数	高差 /m	改正数 /mm	改正后高差 /m	高程 /m	备 注
Ⅳ21	12	+1.241	-12	+1.229	63.475	已知
BM₁	13	+2.781	-13	+2.768	64.704	
BM₂	13	+3.244	-13	+3.231	67.472	
BM₃	14	+1.078	-14	+1.064	70.703	
BM₄	11	-0.062	-11	-0.073	71.767	
BM₅	12	-0.155	-12	-0.167	71.694	
Ⅳ22					71.527	已知
$\sum$	75	+8.127	-75	+8.052		
辅助计算	\multicolumn{6}{l}{$f_h = \sum h_{测} - (H_{终} - H_{起}) = +8.127 - (71.527 - 63.475) = +0.075(\text{m}) = +75(\text{mm})$ $f_{h容} = \pm 12\sqrt{n} = \pm 12\sqrt{75} = \pm 95(\text{mm})$，所以 $	f_h	<	f_{h容}	$，说明外业观测成果合格 每测站的改正数 $= -\dfrac{f_h}{\sum n} = -\dfrac{+75}{75} = -1(\text{mm})$，$\sum v = -75(\text{mm})$}

解算过程与闭合水准路线相近，只是计算 f_h 时的公式必须采用 $f_h = \sum h_{测} - (H_{终} - H_{起})$。

【例6】 在支水准路线 A、1两点间进行往、返水准测量，已知 $H_A = 8.475\text{m}$，$\sum h_{往} = +0.028\text{m}$，$\sum h_{返} = -0.018\text{m}$，$A$、1间线路长 $L = 3\text{km}$，求 B 点的高程。

解算如下：

【解】

（1）计算高差闭合差：

$$f_h = \sum h_{往} + \sum h_{返} = 0.028 - 0.018 = +0.010(\text{m}) = +10(\text{mm})$$

（2）判断外业测量精度结果：

$$f_{h容} = \pm 40\sqrt{L} = \pm 40\sqrt{3} = \pm 69(\text{mm}),$$

因为 $|f_h| < |f_{h容}|$，其精度符合要求，可进行高差闭合差的分配。

注意：运用公式判断 $f_{h容}$ 时，"L" 或 "n" 应取往测和返测的距离或测站总和的平均值。

（3）计算改正后高差：

取往测和返测的高差绝对值作为 A、1 两点间的高差，并与往测符号相同，则

改正后往测高差 $h_{A1} = \dfrac{h_{往} - h_{返}}{2} = \dfrac{+0.028 - (-0.018)}{2} = +0.023(\text{m})$

（4）计算待定点高程：

1 点高程 $H_1 = H_A + h_{A1} = 8.475 + 0.023 = 8.498(\text{m})$

四、水准测量误差分析

在各种高程测量的方法中，水准测量方法精度高，但也会产生误差。测量工作人员应尽可能防止或减少误差，提高水准测量的效率和质量。水准测量的误差有仪器和工具误差、观测误差、外界条件影响产生的误差等种类，现就水准测量误差情况进行分析，并提出采取相应措施加以消减或控制的方法，具体见表 2-6。

表 2-6　水准测量误差分析

水准测量主要误差种类		误差产生的原因	误差的影响结果	误差消减或控制方法
一、仪器和工具误差	1. 视准轴与水准管轴不平行的误差	水准管轴居于水平位置，视准轴不水平	导致读数不正确；误差程度与视距长度成正比	前、后视距离相等；测距不超规范
	2. 水准尺零点误差	尺的零刻划位置不准确或尺底磨损	导致读数不正确	一测段内，两根水准尺前、后视轮换使用，并把测段站数设成偶数
	3. 水准尺尺长误差	尺长变化、尺身弯曲、刻划不匀	导致读数不正确	选用合格水准尺；对尺进行检验；并把测段站数设成偶数
二、观测误差	1. 水准管气泡居中误差	水准管气泡未居中，造成望远镜视准轴倾斜	误差与水准管的灵敏度有关；读数误差与视线长度成正比	严格精平；测距不超规范
	2. 视差误差	当尺像与十字丝平面不重合时，读数有变化	导致读数不正确	读数前，仔细进行物镜、目镜对光
	3. 估读误差	估读毫米时，与人眼分辨能力、望远镜的放大倍率及视线长度有关	导致读数不正确	正确估读；选用望远镜的放大倍率高的仪器；测距不超规范
	4. 水准尺倾斜误差	水准尺左右或前后倾斜	使读数增大	竖直水准尺。两手松开，尺子不倒说明水准尺基本垂直；读取最小数值

水准测量主要误差种类		误差产生的原因	误差的影响结果	误差消减或控制方法
三、外界条件影响产生的误差	1.仪器下沉误差	在一测站上读的后视读数和前视读数之间仪器发生下沉	使得前视读数减小,算得的高差增大	踩紧脚架;减少观测时间;双面尺法或变动仪器高度法时,采用"后、前、前、后"的观测程序
	2.水准尺或尺垫下沉误差	仪器在迁站过程中,转点发生下沉	使迁站后的后视读数增大,算得的高差也增大	往、返测取中数;放置尺垫并踩实
	3.地球曲率和大气折光误差	曲率影响高差。由于空气的温度不均匀,会使光线发生折射,视线不是一条直线,使尺子读数漂移	以水平面代替水准面时所产生的误差要远大于测量误差	前后视距相等可消除;选择有利的时间
	4.大气温度和风力误差	温度的变化不仅引起大气折光的变化,而且当烈日照射水准管时,由于管壁和管内液体的受热不均,气泡向着温度更高的方向移动,从而影响居中	产生气泡居中误差。大气折光的变化。	打伞遮阳;选择好的天气,避免烈日和大风;视线离地不可过低

知识实训

实训任务二　普通水准测量(两次仪器高法)

一、实训的目的和意义

通过练习两次仪器高法的场地布设、施测、记录、计算、闭合差调整及高程计算,进一步理解水准测量原理,掌握路线水准测量的施测方法,理解边测量边检核的测量原则,控制水准测量误差的方法,进一步强化团队合作能力。

二、实训的仪器和工具

每组配 DS3 型微倾式水准仪 1 台、脚架 1 个、水准尺(塔尺)2 根、尺垫 2 个、记录板 1 块及 2H 铅笔 1 支、记录表 1 只、遮阳伞 1 把等。

三、实训的任务和要求

(1)学会在实地如何选择测站和转点,完成一条由 4～6 个点组成的环线水准路线的布设。

(2)各项操作轮流进行,每位组员至少独立完成一个测站的"两次仪器高法"观测操作内容。

(3)路线的高差闭合差 f_h 要符合 $f_{h容} = \pm 12\sqrt{n}$(mm)或 $f_{h容} = +40\sqrt{I}$(mm)的限差要求。

(4)实验结束后,以表格的形式上交本次实训的成果。

四、实训的方法和步骤

(1)场地布置。选一适当场地,布置成环线水准路线,其长度以安置 4～6 个测站、视线长度在 20～80m 为宜。各点之间最好有较明显的高差,如有需要中间可以设转点。并设 1 个坚实点作为已知高程点 A,高程假定为 10.000m。

(2)安置水准仪于 A 点和第一个待测点 B 大致等距离处,进行粗略整平。

(3)后视已知点 A 的水准尺,精平后读取后视读数 a',记入手簿(表 2-7)中;前视待测点 B 的水准尺,精平后读取前视读数 b',记入手簿中。

(4)改变水准仪高度 10cm 以上,重新安置仪器。在后视 A 点的水准尺,精平后读取后视读数 a'',记入手簿;前视 B 点的水准尺,精平后读取前视读数 b'',记入手簿中。

表 2-7　水准测量记录手簿(两次仪器高法)

测　站	点　号	水准尺读数/m		高差/m	平均高差/m	高程/m	备　注
		后视	前视				
检核计算	Σ						

(5)计算安置两次仪器的两点高差 $h'=a'-b'$,$h''=a''-b''$。检核两次高差之差 Δh。如果 $\Delta h=h'-h''\leqslant\pm5\text{mm}$,可取两次高差平均值作为测站高差 h_{AB} 记入手簿。h_{AB} 值要取至 mm。

(6)依次连续设站,连续观测,最后测回至 A 点,形成一条环线水准路线。

(7)计算高差闭合差 f_h,判定闭合差 f_h 是否符合限差要求。

限差公式为

$$f_{h容}=\pm12\sqrt{n}\quad 或\quad f_{h容}=\pm40\sqrt{L}$$

式中:n 为测站数;L 为水准路线的长度,km。

(8)如果符合限差要求,则将高差闭合差改正分配到各测段的高差中,最后推算出改正后各待测点的高程。把相关数据记入表 2-8 中。

(9)如果高差闭合差超出限差规定,则要寻找原因,并重新测量。

表 2-8 水准测量成果计算练习

点　名	测站数或距离	实测高差/m	高差改正数 mm	改正后高差 m	高程/m	备　注
$\sum$						

成果校核	辅助计算	$f_h=$ _____ $f_{h容}=$ _____ $\|f_h\|$ _____ $\|f_{h容}\|$,说明外业观测成果 _____ 改正数 = _____ $\sum v=$ _____
	路线示意图	

五、实训的注意事项

(1)设测站或迁测站时观测员要用目估或者步量的方法,使各测站的前、后视距离基本相等。并要选择好测站和转点的位置,尽量避开人流和车辆的干扰。

(2)立尺员应将水准尺立直,注意不要将尺立倒。水准点、待测点上不能用尺垫。在转点若用尺垫,则水准尺应放在顶点。

(3)仪器未搬迁时,前、后视点的水准尺(含尺垫)均不得移动,仪器搬迁了,后视立尺员方能携尺和尺垫前进,前视立尺点的水准尺(含尺垫)仍不得移动,只是将尺面转向,由前视变为后视。若水准尺(含尺垫)未按上述规定发生了移动,不可将其放回原位,而应返回上一个水准点重新开始观测。

(4)同一测站,只能粗平一次;但每次读数前,均应精平,并注意消除视差。

(5)当水准尺有前后倾斜晃动时,应快速读取横丝所切的尺面最小分划值。

(6)在整个实训过程中,观测者不能离开测站。

(7)迁站时先松开水准仪制动螺旋,而后连脚架一起一手抱仪器一手抱脚架在胸前,连同工具随人带走。

(8)测量闭合水准路线成果校核中"高差改正数之和"与"高差闭合差"应做到数值相等、符号相反;改正后的高差之和等于零。

(9)测量中的多余数据处理采用"四舍六入,逢五看前数,前数是奇数,五则入,前数是偶数,五则舍"的原则。如"1.3455",取"1.346";如"1.3465",也取"1.346"。

(10)掌握常用的测量指挥手势:

①预备或注意。一只手臂伸直举过头顶,手心向前,保持不动。

②开始:在预备手势中,手臂向下,握拳,置于头上。

③前进:左手举过头,手心向指挥者前方,手臂向下曲起,远离指挥者。

④后退:右手举过头,手心向指挥者后方,手臂向下曲起,远离指挥者。

⑤向上移:标高测设中,标尺需向上移动,仪器观测员左手掌心朝上,做向上摆动姿势,需大幅度移动,手即大幅度活动;需小幅度移动,手即小幅度活动。

⑥向下移:需要水准标尺向下移,仪器观测员左手掌心朝下,做向下摆动之势,需大幅度移动,手即大幅度活动,需小幅度移动,手即小幅度活动。

⑦向右:右手举过头,伸直手臂,向右落下。

⑧向左:左手举过头,伸直手臂,向左落下。

⑨停止:两手臂从胸前微微挥向侧面。

⑩工作结束:双手五指伸直,在前额前交叉。

项目三　水准仪的检验和校正

问题提出

王新跟着师傅,实习有了不少进步。最近由他负责,完成了一次数千米远的附和水准路线的野外施测工作。他兴冲冲地开始内业处理,可是算了很多遍,闭合差就是超过容许值。他回忆这几天的测量过程,也与其他员工一起讨论,大家说都是按照规范要求操作的。那哪里出了问题呢? 其中有位员工说道,在仪器室有 2 台水准仪,其中 1 台是要拿去检定的,当时他随意取了 1 台。难道问题出在这里?

提示与分析

根据水准测量的原理,水准仪必须能提供一条水平视线,才能正确地测出两点间的高差,从而由已知点高程推算出未知点高程。水准仪出厂时各轴线间所具有的几何关系是经过严格检验、校正的,确保仪器能提供一条水平视线,使仪器处于正常状态;但由于仪器在长期使用和运输过程中受到震动等原因,各轴线间的关系可能发生变化,使仪器处于非正常状态。因此,为了确保仪器观测数据的准确,我国现行建筑法规规定,仪器首次使用之前及仪器首次进入施工现场之前必须进行检定,两次检定时间间隔不能超过国家规定的强制检定周期。水准仪的强制检定周期为一年。

国家测绘局《测绘计量管理暂行办法》(国测国字〔1996〕24 号)第十三条规定:"测绘计量器具(用于直接或间接传递量值的测绘工作用仪器、仪表和器具),必须经周期检定合格,才能用于测绘生产。未经检定、检定不合格或超过检定周期的测绘计量器具,不得使用。""在测绘计量器具检定周期内,可由使用者依据仪器使用状况自行检校。""教学示范用测绘计量器具可以免检,但须向省级测绘主管部门登记,并不得用于测绘生产。"

同时我们还需理解"检验、校正"与"检定"的区别:"检验、校正"是指使用者对仪器的检查,发现问题进行校正使之满足应有的技术要求;"检定"是指由国家法定检测部门对计量器具的检验和校正,并对合格仪器发放检定合格证明文件等。

知识链接

为保证水准测量结果的正确性,测量前必须对所使用的水准仪进行检验,如果检验不符合要求,则需要进行必要的校正。

一、微倾式水准仪的主要轴线

如图 2-26 所示,微倾式水准仪的主要轴线包括以下几条:①视准轴 CC,②水准管轴 LL,③仪器竖轴 VV,④圆水准器轴 $L'L'$。

它们之间应满足的几何条件是:

(1)视准轴应平行于水准管轴。根据水准测量原理可知,水准仪提供一条水平视线,才能正确测出地面上两点间的高差。而视线是否水平,依靠水准管气泡是否居中来判断。

(2)仪器竖轴应平行于圆水准器轴。仪器竖轴处于竖直位置才能便于微倾螺旋精平,而仪器竖轴是否竖直是依靠圆水准器的气泡是否居中来判断。

(3)十字丝横丝应垂直于仪器的竖轴。当仪器整平时,竖轴处于竖直位置,十字丝横丝如果垂直于仪器的竖轴,则用横丝上任何部位切于水准尺的读数都是相同的,便于提高观测的精度与速度。

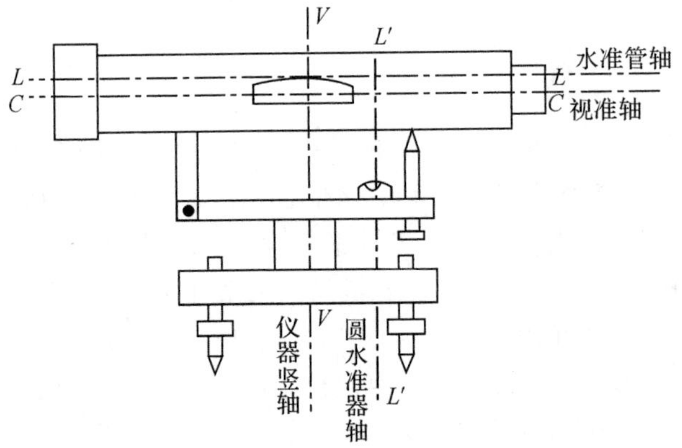

图 2-26　微倾式水准仪的主要轴线及关系

二、微倾式水准仪的检验和校正

检验、校正的步骤和方法如下。

(一) 圆水准器的检验和校正

该项工作的目的是:使圆水准器轴平行于仪器竖轴。当圆水准器气泡居中时,竖轴便位于铅垂位置。

1.检验方法

(1)旋转脚螺旋,使圆水准器气泡居中。

(2)将望远镜在水平方向绕竖轴旋转 $180°$,若气泡仍居中,则表示圆水准器轴已平行于竖轴,若气泡偏离中央则需进行校正,如图 2-27 所示。

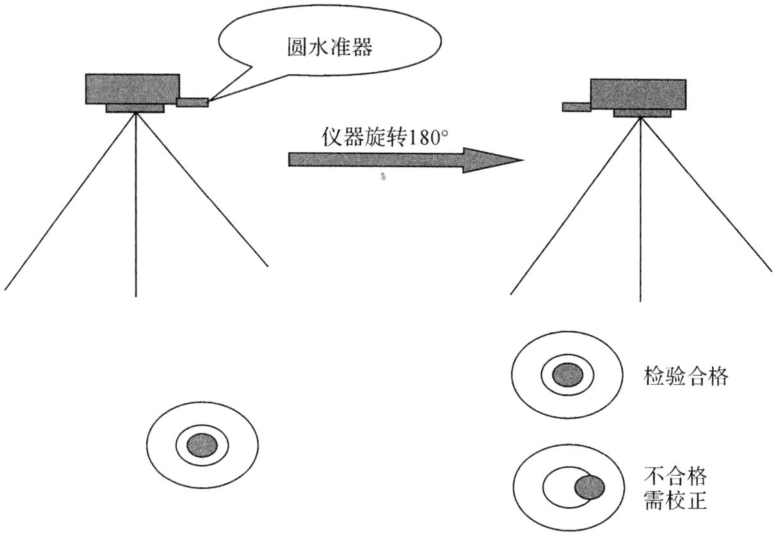

图 2-27　圆水准器的检验

2.校正方法

(1)保持望远镜位置不动,旋转脚螺旋使气泡向中央方向移动偏离量的一半。

(2)用校正针调节圆水准器的校正螺钉,使气泡居中。如果圆水准器底部中央有固定螺钉,则先放松它再调节校正螺钉,如图 2-28 所示。

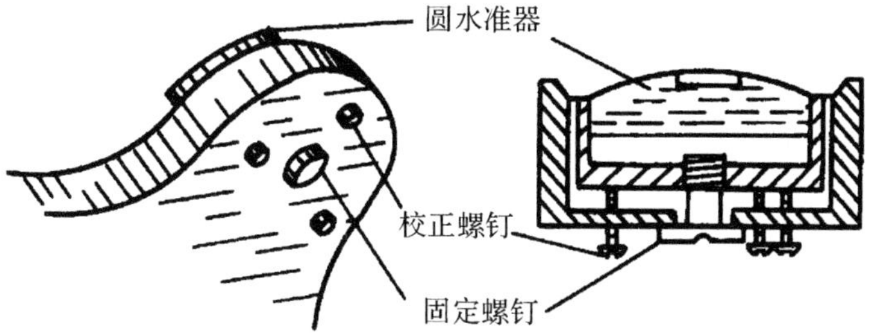

图 2-28　圆水准器的校正

上述检验和校正方法,需重复进行,直到仪器上部旋转到任何位置圆水准器气泡都能居中为止。

需注意的是:校正时,要掌握先松后紧的原则,即当需要旋紧某个校正螺钉时,必须先旋松另几个螺钉。校正完毕时,必须使各个校正螺钉都处于旋紧状态。

(二)十字丝横丝的检验和校正

该项工作的目的是:使十字丝的横丝垂直于仪器竖轴。当仪器整平时,横丝处于水平位置,则横丝上任意位置的读数都相同。

1.检验方法

(1)仪器整平后,先用横丝的一端照准 20m 左右的一固定目标,或在水准尺上读一读数。

(2)用微动螺旋转动望远镜,用横丝的另一端观测同一目标或读数。如果目标仍在横丝上或水准尺上读数不变,如图 2-29(a)所示,说明横丝已与竖轴垂直。若目标偏离了横丝或水准尺读数有变化,如图 2-29(b)所示,则说明横丝与竖轴不垂直,需校正。

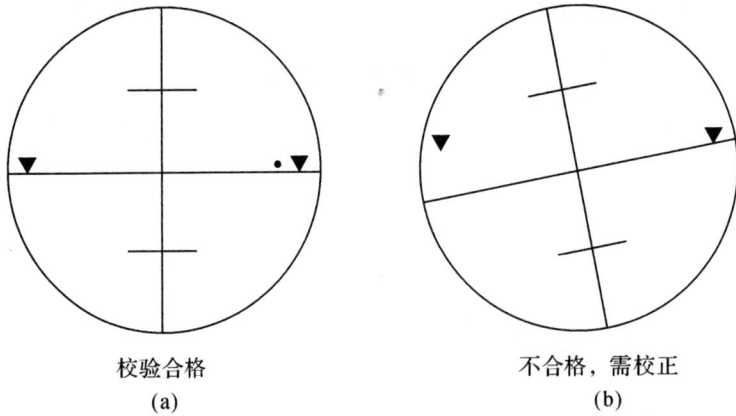

校验合格
(a)

不合格,需校正
(b)

图 2-29　十字丝横丝的检验

2.校正方法

(1)打开十字丝分划板的护罩,可见到十字丝的校正螺丝,如图 2-30(a)所示。

(2)松开这些校正螺丝,用手转动十字丝分划板座,反复试验使横丝的两端都能与目标重合或使横丝两端所得水准尺读数相同,则校正完成。最后旋紧所有校正螺丝。

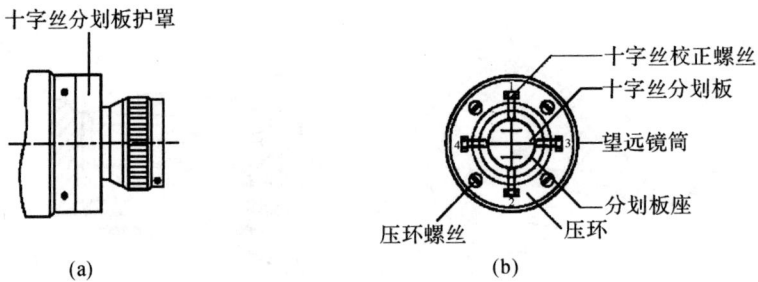

(a)

(b)

图 2-30　十字丝横丝的校正

（三）水准管轴的检验和校正

该项工作的目的是:使水准管轴平行于视准轴。当水准管气泡居中时,视准轴就处于水平位置。

1.检验方法

(1)在平坦地面选取一段水平距离 D_{AB},相距 60~100m,在两端 A、B 点上放置尺垫,中间 C 点和离 B 点 3m 的 D 点做好标志。

(2)水准仪首先置于离 A、B 等距的 C 点,在 A、B 两点立水准尺,测得 A、B 两点的高差 $h_{AB}=a_1-b_1$,如图 2-31(a)所示。重复测 2~3 次,当所得各高差之差小于 3mm 时,取其平均值,作为高差正确值。由于仪器至 A、B 两点的距离相等,因此即使视准轴倾斜,而在前、后视读数所产生的误差也相等,则所得的 h_{AB} 是 A、B 两点的正确高差。

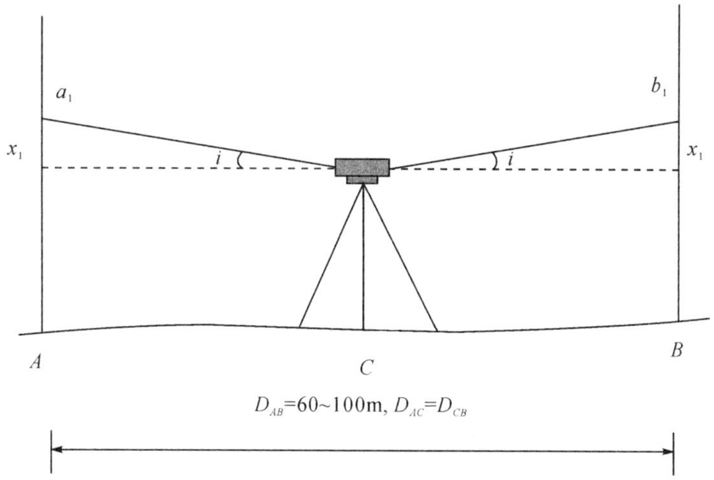
a₁
b₁
x₁
i
i
x₁
A
C
B
D_AB=60~100m, D_AC=D_CB

(a)

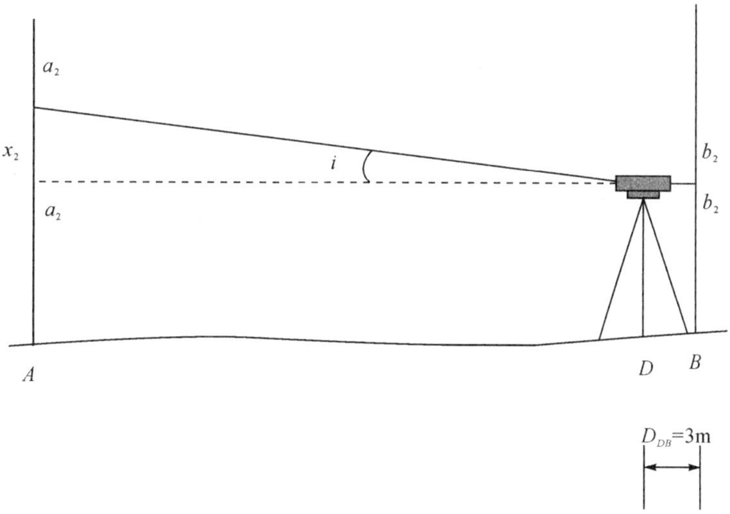
a₂
x₂
i
b₂
a₂
b₂
A
D
B
D_DB=3m

(b)

图 2-31　水准管轴的检验

(3)把水准仪移到离 B 点 3m 的 D 点设置测站，再次测 A、B 两点的高差。如图 2-31(b)所示。先前视 B 点，再后视 A 点，得高差 $h_{AB}'=a_2-b_2$。如果 $h_{AB}'=h_{AB}$，说明在测站 D 所得的高差也是正确的，这也说明在测站 D 观测时视准轴是水平的，故水准管轴与视准轴是平行的，即水准仪视准轴与水准管轴的夹角 $i=0$。如果 $h_{AB}'\neq h_{AB}$，则说明存在 i 角的误差，且 i 角的计算公式为

$$i=\frac{h_{AB}'-h_{AB}}{D_{AB}}\cdot\rho=\frac{a_2-a_2'}{D_{AB}}\cdot\rho \tag{2-11}$$

式中：$\rho=206265''$。

对于 DS1 水准仪，要求 i 角不大于 15″；对于 DS3 水准仪，要求 i 角不大于 20″。否则应进行校正。

2.校正方法

(1)计算 D 测站上后视尺的正确读数。当仪器存在 i 角时,在远点 A 的水准尺读数 a_2 将产生误差 x_A。通过计算,可得出 A 点水准尺的视线水平时的读数:

$$a_2' = a_2 - x_A = b_2' + h_{AB} = b_2 + h_{AB} \qquad (2\text{-}12)$$

因仪器离 B 点很近,两轴不平行引起的读数误差可忽略不计,所以 b_2' 与 b_2 相等。

(2)用微倾螺旋使后视点 A 的读数从 a_2 改变到 a_2'。此时视准轴由倾斜位置改变到水平位置,但水准管也因随之变动而气泡不再居中。

(3)用校正针拨动水准管一端的校正螺丝使气泡居中,则水准管轴也处于水平位置,从而使水准管轴平行于视准轴。水准管的校正螺丝如图 2-32 所示。

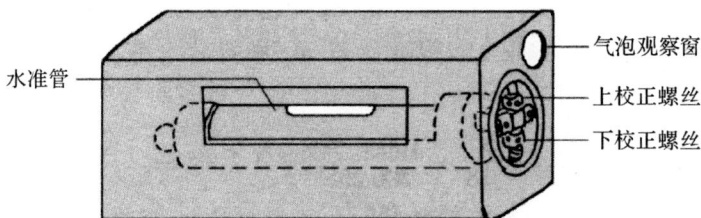

图 2-32　水准管的校正方法

校正时先松动左、右两校正螺丝,然后拨上、下两校正螺丝使气泡居中,通过气泡观察窗察看两侧气泡是否吻合。

注意:拨动上下校正螺钉时,应先旋松一个再旋紧另一个。当最后校正完毕时,所有校正螺丝都应适度旋紧。

以上检验校正需要重复进行,直到 i 角小于 $20''$ 为止。

📖 知识实训

实训任务三　水准仪的检验和校正

一、实训的目的和意义

微倾式水准仪在建筑工程中应用极为广泛,为确保在测量中的精度,获得正确的测量成果,测量人员在进行实际测量之前,必须对所使用的水准仪进行检验,检验满足精度要求,才能开始进行测量,否则应在校正之后再进行测量。因此掌握水准仪的检验与校正方法,有很重要的现实意义。

二、实训的仪器和工具

DS3 水准仪 1 台、水准尺 2 支、尺垫 2 个、钢尺 1 把、校正针 1 根、小螺丝旋具 1 个、记录板 1 块。

三、实训的任务和要求

(1)掌握水准仪检验和校正的方法。

(2)要求校正后,i 角值不超过 $20''$,其他条件校正到无明显偏差为止。

(3)了解微倾式水准仪各轴线应满足的条件。

四、实训的方法和步骤

(一)圆水准器的检验和校正

在平坦地面安置好水准仪,按照"圆水准器的检验和校正"理论知识要求,操作仪器完成检验和校正实训任务,并填写表 2-9 中水准仪的检验与校正有关内容。

(二)十字丝横丝的检验和校正

在平坦地面安置好水准仪,按照"十字丝横丝的检验和校正"理论知识要求,操作仪器完成检验和校正实训任务,并填写表 2-9 中水准仪的检验与校正有关内容。

(三)水准管轴的检验和校正

在平坦地面用钢尺量取相距 60~100m 的一段水平距离 D_{AB},在 A、B 点上放置尺垫,在中点 C 和离 B 点 3m 的 D 点做好标志。按照"水准管轴的检验和校正"理论知识要求,操作仪器完成检验和校正实训任务,并填写表 2-9 中水准仪的检验与校正有关内容。

表 2-9 水准仪的检验与校正略图和说明

组别: 仪器号码: 年 月 日

检验项目	检验与校正经过	
	略图	观测数据及说明
圆水准器轴平行于竖轴		
横丝垂直于竖轴		
水准管轴平行于视准轴		$a_1 =$ $\qquad$ $a_1' =$ $b_1 =$ $\qquad$ $b_1' =$ $h_1 =$ $\qquad$ $h_1' =$ $h_1 - h_1' =$ $\qquad$ $h_{AB} =$ $b_2 = b_2' =$ $\qquad$ $a_2' = b_2' + h_{AB} =$ $a_2 =$ $\qquad$ $i = \dfrac{a_2 - a_2'}{D_{AB}} \rho =$

五、实训的注意事项

(1)检校水准仪时,必须按上述的规定顺序进行,不能颠倒。

(2)拨动校正螺钉时,一律要先松后紧,一松一紧,用力不宜过大,校正完毕时,校正螺钉不能松动,应处于稍紧状态。

项目四　其他水准仪简介

问题提出

王新经过在工地的努力实习,终于能用 DS3 水准仪熟练完成各项任务了,觉得学习还是蛮有味道的,学习的兴趣也越来越浓厚,也不再不懂装懂了。最近建筑公司新进了一些先进的水准仪,他没有顺手拿起仪器就操作,而是先认真地看说明书。他这么做对吗?

提示与分析

工程测量是一门应用技术。一方面,相关技术的发展,有力地推动了工程测量技术的进步。比如水准仪,是在 17—18 世纪发明了望远镜和水准器后出现的。20 世纪初,在制出内调焦望远镜和符合水准器的基础上生产出微倾水准仪。20 世纪 50 年代初出现了自动安平水准仪;60 年代研制出激光水准仪;90 年代出现了数字水准仪。

随着科技的进步和建筑工程的需要,技术的涉及面也越来越广。一方面,由于电子技术与计算机技术、激光技术、卫星定位测量技术、遥感技术、计算机辅助设计(CAD)技术、地理信息系统(GIS)技术、数据库技术、计算技术、无线通信技术等在测绘上的应用,导致包括电子测距仪、全站仪、各种激光测绘仪器、机助制图系统、数字水准仪、电子测距三角高程测量、测绘技术、数字摄影测量技术、工程测量优化设计与平差处理技术、空间数据管理技术等在内的一大批测绘技术设备和方法的出现。

另一方面,越来越多的复杂工程设施的建造和大型精密机器设备的安装,对测绘提出了许多新的要求,促进了专门的精密工程测量仪器设备和方法的发展。

而且,测绘过程趋向自动化、智能化、集成化、动态化和(准)实时化,测绘成果呈数字化、可视化和多样化,应用领域日益广泛化。我们只有不断学习,才不会被历史淘汰。

知识链接

一、自动安平水准仪

自动安平水准仪是指借助于自动安平补偿器获得水平视线的一种水准仪,如图 2-33 所示。补偿器工作的主要原理是圆水准器气泡居中后,当望远镜视线有微量倾斜时,补偿器在重力作用下对望远镜作反向偏转,在阻尼器的作用下很快静止,使视准轴水平,从而能自动并迅速获得水平视线。

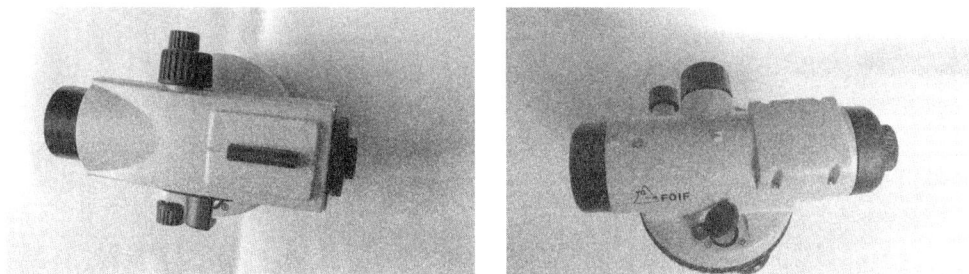

图 2-33　自动安平水准仪

1.特点

(1)视准轴自动安平。自动安平水准仪无水准管和微倾螺旋,只有一个圆水准器,安置仪器时,只要使圆水准器气泡居中后,借助补偿器装置,使视线自动处于水平状态。

(2)提高水准测量精度。对于施工场地地面的微小震动、松软土地的仪器下沉及大风吹刮等原因引起的视线微小倾斜,能迅速自动安平仪器,从而提高了水准测量的观测精度。

(3)减少操作步骤,提高工作效率。由于无须精平,所以可以缩短水准测量的观测时间。

2.自动安平水准仪的使用

使用自动安平水准仪时,首先将圆水准器气泡居中,然后瞄准水准尺,等待 2～4s 后,即可进行读数。有的自动安平水准仪配有一个补偿器检查按钮,每次读数前按一下该按钮,确认补偿器能正常工作,然后再读数。

自动安平水准仪比微倾式水准仪工效高、精度稳定,尤其在多风和气温变化大的地区作业优势更为显著,而且仪器价格也不高,所以目前在建筑施工中的应用越来越普遍。

二、精密水准仪

精密水准仪的种类很多,有气泡式的精密水准仪、自动安平的精密水准仪、数字水准仪及相应的因瓦合金水准尺或条形编码水准尺等。

精密水准仪(DS05、DS1)主要用于国家一、二等水准测量和高精度的工程测量中。例如建构筑物的沉降观测、大型桥梁工程的施工测量和大型精密设备安装的水平基准测量等。

（一）结构与特点

1.结构

精密水准仪与一般水准仪相比,其特点是能够精密地整平视线和精确地读取读数。因此,在结构上比 DS3 水准仪多了测微螺旋、测微器读数镜。如图 2-34 所示。

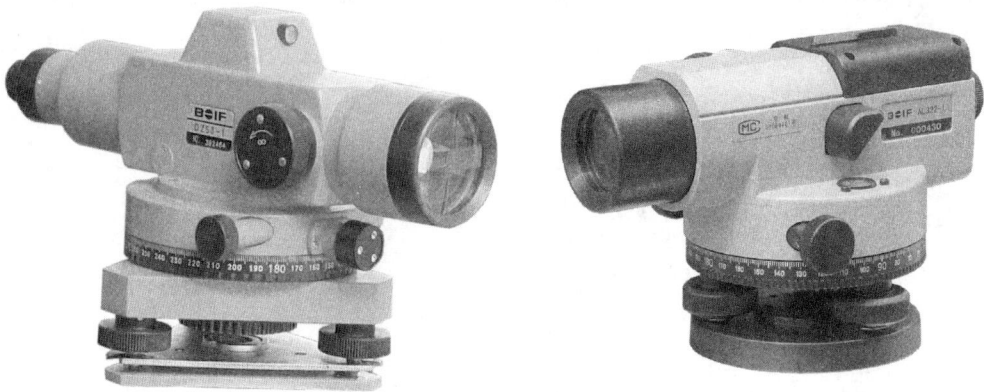

图 2-34　精密水准仪举例

2. 特点

对于使用精密水准仪的精度而言,必须在仪器结构上具有精确性与可靠性。为此,提出下列要求:

(1)高质量的望远镜光学系统。

为了在望远镜中能获得水准尺上分划线的清晰影像,望远镜必须具有足够的放大倍率和较大的物镜孔径。如 DS1 水准仪望远镜的放大倍数为 40 倍,物镜的孔径应大于 50mm。望远镜的视场亮度较高。十字丝的中丝刻成楔形,能较精确地瞄准水准尺的分划。

(2)坚固稳定的仪器结构。

视准轴与水准轴之间的联系相对稳定,不受外界条件的变化而改变它们之间的关系。精密水准仪的主要构件均用特殊的合金钢制成,并且密封起来,受温度变化影响小。

(3)高精度的测微器装置。

精密水准仪必须有光学测微器装置,借以精密测定小于水准尺最小分划线间格值的尾数,从而提高在水准标尺上的读数精度。一般精密水准仪的光学测微器可以读到 0.1mm,估读到 0.01mm。

(4)高灵敏度的管水准器。

如 DS1 水准仪的管水准器分划值为 $10''/2\text{mm}$,比微倾式水准仪管水准器 $20''/2\text{mm}$ 的分划值灵敏度高。

(5)高性能的补偿器装置。

对于精密水准仪而言,补偿元件的质量及补偿器装置的精密度都可以影响补偿器性能的可靠性。如果补偿器不能给出正确的补偿量,或是补偿不足,或是补偿过量,都会影响精密水准测量观测成果的精度。

(三)精密水准尺

精密水准尺一般有木质或金属的,中间挖槽嵌有一根因瓦合金刻度尺,长度 3m。如图 2-35 所示。

精密水准尺的分格值有 10mm 和 5mm 两种。分格值为 10mm 的精密水准尺如图 2-35(a)所示,它有两排分划,尺面右边一排分划注记为 0~300cm,称为基本分划,左边一排分划注记为 300~600cm,称为辅助分划,同一高度的基本分划与辅助分划读数相差一个常数,称为基辅差,通常又称尺常数,水准测量作业时可以用以检查读数的正确性。

分格值为 5cm 的精密水准尺如图 2-35(b)所示,它也有两排分划,但两排分划彼此错开 5mm,所以实际上左边是单数分划,右边是双数分划,也就是单数分划和双数分划各占一排,而没有辅助分划。木质尺面右边注记的是米数,左边注记的是分米数,整个注记从 0.1～5.9m,实际分格值为 5mm,分划注记比实际数值大了一倍,所以用这种水准尺所测得的高差值必须除以 2 才是实际的高差值。

精密水准尺的构造有如下特点:

(1)当空气的温度和湿度发生变化时,水准尺分划间的长度必须保持稳定,或仅有微小的变化。一般精密水准尺的分划是漆在因瓦合金带上,因瓦合金带则以一定的拉力引张在木质尺身的沟槽中,这样因瓦合金带的长度不会受木质尺身伸缩变形影响。水准标尺分划的数字是注记在因瓦合金带两旁的木质尺身上。

(2)水准尺的分划必须十分正确与精密,分划的偶然误差和系统误差都应很小。当前精密水准标尺分划的偶然中误差一般在 8～11μm。

(3)水准标尺在构造上应保证全长笔直,并且尺身不易发生长度和弯扭等变形。尺身材料经过特殊处理。在水准尺的底面钉有坚固耐磨的金属底板。

(4)在精密水准尺的尺身上应附有圆水准器装置,观测时使水准标尺保持在铅直位置。

图 2-35 精密水准尺

(5)为了提高对水准尺分划的照准精度,水准尺分划的形式和颜色与水准标尺的颜色相协调。一般精密水准尺都是黑色线条分划,与浅黄色的尺面相配合,有利于观测时对水准标尺分划精确照准。

（三）读数方法

(1)精确整平后,转动测微螺旋,使十字丝的楔形丝精确夹准某一整分划线。

(2)读数时,将整分划值和测微器中的读数合起来。

如图 2-36 所示,转动精密水准仪的倾斜螺旋,使符合气泡观察目镜的水准气泡两端符合,则视线精确水平,此时可转动测微螺旋使望远镜目镜中看到的楔形丝夹准水准尺上的"148"分划线,也就是使 148 分划线平分楔角,再在测微器目镜中读出测微器读数"653"(即 6.53mm),故水平视线在水准尺上的全部读数为 148.653cm。

图 2-36 精密水准尺的读数方法

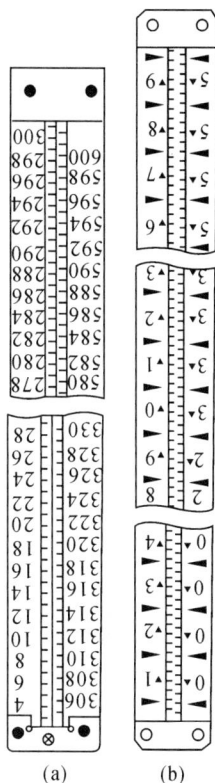

【例7】 在测站 O 点用精密测量方法测 A、B 两点之间高差,已知因瓦合金精密水准尺右边一排基本分划注记数字为 $0\sim300$cm;左边一排辅助分划注记数字为 $300\sim600$cm。基本分划和辅助分划常数差即基辅差 $K=301.550$cm。测得后视、前视的基本分划读数分别为 373.652cm 和 143.285cm;辅助分划的读数分别为 675.202cm 和 444.813cm。要求在表 2-10 中填入相关数值,计算高差 h_{AB}。

表 2-10 精密水准仪测量高差记录

测站编号	方向与尺号	水准尺读数/cm		基+K-辅 0.1mm
		基本分划	辅助分划	
0	后	373.652	675.202	0
	前	143.285	444.813	+2.2
	后一前	+230.367	+230.389	−2.2
	h	+230.378		

三、数字水准仪

数字水准仪又称电子水准仪,也是建立在水平视准线原理上进行高程测量,因此测量实施方法和光学水准仪基本一致。厂家为不同用途和不同精度要求,提供了多种测量方法和不同参数的选择,但多适用于精密工程水准测量。

数字水准仪是以自动安平水准仪为基础,在望远镜光路中增加了分光镜和读数器(CCD Line),并采用条码水准标尺和图像处理电子系统而构成的光机电测一体化的高科技产品。

如图 2-37 所示,这是 20 世纪 90 年代发展的水准仪,集光机电、计算机和图像处理等高新技术为一体,是现代科技发展的结晶。

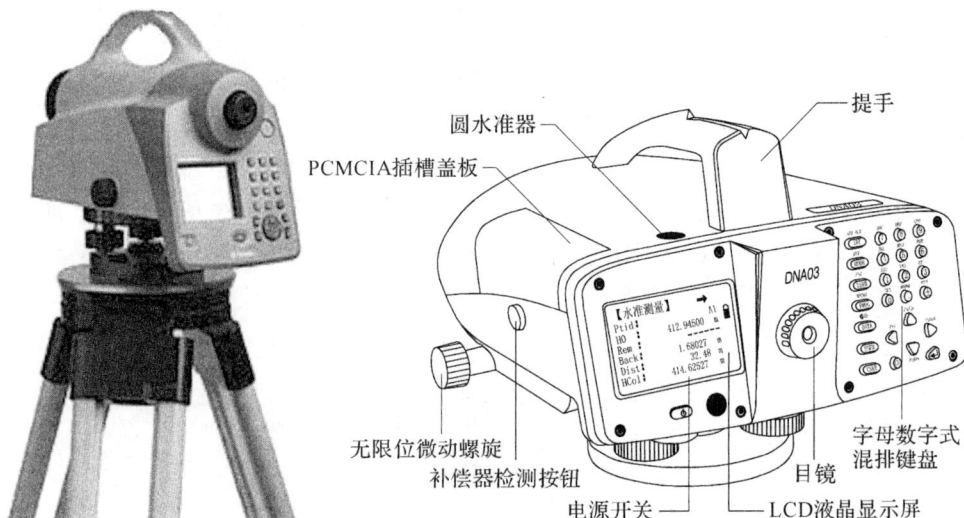

圆水准器
提手
PCMCIA插槽盖板
DNA03
无限位微动螺旋
补偿器检测按钮
电源开关
LCD液晶显示屏
目镜
字母数字式混排键盘

图 2-37 数字水准仪

1.组成

数字水准仪和自动安平水准仪一样,具有圆准仪器、制动/微动螺旋、自动安平补偿器、望远镜等。但是望远镜部分结构要复杂得多,分光镜(将由物镜进入的复合光分为可见光和红外光)、行阵探测器(识别水准尺上的条码进行读数)、调焦发送器(计算概略视距值)、补偿监视器(监测安平补偿器的工作状态)。

数字水准仪配套使用因瓦条码水准尺,如图 2-38 所示。

各厂家水准标尺编码的条码图案不相同,编码规则各不相同,不能互换使用。各厂家在数字水准仪研制过程中采用了不同的测量算法,条形码编码方式和测量算法不同仅仅是由于专利权的原因而完全不同。

2.特点

(1)读数客观。整个观测过程在几秒钟内即可完成,不存在误差、误记问题,没有人为读数误差。

(2)精度高。视线高和视距读数都是采用大量条码分划图像经处理后取平均得出来的,因此削弱了标尺分划误差的影响。多数仪器都有进行多次读数取平均的功能,可以削弱外界条件影响。不熟练的作业人员也能进行高精度测量。

图 2-38 数字水准仪条码水准标尺

(3)操作简捷。具有自动安平、自动观测和记录,并立即用显示测量结果的能力。测量时间与传统仪器相比可以节省 1/3 左右。

(4)效率高。只需调焦和按键就可以自动读数,减轻了劳动强度。视距还能自动记录、检核、处理并能输入电子计算机进行后处理,可实线内外业一体化。

(5)必须配备条形码水准尺。

数字水准仪也会受各种外界因素的干扰。比如:①光线的影响,包括自然光线的强弱和前后两根水准尺分别处于顺光和逆光的情况。②大气的影响,包括空气的扰动和光线的折射。③物理条件的影响,包括外界的震动,水准仪的架设、水准尺的放置、尺的变形等,会使码元素尺寸和像素尺寸互相干扰,甚至在一定距离上产生错误结果。

在使用时要避免磁场的影响。如果在发电厂、变压器枢纽、电视发射台、高压输电线、电气化铁路等附近作业时,要注意防磁。

3.数字水准仪的使用

观测时,数字水准仪在人工完成安置与粗平、瞄准目标(条码水准尺)后,按下测量键后约 3～4s 就显示出测量结果。其测量结果可贮存在数字水准仪内或通过电缆连接存入机内记录器中。

另外,观测中如水准尺条形编码被局部遮挡<30%,仍可进行观测。

当使用传统水准尺进行测量时,数字水准仪也可以像普通自动安平水准仪一样使用,不过这时的测量精度低于电子测量的精度。

📖 **课堂讨论**

以科技发展对测绘技术的影响为前提,运用图书、多媒体等各种资料搜集手段,以建筑工程中高程测量的新技术、新趋势为主题,认真开展分组学习,集中交流。

习 题

一、选择题

1. 要想使水准仪望远镜中目标成像清晰地落在十字丝分划板上,应转动(　　)。

A. 微动螺旋　　　　　B. 微倾螺旋　　　　　C. 对光螺旋　　　　　D. 固定螺旋

2. 管水准器气泡的半径愈大,则(　　)。

A. 分划值越大　　　　　　　　　　B. 灵敏度越大

C. 灵敏度越小　　　　　　　　　　D. 分划值不变

3. 在 DS3 微倾式水准仪的使用中,下列操作不正确的是(　　)。

A. 粗平时,先旋转两个脚螺旋,然后旋转第三个脚螺旋

B. 粗平时,旋转两个脚螺旋时必须作相对的转动,即旋转方向应相反

C. 粗平时,圆水准气泡移动的方向始终和左手大拇指移动的方向一致

D. 望远镜照准目标,先旋转物镜对光螺旋使尺像清晰,然后再调节目镜使十字丝清晰

4. 水准尺由远至近放置,DS3 型微倾式水准仪的物镜对光螺旋(　　)转动。

A. 顺时针　　　　　　　　　　　　B. 逆时针

C. 两方向都可以　　　　　　　　　D. 先顺时针后逆时针

5. 该点上既有前视读数又有后视读数,并具有传递高程作用的是(　　)。

A. 前视点　　　　　B. 中间点　　　　　C. 转点　　　　　D. 后视点

6. 双面水准尺黑面尺上的读数为 1.235m,则转到红面尺的读数可能为(　　)。

A. 0　　　　　B. 5.922m　　　　　C. 4.787m　　　　　D. 1.235m

7. 有两个以上的已知水准点,且待定点多呈线状分布,最好应采用(　　)。

A. 环线水准路线　　　　　　　　　B. 支水准路线

C. 附合水准路线　　　　　　　　　D. 网状水准路线

8. 对于 DS3 型微倾式水准仪来说,精确整平后读数,下列(　　)说法是错误的。

A. 读数时应从上往下读

B. 读数时应读出 4 位数,不足以零补足

C. 读数时应从小往大读

D. 精确整平后立即读数,读好后检查是否精平

9. 要使符合水准器气泡观察窗中右侧像向下运动,应使(　　)转动。

A. 微动螺旋顺时针　　　　　　　　B. 微动螺旋逆时针

C. 微倾螺旋顺时针　　　　　　　　D. 微倾螺旋逆时针

10.已知 A 点的高程为 3.106m,测得 A 点后视读数 1.539m,高差为 0.291m,则 B 点前视读数应为( )m。

    A.1.248   B.1.567   C.1.858   D.2.815

11.下列( )属于永久性的水准点。

    A.木桩上定钉子   B.墙脚水准点

    C.在坚硬的石头上做标志   D.铁桩打到地上

12.在水准测量中,要求前、后视距离相等可以消除( )对高差的影响。

    A.地球曲率和大气折光   B.整平误差

    C.水准管轴不平行于视准轴   D.水准尺倾斜

13.如果产生水准尺零点误差,可采用( )的方法消除。

    A.前、后视距相等   B.测段的数目为偶数

    C.将尺子扶直   D.更换水准仪

14.关于水准仪,下列说法正确的是( )。

    A.十字丝的中丝垂直于仪器的竖轴   B.十字丝的中丝平行于仪器的竖轴

    C.水准管轴垂直于仪器的视准轴   D.横轴应垂直于仪器的竖轴

15.在一条水准路线上采用往、返观测,可以消除( )的误差。

    A.水准尺未竖直   B.仪器下沉

    C.水准尺下沉   D.两根水准尺零点不准确

16.从自动安平水准仪的结构可知,当圆水准器气泡居中时,便可达到( )。

    A.望远镜视准轴水平   B.获取望远镜视准轴水平时的读数

    C.通过补偿器使望远镜视准轴水平 D.仪器竖轴与圆水准器轴平行

17.水准仪 i 角检验时,A、B 两点相距 80m,将水准仪安置在 A、B 中间,测得高差 h_{AB} 为 0.125m,将水准仪安置在距离 B 点 3m 的地方,测得高差 h_{AB}' 为 0.186m,则水准仪的 i 角为( )。

    A.157″   B.−157″   C.0.00076″   D.−0.00076″

二、填空题

1.为保证附和水准测量记录手簿中数据的正确性,应对表中计算所得的高差和高程结果进行检核,即要求_____、_____、_____这三个数值应相等。

2.转动_____螺旋可以使 DS3 水准仪的望远镜十字丝清晰,转动_____螺旋可使目标的像清晰。

3.水准仪使用的操作程序包括_____、_____、_____、_____、读数等五个步骤。

4.水准测量转点的作用是_____。在松软的转点必须安置_____,但在_____点和_____点上不可安置。

5.计算水准测量待定点高程的两种方法为_____和_____。

6.水准仪望远镜的作用是_____并_____,其中的_____是测高差读数的位置。

7.高差的正负反映了前、后视点的高低,如果高差为正值,表示前视点_____后视点。

8.水准仪主要有_____、_____、_____、_____四条轴线。其中水准仪的水

准管轴应与_____平行。

9.水准测量时,前、后视距相等可以消除的误差有_____和_____等。

三、判断题

1.若后视读数为1.357m,前视读数为2.489m,测得待定点高程为46.124m,则已知高程为47.418m。（　　）

2.记录员听到观察员的报数时,马上把数据记入水准测量手簿中。（　　）

3.水准仪粗平指圆水准气泡居中,使仪器竖轴处于铅垂状态。（　　）

4.望远镜对光透镜的作用是使目标能成像在十字丝平面上。（　　）

5.用水准测量方法测定的高程控制点称为水准点,它是引测高程的依据。（　　）

6.水准尺的前、后倾斜比左、右倾斜更容易被观测者发现。（　　）

7.水准测量内业计算时,闭合差的调整都用路线上各段长度来改正。（　　）

8.水准测量时把水准仪安置在两点中间,可消除水准管轴与视准轴不平行产生的误差。（　　）

9.水准仪的水准管轴应平行于视准轴,是水准仪各轴线间应满足的主条件。（　　）

10.支水准路线,应将高程闭合差按相反的符号平均分配在往测和返测所得的高差值上。（　　）

11.沉降观测及大型桥梁工程施工测量应用精密水准仪和精密水准尺配套使用。（　　）

12.十字丝横丝的检验目的是使十字丝横丝垂直于仪器竖轴。（　　）

四、名词解释

1.水准测量原理

2.望远镜视准轴

3.视差

4.双仪器观测法

5.附合水准路线

五、简答题

1.试述采用两次仪器高法完成在一测站上测定未知点高程的观测、记录等步骤。

2.三种水准路线成果检核有什么特点?其高差闭合差如何表示?

3.简述水准仪瞄准水准尺的步骤。

4.已知某校有3幢教学楼A、B、C,已知C幢楼室内地坪标高H_C为8.450m,要求用双仪器观测法或变动仪器高法并设置为环线水准路线,测出A、B教学楼室内地坪的高程。试述完成该任务的实施方法与步骤。

5.简述圆水准器的检验目的、过程和校正方法。

六、计算题

1.完成下列两次仪器高法的水准测量记录表填空。

测 站	点　号	水准尺读数/m 后视	水准尺读数/m 前视	高差/m	平均高差/m	高程/m	备注
I	BM$_A$	1.632	—			10.000	已知
	TP	—	1.862			—	
	BM$_A$	1.734	—				
	TP	—	1.966			—	
II	TP	3.278	—			—	
	B	—	2.563			—	
	TP	3.401	—			—	
	B	—	2.684				
计算检核	$\sum$				—		—
	$\sum a - \sum b =$			$\sum h =$		$H_B - H_A =$	

2.完成下列高差法水准测量记录表填空。

测　站	测　点	水准尺读数/m 后视	水准尺读数/m 前视	高差/m +	高差/m −	高程/m	备　注
1	BM$_A$	1.368				13.238	已知
	B		1.042				
2	B	2.374					
	TP$_1$		3.414				
3	TP$_1$	2.374					
	C		2.325				
4	C	2.301					
	TP$_2$		2.249				
5	TP$_2$	0.742					
	D		2.318				
计算检核	$\sum$						
	$\sum a - \sum b =$			$\sum h =$		$H_D - H_A =$	

3.某附合等外水准路线,其观测成果列于表中,完成填表,并作出略图。

点 名	距离/km	实测高差/m	改正数/mm	改正后高差/m	高程/m
A	1.9	−2.873			45.800
I	1.8	+1.459			
II	2.1	+3.611			
III	2.2	−2.221			
B					45.792
∑					—
辅助 计算					
略图					

模块三　角度测量

能力目标

1.熟练掌握经纬仪的使用;
2.熟练使用经纬仪测水平角;
3.能使用经纬仪测竖直角。

知识目标

1.熟悉 DJ6 型经纬仪的构造及读数方法;
2.理解水平角、竖直角测量的基本原理;
3.掌握用测回法测量水平角的观测、记录和计算;
4.熟悉用方向观测法测量水平角的观测、记录和计算;
5.掌握用测回法测量竖直角的观测、记录和计算。

背景资料

目前我国城镇地区的房产图、地籍图和地形图采用 1∶500 或 1∶1000 两种比例尺。通常情况下,城市繁华地段、中心区域和老城区采用 1∶500 比例尺成图,其他地区一般采用 1∶1000比例尺成图。

《房产测量规范》规定:建筑物密集区的分幅图一般采用 1∶500 比例尺,其他区域的分幅图可采用 1∶1000 比例尺。由此可见,房地产平面控制网的布设,必须有足够的精度和密度,以满足 1∶500 比例尺房地产分幅图测绘的需要。

由于全国范围内已有一、二等平面控制网,大部分城市也已由城建勘察部门建成了二、三、四等平面控制网。此时,应考虑利用,避免重复布网、标石紊乱、资料混杂和资金浪费的不良局面。如果已有的水平控制网符合《房产测量规范》的规格和精度要求,那么,可在已有的成果基础上布设低等级的平面控制点,城建勘察部门已有的一、二级导线点的精度一般可达到《房产测量规范》的要求,也可拿来就用。

若已有的等级控制网点不符合《房产测量规范》的技术、精度要求,则可选择一个高级点作为整个测区的起算点,选择该点至另一高级点间的方向作为该测区的起算方向,建立房地产平面控制网。布设新网时,适当联测一些原有的网点,旧边作为检核,原控制网点规格、埋设合乎规范要求时,应充分考虑利用。

导线测量的外业观测需要观测水平角及水平距离。

工作任务

以学习小组为单位(3～4人一组),检验 DJ6 型经纬仪;熟练正确完成水平角的观测的内外工作;了解学校相关的先进仪器。

任务说明

在建筑工程中,经常会碰到需要测量某一角度的问题。如何正确、快速制订测量方案、选用合格仪器和人员安排、完成测量过程并对测量结果进行判断处理,是完成任务必不可少的重要环节。

项目一 光学经纬仪的使用

问题提出

在中职学校读建筑专业三年级的陈杰,在建筑工地实习。有一次,工友拿出一台经纬仪向他请教如何安置仪器。陈杰摆弄了半天,就是不能同时做好对中和整平,红着脸解释道:"这台仪器已坏了,所以不能同时做好对中和整平。"陈杰在学校里早已学了经纬仪的使用,那他为什么会做不好呢,真的是仪器有问题吗?

提示与分析

经纬仪是建筑工程中必不可少的仪器,它可以测量水平角和竖直角。作为施工技术人员,都要懂得相关仪器与工具的部件名称、作用、位置和调节方法,以及使用方法和工作原理。

知识链接

角度测量包括水平角测量和竖直角测量。

一、水平角测量原理

(一)水平角的概念

空间相交的两条直线在同一水平面上的投影所夹的角度称为水平角。

如图 3-1 所示,A、O、B 为地面上高程不同的三个点,沿铅垂线方向投影到同一水平面上,得到相应 a、o、b 点,那么水平投影线 oa 与 ob 构成的夹角 β,就是地面上 OA、OB 两条方向线之间的水平角。从图 3-1 可以看出,水平角 β 就是过 OA、OB 所作竖直面之间的两面角。

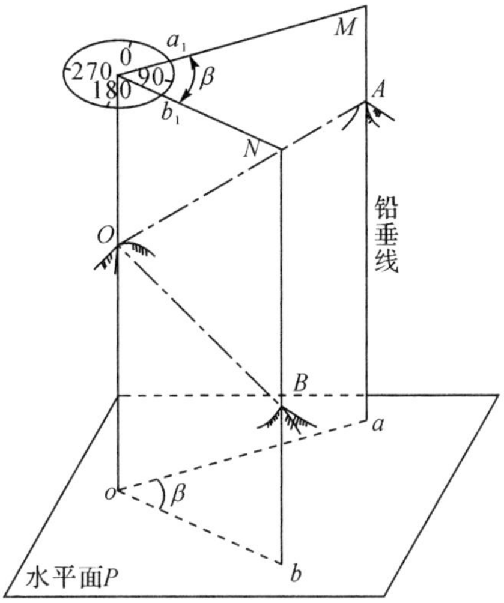

图 3-1 水平角测量原理

(二)水平角测量原理

为了测定水平角的大小,设想在 O 点的铅垂线上任一处,水平安置一个带有顺时针均匀刻划的水平度盘,通过左方向 OA 和右方向 OB 的竖直面与水平度盘相交,在度盘上截取相应的读数 a_1 和 b_1(如图 3-1 所示),则水平角 β 为右方向读数 b_1 减去左方向读数 a_1,即

$$\beta = b_1 - a_1 \tag{3-1}$$

应该注意的是水平角的角值范围是 0°~360°。当第二目标读数小于第一目标读数时,此时应在第二目标读数值上加上 360°后再减第一目标读数。

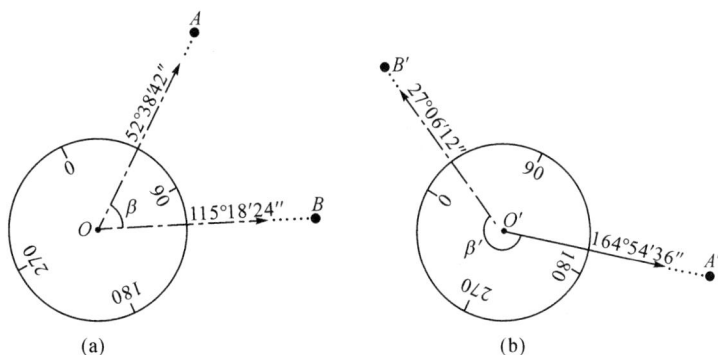

图 3-2 水平角计算

如图 3-2(a)所示,OA、OB 的水平角为
$$\beta = 115°18'24'' - 52°38'42'' = 62°39'42''$$

如图 3-2(b)所示,OA'、OB' 的水平角为
$$\beta = 27°06'12'' + 360° - 164°54'36'' = 222°11'36''$$

经纬仪就是根据水平角测量原理设计的一种测角仪器。

二、DJ6 型光学经纬仪

经纬仪是测量工作中的主要测角仪器,它既可测量水平角,又可测量竖直角。目前建筑工程中使用的经纬仪有光学经纬仪和电子经纬仪。光学经纬仪常用的有 DJ2 型和 DJ6 型。其中"DJ"分别为"大地测量"和"经纬仪"的汉语拼音第一个字母,其后所标数字 2、6 表示仪器的精度等级指标,数字越小,精度级别越高。例如,DJ6 是 6″级光学经纬仪,经纬仪因精度的等级不同或生产的厂家不同,其具体部件的结构可能不尽相同,但它们的基本工作原理是一样的。下面重点介绍 DJ6 型光学经纬仪。

(一)DJ6 型光学经纬仪的构造

如图 3-3 所示,DJ6 型光学经纬仪主要由照准部、水平度盘和基座三大部分组成。

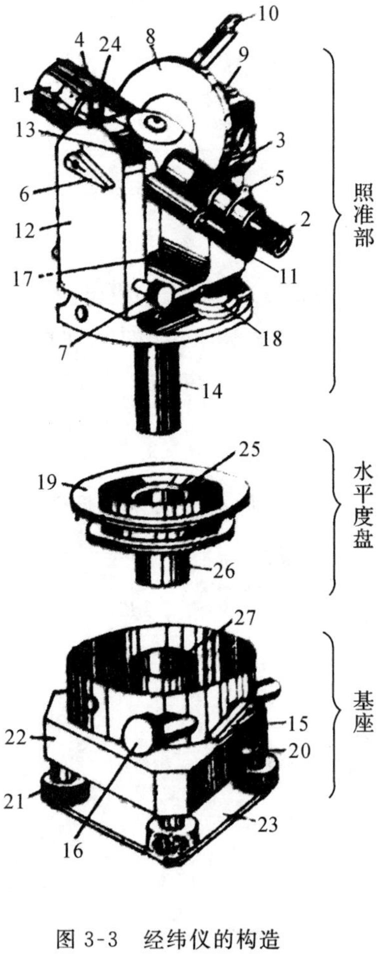

图 3-3　经纬仪的构造

1—望远镜物镜　2—望远镜目镜　3—望远镜物镜对光螺旋　4—准星　5—照门
6—望远镜制动扳手　7—望远镜微动螺旋　8—竖直度盘　9—竖盘指标水准管
10—竖盘水准管反光镜　11—读数显微镜目镜　12—支架　13—水平轴
14—竖直轴　15—照准部制动螺旋　16—照准部微动螺旋　17—水准管
18—圆水准器　19—水平度盘　20—基座紧固螺旋　21—脚螺旋　22—基座
23—三角形底板　24—罗盘插座　25—度盘轴套　26—外轴　27—度盘旋转轴套

1.照准部

照准部是仪器上部可转动部分的总称。照准部的旋转轴称为仪器的竖轴,竖轴插入基座内的竖轴套中。通过调节照准部制动螺旋和照准部微动螺旋,可以控制照准部在水平方向上的转动。

照准部主要由望远镜、竖直度盘、照准部水准管、读数设备、支架和光学对中器等组成。

(1)望远镜。

望远镜用于瞄准目标。其构造与水准仪的望远镜基本相同,为了瞄准目标,经纬仪的十字丝分划板与水准仪的稍有不同,如图 3-4 所示。

望远镜的旋转轴称为横轴。望远镜通过横轴安装在支架上,通过调节望远镜制动螺旋和望远镜微动螺旋,可以控制望远镜在竖直面内的转动。

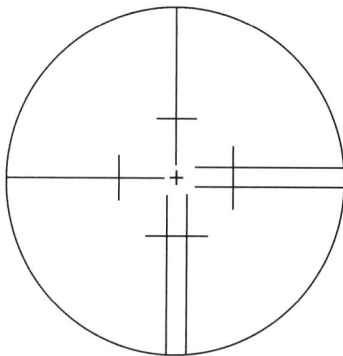

图 3-4　十字丝分划板

注意:望远镜的视准轴垂直于横轴,横轴垂直于仪器竖轴。因此,在仪器竖轴铅直时,望远镜绕横轴转动扫出一个铅垂面。

(2)竖直度盘。

竖直度盘简称竖盘,用于测量竖直角。竖直度盘固定在横轴的一端,随望远镜一起转动,与竖盘配套的有竖盘指标水准管和竖盘指标水准管微动螺旋。

(3)读数设备。

读数设备用于读取水平度盘和竖直度盘的读数,它包括读数显微镜、分微尺及光路上一系列光学透镜和棱镜等。

(4)照准部水准管。

照准部水准管用于精确整平仪器。有的经纬仪还装有圆水准器,用于粗略整平仪器。

注意:照准部水准管轴垂直于仪器竖轴,当照准部水准管气泡居中时,经纬仪的竖轴铅直,水平度盘处于水平位置。

(5)支架。

支架用于支承望远镜的旋转轴(横轴)。

(6)光学对中器。

光学对中器用于使水平度盘中心位于测站点的铅垂线上。

2.水平度盘

水平度盘用于测量水平角。水平度盘是由光学玻璃制成的圆环,圆环上刻有 0°~360°

的分划线,并按顺时针方向注记,相邻两分划线之间的格值为 1°或 30′。

水平度盘通过外轴装在基座中心的套轴内,并用中心锁紧螺旋使之固紧。当照准部转动时,水平度盘并不随之转动。若需改变水平度盘的位置,可通过照准部上的水平度盘变换手轮将度盘变换到所需要的位置。例如,要使经纬仪瞄准某一目标时,水平度盘读数为 0°00′00″或所需要角度,这种度盘变换手轮的具体操作方法如下:先转动照准部瞄准该目标,再按下度盘变换手轮下的保险手柄,将手轮推压进去并转动,将水平度盘转到 0°00′00″或所需要角度的读数位置上,然后将手松开,手轮退出,把保险手柄倒回。度盘离合器的具体操作方法如下:扳手朝上,离合器与水平度盘分离,转动照准部,使水平度盘读数为 0°00′00″或所需要角度,扳手朝下(此时,离合器与水平度盘合在一起,转动照准部,水平度盘的读数不变),转动照准部瞄准该目标。

3.基座

基座用于支撑整个仪器,并通过中心连接螺旋将经纬仪固定在三脚架上。基座上有三个脚螺旋,用于整平仪器。在基座上还有轴套,仪器竖轴插入基座轴套后,旋紧轴座固定螺旋,可使仪器固定在基座上。使用仪器时,务必将基座上的固定螺旋旋紧,不得随意松动,以免照准部与基座分离而坠落。

(二)DJ6 型光学经纬仪各螺旋的作用

(1)望远镜的目镜对光螺旋:使十字丝清晰。

(2)望远镜的物镜对光螺旋:使目标影像清晰。

(3)望远镜的制动螺旋:控制望远镜绕横轴在竖直面内转动,用粗略瞄准目标。

(4)望远镜的微动螺旋:控制望远镜绕横轴在竖直面内微动,该螺旋只有在旋紧望远镜的制动螺旋时才起作用,用于精确瞄准目标。

(5)读数显微镜目镜对光螺旋:可消除读数设备的视差,使读数窗内度盘影像清晰。

(6)照准部制动螺旋:控制照准部绕仪器的竖轴在水平方向上转动,用于粗略瞄准目标。

(7)照准部微动螺旋:控制照准部绕仪器的竖轴在水平方向上微动,用于精确瞄准目标。

(8)脚螺旋:用于整平仪器,将水平度盘调节成水平状态,仪器的竖轴处于铅垂状态。

(9)竖盘指标水准管微动螺旋:可使竖盘指标水准管气泡居中。

(10)光学对中器目镜螺旋:转动可使对中器的小圆圈清晰,拉动可看清地面点位。

(11)轴套固定螺旋:将基座与其之上的部分连接起来,平时该螺旋都应处于固紧状态。

(12)度盘变换手轮:改变水平度盘的位置。

三、经纬仪的使用

经纬仪的使用包括安置仪器、瞄准目标和读数三项基本操作。

(一)安置仪器

安置仪器是将经纬仪安置在测站点上,包括对中和整平两项内容。

1.对中

对中的目的是使仪器中心与测站点标志中心位于同一铅垂线上。

对中的方法有用垂球对中和用光学对中器对中两种。

（1）用垂球对中。

垂球对中是在脚架的中心连接螺旋上挂上垂球,利用铅垂线移动三脚架中的任意两脚或三脚架整体平移,使垂球尖对准测站点标志中心,达到对中的目的。

用垂球对中的误差一般可控制在 3mm 以内。

（2）用光学对中器对中。

光学对中器对中是利用几何光学原理,移动三脚架中的任意两脚或整个仪器在架头上平移,使光学对中器小圆圈中心对准测站点标志中心,达到对中的目的。

用光学对中器对中的误差一般可控制在 1mm 以内。

在对中过程中,可通过伸缩脚架使圆水准器气泡居中,达到粗略整平的目的。

光学对中器对中操作步骤:

将经纬仪固定到三脚架上,转动光学对中器的目镜,使对中器的小圆圈清晰,拉动对中器目镜,使测站点标志的影像清晰。踩实一条架脚的脚尖,两手轻轻提起另两条架脚,眼睛观察对中器的同时,前、后、左、右移动两条架脚,使对中器的小圆圈中心与测站点中心重合时,踩实这两条架脚的脚尖。

操作要领:提起的两条架脚离地应尽量接近,左、右移动两条架脚时,应尽量使原三脚组成的三角形形状不变。

因光学对中器设置在照准部上,对中后,受脚螺旋整平仪器的影响,须反复进行整平、对中数次后,在整平的情况下达到对中。

2.整平

整平的目的是使仪器竖轴处于铅垂位置,水平度盘处于水平位置。

整平的操作步骤:

（1）粗略整平。对中后,伸缩三脚架腿,使圆水准器气泡大致居中。

（2）精确整平。主要是通过调节三个脚螺旋使照准部水准管气泡居中,达到整平的目的。

如图 3-5（a）所示,整平时,先转动照准部,使照准部水准管与任一对脚螺旋的连线平行,两手同时向内或向外转动这两个脚螺旋,使水准管气泡居中。再将照准部旋转 90°,如图 3-5（b）所示,转动第三个脚螺旋,使水准管气泡居中,按以上步骤反复进行操作,直到照准部转至任意位置气泡皆居中为止（水准管气泡移动的方向与左手大拇指旋转螺旋的方向一致）。

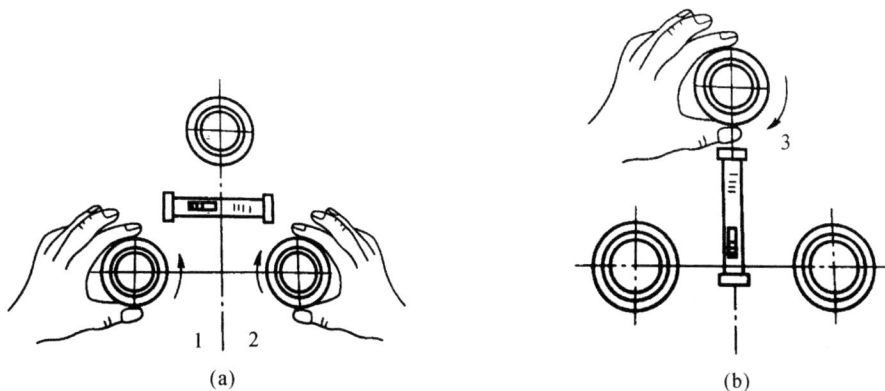

图 3-5　整平

整平的精度要求:照准部水准管在任何位置,气泡偏离零点不超过一格。

整平仪器后,检查测站点中心是否在对中器小圆圈中心,如果有偏移,可略微旋松中心连接螺旋,在架头上平移仪器,使其对中(对中器小圆圈中心与测站点中心重合),最后旋紧中心连接螺旋。

注意:安置仪器一般按"三脚架架头大致水平→粗略对中(移动两架腿)→粗略整平(伸缩两架腿)→精确整平(转动三个脚螺旋)→对中(仪器在三脚架头上平移)→精确整平和对中循环"的操作步骤进行。

整平和对中一般都需要经过几次"整平→对中→整平"的循环过程,直至对中和整平均符合要求。

操作要领:对中时,在架头上移动仪器应尽量使三脚架不动,否则会影响仪器的整平。对中和整平是相互交叉的操作过程,在整平后,应检查对中器小圆圈中心与测站点中心是否重合,在对中后,也应检查照准部水准管气泡是否仍居中,如不居中,则应重复操作对中、整平两步骤,直至满足要求为止。

(二)瞄准目标

瞄准目标一般按目镜对光、初步瞄准、物镜对光、精确瞄准四个操作步骤进行,最后应用十字丝的竖丝平分目标或夹准目标(测水平角),并尽量瞄准目标底部,以消除或削弱由于目标倾斜而引起的误差。

1.目镜对光

将望远镜对向明亮背景,调节目镜对光螺旋使十字丝清晰。

2.初步瞄准

利用粗瞄器粗略瞄准目标后,然后旋紧望远镜制动螺旋和照准部制动螺旋。

3.物镜对光

转动物镜对光螺旋,使目标影像清晰,并消除视差。

4.精确瞄准

转动照准部微动螺旋,用十字丝的竖丝(单丝或双丝)瞄准目标点,如图 3-6(a)所示。转动望远镜微动螺旋,用十字丝的横丝瞄准目标点,如图 3-6(b)所示。

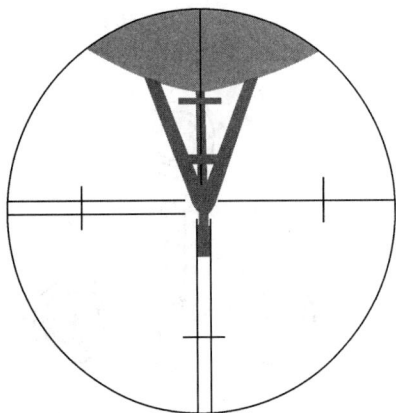
(a)用十字丝的竖丝瞄准目标

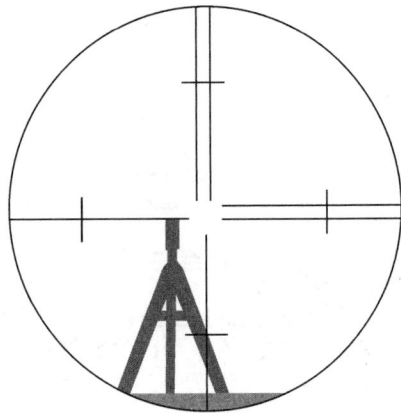
(b)用十字丝的横丝瞄准目标

图 3-6 瞄准目标

注意：观测水平角时用竖丝瞄准目标，观测竖直角时用横丝瞄准目标。

想一想

为什么测水平角时应用竖丝瞄准目标？测竖直角时需用横丝瞄准目标？经纬仪瞄准目标与水准仪瞄准目标有何区别？

（三）读数

光学经纬仪上的水平度盘和竖直度盘的最小度盘分划值一般均为1°或30′，将此角值称为度盘分划值，在度盘上可以根据指标读出分划值的注记数值。度盘上小于度盘分划值的读数要利用分微尺读出。DJ6型光学经纬仪的测微器有两种形式：分微尺测微器和单平板玻璃测微器。

1.分微尺测微器读数方法

从读数显微镜目镜中可见到如图3-7所示的影像。其影像分为上下两部分，依据其注写的文字或符号可分为水平度盘与分微尺的影像（一般用水平或H表示），竖直度盘与分微尺的影像（一般用垂直或V表示）。这种测微器度盘分划值为1°，度盘上1°的间隔经放大后与分微尺的60个小格等长，故1小格值为1′。若将1小格目估分为十等分，可估读0.1′＝6″的精度。如图3-7所示，水平度盘读数为157°52′24″，竖直度盘读数为68°08′54″。

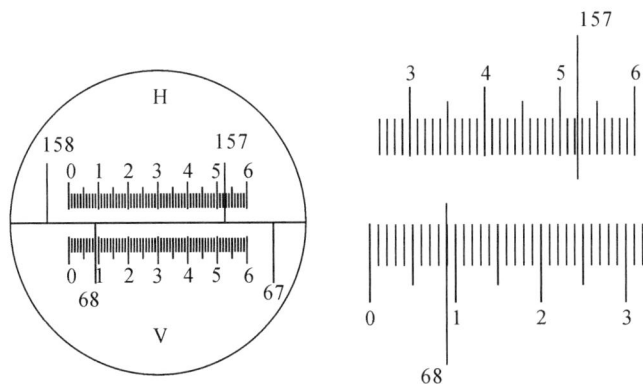

图 3-7　分微尺测微器读数方法

2.单平板玻璃测微器读数方法

从读数显微镜的目镜所观察到的影像，共分三具小窗口，上窗为测微尺，单线为指标，每5′处有注字（即0′、5′、10′、…、30′），每1′分为三格，故最小格值为20″，从0′～30′共有90小格。中窗为竖直度盘影像，下窗为水平度盘影像，双线为指标。度盘分划值为30′，每度处有注字。当望远镜照准目标后，需转动支架上的测微轮，使度盘上的某分划线准确地夹于双线指标中间，上窗测微尺也移动了一定的量，依据双线指标和单线指标准确读出两部分加在一起的值。如图3-8(a)所示，水平度盘读数应为123°＋12′04″＝123°12′04″。如图3-8(b)所示，竖直度盘读数应为152°30′＋21′40″＋14″＝152°51′54″。

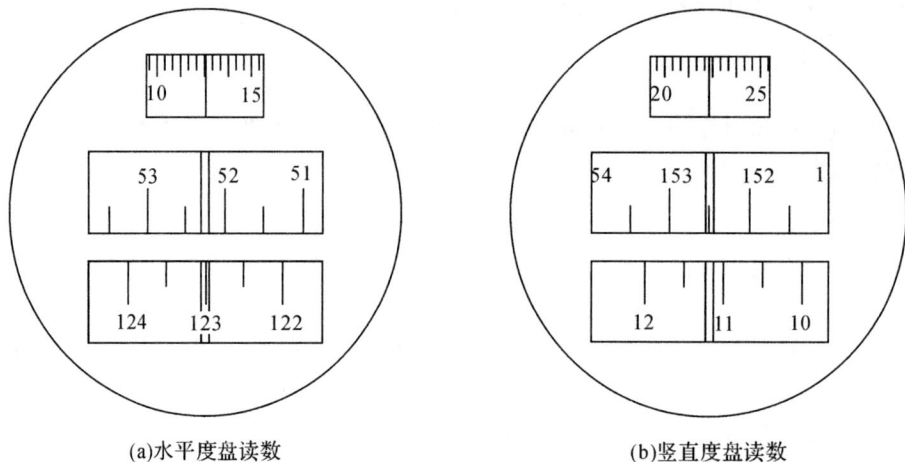

(a)水平度盘读数   (b)竖直度盘读数

图 3-8　单平板玻璃测微器读数方法

精确瞄准目标后,正确读出读数,步骤如下(以分微尺测微器读数方法为例):

(1)打开反光镜,调节镜面位置,使读数窗内进光明亮均匀。

(2)调节读数显微镜目镜,使读数窗内度盘影像清晰。

如图 3-7 所示,在读数显微镜内可以看到两个读数窗:注有"水平"或"H"的是水平度盘读数窗,注有"竖直"或"V"的是竖直度盘读数窗。每个读数窗上有一分微尺,标注数字为 0～6。

(3)读取度盘分划线注记的度数。

读数窗内度盘影像清晰后,先读出位于分微尺中的度盘分划线注记的度数,如图 3-7 所示,水平度盘的度数为 157°,竖直度盘读数为 68°。

(4)读取分微尺上不足 1°的分数,并估读秒数。

读取度盘分划线注记的度数后,再以度盘分划线为指标,读取分微尺上不足 1°的分数和秒数,如图 3-7 所示,水平度盘分微尺分数为 52′,估读数为 24″,竖直度盘分微尺分数为 08′,估读数为 54″。

注意:度盘分划值为 1°,分微尺有长度等于度盘上 1°影像的宽度,即分微尺全长代表 1°。将分微尺分为 60 小格,则每 1 小格代表 1′,可估读到 0.1′,即 6″。每 10 小格注有数字表示 10′的倍数(如分微尺中"1"或"2"等代表"10′"或"20′"等)。由上述可知,图 3-7 所示的水平度盘读数为 157°52′24″,竖直度盘读数为 68°08′54″。

知识实训

实训任务一　DJ6 型光学经纬仪的认识和使用

一、实训的目的和要求

(1)了解光学经纬仪的构造和各部分的名称、作用及使用方法。

(2)初步掌握经纬仪对中,整平、瞄准与读数的方法。

二、实训的仪器和工具

DJ6 型光学经纬仪 1 台、记录板 1 块。

三、实训的方法和步骤

1.经纬仪的安置

(1)对中:移动三脚架使仪器大致对准测站点,并使架头大致水平。

(2)粗平:伸缩脚架使圆水准仪气泡居中。

(3)对中:稍旋松连接螺旋,在架头上平移仪器,使仪器对准测站点,旋紧连接螺旋。

(4)精平:将水准管平行于任意一对脚螺旋的连线,转动脚螺旋使气泡居中,再将仪器转动 $90°$,转动第三个螺旋,使气泡居中。重复上述步骤直到仪器旋到任何位置,气泡中心不偏离水准管零点一格为止。

重复(3)、(4)两步骤,直至满足对中误差小于 1mm,整平误差小于 1 格。

2.瞄准目标

(1)目镜对光:转动目镜对光螺旋使十字丝清晰。

(2)粗略瞄准:用望远镜上的粗瞄器瞄准目标,将望远镜制动螺旋和水平制动螺旋固定上。

(3)物镜对光:转动物镜对光螺旋使目标影像清晰并消除视差。

(4)精确瞄准:调节望远镜和照准部微动螺旋,使十字丝纵丝平分目标或将目标夹在双中间。

3.读数

(1)打开反光镜使读数窗亮度适当。

(2)调节读数显微镜的目镜使读数窗清晰,分别盘左、盘右瞄准同一目标并读出水平度盘读数,两次读数之差约 $180°$,以此检验读数是否正确。每人按上述步骤瞄准三个目标,进行三组读数。

四、精度要求

(1)用垂球对中时,对中误差<3mm,光学对中器对中误差<1mm。

(2)整平误差小于等于一格水准器分划值。

五、实习报告

日期_____　仪器_____　观测_____　记录_____

项目二 角度测量

问题提出

有一项建筑工程需进行开工前的实地勘察,测出拟建场地部分特征点的平面位置。陈杰随师傅等 3 人领取了这项工作,师傅给了他几份标有坐标点、特征点的图纸,问他怎么测?陈杰研究了半天,回答师傅说:"在施工场地上没法建立坐标系,所以特征点的平面位置确定不了?"陈杰的看法对吗?

提示与分析

地面点平面位置的确定需要知道相邻两点的水平距离及相邻两边的水平角,再根据已知点的坐标和已知方位角,就能推算出点的平面位置了。

任务一 水平角观测

知识链接

水平角的测量方法根据测量的精度要求、观测所用仪器和观测目标的多少而定。常用的观测方法有测回法和方向观测法两种。

测回法是测角的基本方法,适用于观测两个方向之间的单角,方向观测法适用于观测两个以上的方向。

一、测回法

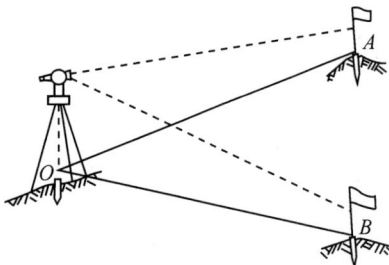

图 3-9 水平角测量原理

如图 3-9 所示,设 O 为测站点,A、B 为观测目标,用测回法观测 OA 与 OB 两方向之间的水平角 β,具体观测步骤如下。

1.安置仪器

在测站点 O 上安置经纬仪(对中、整平)。

2.盘左观测

盘左是指竖直度盘处于望远镜左侧时位置,也称为正镜,在这种状态下进行观测称为盘左观测,也称上半测回观测。

(1)以盘左位置先瞄准左目标 A,配度盘至 $0°00'00''$ 或稍大,读取水平度盘读数 a_1。

(2)顺时针转动照准部瞄准右目标 B,读取水平度盘读数 b_1。则上半测回角值为 $\beta_{左} = b_1$

$-a_1$。

3.盘右观测

"盘右"指竖直度盘处于望远镜右侧时位置。也称为倒镜,在这种状态下进行观测称为盘右观测,也称下半测回观测。

(1)倒转望远镜成盘右位置瞄准右目标 B,读取水平度盘读数 b_2。

(2)逆时针转动照准部瞄准左目标 A,读取水平度盘读数 a_2,则下半测回角值为 $\beta_右=b_2-a_2$。

注意:采用盘右位置再次测量∠AOB 值的目的是为了检核盘左位置观测成果并消除仪器误差对测角的影响,提高观测精度。

4.检核

对于 DJ6 型光学经纬仪,若上、下两个半测回角值之差 $\beta_左-\beta_右\leqslant\pm40''$,则观测合格,否则需重测。当观测合格时,取上、下两个半测回角值的平均值作为一测回的角值 β,即

$$\beta=\frac{1}{2}(\beta_左+\beta_右) \tag{3-2}$$

想一想

对同一个角度观测两个测回、三个测回或更多测回,最后取平均值,结果是否会更正确?

当测角精度要求较高时,需对一个角度观测多个测回,这是为了减弱度盘分划不均匀产生的测角误差,每个测回在盘左位置观测的起始方向配置,应根据测回数 n,按 $180°/n$ 变换水平读盘位置。当测回数 $n=2$ 时,第一测回的起始方向读数可安置在 $0°00'00''$ 或略大于 $0°$ 处,第二测回的起始方向读数可安置在 $90°00'00''$ 或略大于 $90°(180°/2)$ 处。

【例1】 如图 3-9 所示,在上述用测回观测水平角中,如第一测回盘左测得:$a_1=0°01'30''$,$b_1=65°08'12''$;盘右测得:$a_2=180°01'42''$,$b_2=245°08'30''$。第二测回盘左测得:$a_3=90°02'24''$,$b_3=155°09'12''$;盘右测得 $a_4=270°02'36''$,$b_4=335°09'30''$。试确定∠AOB 值。

【解】 水平角观测一般列表计算,如表 3-1 所示,先把观测值填入表中相应各栏,再按表中栏目进行计算。表 3-1 中数据计算如下。

第一测回:

上半测回角值:$\beta_1=b_1-a_1=65°08'12''-0°01'30''=65°06'42''$

下半测回角值:$\beta_2=b_2-a_2=245°08'30''-180°01'42''=65°06'48''$

一测回角值:$\beta'=\frac{1}{2}(\beta_1+\beta_2)=\frac{1}{2}(65°06'48''+65°06'48'')=65°06'45''$

第二测回:

上半测回角值:$\beta_3=b_3-a_3=155°09'12''-90°02'24''=65°06'48''$

下半测回角值:$\beta_4=b_4-a_4=335°09'30''-270°02'36''=65°06'54''$

一测回角值:$\beta'=\frac{1}{2}(\beta_3+\beta_4)=\frac{1}{2}(65°06'48''+65°06'54'')=65°06'51''$

个测回平均值:$\beta=\frac{1}{2}(\beta'+\beta')=\frac{1}{2}(65°06'45''+65°06'51'')=65°06'48''$

表 3-1 水平角观测手簿(测回法)

测 站	竖盘位置	目 标	水平度盘读数 ° ′ ″	半测回角值 ° ′ ″	一测回角值 ° ′ ″	各测回平均值 ° ′ ″
第一测回 O	左	A	0 01 30	65 06 42	65 06 45	65 06 48
		B	65 08 12			
	右	A	180 01 42	65 06 48		
		B	245 08 30			
第二测回 O	左	A	90 02 24	65 06 48	65 06 51	
		B	155 09 12			
	右	A	270 02 36	65 06 54		
		B	335 09 30			

二、方向观测法

当一个测站上有两个以上方向,需要观测多个角度时,通常采用方向观测法。方向观测法是以选定的起始方向,依次观测出其余各个方向相对于起始方向的方向值,则任意两个方向的方向值之差即为该两方向线之间的水平角。若方向数超过三个,则须在每个半测回末再观测一次起始方向,两次观测起始方向的读数应相等或差值不超过规定要求,其差值称"归零差"。由于重新照准起始方向时,照准部已经旋转了 360°,故此法又称为全圆方向法或全圆测回法。

图 3-10 方向观测法

如图 3-10 所示,设 O 为测站点,A、B、C、D 为观测目标,用方向观测法观测 OA、OB、OC、OD 各方向之间的水平角 β,具体观测步骤如下。

1.安置仪器

在测站点 O 上安置经纬仪(对中、整平)。

2.盘左观测

(1)以盘左位置先瞄准左目标 A,配度盘至 0°00′00″或稍大,读取水平度盘读数并记入表 3-2中。

(2)顺时针转动照准部,依次瞄准目标 B、C、D、A,读取水平度盘读数并记入表 3-2中,以上为上半测回。

3.盘右观测

(1)倒转望远镜成盘右位置瞄准目标 A,读取水平度盘读数并记入表 3-2 中。

(2)逆时针转动照准部,依次瞄准目标 D、C、B、A,读取水平度盘读数并记入表 3-2 中,以上为下半测回。

以上操作过程为一测回,表 3-2 为方向观测法两个测回的记录计算表格。

4.手簿计算

(1)半测回归零差的计算。

每半测回起始方向有两个读数,它们的差值称归零差。如表 3-2 中第一测回上、下半测回归零差分别为 $\Delta=55''-51''=+4''$ 和 $\Delta=13''-9''=+4''$,DJ6 型限差为 $24''$。

(2)平均读数的计算。

平均读数为盘左读数与盘右读数 $\pm180°$ 之和的平均值。表 3-2 第 6 栏中起始方向有两个平均值,取这两个平均值的中数记在第 6 栏上方,并加上括号。

(3)归零方向值的计算。

表 3-2 第 7 栏中各值的计算,是用第 6 栏中各方向值减去零方向括号内之值。一测站按规定测回数测完后,应比较同一方向各测回归零后方向值,检查其较差是否超限,DJ6 型限差为 $24''$。

表 3-2 水平角观测手簿(方向观测法)

测站	测点	水平度盘读数 盘左 ° ′ ″	水平度盘读数 盘左 ° ′ ″	2C ″	平均读数 ° ′ ″	一测回归零方向值 ° ′ ″	各测回归零方向值 ° ′ ″	水平角 ° ′ ″	备注
1	2	3	4	5	6	7	8	9	10
	A	0 06 51	180 07 09	−18	(0 07 02) 0 07 00	0 00 00	0 00 00		
	B	95 16 57	192 17 11	−14	95 17 04	95 10 02	95 10 04	95 10 04	
0	C	181 28 14	1 28 25	−11	181 28 20	181 21 18	181 21 14	86 11 10	
	D	275 35 43	95 35 55	−12	275 35 49	275 28 47	275 28 48	94 07 34	
	A	0 06 55	180 07 13	−18	0 07 04				
	Δ	+4	+4						
	A	90 07 08	270 07 17	−9	(90 07 12) 90 07 12	0 00 00			
	B	185 17 10	12 17 24	−14	185 17 17	95 10 05			
0	C	271 28 27	91 28 39	−12	271 28 33	181 21 21			
	D	5 35 55	185 36 07	−12	5 36 01	275 28 49			
	A	90 07 07	270 07 15	−8	90 07 11				
	Δ	−1	−2						

实训任务二　水平角观测

一、实训的仪器和工具

每个测量小组配备 DJ6 型经纬仪 1 台、遮阳伞 1 把、木桩 3 根(或木板 3 块)、记录板 1 块,以及铁钉、记录表格和铅笔若干。

二、实训的现场条件

现场提供开阔的泥地或水泥地面(注意,若为水泥地面,则用木块作为测站点)。

三、实训的人员分工

一般每组 3 人,1 人观测,2 人记录与协助,轮流进行。

四、实训的方法与步骤

(1)在场地上选定 A、B、C 三点(三点大致呈等边三角形,边长为 30~50m),打下木桩,钉上铁钉(水泥地放上钉好铁钉的木块),点号按顺时针方向编号,如表 3-3 和图 3-11 所示。

表 3-3

目　标	盘左水平度盘读数	盘右水平度盘读数	备　注

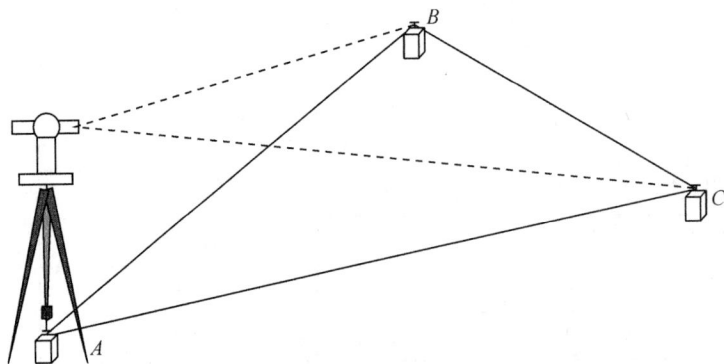

图 3-11　观测三角形 ABC 的三个内角

（2）分别以 A、B、C 三点为测站点（测站点上安置经纬仪），以其他两点为观测目标，用测回法观测三角形的三个内角的水平角角值。具体观测步骤如下：

①在测站点 A 上安置经纬仪（对中、整平仪器）。

②用盘左位置（目镜朝向观测者，竖盘位于望远镜的左侧，也称正镜），转动照准部，先瞄准左方向目标 B（此时 B 为起始目标，A、B 为起始方向），用水平度盘变换手轮配置水平度盘读数为 $0°00'00''$ 或稍大（略大于 $0°$），将该读数 $b_1=0°00'00''$ 或稍大的值记入测回法观测水平角记录表相应栏内（表3-4）。

表 3-4　水平角观测手簿（测回法）

测　站	竖盘位置	目　标	水平度盘读数 ° ′ ″	半测回角值 ° ′ ″	一测回角值 ° ′ ″	备　注
A	左	B	b_1	$\beta_1=c_1-b_1$	$\beta=\dfrac{1}{2}(\beta_1+\beta_2)$	
		C	c_1			
	右	B	b_2	$\beta_2=c_2-b_2$		
		C	c_2			
B	左	A				
		C				
	右	A				
		C				
C	左	A				
		B				
	右	A				
		B				

三角形内角和 $\sum\beta=$　　　　三角形闭合差 $f_\beta=$

想一想

· 瞄准目标是用经纬仪十字丝中的竖丝还是横丝？

· 转动望远镜或转动照准部前，是否必须先松开其制动螺旋？

③松开照准部制动螺旋，顺时针方向转动照准部，瞄准右方向目标 C，读取水平度盘读数 c_1，记入表3-4相应栏内。计算角值 β_1（$\beta_1=c_1-b_1$），则盘左所测得的角值 β_1 称为上半测回角值，把 β_1 记入表3-4相应栏内。

④松开照准部制动螺旋，倒转望远镜成盘右位置（目镜朝向观测者，竖盘位于望远镜的右侧，也称倒镜），先瞄准右方向目标 C，读取水平度盘读数 c_2，记入表3-4相应栏内。

⑤松开照准部制动螺旋，逆时针转动照准部，瞄准左方向目标 B，读取水平度盘读数 b_2，记入表3-4相应栏内。计算角值 β_2（$\beta_2=c_2-b_2$），则盘右所测的角值 β_2 称为下半测回角值，把 β_2 也记入表3-4相应栏内。

上、下两个半测回合称一测回。一般规定,如果 DJ6 型光学经纬仪上、下两个半测回角值之差的绝对值不得超过 $40''$,则认为观测合格,取其平均值作为一测回的角值 $\angle A = \beta = \frac{1}{2}(\beta_1 + \beta_2)$,否则应重测。结果填入表 3-4。

⑥$\angle A$ 观测完成后,把仪器迁移到 B 点及 C 点,用仪器在 A 点用相同方法测出 $\angle B$、$\angle C$,最后求出三角形的三个内角和并进行检核($f_\beta = \angle A + \angle B + \angle C - 180° \leqslant \pm 24\sqrt{3}''$)。

⑦上交水平角观测手簿(表 3-4)。

五、注意事项

(1)经纬仪操作时必须旋紧中心连接螺旋和轴座固定螺旋。

(2)同一测回观测时,盘左起始方向度盘配置好后,切勿误动度盘变换手轮。

(3)同一测回观测时,除盘左起始方向度盘配置好外,其余方向均不得再动度盘变换手轮调零。

(4)由于水平度盘是顺时针刻划和注记的,所以在计算水平角时,总是用有目标的读数减去左目标的读数,如果不够减,则应在右目标的读数上加上 $360°$,再减去左目标的读数,绝不可以倒过来减。

任务二 竖直角观测

知识链接

用水准仪可测定地面两点间的高差,测量竖直角也可用于测定地面两点的高差,或用于将倾斜距离转化为水平距离。

一、竖直角的概念

竖直角又称垂直角,是指在同一直面内倾斜与水平线之间的夹角,用 α 表示。如图 3-12 所示,倾斜视线在水平线的上方,竖直角为正(十),称为仰角;倾斜视线在水平线的下方,竖直角为负(一),称为俯角。竖直角的角值范围是 $-90° \sim +90°$。

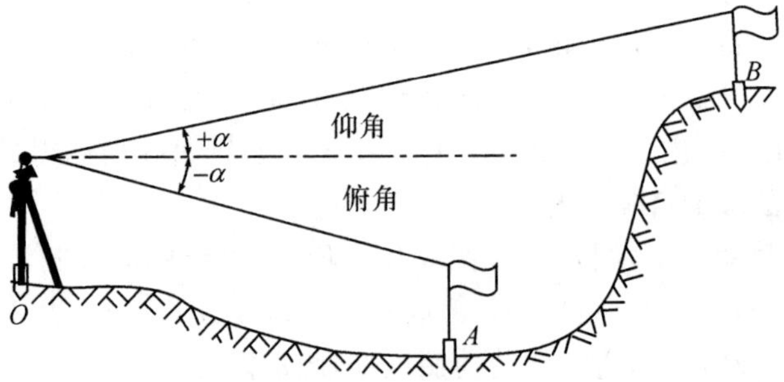

图 3-12 竖直角

二、竖直度盘构造

如图 3-13 所示,DJ6 型光学经纬仪的竖直度盘部分包括竖盘、竖盘指标、竖盘指标水准管和竖盘指标水准管微动螺旋。为了简化操作程序,提高工作效率,新型经纬仪多采用自动归零装置替代竖盘指标水准管。

竖直度盘固定在横轴的一端,当望远镜在竖直面内转动时,竖直度盘也随之转动,而用于读数的竖盘指标则不动。

当竖盘指标水准管气泡居中时,竖盘指标所处的位置成为正确位置。

光学经纬仪的竖直度盘是一个玻璃圆环,分划与

图 3-13 竖直度盘构造

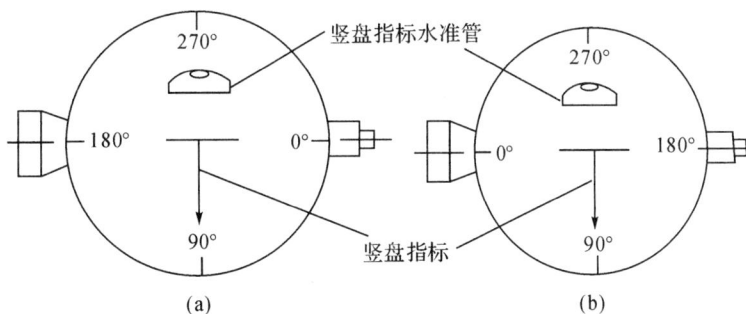

水平度盘相似,度盘刻度为 $0°\sim360°$,注记形式有顺时针方向注记和逆时针方向注记两种。图 3-14(a)所示为顺时针方向注记,图 3-14(b)所示为逆时针方向注记。

竖直度盘构造的特点是:当望远镜视线水平、竖盘指标水准气泡居中时,盘左位置的竖盘读数为 $90°$,盘右位置的竖盘读数为 $270°$。

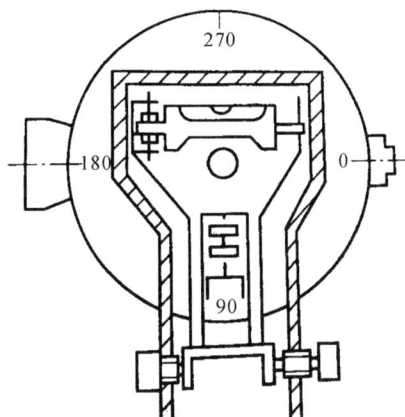

图 3-14 竖直度盘刻度注记(盘左位置)

三、竖直角测量原理

同水平角一样,竖直角的角值也是度盘上两个方向的读数之差。望远镜瞄准目标时,倾斜视线在竖直度盘上的对应读数与水平视线的应有度数(盘左 $90°$,盘右 $270°$)之差即为竖直角的角值。如图 3-15 所示,倾斜视线上仰时差值为 $\alpha=+7°41'$,下俯时差为 $\alpha=-12°32'$。

图 3-15 观测竖直角

所不同的是,竖直角的两方向中的一个方向是水平方向,无论对哪一种经纬仪来说,视线水平时的竖盘读数都应是90°的倍数。所以,测量竖直角时,只要瞄准目标读出竖盘读数,即可计算出竖直角。

四、竖直角的计算

(一) 竖直角的计算公式

因竖盘的注记形式不同,竖直角的计算公式也不同。设观测某一目标时,盘左竖盘读数为 L,盘右竖盘读数为 R。

(1)如果竖盘为顺时针方向注记,则竖直角的计算公式为

$$\alpha_左 = 90° - L$$
$$\alpha_右 = R - 270° \tag{3-3}$$

(2)如果竖盘为逆时针方向注记,则竖直角的计算公式为

$$\alpha_左 = L - 90°$$
$$\alpha_右 = 270° - R \tag{3-4}$$

(3)一测回竖直角的计算公式为

$$\alpha = \frac{1}{2}(L + R - 360°) \tag{3-5}$$

(二) 判断竖直角度盘注记形式的方法

使望远镜位于盘左位置,然后将望远镜视线抬高,使视线处于明显的仰角位置:

(1)如果此时竖盘读数小于90°,则该竖直度盘为顺时针方向注记。
(2)如果此时竖盘读数大于90°,则该竖直度盘为逆时针方向注记。

(三) 竖盘指标差

在竖直角计算公式中,当视准轴水平时,竖盘读数应是90°的整数倍。但是实际上这个条件往往不能满足,竖盘指标常常偏离正确位置,这个偏离的差值 x 角称为竖盘指标差,简称指标差。

指标差 x 的计算公式为

$$x = \frac{1}{2}(L + R - 360°) \tag{3-6}$$

注意:在竖直角测量时,用盘左、盘右观测取平均值作为竖直角的观测结果,可以消除竖盘指标差的影响,得到正确的竖直角。

(四) 观测竖直角

由于望远镜视准轴水平时的竖盘读数为已知常数(90°或270°),故观测竖直角不必观测水平方向,只需观测目标点,并读得该倾斜视线方向的竖盘读数,即可按前述公式求得竖直角。因此,观测竖直角的基本步骤如下。

1.准备工作

在目标点竖立标志,将经纬仪安置在测站点上对中、整平,并判定竖盘注记形式,确定仪器竖直角的计算公式。

2. 盘左位置观测

精确瞄准目标,将十字丝的横丝与目标相切。转动竖盘指标水准管微动螺旋,使竖盘指标水准管居中(自动归零型仪器无须此项操作,但有补偿器开关的仪器必须打开补偿器的开关),读取竖盘读数 L。

3. 盘右位置观测

重复步骤 2,读取竖盘读数 R。

4. 计算竖直角及指标

注意:竖盘指标差属于仪器本身的误差,一般情况下竖盘指标差变化很小,可视为定值,如果观测各项目标时计算的竖盘指标差变动较大,说明观测质量较差。

5. 精度检核

同一测站不同目标的指标差互差,DJ6 型经纬仪应不超过 $\pm 25''$。

【例 2】 观测竖直角时,测得 A、B 两目标的竖盘,如表 3-5 所示,试完成竖直角观测手簿。

表 3-5 竖直角观测手簿

测 站	目 标	竖盘位置	竖盘读数 ° ′ ″	半测回竖直角 ° ′ ″	指标差 ″	一测回竖直角 ° ′ ″	备 注
0	A	左	81 18 42	＋8 41 18	＋6	＋8 41 24	竖直度盘为顺时针方向注记
		右	278 41 30	＋8 41 30			
	B	左	124 03 30	－34 03 30	＋12	－34 03 18	
		右	235 56 54	－34 03 06			

【解】 (1)目标 A:

盘左观测:$\alpha_左 = 90° - L = 90° - 81°18'42'' = +8°41'18''$

盘右观测:$\alpha_右 = R - 270° = 278°41'30'' - 270° = +8°41'30''$

一测回竖直角:$\alpha = \dfrac{1}{2}(\alpha_左 + \alpha_右) = \dfrac{1}{2} \times (+8°41'18'' + 8°41'30'') = +8°41'24''$

竖盘指标差:$x = \dfrac{1}{2}(L + R - 360°) = \dfrac{1}{2} \times (81°18'42'' + 278°41'30'' - 360°) = +6''$

(2)目标 B:用与目标 A 相同的计算方法可得结果,见表 3-3。

注意:近年来生产的某些光学经纬仪采用了竖盘指标自动归零装置。当经纬仪整平后,打开自动补偿器,竖盘读数指标即居于正确位置。这样既简化了操作程序,又提高了观测速度和精度。

知识实训

实训任务三　竖直角观测

一、实训的仪器和工具

每个测量小组配备 DJ6 型经纬仪 1 台、遮阳伞 1 把、记录板 1 块、记录表和铅笔若干等。

二、实训的现场条件

现场已竖立几个目标点,可供全班选用。

三、实训的人员分工

一般每组 3 人,1 人观测,2 人记录与协助,轮流进行。

四、实训的方法与步骤

(1)安置仪器。

在测站点 O 上安置经纬仪(对中、整平)。

(2)熟悉竖直度盘部分的构造。

①熟悉竖直度盘指标水准管微动螺旋,看竖盘指标水准管气泡的移动情况。

②转动望远镜,看竖直角度盘读数的变化。

(3)观察仪器竖盘的注记形式。

盘左位置,转动望远镜,使视线缓慢抬高,观察竖盘读数的变化规律,从而判断竖盘的注记形式,确定竖盘的注记形式后,在记录表备注中写出竖直角的计算公式。

注意:盘左位置视线抬高时,如竖盘读数变小,则该仪器的竖直度盘为顺时针方向注记形式,反之为逆时针方向注记形式。竖直角计算公式:竖直度盘为顺时针方向注记时用 $\alpha_{左}=90°-L$,$\alpha_{右}=R-270°$。竖直角度盘为逆时针方向注记时用 $\alpha_{左}=L-90°$,$\alpha_{右}=270°-R$(式中:L 为盘左竖盘读数,R 为盘右竖盘读数)。

(4)盘左位置观测竖直角。

先检查仪器是否对中与整平,再用盘左位置,瞄准目标 A 顶端(用十字丝横丝切于目标顶端),转动竖盘指标水准管微动螺旋,使水准管气泡严格居中,读取竖盘读数 L,记入观测手簿(表 3-6),并计算盘左竖直角 $\alpha_{左}$。

表 3-6 竖直角观测手簿

测 站	目 标	竖盘位置	竖盘读数 °′″	半测回竖直角 °′″	指标差 ″	一测回角值 °′″	备 注
O	A	左					
		右					
O	B	左					
		右					
O	C	左					
		右					

（5）盘右位置观测竖直角。

盘右位置，用与盘左位置相同的方法观察目标 A，读取竖盘读数 R，记录并计算盘右竖直角 $\alpha_右$。

（6）计算指标差 x 及一测回竖直角 α。

注意：x 及 α 的计算公式为 $x=\dfrac{1}{2}(L+R-360°)$；$\alpha=\dfrac{1}{2}(\alpha_左+\alpha_右)$。

（7）改变观测目标。

目标改为 B 或 C 时，重复步骤（4）～（6），测出竖直角。

（8）上交竖直角观测手簿（表 3-6）。

想一想

· 经纬仪的安置高低位置对竖直角有何影响？

· 测量竖直角与测量水平角有哪些异同？

· 测量一个竖直角时，盘左、盘右需要瞄准同一目标的相同部位吗？

五、注意事项

（1）经纬仪对中、整平的步骤和要求与观测水平角时相同。

（2）观测竖直角时，瞄准目标要用十字丝的横丝切准目标，每次读数前应使竖盘指标水准管气泡居中。

（3）竖盘注记方式不同，竖直角的计算公式也是不同的，计算竖直角和指标差时，应注意正、负号。

任务三　角度测量误差分析

知识链接

水平角测量误差的主要来源有仪器误差、观测误差和外界条件的影响误差。

一、仪器误差

仪器误差是指仪器不能满足设计理论要求而产生的误差。

仪器误差主要包括两个方面:一是仪器制造、加工不完善引起的误差;二是仪器检校不完善引起的误差。

(一)仪器制造、加工不完善产生的误差

仪器制造、加工不完善所产生的误差不能用检校方法减小其影响。

1.水平度盘刻划误差

它是由水平度盘刻划不均匀引起的,常采用变换度盘位置进行多测回观测,取各测回平均值的方法来消除或减弱此项误差给测角带来的影响。

2.水平度盘偏心差

它是由照准部旋转中心与水平度盘的分划中心不重合引起的,常采用盘左、盘右观测取平均值的方法来消除。

(二)仪器检校不完善而引起的误差

1.视准轴误差

它是由视准轴不垂直于横轴引起的,采用盘左、盘右观测取平均值的方法来消除。

2.横轴误差

它是由横轴不垂直于竖轴引起的,采用盘左、盘右观测取平均值的方法来消除。

3.竖轴倾斜误差

它是由照准部水准管轴不垂直于竖轴引起的,此误差无法采用一定的观测方法来消除,因此,在使用经纬仪前应严格检校仪器,观测时注意仪器的仔细整平。

二、观测误差

观测误差是指观测者在观测操作过程中产生的误差,如对中误差、整平误差、目标偏心误差、瞄准误差和读数误差等。

(一)对中误差

在测站点上安置经纬仪,必须进行对中。仪器安置完毕后,仪器的中心位于测站点铅垂线上的误差,称为对中误差。对中误差对水平角观测的影响与偏心距成正比,与测站点到目标的距离成反比,偏心距越大、距离越短,误差越大。所以在测角时,如所测水平角的边长较短时,应特别注意对中。

(二)整平误差

整平误差是指安置仪器时竖轴不竖直的误差。整平误差导致水平度盘不能严格水平,竖轴及视准面不能严格竖直。它对测角的影响与目标的高度有关,若目标与仪器同高,其影响小;若目标与仪器高度不同,其影响将随高差的增大而增大。因此,在丘陵、山区观测时,必须精确整平仪器。

注意:在观测过程中,水准管偏离零点一般不得超过一格。

（三）目标偏心误差（又称标杆倾斜误差）

水平角观测时,常用标杆等立于目标点上作为观测标志,当观测标志倾斜而又瞄准标杆上部时,则使瞄准点偏离测点产生目标偏心误差。

可证明边长越短,标杆越倾斜,瞄准点越高,引起的测角误差越大。

注意:为了减小目标偏心误差,瞄准标杆时,标杆应立直,并尽可能瞄准标杆的底部。当目标较近,又不能瞄准目标的底部时,可采用悬吊垂球,瞄准垂球线的方法。

（四）瞄准误差

瞄准误差与望远镜的放大倍数及人眼的鉴别能力有关,放大倍数大,则瞄准误差小。在观测中应尽量消除视差,选择适宜的观测标志及有利的观测时间,并仔细观测以减小误差。

（五）读数误差

读数误差是指对测微装置估读的误差,它主要取决于仪器的读数设备,与照明情况和观测者的技术熟练程度有一定关系。

注意:读数时必须仔细调节读数显微镜目镜,使度盘分微尺影像清晰,同时仔细调整反光镜,使影像亮度适中,然后再认真读数。对于 DJ6 型光学经纬仪,读数最大误差在 $\pm6''$。

三、外界条件的影响误差

外界条件对角度观测成果有直接影响。如大气透明度差、目标阴暗与大气折光影响等会增大瞄准误差;土壤松软会使仪器沉陷、移位;日晒和温度变化会影响仪器的整平;大风影响仪器的稳定性;受地面热辐射的影响会引起物象的跳动等。因此,要选择有利的观测时间和观测条件,使这些外界影响降低到最小的程度。

项目三　经纬仪的检验和校正

问题提出

陈杰跟着师傅实习,有了不少进步。最近由他负责完成了一次数千米远的导线的野外施测工作。他兴冲冲地开始内业处理,可是算了很多遍,闭合差就是超过容许值。他回忆这几天的测量过程,也与其他员工一起讨论,大家说都是按照规范要求操作的。那哪里出了问题呢？其中有位员工说道,在仪器室有 2 台经纬仪,其中 1 台是要拿去检定的,当时他随意取了 1 台。难道问题出在这里？

提示与分析

经纬仪出厂时各轴线间所具有的几何关系是经过严格检校的,确保仪器处于正常状态;但由于仪器在长期使用和运输过程中受到震动等原因,各轴线间的关系可能会发生变化,使仪器处于非正常状态。因此,为了确保仪器观测数据的准确,我国现行建筑法规规定,仪器首次使用之前及仪器首次进入施工现场之前必须进行检定,两次检定时间间隔不能超过国家规定的强制检定周期。经纬仪的强制检定周期为一年。

知识链接

为保证角度测量结果的正确性,测量前必须对所使用的经纬仪进行检验,如果检验不符合要求,则需要进行必要的校正。

一、经纬仪的主要轴线

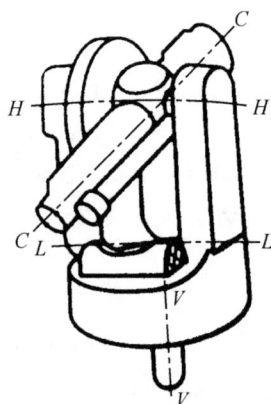

图 3-16 DJ6 型经纬仪的轴线

如图 3-16 所示,经纬仪的主要轴线有望远镜视准轴 CC、横轴 HH、照准部水准管轴 LL 和仪器竖轴 VV。

根据角度测量原理和保证角度观测精度的要求,经纬仪的主要轴线间应满足以下条件:

(1)照准部水准管轴 LL 应垂直于仪器竖轴 VV。

(2)十字丝竖丝应垂直于横轴 HH。

(3)视准轴 CC 应垂直于横轴 HH。

(4)横轴 HH 应垂直于仪器竖轴 VV。

(5)竖盘指标差为零。

一般情况下,经纬仪经过加工、装配、检验等供需出厂时是满足上述条件的。经纬仪也只有满足上述条件才能测出正确的角度。但是,由于仪器长时间使用或受到碰撞、振动等影响,均能导致轴线位置的变化。所以,经纬仪在使用前后或使用一段时间后,必须检验仪器主要轴线是否满足上述条件,如不满足则需要校正。

二、经纬仪的检验与校正

(一)照准部水准管轴的检验和校正

1.目的

使照准部水准管轴垂直于仪器竖轴。

2.检验方法

(1)将仪器粗略整平。

(2)转动照准部,使照准部水准管平行于任意两个脚架螺旋连线方向,调节这两个脚螺旋,使水准管气泡居中。

(3)将照准部旋转 180°,如果水准管气泡仍居中,表明此条件满足,否则需要校正。

3.校正方法

(1)相对转动这两个脚螺旋,使气泡向中心偏离值的一半。

(2)如图 3-17 所示,用校正针拨动水准管一端的校正螺母,使水准管气泡居中。

图 3-17　水准管校正

此项检验与校正应反复进行,直至照准部旋转到任何位置,水准管气泡偏离零点均不超过半格为止。

注意:经纬仪上若有圆水准器,也应对其进行检校,当管水准器校正完善并对仪器精确整平后,圆水准器的气泡也应该居中,如果不居中,则拨动其校正螺钉使其居中。

(二) 十字丝的检验和校正

1.目的

使十字丝的竖丝垂直于横轴。

2.检验方法

(1)精确整平仪器,用十字丝竖丝的一端精确瞄准一清晰目标点 P,如图 3-18 所示,旋紧照准部制动螺旋和望远镜制动螺旋。

(2)转动望远镜微动螺旋,观测目标点 P,看是否始终在竖丝上移动,若始终在竖丝上移动,如图 3-18(a)所示,说明满足条件;否则需要进行校正,如图 3-18(b)所示。

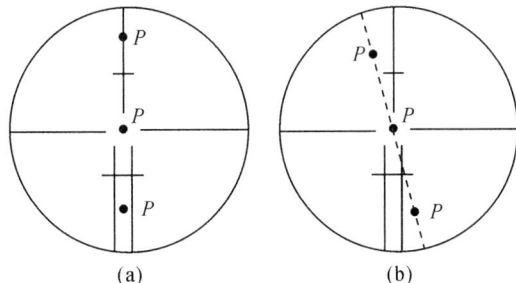

(a)　　　　　　　(b)

图 3-18　十字丝竖丝的检验

3.校正方法

(1)如图 3-19 所示,旋下目镜前面的十字丝分划板护盖,松开十字丝环的 4 个压环螺钉。

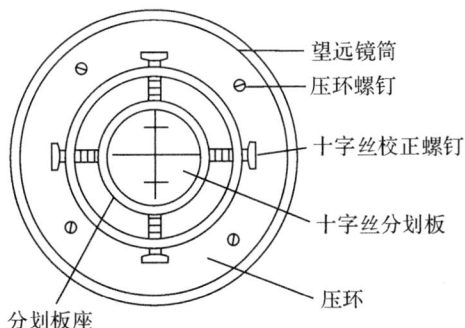

图 3-19　十字丝的校正

(2)微微转动十字丝环,使竖丝到达竖直位置,然后将松开的螺钉旋紧,旋上护盖。此项检验校正工作需反复进行。

（三）视准轴的检验和校正

1.目的

使视准轴垂直于仪器横轴。

2.检验方法

(1)如图 3-20 所示,在一平坦场地选择相距约 100m 的 A、B 两点,在 AB 连线的中点 O 安置经纬仪。

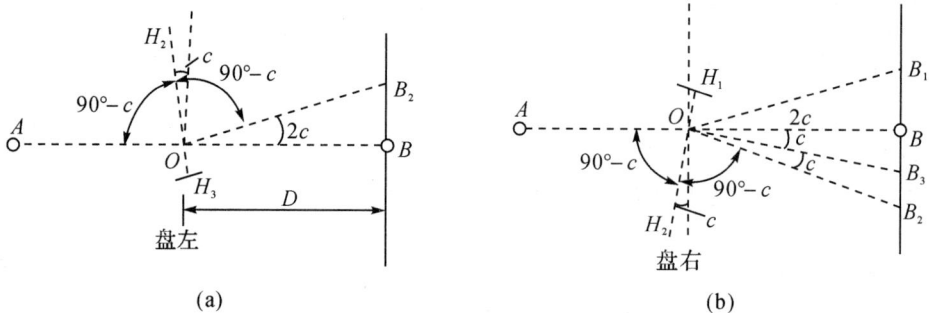

图 3-20　视准轴的检验

(2)在 A 点设置一观测标志,在 B 点横置一根有毫米分划的直尺,使其垂直于 OB,并使标志、横置的直尺与仪器大致相同。

(3)盘左位置瞄准 A 点标志,固定照准部,倒转望远镜,在 B 点直尺上读得 B_1,如图 3-20(a)所示。

(4)盘右位置再瞄准 A 点标志,固定照准部,再倒转望远镜,在 B 点直尺上读得 B_2,如图 3-20(b)所示,如果 B_1 与 B_2 重合,就说明此条件满足,否则需要校正。

注意: 如图 3-20(b)所示,视准轴不垂直于横轴而相差一个小角 c,称为视准轴误差。B_1、B_2 的间距为 $4c$ 的误差影响。

3.校正方法

(1)如图 3-20(b)所示,在直尺上定出一点 B_3 时,$B_2 B_3 = \dfrac{B_1 B_2}{4}$ 的长度,则 B_3 点在直尺上的读数值为视准轴应对准的正确位置。

(2)打开望远镜目镜端护盖,用校正针先稍旋松十字丝上、下的十字丝校正螺钉,再拨动左、右两个十字丝校正螺钉,左右移动十字丝分划板,直至十字丝交点对准 B_3 点,校正后将旋松的螺钉旋紧。此项检验与校正也需反复进行。

（四）横轴的检验与校正

1.目的

使横轴垂直于竖轴。

2.检验方法

(1)如图 3-21 所示,在离墙 20~30m 处安置经纬仪,以盘左位置瞄准墙面高处的一点 P（其仰角大于 30°）,固定照准部,然后放平望远镜,在墙面上标出十字丝交点 P_1。

（2）盘右位置瞄准点 P，固定照准部，然后放平望远镜，在墙面上标出十字丝交点 P_2，如果 P_1 点和 P_2 点重合，就说明此条件满足，否则需要进行校正。

光学经纬仪的横轴大都是密封的，只需对此项条件进行检验，若需要校正须由专门检定机构进行。

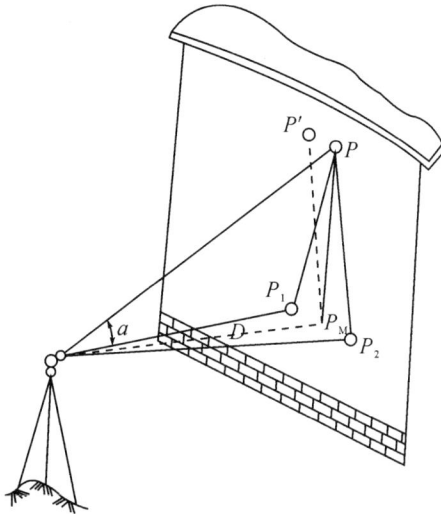

图 3-21　横轴的检验

（五）竖直度盘水准管的检验与校正

1. 目的

消除竖直度盘指标差，使望远镜视准轴水平，竖直度盘指标水准管气泡居中时，指标所指的读数为 90°的整倍数，即使 $x=0°$。

2. 检验方法

（1）整平经纬仪。

（2）盘左位置瞄准远处一目标点 P，使竖盘指标水准管气泡居中，读取竖盘读数为 L。

（3）盘右位置瞄准同一目标点 P，使竖盘指标水准管气泡居中，读取竖盘读数为 R。

（4）计算指标差 $x=\dfrac{1}{2}(L+R-360°)$，若 x 值超过 $1''$，则应进行校正。

3. 校正方法

（1）计算出盘右时的竖盘正确读数：

$$R_{正}=R-x \tag{3-7}$$

（2）保持原盘右位置瞄准点 P 不动，转动竖盘指标水准管微动螺旋，使指标指在读数 $R_{正}$ 上。此时竖盘指标水准管气泡不居中。

（3）用校正针拨动水准管一端的上、下校正螺母，使气泡居中。

此项检验、校正应反复进行，直至指标差小于规定限差为止。

项目四　电子经纬仪简介

问题提出

陈杰经过在工地的努力实习,终于能用 DJ6 型经纬仪熟练完成各项任务了,觉得学习还是蛮有味道的,学习的兴趣也越来越浓厚,也不再不懂装懂了。最近建筑公司新进了一些先进的经纬仪,他没有顺手拿起仪器就操作,而是先认真地看说明书。他这么做对吗?

提示与分析

随着科技的进步和建筑工程的需要,技术的涉及面也越来越广。越来越多的复杂工程设施的建造和大型精密机器设备的安装,对测绘提出了许多新的要求,促进了专门的精密工程测量仪器设备和方法的发展。我们只有不断学习,才不会被历史淘汰。

知识链接

电子经纬仪是在光学经纬仪的基础上发展起来的新一代测角仪器,是全站型电子速测仪的过渡产品,其主要特点是:

(1)采用电子测角系统,能自动显示测量结果,减轻了外业劳动强度,提高了工作效率。

(2)可用一电磁波测距仪组合成全站型电子速测仪,配合适当的接口,可将观测的数据输入计算机,实现数据处理和绘图自动化。

下面以南方测绘仪器公司生产的 ET－02/05 电子经纬仪为例,介绍电子经纬仪的构造与使用方法。

一、ET－02/05 电子经纬仪的构造

如图 3-22 所示,ET－02/05 电子经纬仪采用增量式光栅度盘读数系统,配有自动垂直补偿装置,最小读数为 1″,测角精度为 2″和 5″。ET－02/05 电子经纬仪上有数据输入和输出接口,可与光电测距仪和电子记录手簿连接。该仪器使用可充镍氢电池,连续工作时间约为 10h;望远镜十字丝和显示屏有照明光源,便于在黑暗环境中操作。

二、ET－02/05 电子经纬仪的使用

ET－02/05 电子经纬仪在使用时,首先要对中整平,其方法与普通光学经纬仪相同,然后按"PWR"键开机,屏幕上即显示出水平度盘读数 HR,再上下摇动一下望远镜,屏幕上即显示出竖盘读数 V,如图 3-22 所示的水平度盘读数为 $299°10'48''$,竖盘读数为 $85°26'41''$。角度观测时,只要瞄准好目标,屏幕上便自动显示出相应的角度读数值,瞄准目标的操作方法与普通光学经纬仪也一样。

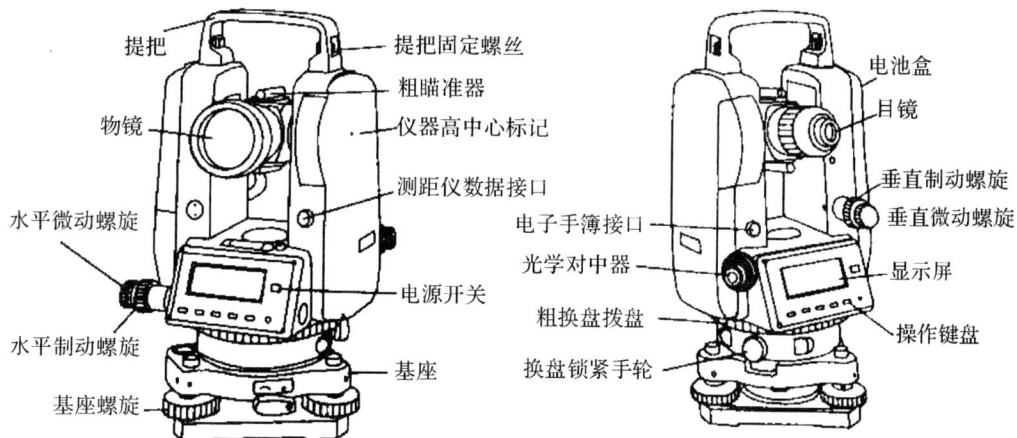

图 3-22　ET‑02/05 电子经纬仪的构造

三、ET‑02/05 电子经纬仪按键的功能与使用方法

如图 3-23 所示是 ET‑02/05 电子经纬仪的操作键盘及显示屏。每个按键具有一键两用的双重功能,按键上方所示的功能为第一功能,直接按此键时执行第一功能,当按下"MODE"键后再按此键时执行第二功能。下面分别介绍各功能键的作用。

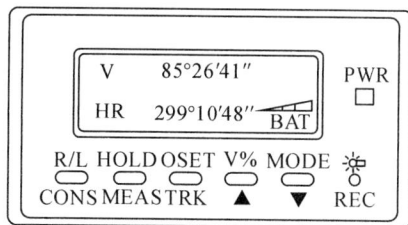

图 3-23　电子经纬仪操作键盘

"PWR"——电源开关键,按键开机;按键大于 2s 则关机。

"R/L"——显示右旋/左旋水平角选择键,连续按此键,两种角值交替显示。所谓右旋是指水平度盘读数按顺时针方向增大,左旋是指水平度盘读数按逆时针方向减小,一般采用右旋状态观测。

"CONS"——专项特种功能模式键,按住此键开机,可进入参数设置状态,对仪器的角度测量单位、最小显示单位、自动关机时间等进行设置,设置完成后按"CONS"键盘予以确认,仪器返回测量模式。

"HOLD"——水平角锁定键。在观测水平角过程中,若需保持所测(或对某方向需预置)方向水平度盘读数时,按"HOLD"键盘两次即可。水平度盘读数被锁定后,显示左下角"HR"符号闪烁,再转动仪器水平度盘读数也不发生变化。当照准到所需方向后再按"HOLD"键一次,解除锁定功能,进行正常观测。

"MEAS"——测距键。

"OSET"——水平角置零键,按此键两次,水平度盘读数置为 0°00′00″。

"TRK"——跟踪测距键。

"V％"——竖直角和斜率百分比显示转换键,连续按键交替显示。在测角模式下测量,竖直角可以转换成斜率百分比。斜率百分比值＝$\dfrac{高差}{平距}\times100\%$,斜率百分比范围从水平方向至±45°,若超过此值则仪器不显示斜率值。

"▲"——增量键,在特种功能模式中按此键,显示屏中的光标可上下移动或数字向上增加。

"MODE"——测角、测距模式转换键。连续按键,仪器交替进入一种模式,分别执行键上或键下标示的功能。

"REC"——望远镜十字丝和显示屏照明键,按一次开灯照明,再按则关(如不按键10s后自动熄灭)。在与电子手簿连接时,此键为记录键。

在角度测量时,根据需要按键,即可方便地读取有关的角度数据,必要时,还可把数据记录在电子手簿中,然后将电子手簿与计算机连接,把数据输入到计算机中进行处理。

四、ET－02/05 电子经纬仪测水平角的方法

将望远镜十字丝中心照顾准目标 A 后,按"OSET"键两次,使水平角读数为 0°00′00″,即显示目标 A 方向为 HR0°00′00″;顺时针方向转动照准部,以十字丝中心照准目标 B,此时显示的 HR 值即为盘左观测角。倒转望远镜,依次照准目标 B 和 A,读取并记录所显示的 HR 值,经计算得到盘右观测角,具体计算及成果检核的方法与光学经纬仪水平角观测相同。

五、ET－02/05 电子经纬仪测竖直角的方法

ET－02/05 电子经纬仪采用了竖盘指标自动补偿归零装置,出厂时设置为望远镜指向天顶时读数为 0°,所以竖直角等于 90°减去瞄准目标时所显示的 V 读数,竖直角的具体观测、记录和计算与光学经纬仪基本相同。

习 题

一、填空题

1.经纬仪的构造主要由＿＿＿＿、＿＿＿＿和＿＿＿＿三部分组成。

2.DJ6 型经纬仪分微尺可直接读到＿＿＿＿,估读到＿＿＿＿。

3.经纬仪通过调节水平制动螺旋和水平微动螺旋,可以控制照准部在＿＿＿＿方向上的转动。

4.经纬仪整平时,伸缩脚架,使＿＿＿＿气泡居中;再调节脚螺旋,使照准部水准管气泡精确居中。

5.水平度盘是用于测量水平角,水平度盘是由光学玻璃制成的圆环,圆环上刻有 0°～360°的分划线,并按＿＿＿＿方向注记。

6.对中的目的是使仪器的中心与测站点标志中心处于＿＿＿＿。

7.由于水平度盘是按顺时针刻划和注记的,所以在计算水平角时,总是用_____目标的读数减去_____目标的读数,如果不够减,则应在右目标的读数上加上360°,再减去左目标的读数,绝不可以倒过来减。

二、选择题

1.观测水平角时,盘左应( )方向转动照准部。

A.顺时针　　　　　　　　　　B.由下而上

C.逆时针　　　　　　　　　　D.由上而下

2.已知经纬仪竖盘的刻划注记形式为顺时针,盘左望远镜水平时竖盘读数为90°。经盘左、盘右测得某目标的竖盘读数分别为 $L=76°34'00''$，$R=283°24'00''$，则一测回竖直角为( )。

A. $13°26'00''$　　　　　　　　B. $-13°26'00''$

C. $13°25'00''$　　　　　　　　D. $-13°25'00''$

3.经纬仪视准轴误差是指( )。

A.照准部水准管轴不垂直于竖轴的误差　　B.十字丝竖丝不垂直于横轴的误差

C.横轴不垂直于竖轴的误差　　　　　　　D.视准轴不垂直于横轴的误差

4.当竖盘读数为 $81°38'12''$，$278°21'24''$，则指标差为( )。

A. $+0'24''$　　　　　　　　　B. $-0'24''$

C. $+0'12''$　　　　　　　　　D. $-0'12''$

5.DJ6型经纬仪的测量精度通常要( )DJ2型经纬仪的测量精度。

A.等于　　　　　　　　　　　B.高于

C.接近于　　　　　　　　　　D.低于

6.用经纬仪测量水平角采用 n 个测回时,每一测回都要改变起始读数的目的是( )。

A.消除照准部的偏心差　　　　B.克服水平度盘分划误差

C.消除水平度盘偏心差　　　　D.消除横轴不垂直于竖轴的误差

7.水平角观测中的测回法,适合观测( )个方向间的水平夹角。

A.2　　　　　　　B.1　　　　　　　C.多个

三、简答题

1.观测水平角时,若测三个测回,各测回盘左起始方向读数应配为多少?

2.采用盘左、盘右可消除哪些误差? 能否消除仪器竖轴倾斜引起的误差?

3.何谓竖盘指标差? 观测竖直角时如何消除竖盘指标差的影响?

4.DJ6型经纬仪有哪些几何轴线? 它们之间满足怎样的关系?

5.经纬仪上有哪些制动螺旋和微动螺旋? 各起什么作用? 如何正确使用?

四、计算题

1. 完成以下竖直角观测手簿内容。

测 站	目 标	竖盘位置	竖盘读数 ° ′ ″	半测回竖直角 ° ′ ″	指标差 ″	一测回竖直角 ° ′ ″	备 注
O	A	左	86 47 48				竖直度盘为顺时针注记
		右	173 11 54				
	B	左	97 25 42				
		右	262 33 54				

2. 完成以下水平角观测手簿内容。

测 站	竖盘位置	目 标	水平度盘读数 ° ′ ″	半测回角值 ° ′ ″	一测回平均值 ° ′ ″	各测回平均值 ° ′ ″
O	左	A	00 01 24			
		B	46 38 48			
	右	A	180 01 12			
		B	226 38 54			
O	左	A	90 00 06			
		B	136 37 18			
	右	A	270 01 12			
		B	316 38 42			

模块四　距离测量和直线定向

能力目标

1. 掌握距离测量的方法；
2. 掌握直线定向的方法。

知识目标

1. 掌握钢尺量距的一般方法和精密方法；
2. 了解视距测量的原理和使用方法；
3. 掌握光电测距仪、全站仪等电磁波测距的原理及方法；
4. 掌握直线定向的概念及角度和坐标方位角的计算。

背景资料

深圳市跳水游泳馆工程位于深圳市体育发展中心西侧，南临笋岗路，西临泥岗路，地段北侧为体育发展中心用地，东侧为体育发展中心主入口广场。

本工程为能承接国内外游泳、跳水比赛及运动员训练，群众体育运动、水上娱乐相结合的综合性设施。总用地面积为 $54300m^2$，建筑基底面积为 $15484m^2$，地上建筑面积为 $25207m^2$，总建筑面积为 $41167m^2$。其中标准比赛池长度控制及钢结构安装精度控制是本工程测量工作的着重点。

根据标准比赛池的精度要求($-0～+20mm$)，对标准比赛池施工布设专用施工控制网，布网精度同主轴线控制网，布设方法为沿比赛池东西南北边缘外 5mm 设施工控制线，以控制线作为池边缘施工线，池边缘施工时以 T2 型经纬仪架设相应控制线，指导施工，如图 4-1 所示。

图 4-1　比赛池施工控制线

项目一　距离测量

一、钢尺量距

水平距离是指地面上两标志点垂直投影到水平面上的水平直线长度。因此,丈量地面上不在同一水平面上两点间的水平距离 D 时,应将丈量工具放平丈量,而对于直接量出斜距 D' 的,则要换算为水平距离 D,如图 4-2 所示。

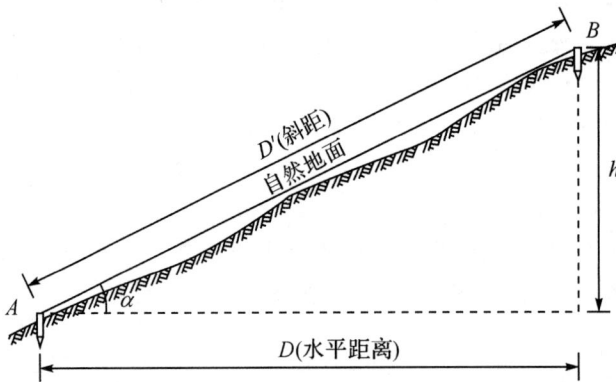

图 4-2　斜距与水平距离

（一）量距工具

距离丈量常用的工具有钢尺、皮尺和辅助工具,包括标杆(花杆)、测钎、垂球等。

1. 钢尺

钢尺是量距的主要工具,它是用宽度 10～20mm,厚度 0.1～0.4mm 薄钢片制成的带状尺,可卷在金属圆盒内或架上,故有盒装和架装两种,又称钢卷尺,如图 4-3 所示。常用的钢尺长有 20m、30m 和 50m 等几种,尺面在每厘米、分米和米处注有数字注记,有的钢尺仅在尺的起点 10cm 内有毫米分划,而有的钢尺全长内都刻有毫米分划。

按尺上零点位置的不同,钢尺分为端点尺和刻线尺。尺的零点是从尺环端起始的,称为端点尺,在尺的前端刻有零分划线的称为刻线尺。端点尺多用于建筑物墙边开始的丈量工作,较为方便,刻线尺多用于地面点的丈量工作,如图 4-4 所示。

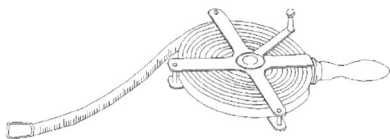

(a)金属圆盒装钢卷尺

(b)金属架装钢卷尺

图 4-3 钢卷尺

钢尺抗拉强度高,不易拉伸,在工程测量中常用钢尺量距,有利于提高量距工作的精度,因此,钢尺用于精度要求较高的距离丈量中,如平面控制测量等。钢尺性脆,容易折断和生锈,使用时要避免扭折和受潮湿。

(a)端点尺

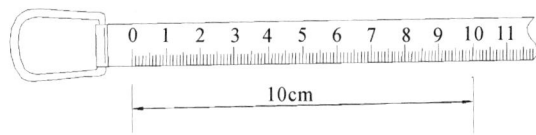

(b)刻线尺

图 4-4 端点尺和刻线尺

2. 皮尺

皮尺是用麻线和金属丝织成的带状尺,表面涂有防腐油漆。尺长一般有 15m、20m、30m、50m 等几种。皮尺基本分划为厘米,在分米和整米处有注记数字,尺前端铜环的端点为尺的零点。皮尺受潮易收缩、受拉易伸长。由于皮尺长度变化较大,所以只用于精度要求较低的距离丈量中,如碎部测量等,如图 4-6 所示。

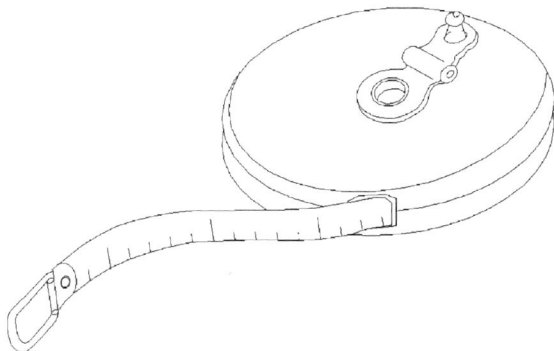

图 4-5 皮尺

3.其他辅助工具

标杆(花杆)是用优质的木杆或铝合金制成,直径约 3cm、杆长 2m 或 3m,杆身每隔 20cm 用红白油漆涂成相间的色段,杆的下端装有尖头的铁脚,以便插入地下或对准点位。量距中主要用于标志点位与直线定线。如图 4-6 所示。

测钎(测针)是用直径 3~6mm、长度 30~40cm 的钢筋制成,上部弯成小圈,下端磨成尖状,钎上可用油漆涂成红、白相间的色段,通常以 6 根或 11 根组成一组。量距时,将测钎插入地下,用来标定尺段端点位置和计算丈量的整尺段数,亦可作为仪器照准的标志,如图 4-6 所示。

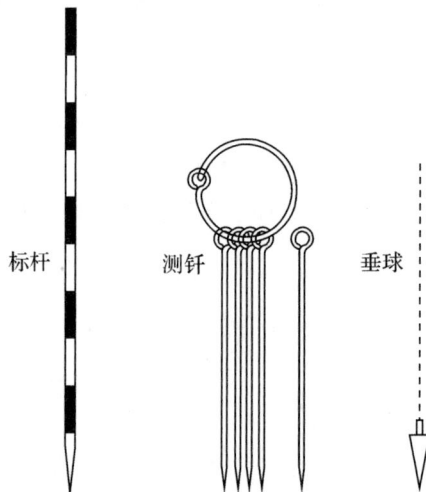

标杆　　测钎　　垂球

图 4-6　量距的辅助工具

垂球(线垂)是用金属制成的上大下小的圆锥体,上系一根细绳子,悬吊后,要求垂球尖端与绳子同在垂线上。在地面起伏较大的地段上丈量水平距离时,利用垂球线的特性,用垂球投点和标点,如图 4-6 所示。

(二)直线定线

在量距中,当地面上两点间直线的距离较长,超过尺子的全长或地势起伏较大,不能由一整尺段长丈量完时,为便于量距和确保量距成一直线,量距前必须在通过两端点的直线上,定出若干中间点,并竖立标杆或测钎标明直线方向和位置,以便分段丈量。这种把多根标杆或测钎标定在已知直线上的工作称为直线定线,简称定线。按要求的精度不同,可用目估定线和经纬仪定线两种。量距的精度要求很高时,采用经纬仪定线;在一般直线距离丈量时,可采用目估定线。

1.目估定线

如图 4-7 所示,A、B 为地面上待测距离的两个端点,现要在 A、B 直线上定出 1、2、3 等点。先在 A、B 两点竖立标杆,由测量员甲站在 A 点标杆后约 1~2m 处,用眼睛自 A 点标杆一侧瞄准 B 点标杆的同一侧,形成一视直线,然后指挥测量员乙持标杆在 1 点附近左右移动,直至三根标杆的同侧重合到一起时,甲喊一声"好",乙马上在标杆处插上测钎即为 1 点。同法可相继定出 AB 方向上的其他分段点。

这种从直线远端 B 点走向近端 A 点的定线法,称为走近定线。反之,由近端 A 点走向远端 B 点的定线方法称为走远定线。走近定线法比走远定线法较为准确。这是因为在定线的过程中,已设定标杆对新立杆的影响,走近定线比走远定线为小。直线定线一般应由远到近,采用走近定线法;在平坦地区,定线工作常与丈量距离同时进行,即边定线边丈量。

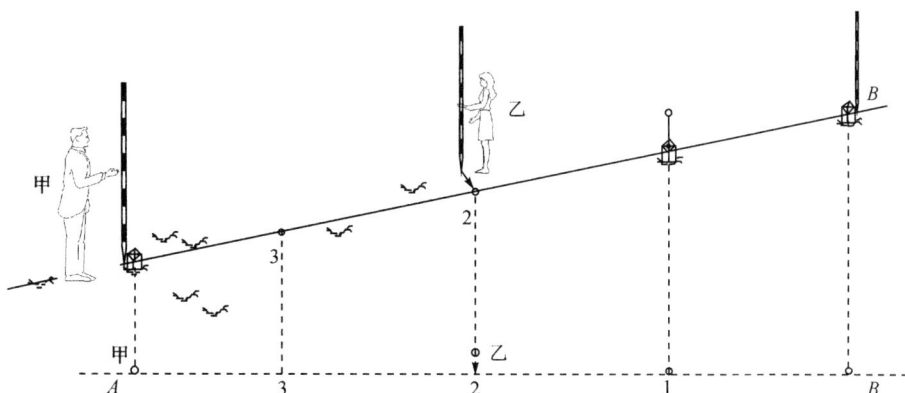

图 4-7 两点间定线

如果需在 AB 直线延长线上定线,也可按上述方法将1、2等点定在 AB 的延长线上。但要注意,若 A、B 两点的距离较短,而需延长的线较长时,一般应采用经纬仪正倒镜法延长,以减少因短边照准的误差对延长边的影响,提高精度。

2.经纬仪定线

当直线定线精度要求较高或两端点距离较长时,宜采用经纬仪定线。如图 4-8 所示,欲在 AB 直线内精确定出1、2、3等点的位置。可由测量员甲将经纬仪安置于 A 点,对中、整平后,用望远镜十字丝交点照准 B 点标杆根部的尖端,并制动照准部制动螺旋,望远镜可以上下移动,然后根据定点的远近进行望远镜对光,将望远镜向下俯视,用手势指挥测量员乙左右移动标杆,至与十字丝纵丝重合时,便在标杆的位置打下木桩,再根据十字丝在木桩上的位置钉一小钉,准确定出1点的位置。其他2、3等点的标定,只需将望远镜的俯角变化,同法即可定出。

图 4-8 经纬仪定线

（三）一般测量方法

1.平坦地面距离测量

一般精度的平地距离丈量是量距的基本方法,它是在定线结束后,需要三个人参加量距,分为前尺员、后尺员和记录员,在丈量困难或车辆较多地段应增加辅助人员。工程中,常在两点间直接采用边定线边丈量的方法,是指采用目估法标杆定线,目估将钢尺拉平,整尺法丈量距离。

如图 4-9 所示,欲量 A、B 两点之间的水平距离,先在 A、B 处竖立标杆,标定直线方向,作为丈量时定线的依据。清除直线上的障碍物以后,就可以开始丈量。欲由 A 点向 B 点丈量,后尺员手拿钢尺的零端(尺子的零刻线处)位于直线起点 A 处,先在 A 点竖直地插上一根测钎。前尺员手拿尺的末端,并携带一把标杆和一组测钎(余下的 5 或 10 根),沿直线 AB 方向前进,行至一尺段处停下。

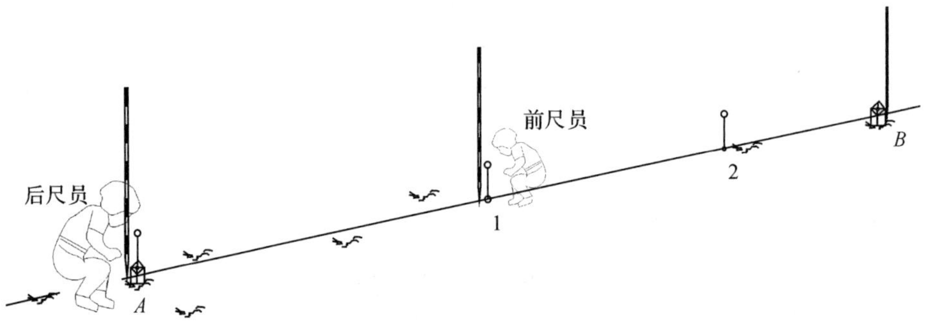

图 4-9　平坦地面距离丈量

再由后尺员指挥定线,前尺员标定出 1 点的定线位置。然后将尺平铺在直线上,两人同时用力将尺拉紧、拉平、拉直。待后尺员将钢尺零点对准 A 点喊"好"时,前尺员立即用测钎对准钢尺末端并竖直地将测钎插入地面,得到 1 点。至此,完成一整尺段长为 L 的测量工作。

然后,后尺员与前尺员共同拿起钢尺,同时沿直线方向前进(钢尺不要在地面拖行),待后尺员走到前尺员所插的第一根测钎位置 1 点时停步,按上述方法重复第一个尺段的丈量工作,量取 2、3 等各段的距离,直至最后不足一整尺段的长度时,后尺员将钢尺零点对准测钎,前尺员在 B 点处读出不足一整尺的余长 q,称之为余长。后尺员每丈量完一个整尺段 L 长时,都要拔起收回面前地上的测钎(图中 1、2、3 等),这样后尺员手中的测钎数就表示丈量的整尺段数 n。至此,就完成了由 A 点到 B 点的往测工作。于是,往测得到 AB 的水平距离为

$$D_{AB}=n\times L+q \qquad\qquad (4\text{-}1)$$

式中:n 为丈量的整尺段数(后尺员手中收回的测钎个数);L 为钢尺的整尺段长度,m;D_{AB} 为由 A 至 B 水平距离,m。

为了检核和提高丈量距离的精度,一般还应由 B 点至 A 点按上述同样方法,边定线边丈量,进行返测。以往、返各丈量一次称为一个测回。

2.倾斜地面距离测量

工程测量中,测量直线的距离是指水平距离,若地面倾斜或高低不平,可采用平量法量距,也可采用量斜距后,换算成水平距离的斜量法量距。

(1)平量法。

如图 4-10 所示,当地面倾斜时,可沿斜坡由高向低分小段拉平钢尺进行丈量。各小段丈量结果的总和,即为 AB 的水平距离。丈量时,后尺员将尺的零点对准地面点 A,并指挥前尺员将钢尺拉在 AB 直线方向上,前尺员抬高尺子的一端,并目估使尺水平,将垂球的绳

子紧靠钢尺上某一分划,用垂球尖投影于地面上,并插上测钎,得 1 点。此时尺上划分处的读数即为 A、1 两点间的水平距离。完成第一段丈量后,两人抬起钢尺前进,按上述方法依次进行各段丈量,直至终点。当丈量至 B 点时,应注意垂球尖必须对准 B 点。

倾斜地面的平量法中由于每段丈量都需要用垂球对点,以及目估拉水平尺子,因此给丈量距离带来较大误差。为了提高量距的精度及丈量方便,通常采用由高处向低处方向分别两次丈量,以代替往、返丈量进行校核。

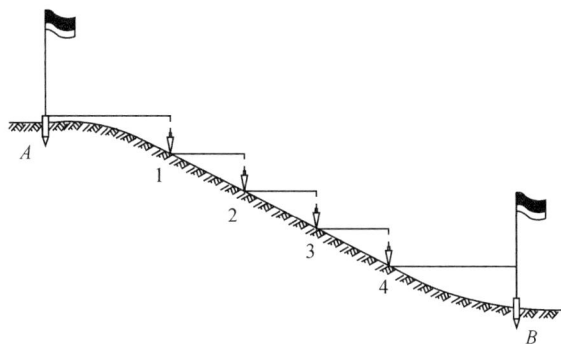

图 4-10　倾斜地面平量法量距

(2)斜量法。

如图 4-11 所示,当倾斜地面的坡度比较均匀或坡度很大,但地面大致成一倾斜面时,可以沿斜坡丈量出 A、B 两点间的斜距 D',然后用经纬仪测量倾斜角(竖直角)α,或用水准仪测量 A、B 两点的高差 h,按下式计算 AB 的水平距离 D,即

$$D = D' \times \cos\alpha \tag{4-2}$$
$$D = \sqrt{D'^2 - h^2} \tag{4-3}$$

地面倾斜角 α 的测量方法:如图 4-11 所示,在 A 点安置经纬仪,对中、整平后,量取仪高 i(由仪器横轴量至地面 A 点的铅垂距离),在 B 点竖立一标杆,从标杆根部起量 i 长度,标志于标杆 C 点,用望远镜瞄准标杆上的标志 C 点,此时视线平行于地面,调节竖盘指标水准管使气泡居中,读取竖盘读数,根据竖直角计算公式就可计算出地面倾斜角 α 值。

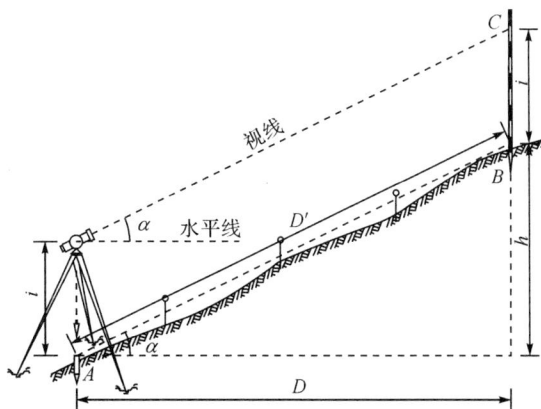

图 4-11　均匀倾斜地面斜量法量距

3.测量结果及其精度分析

为了进行校核和提高量距精度,一般需要进行往、返距离丈量。把往、返丈量所得距离的差的绝对值与往、返测距离的平均值之比(分子化为 1,分母取整数的分数形式)称为距离丈量的相对精度,或称相对误差。即

$$K=\frac{|D_{往}-D_{返}|}{\frac{1}{2}(D_{往}+D_{返})}=\frac{|\Delta D|}{D_{平均}}=\frac{1}{\frac{D_{平均}}{\Delta D}} \tag{4-4}$$

例如:距离 AB,往测时为 158.642m,返测时为 158.594m,则量距相对精度为

$$K=\frac{|158.642-158.594|}{\frac{1}{2}(158.642+158.594)}=\frac{0.048}{158.618}=\frac{1}{3304}$$

相对误差分母愈大,则 K 值愈小,精度愈高,反之,精度愈低。量距精度是由工程的要求和地面的起伏决定的,平坦地区钢尺量距的相对误差一般应小于 1/3000。在量距较困难的地区,相对误差也不应大于 1/1000。

量距的相对精度没有超过规定值,可取往、返测量结果的平均值作为两点间的水平距离 D。即

$$D=\frac{1}{2}(D_{往}+D_{返}) \tag{4-5}$$

(四)精密测量方法

1.尺长方程式

钢尺的实际长度是指在标准拉力下以温度为变量的函数式,实际尺长的方程式一般表达式为

$$l_t=l_0+\Delta l+\alpha(t-t_0)l_0 \tag{4-6}$$

式中:l_t 为钢尺在温度 t℃时的实际长度;l_0 为钢尺名义长度(尺面刻划注记的长度);Δl 为尺长改正数,即钢尺在温度 t_0 时整尺段的尺长改正数;α 为钢尺的线膨胀系数,一般钢尺当温度变化 1℃时其值约为 $1.15\times10^{-5}\sim1.25\times10^{-5}$,通常取 $\alpha=1.2\times10^{-5}$;t_0 为钢尺检定时的标准温度,一般取 $t_0=20$℃;t 为钢尺使用时钢尺的温度,℃。

每把较精确的钢尺在出厂时必须经过检定,注明钢尺检定时的温度、拉力和尺长。但钢尺经过长期使用,尺长方程式中的 Δl 起变化,故在尺子使用一个时期后,必须重新检定,得出新的尺长方程式。

2.外业操作方法

精密量距要用检定过的钢尺,一般由 5 人组成一组:两人拉尺,两人读数,一人指挥和测温度兼记录。

丈量时,如图 4-12 所示,后尺员把弹簧秤挂于钢尺的零端,以便施加钢尺检定时的标准拉力(30m 钢尺用 100N,50m 钢尺用 150N),前尺员拿尺子末端,两人同时拉紧钢尺,把尺有刻划的一侧贴切于木桩顶十字线交点,两人拉稳尺子,待弹簧秤指示为标准拉力时,由后尺员发出"预备",前尺员回答"好"。在此瞬间,前、后读尺员同时读数,估读至 0.5mm,记录员记入手簿,如表 4-1 所示,并计算尺段长度。

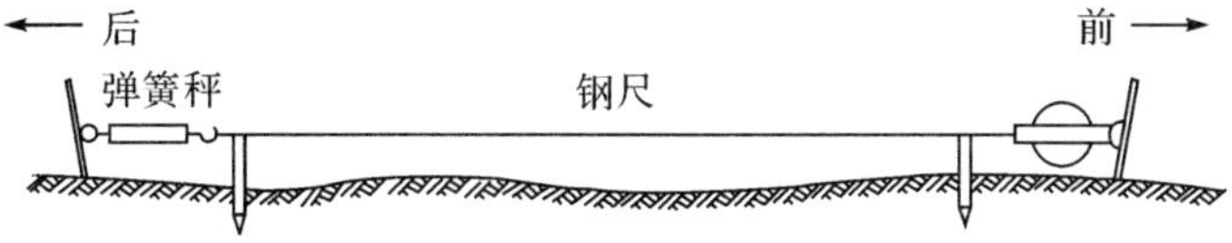

图 4-12 钢尺精密量距

表 4-1 精密量距手簿

丈量者: 　　记录者: 　　日　期: 　　工程名称:控制网 *AB*

钢尺号:No.06-2　　钢尺名义长度:30m　　检定温度:20℃　　钢尺检定长度:30.005m

检定拉力:100N　　钢尺线膨胀系数:0.000012m/℃

尺　段	丈量次数	前尺读数 m	后尺读数 m	尺段长度 m	温度 ℃	高差 m	温度改正 mm	倾斜改正 mm	尺长改正 mm	改正后尺段长 m
1	2	3	4	5	6	7	8	9	10	11
A~1	1	29.9910	0.0700	29.9210	+25.5	−0.15	+2.0	−0.4	+5.0	29.9284
	2	29.9920	0.1695	29.9225						
	3	29.9910	0.0690	29.9220						
	平均			29.9218						
1~2	1	29.9360	0.0700	29.8660	+26.0	+0.25	+2.2	−1.0	+5.0	29.8714
	2	29.9400	0.0755	29.8645						
	3	29.9500	0.0850	29.8650						
	平均			29.8652						
...	...	...	...	...	...	...	...	...	...	...
4~B	1	15.9755	0.0765	15.8990	+27.5	+0.42	+1.4	−5.5	+2.6	15.8975
	2	15.9540	0.0555	15.8985						
	3	15.9805	0.0810	15.8995						
	平均			15.8990						
总和										134.6890

　　移动钢尺 2~3mm,同法再次丈量,每尺段丈量三次,读三组读数,三组读数算得的长度之差不超过 3mm,否则应重量。若三次丈量长度之差在容许限差之内,取三次丈量结果的平均值作为尺段丈量的结果。每一尺段要测记温度一次,估读至 0.5℃。如此下去直至丈量的终点,即完成一次往测。完成往测后,应立即返测。为了校核和达到规定的丈量精度,一般应往返若干次。

　　上述所量的距离是相邻两桩顶间的倾斜距离,为了改算成水平距离,要用水准测量方法测定相邻两桩顶间高差,以便将沿桩顶丈量的倾斜距离换算成水平距离。高差应用双面尺法或往、返测法测量,宜在量距前和量距后进行。对相邻两桩顶尺段高差要求:若是一级小三角起始边则不得大于 5mm,若是二级小三角起始边则不得大于 10mm,在限差内可取其平均值作为相邻桩顶间的高差,记入手簿。

精密量距的外业工作结束后,应将每一尺段丈量的距离进行尺长改正、温度改正和倾斜改正,并换算成水平距离。

3.内业数据处理

(1)尺长改正。

由于钢尺的实际长度和名义长度不一样,导致丈量时产生误差。对在标准温度 t_0(钢尺检定时的温度)、标准拉力牵引下的实际长度与名义长度的差值进行的长度改正,称为尺长改正。设钢尺在标准拉力、标准温度下的实际长度为 l,钢尺的名义长度为 l_0。则

一整尺的尺长改正数 Δl 为

$$\Delta l = l - l_0$$

每一米的尺长改正数 Δl_m 为

$$\Delta l_m = \frac{l - l_0}{l_0}$$

一尺段丈量倾斜距离 D' 的尺段尺长改正数 Δl_d 为

$$\Delta l_d = \frac{l - l_0}{l_0} \cdot D' \qquad (4\text{-}7)$$

钢尺的实际长度大于名义长度时,尺长改正数 Δl_d 为正,反之为负。

例如,表 4-1 中的 $A\sim1$ 尺段,$l=30.005$m,$l_0=30$m,$\Delta l=30.005-30=+0.005$m,$D'=29.9218$m,故 $A\sim1$ 尺段的尺长改正数为

$$\Delta l_d = \frac{30.005 - 30}{30} \times 29.9218 = +0.0050 \text{(m)}$$

(2)温度改正。

外业量距时,温度变化会对用尺量距产生一定的误差影响。设钢尺检定时的温度为 t_0℃,丈量时温度为 t_0℃,钢尺线膨胀系数 α 为 0.000012m/℃,则

一尺段丈量倾斜距离 D' 的温度改正数 Δl_t 为

$$\Delta l_t = \alpha (t - t_0) \cdot D' \qquad (4\text{-}8)$$

当丈量时温度 t℃高于检定时的温度 t_0℃($+20$℃),钢尺膨胀,温差 $(t-t_0)$ 为正,改正数 Δl_t 为正;反之,温差 $(t-t_0)$ 为负,改正数 Δl_t 为负。

例如,表 4-1 中的 $A\sim1$ 尺段,$\alpha=1.20\times10^{-5}$,$t=25.5$℃,$t_0=20$℃,$D'=29.9218$m,故 $A\sim1$ 尺段的温度改正数为

$$\Delta L_t = 0.000012 \times (25.5 - 20) \times 29.9218 = +0.0020 \text{(m)}$$

(3)倾斜改正。

如图 4-13 所示,D' 为量得的倾斜距离,h 为尺段两端点间的高差,D 为水平距离,Δl_h 为倾斜改正数。

在倾斜改正数计算中,由于倾斜距离永远大于水平距离,因此尺段倾斜改正数 Δl_h 恒为负值。当高差 h 较大而 D' 又较小时,应采用:$\Delta l_h = -\dfrac{h^2}{2D'} - \dfrac{h^4}{8 D'^3}$ 计算;当高差 h 不大时,通常可只取式中的第一项,尺段倾斜改正数 Δl_h 为

$$\Delta l_h = -\frac{h^2}{2D'} \qquad (4\text{-}9)$$

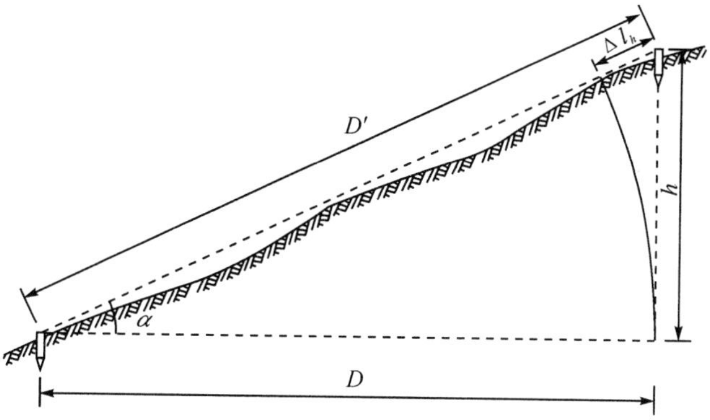

图 4-13 尺段倾斜改正

例如,表 4-1 中的 $A \sim 1$ 尺段,$D' = 29.9218\text{m}, h = -0.15\text{m}$,故 $A \sim 1$ 尺段的倾斜改正数为

$$\Delta l_h = -\frac{(-0.15)^2}{2 \times 29.9218} = -0.0004(\text{m})$$

(4)改正后的水平距离。

综上所述,改正后的尺段水平距离为

$$D = D' + \Delta l_d + \Delta l_t + \Delta l_h \tag{4-10}$$

例如,表 4-1 中的 $A \sim 1$ 尺段,丈量得的倾斜距离为 $D' = 29.9218\text{m}$,尺长改正为 $\Delta l_d = +0.0050\text{m}$,温度改正为 $\Delta l_t = +0.0020\text{m}$,倾斜改正为 $\Delta l_h = -0.0004\text{m}$,故 $A \sim 1$ 尺段的水平距离为

$$D = 29.9218 + 0.0050 + 0.0020 + (-0.0004) = 29.9284(\text{m})$$

二、电磁波测距

(一)概述

在工程测量中使用钢尺量距,劳动强度大,工作效率较低,特别在山区或沼泽区,丈量工作更是困难。自从 20 世纪 60 年代以来,随着激光技术、电子技术的发展,光电测距方法得到了广泛的应用。它是一种物理光学测距的方法,采用砷化镓发光二极管作光源,发出可以调制(信号)的高亮度红外光,通过测定载波的光波在两点间传播的时间来计算距离,按此原理制作的以光波为载波的测距仪叫光电测距仪。按测定传播时间的方式不同,测距仪分为相位式测距仪和脉冲式测距仪;按测程远近可分为远程、中程和短程测距仪三种。

20 世纪 80 年代末至 90 年代初,通过把测距仪、电子经纬仪和微处理机通过一定的连接器构成一组合体,就能实现在一个测站上一经观测,必要的观测数据如斜距、竖直角、水平角等均能自动显示,而且几乎是在同一瞬间内得到平距、高差和点的坐标。如通过传输接口把全站型速测仪野外采集的数据终端与计算机、绘图机连接起来,配以数据处理软件和绘图软件,即可实现测图的自动化。由于只要一次安置,仪器便可以完成在该测站上所有的测量工作,故被称为全站型电子速测仪,简称"全站仪"。

光电测距方法与钢尺直接丈量测距方法相比,它具有精度高、作业速度快、测程远、受地形条件限制少等特点,广泛应用于小面积控制测量、地形测量及各种工程测量中,如大型公路工程测量、水利工程测量、城市工程测量等,工程测量较多使用短程光电测距仪。常用的光电测距仪种类如表 4-2 所示。

表 4-2　光电测距仪种类

仪器种类	短程测距仪	中程测距仪	远程测距仪
测程	<3km	3～15km	>15km
精度	$\pm(5mm+5\mu m\times D)$	$\pm(5mm+2\mu m\times D)$	$\pm(5mm+1\mu m\times D)$
光源	GaAs 发光二极管	1.GaAs 发光二极管 2.激光器	He-Ne 激光器
测距原理	相位式	相位式	相位式

（二）测距仪的结构

光电测距仪生产厂商较多,型号不同,但大的方面基本上是一致的。主要由主机、支架和电源盒组成,如图 4-14 所示。

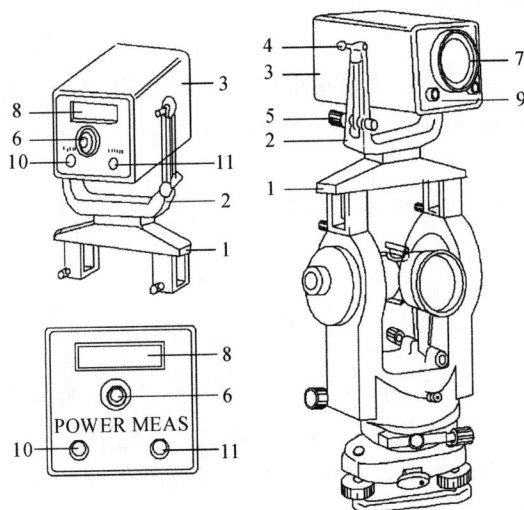

图 4-14　光电测距仪及其在经纬仪上的安置示意
1—支架座　2—支架　3—主机　4—竖直制动螺旋　5—竖直微动螺旋
6—发射接收镜的目镜　7—发射接收镜的物镜　8—显示窗　9—电源电缆插座
10—电源开关键（POWER）　11—测量键（MEAS）

测距仪主机上有发射接收镜的目镜和物镜,发射接收镜内有十字丝分划板,用以瞄准反射棱镜(目标),有电源输入插座、电源开关键和数据显示窗。

支架与主机连在一起,支架座下有插孔及连接螺旋,用于与经纬仪连接固定。支架上有测距仪竖直制动螺旋和微动螺旋,可使测距仪在竖直面内俯仰转动。

电源盒一般与主机分离,可悬挂于仪器三脚架上,由电缆相连。电源盒配有充电器,测距仪使用前应在市用交流电源上进行充电。

如图 4-14 所示,为光电测距仪及其在经纬仪上的安置图。先把经纬仪上的把手螺旋放松,取下把手,将光电测距仪的支座下的插孔及连接螺旋与经纬仪连接,可使测距仪牢固地安装在经纬仪的支架上方,以待测量使用。

反射棱镜通常与照准觇牌一起安置在单独的基座上,如图 4-15 所示,测程较近时(通常为 500m 以内)用单棱镜,当测程较远时可换成三棱镜组。

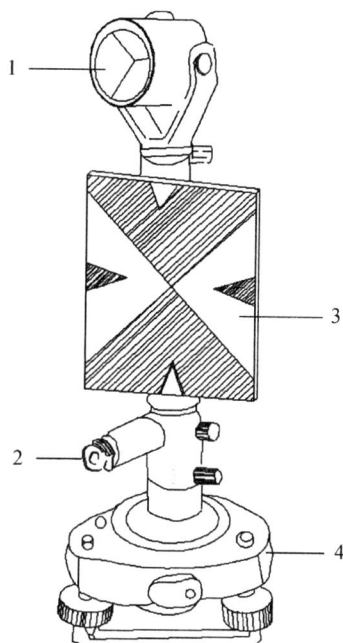

图 4-15　反射棱镜

1—反射棱镜　2—光学对中器目镜　3—照准觇牌　4—基座

(三)相位式测距原理

如图 4-16 所示,要利用光电测距仪测定 A、B 两点间的水平距离 D,可先测出两点间的斜距 D' 后,再将斜距 D' 化算成水平距离 D。做法是先安置仪器于 A 点,安置反射棱镜(简称反光镜)于 B 点。仪器发出的脉冲光束由 A 到达 B,经反光镜反射后又返回到仪器。设光速 c 为已知,如果能知道光束在待测斜距 D' 上往返传播的时间 t,则可由下式求出斜距 D'

$$D' = \frac{1}{2} ct \tag{4-11}$$

式中:c 为光在大气中的传播速度。

根据物理学的基本公式有

$$c = \frac{c_0}{n} \tag{4-12}$$

式中:c_0 为光波在真空中的传播速度,为一常数,$c_0 = (299792458 \pm 1.2)\,\mathrm{m/s}$;$n$ 为大气折射率,是温度、湿度、气压和工作波长的函数,取 $n = f(t_1, e_1, p_1, \lambda)$。则(4-11)式为

$$D' = \frac{1}{2} \cdot \frac{c_0}{n} \cdot t \tag{4-13}$$

再将斜距 D' 化算成水平距离 D 即可,用这方法测得距离称为脉冲式测距。

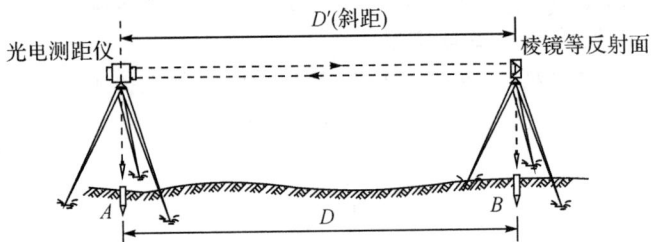

图 4-16 光电测距原理

由(4-13)式可知,在能精确测定大气折射率 n 的条件下,测定距离的精度主要取决于测定时间 t 的精度,如果要保证测距的精度达到厘米级,则时间要求准确到 6.7×10^{-11} s,目前的电子计时器的时间分辨率很难达到这样高的时间精度,脉冲式测距一般只能达到米级精度。为了进一步提高光电测距的精度,必须采用间接测时手段测得时间,一般采用相位式测距。相位式测距仪是通过测量连续发射的调制光(调幅或调频)在测线上往返传播所产生的相位移,来间接测定电磁波传播的时间,然后可按式(4-13)计算出仪器到反光镜间的距离。即把距离和时间的关系转换化为距离和相位的关系,通过测定相位来求得距离,这就是所谓的相位式测距。

相位式测距原理:如采用周期为 T 的高频电振荡对在 A 点的测距仪所发射光源进行连续的振幅调制,使光强随电振荡的频率而周期性地明暗变化(一周期相位 φ_0 的变化为 $0 \sim 2\pi$),如图 4-17 所示。

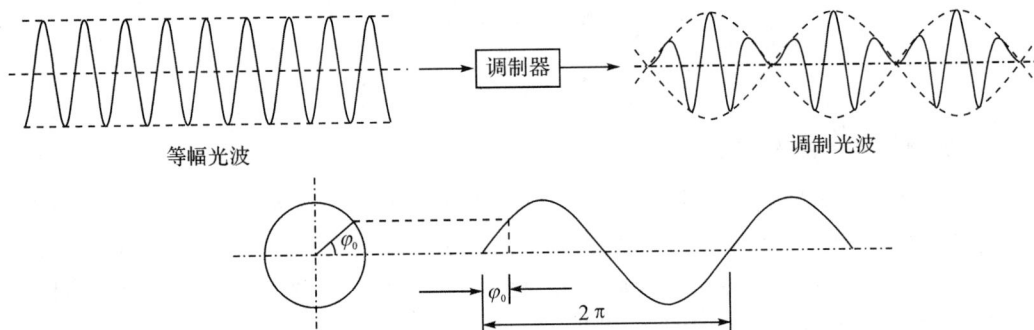

图 4-17 光的调制

从 A 点光电测距仪上发出调制光波(调制信号),在待测距离线上传播,到 B 点反光镜后经反射回到 A 点光电测距仪接收,然后由相位计将发射信号与接收信号进行比较,即能确定调制光在同一瞬时经往返传播后产生的相位移(相位差)$\Delta\varphi$,为了易于说明原理,将图中反光镜 B 返回的光波沿测线方向展开画出,如图 4-18 所示。则根据相位差间接计算出传播时间,然后可按式(4-13)计算距离。

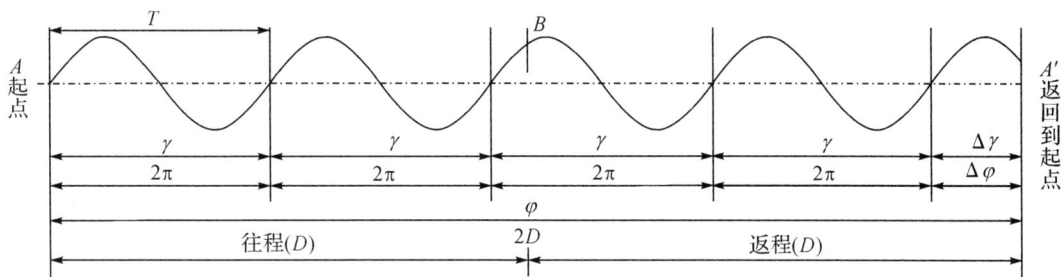

图 4-18 相位式光电测距原理

调制光波在待测距离上往返传播,由图 4-18 可以看出,将接收时的相位与发射时的相位比较,它延迟了 φ 角,其中包含了 N 个整周期角($2\pi N$)和不足一个周期的尾数(相位差)$\Delta\varphi$,有

$$\varphi = 2\pi \cdot N + \Delta\varphi = 2\pi\left(N + \frac{\Delta\varphi}{2\pi}\right) \tag{4-14}$$

调制光波传播速度为 c,波长为 λ,一周期时间为 T,每秒光强变化的周期数为频率 f,光强变化一周期的相位变化为 2π,调制光在两倍距离往返传播的时间为 t。由物理学可知:

$$\varphi = 2\pi \cdot f \cdot t$$

即

$$t = \frac{\varphi}{2\pi \cdot f} \tag{4-15}$$

又

$$\lambda = cT = c \cdot \frac{1}{f} = \frac{c}{f}$$

即

$$f = \frac{c}{\lambda} \tag{4-16}$$

将(4-14)式中的 φ、(4-15)式中的 t 和(4-16)式中的 f 代入(4-11)式,得

$$D' = \frac{1}{2}c \cdot \frac{\varphi}{2\pi \cdot f} = \frac{c}{2f} \cdot \left(N + \frac{\Delta\varphi}{2\pi}\right) = \frac{\lambda}{2} \cdot \left(N + \frac{\Delta\varphi}{2\pi}\right) \tag{4-17}$$

式中:N 为整周期个数;$\Delta\varphi$ 为不足一个周期的相位差(尾数)。

(4-17)式为相位式测距的基本公式。由该式可以看出,c、f 为已知值,只要知道相位差的整周期数 N 和不足一个整周期的相位差 $\Delta\varphi$,即可求得距离(斜距 D')。将(4-17)式与钢尺量距相比,若把半波长 $\frac{\lambda}{2}$ 当作"光测尺"的一个整尺长度,则距离也像钢尺量距一样,成为 N 个整测尺长度$\left(N \cdot \frac{\lambda}{2}\right)$与不足一个整尺长度$\left(余长 \frac{\lambda}{2} \cdot \frac{\Delta\varphi}{2\pi}\right)$之和。

对于一定频率的测距仪,$\frac{\lambda}{2}$ 是已知值,仪器上的测相装置(仪器中相位计)只能测定不足一周的相位差 $\Delta\varphi$ 值,则"光测尺"余长$\left(\frac{\lambda}{2} \cdot \frac{\Delta\varphi}{2\pi}\right)$为已知值。但仪器中相位计不能测定大于一周期的整周期数 N,则整测尺长度$\left(N \cdot \frac{\lambda}{2}\right)$为未知量,故斜距 D' 和整周期数 N 仍是两个未知量。因此,式(4-17)中的 $N > 0$ 时,仍为多值不定解,唯有当 $N = 0$,即斜距 D' 不足"光测尺"的一个整测尺长度$\left(1 \cdot \frac{\lambda}{2}\right)$时,式(4-7)就只有余长 $\frac{\lambda}{2} \cdot \frac{\Delta\varphi}{2\pi}$ 单一的解。即

$$D' = \frac{\lambda}{2} \cdot \frac{\Delta\varphi}{2\pi} \tag{4-18}$$

由于仪器存在测相误差,其相对值一般为 1/1000,光测尺越长,测距误差越大。例如:当光测尺的频率 f 为 15kHz 时,则光测尺的尺长 $\frac{\lambda}{2} = 10$m,只能测定小于 10m 的距离,其测距误差为 ±0.01m;当光测尺的频率 f 为 150kHz 时,则光测尺的尺长 $\frac{\lambda}{2} = 1000$m,只能测定小于 1000m 的距离,其测距误差为 ±1m。为提高测程与精度,目前测距仪常采用两把调制频率不同的光测尺进行测距。一把光测尺的频率 $f = 15$kHz,光测尺的尺长 $\frac{\lambda}{2} = 10$m,用来测定米、分米、厘米距离的数值,以保证测距的精度,称为"精测尺"。一把光测尺的频率 $f = 150$kHz,光测尺的尺长 $\frac{\lambda}{2} = 1000$m,用来测定 10m、100m 距离的数值,以满足测程的要求,称为"粗测尺"。将两把尺所测的数值组合起来,就可解决 1km 以内测距的数字的直接显示问题。如实测距离为 531.246m,则精测尺显示 1.246m,粗测尺显示 53(米位不显示),仪器窗显示 531.246m。如实测距离超过 1km 时,则超过 1km 的大数,要由测量者根据实际经验或借助地形图判定。

(四) 测距仪的使用及其注意事项

目前国内外生产的红外测距仪型号很多,但从大方面来说,基本工作原理和结构大致相同。为更好地掌握具体仪器的操作,使用时,应认真阅读说明书,严格按照仪器的使用手册进行操作。

下面以日本索佳的 REDmini 测距仪为例,进行简要介绍。

1. 仪器安置

将经纬仪安置于测站上,高度应比单纯测角时低 20～30cm。将主机连接在经纬仪望远镜的连接座内并锁紧固定。经纬仪对中、整平后,把电池挂在三脚架上,并连接电源;在目标点安置三脚架与反射棱镜,对中、整平后,按一下测距仪上的"POWER"键(开,再按一下为关),显示窗内显示"88888888"约 3～5s,为仪器自检,表示仪器显示正常。

2. 测量竖直角、气温和气压

用经纬仪望远镜十字丝瞄准反射镜觇牌中心,读取并记录竖盘读数,计算出竖直角 α;当测距精度要求较高时,如相对精度在 1/10000 以上,则同时应测定气温和气压,记录温度计的温度 t 和气压表的气压 P,以便进行气象改正。

3. 距离测量

(1)测距仪上下转动,使目镜的十字丝中心对准棱镜中心,左右方向如果不对准棱镜,则可以调节测距仪的支架上的水平方向调节螺旋,使其对准。

(2)测距仪瞄准棱镜后,开机,主机发射的红外光波经棱镜反射回来,若仪器接收到足够的回光量,则显示窗下方显示"＊",并发出持续鸣声;如果"＊"不显示,或显示暗淡,或忽隐忽现,表示未收到回光,或回光不足,应重新瞄准;测距仪上下、左右微动,使"＊"的颜色最深(表示接收到的回光量最大),称为电瞄准。

(3)按"MEAS"键,仪器进行测距,测距结束时仪器发出短促断续鸣声(提示注意),显示记号"⊿",并不断闪烁,鸣声结束后显示窗显示测得的斜距。记下距离读数。

(4)再次按"MEAS"键,进行第二次测距和第二次读数,一般进行 4 次,称为一个测回。各次距离读数最大、最小相差不超过 5mm 时取其平均值,作为一测回的观测值。

如果需进行第二测回,则重复(1)~(4)步操作。在各次测距过程中,若显示窗中"＊"消失,且出现一行虚线,并发现急促鸣声,表示红外光被遮,应消除其原因。

测距仪的使用注意事项主要有以下几点:

(1)测距仪物镜不可对着太阳或其他强光源(如探照灯等),特别在架设仪器或测量时,以免损坏光敏二极管。

(2)作业时,仪器应避免阳光暴晒或雨淋,在强烈阳光下或雨天作业一定要撑伞遮挡。

(3)应尽可能避免测线两侧及镜站后方有良好反射物体(如房屋的玻璃窗、反射物质做成的路标等)及有其他光源,以减小背景干扰,避免引起较大的测量误差。并应尽量避免逆光观测。

(4)测距仪使用过程中显示屏中上方出现字符 BAT、Low,报警电压不足,应停止使用,更换电池。

(5)注意电源接线,不可接错,经检查无误后方可开机测量。测距完毕立即关机。迁站时应先断电源,切忌带电搬动。

(6)测站应避开高压线、变压器等处。

(7)仪器应在大气比较稳定和通视良好的条件下进行观测。

(8)仪器在运输过程中应注意防潮和防震。

(9)经常保持仪器清洁和干燥。

项目二　直线定向

在量得两点间的水平距离后,还要确定这两点连线的方向,才能把直线的相对位置确定下来。直线的方向是根据某一标准方向来确定的,确定一条直线与标准方向之间的水平夹角关系,称为直线定向。

一、标准方向线

工程测量常用的标准方向线的种类有真子午线、磁子午线、坐标纵轴线(坐标 x 轴)作为直线定向的标准方向。

1.真子午线

地面上一点通过地球南北两极点的平面与地球表面的交线,指向地球南北极的方向线,就是该点的真子午线方向。真子午线方向是用天文测量的方法确定的。

2.磁子午线

磁子午线是一点通过地球南北磁极所作的平面与地球表面的交线,为磁针在该点上自由静止时所指的方向线,就是该点的磁子午线方向。磁子午线方向可用罗盘仪测定。

如图 4-19 所示,由于地球的两磁极与地球的南北极不重合(磁北极约在北纬 74°、西经 110°附近,磁南极约在南纬 69°、东经 114°附近)。因此,地面上任一点的真子午线方向与磁子午线方向是不一致的,两者的夹角 δ 称为磁偏角。磁子午线北端在真子午线以东为东偏,δ 为正;以西为西偏,δ 为负。

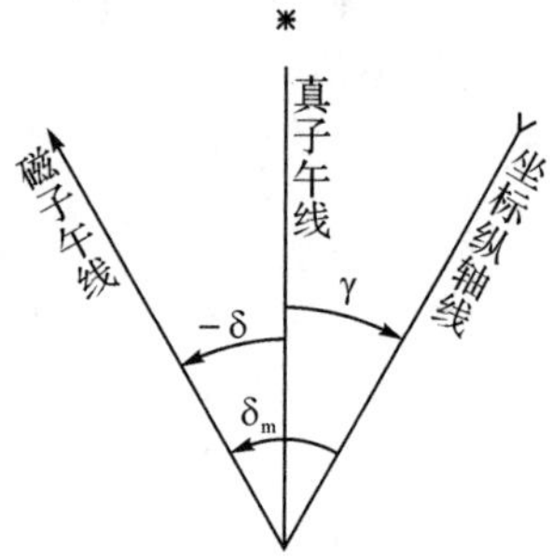

图 4-19　标准方向线

3.坐标纵轴线(坐标 x 轴)

坐标纵轴线(坐标 x 轴)是在坐标系中确定直线方向时采用的标准方向。常以坐标纵轴线(南北轴)为准、测区内通过任一点与坐标纵轴平行的方向线,称为该点的坐标纵轴线方向。如图 4-19所示,真子午线与坐标纵轴线间的夹角 γ 称为子午线收敛角。坐标纵轴线北端在真子午线以东为东偏,γ 为正;以西为西偏,γ 为负。

二、方位角与象限角

1.方位角

由标准方向的北端起,顺时针方向量到某直线的水平夹角,称为该直线的方位角,方位角取值范围为 $0°\sim360°$,恒为正值。测量中常采用方位角表示直线的方向,由于采用的标准方向不同,有真子午线、磁子午线、坐标纵轴线(坐标 x 轴),直线的方位角分为:

(1)真方位角。从真子午线方向的北端起,顺时针至直线间的水平夹角,称为该直线的真方位角,用 A 表示。

(2)磁方位角。从磁子午线方向的北端起,顺时针至直线间的水平夹角,称为磁方位角,用 A_m 表示。

(3)坐标方位角。从平行于坐标纵轴线的方向线的北端起,顺时针至直线间的水平夹角,称为坐标方位角,以 α 表示。

测量工作中的直线都具有一定的方向,为了标明直线的方向,通常在方位角的右下方标注直线的起终点。如图 4-20 所示,ON 为坐标的纵轴,以 O 点为起点、1 点为终点的直线 $O1$ 的坐标方位角 α_{O1} 称为直线 $O1$ 的坐标方位角。同样,α_{O2}、α_{O3}、α_{O4} 分别为直线 $O2$、$O3$、$O4$ 的坐标方位角。

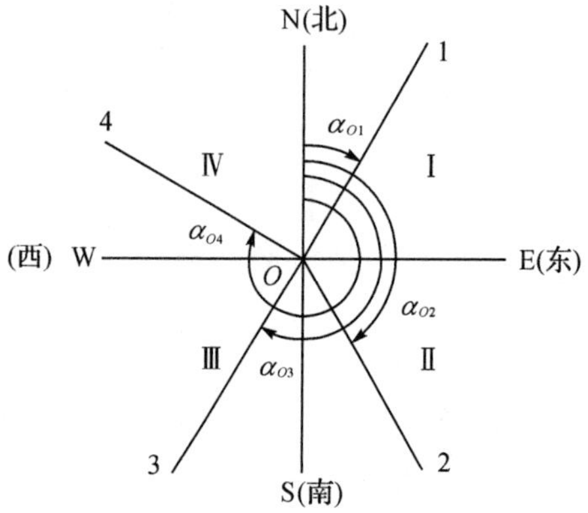

图 4-20　坐标方位角

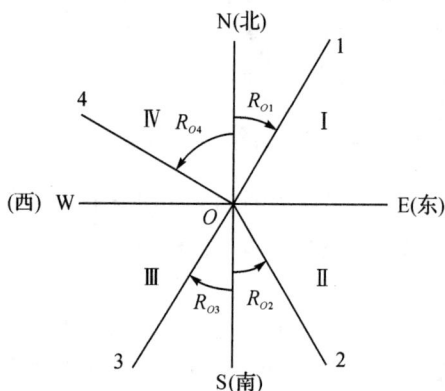

图 4-21　象限角

2.象限角

由标准方向(坐标纵线)北端或南端起,顺时针或逆时针方向量到某直线所夹的水平锐角,并注记象限名称,称为该直线的象限角,通常用 R 表示,角值为 $0°\sim90°$,恒为正值。在测量中要用到象限角来计算坐标。如图 4-21所示,直线 $O1$、$O2$、$O3$、$O4$ 的象限分别为北东 R_{O1}、南东 R_{O2}、南西 R_{O3} 和北西 R_{O4}。

3.坐标象限角与坐标方位角的换算

在坐标计算中常用到坐标象限角与坐标方位角之间的换算。如图 4-22 所示,可以看出坐标方位角与象限角的换算关系,坐标方位角和象限角的换算如表 4-3 所示。

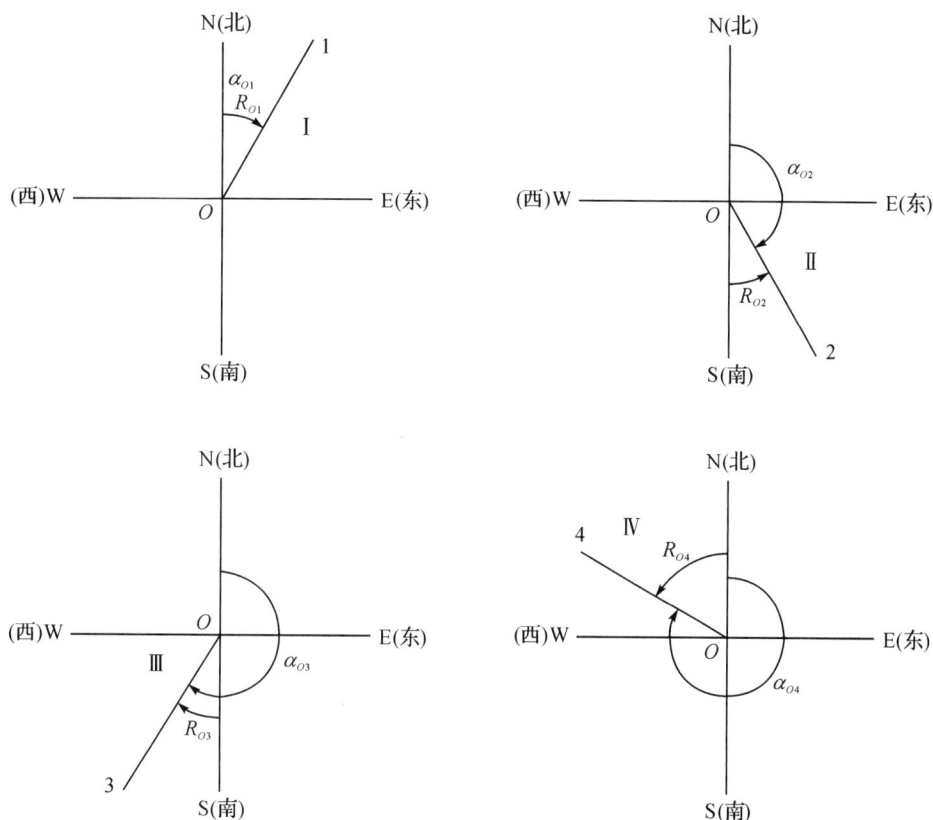

图 4-22 坐标方位角与象限角的换算关系

表 4-3 坐标方位角和象限角的换算关系

直线位置及方向	由坐标方位角 α 推算象限角 R	由象限角 R 推算坐标方位角 α
第 I 象限,北东	$R=\alpha$	$\alpha=R$
第 II 象限,南东	$R=180°-\alpha$	$\alpha=180°-R$
第 III 象限,南西	$R=\alpha-180°$	$\alpha=180°+R$
第 IV 象限,北西	$R=360°-\alpha$	$\alpha=360°-R$

在一般测量工作中,通常都是采用坐标方位角来表示直线方向的,只有在坐标计算(或者坐标反算)中才可能用到象限角。象限角也有真象限角、磁象限角和坐标象限角之分。

三、坐标方位角的推算

1.正、反坐标方位角

直线是有向线段,在平面上一直线的正、反坐标方位角,如图 4-23 所示,地面上 A、B 两点之间的直线 AB,可以在两个端点上分别进行直线定向。在 A 点上确定 AB 直线的方位角

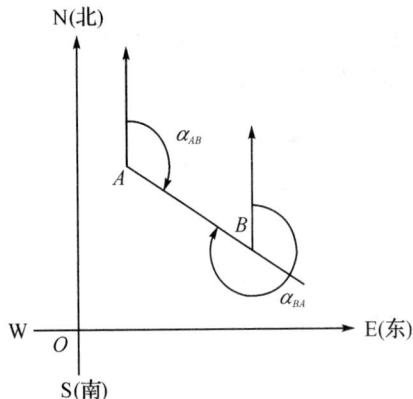

图 4-23　正、反坐标方位角

为 α_{AB}，在 B 点上确定 BA 直线的方位角则为 α_{BA}。称 α_{AB} 为直线 AB 的正方位角，α_{BA} 为直线 AB 的反方位角。同样，也可称 α_{BA} 为直线 BA 的正方位角，而 α_{AB} 为直线 BA 的反方位角，一般在测量工作中常以直线的前进方向为正方向，反之称为反方向。在平面直角坐标系中通过直线两端点的坐标纵轴方向彼此平行，因此正、反坐标方位角之间的关系式为

$$\alpha_{反} = \alpha_{正} \pm 180° \qquad (4-19)$$

当 $\alpha_{正} < 180°$ 时，上式用加 180°；当 $\alpha_{正} > 180°$ 时，上式用减 180°。

2. 坐标方位角的推算

如图 4-24 所示，已知直线 AB 的方位角 α_{AB}，用经纬仪观测了左夹角 $\beta_{左}$（测量前进方向左侧的水平角），现要求推算直线 BC 的坐标方位角 α_{BC}。直线 BC 的方位角可根据下式推算：

$$\alpha_{BC} = \alpha_{AB} + 180° + \beta_{左} \qquad (4-20)$$

如图 4-25 所示，若观测了右夹角 $\beta_{右}$（测量前进方向右侧的水平角），则直线 BC 的方位角为

$$\alpha_{BC} = \alpha_{AB} + 180° - \beta_{右} \qquad (4-21)$$

上述两式用文字表达为：前一边 BC 的坐标方位角等于后一边 AB 的坐标方位角加 180°，再加左夹角 $\beta_{左}$ 或减右夹角 $\beta_{右}$。计算的结果大于 360°时，应减去 360°，小于 0°时，则应加 360°。

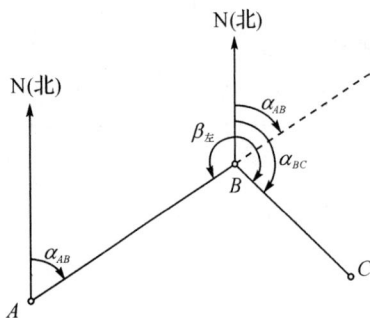

图 4-24　由 $\beta_{左}$ 推算坐标方位角

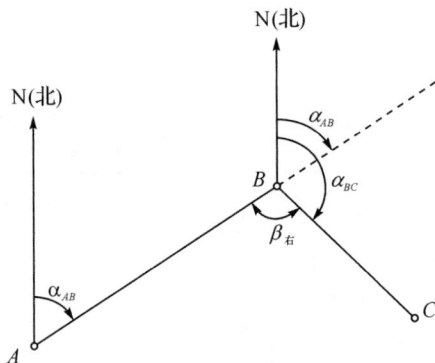

图 4-25　由 $\beta_{右}$ 推算坐标方位角

【例 1】　如图 4-24 所示，已知 α_{AB} 为 56°15′，左夹角 $\beta_{左}$ 为 248°20′，试求 α_{BC}。

【解】　$\alpha_{BC} = \alpha_{AB} + 180° + \beta_{左}$
$$= 56°15′ + 180° + 248°20′ - 360° = 124°35′$$

【例 2】　如图 4-25 所示，已知 α_{AB} 为 56°15′，右夹角 $\beta_{右}$ 为 111°40′，试求 α_{BC}。

【解】　$\alpha_{BC} = \alpha_{AB} + 180° - \beta_{右} = 56°15′ + 180° - 111°40′ = 124°35′$

四、罗盘仪的构造及使用

罗盘仪是根据指北针的特性制成,用来测定直线磁方位角或磁象限角的仪器。在独立的小面积平面控制网测区,不便于城市控制网连测的情况下,常用罗盘仪测定直线的磁方位角。因测区的面积较小,此时是以磁子午线作为测量直角坐标系的纵轴方向,把测定的磁方位角作为该控制网起始边的坐标方位角来看待。就用罗盘仪测定测区某直线的磁方位角作为直线定向的依据。以下介绍罗盘仪的构造和使用方法。

1.罗盘仪的构造

如图 4-26 所示,罗盘仪主要由望远镜、罗盘盒和基座三部分组成。

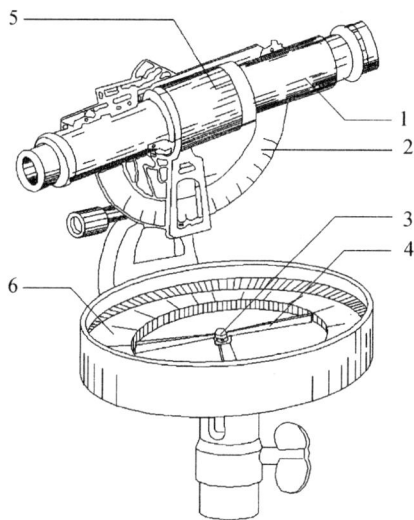

图 4-26　罗盘仪

1—望远镜　2—竖直度盘　3—玛瑙轴承　4—磁针　5—调焦螺旋　6—刻度盘

(1)望远镜。望远镜是用来瞄准目标的照准设备,望远镜为外对光式,对光时转动对光螺旋,望远镜物镜就前、后移动,使物像与十字丝分划板重合,目标清晰。由一铁臂将望远镜与刻度盘的侧面连在一起,当望远镜转动照准目标时,刻度盘与望远镜一起转动,望远镜的一侧装有一个半圆形的竖直度盘,用来测量竖直角。

(2)罗盘盒。罗盘盒由磁针和刻度盘组成,用来测定线磁子午线(标准方向)与读出磁方位角和磁象限角的度数。

磁针是用人造磁铁制成的,为提高灵敏度,磁针中心装有镶着玛瑙的圆形球窝,磁针球窝支在刻度盘中心的顶针尖端上,可以自由转动。当磁针静止时,根据磁针所对刻度进行读数,即可确定直线的磁方位角。为了避免顶针尖端不必要的磨损和防止磁针脱落,不使用时可拧紧刻度盘底部的磁针固定螺旋,将磁针顶起紧贴固定在罗盘盒的玻璃盖上。我国处于北半球,磁针北端因受磁力影响而下倾,为使磁针水平,在磁针南端绕有铜丝,以达到平衡两端的目的。磁针的北端一般涂蓝黑,南端涂白色,这些均可以用来分辨磁针的南北端。

此外,罗盘盒上还装有两个互成正交的水准器,用来整平罗盘仪。

(3)基座。基座是一种球臼结构,松开球臼接头螺旋,罗盘盒可摆动,调整罗盘盒,使两个互成正交的水准器气泡居中,刻度盘则处于水平位置,然后再拧紧接头螺旋。球形支柱供支撑仪器上部和连接三脚架用。

2.罗盘仪的使用

用罗盘仪测定直线的方位角(或磁象限角)的操作步骤:

(1)将罗盘仪安置在直线的起点,对中、整平。

(2)松开罗盘盒水平制动螺旋,转动望远镜照准直线另一端目标。

(3)松开磁针固定螺旋,将磁针放下,待磁针静止后,读出磁针北端所指的刻度盘读数,即为该直线的磁方位角(或磁象限角)。

罗盘仪使用时,应避免任何干扰磁针正常指向的现象,如避免车间、铁栅栏等铁器接近仪器,避开高压线选择测站点等,以免产生吸引,导致磁针偏转,造成读数的误差。使用完毕,应立即固定磁针,以防顶针磨损和磁针脱落。

习 题

1.什么叫直线定线?量距时为什么要进行直线定线?如何进行目估定线与经纬仪定线?

2.某钢尺的名义长度为30m,在标准温度、标准拉力、高差为零的情况下,检定其长度为29.993m,用此钢尺在25℃条件下丈量坡度均匀、长度为130.285m的距离。丈量时的拉力与钢尺检定时的拉力相同,并测得该段距离的两端点高差为-1.5m,试求其正确的水平距离。

3.将一根名义长度为30m的钢尺与标准尺比长,比长时的温度为12℃,拉力为100N,结果该尺比标准尺长10mm。已知标准钢尺的尺长方程式为

$$l_t = 30\text{m} + 0.006\text{m} + 1.25 \times 10^{-5} \times 30(t-20℃)\text{m}$$

试求在检定温度取20℃时该尺的尺长方程式。

4.简述钢尺量距的一般方法和精密方法。

5.光电测距的基本原理是什么?

6.什么叫作直线定向?为什么要进行直线定向?如何表示直线的方向?

7.何谓真子午线、磁子午线和坐标子午线?何谓真方位角、磁方位角和坐标方位角?

8.已知A点的磁偏角$\delta=4°45'$,过A点的真子午线与坐标纵轴的收敛角$\gamma=+5'$。某直线AB的坐标方位角$\alpha_{AB}=125°36'$,求AB的真方位角和磁方位角,并绘图加以说明。

9.若已测得各直线的坐标方位角分别为$\alpha_{AB}=38°30'$、$\alpha_{CD}=175°35'$、$\alpha_{EF}=30°10'$和$\alpha_{GH}=320°20'$,试分别求出它们的象限角及反坐标方位角。

10.试述用罗盘仪测定磁方位角的方法和步骤。

模块五　全站仪和 GPS 的使用

能力目标

1.能够熟练使用全站仪和 GPS 进行实践测量操作；
2.完成测量实训指导任务书；
3.编写测量报告。

知识目标

1.了解全站仪的基本构造和使用方法；
2.了解 GPS 的基本构造和使用方法；
3.了解各种全站仪和 GPS 功能。

背景资料

1.某公司因工程需要引进一批全站仪和 GPS，但由于公司并无熟悉全站仪者，故要求我们针对公司测量员进行设备操作培训，根据工程施工现场实际需求情况，教会公司测量员熟悉认识全站仪和 GPS 的构造并熟练使用它们的一些的常用功能。

2.注意事项：

(1)由于全站仪和 GPS 尤为贵重，在教学期间一定要严格保证仪器设备的准确使用方法与安全。

(2)注意全站仪和 GPS 的保养工作。

工作任务

根据工程测量规范要求，完成全站仪和 GPS 的基本测量任务。

任务说明

测量任务是工程建设的基础工作。

项目一 全站仪的使用

问题提出

一个施工单位打算在一块荒地上新建一个小区,请你设想应该经过哪些程序？要应用哪些仪器设备？

提示与分析

新建小区肯定要通过有关单位的规划和设计,设想他们是如何进行规划和设计的？他们进行规划设计的依据又是什么？

知识链接

一、全站仪概述

全站仪,即全站型电子速测仪(Electronic Total Station),是一种集光、机、电为一体的高技术测量仪器,是集水平角、垂直角、距离(斜距、平距)、高差测量功能于一体的测绘仪器系统。因其一次安置仪器就可完成该测站上全部测量工作,所以称之为全站仪。广泛用于地上大型建筑和地下隧道施工等精密工程测量或变形监测领域。

与光学经纬仪比较,电子经纬仪将光学度盘换为光电扫描度盘,将人工光学测微读数代之以自动记录和显示读数,使测角操作简单化,且可避免读数误差的产生。电子经纬仪的自动记录、储存、计算功能,以及数据通信功能,进一步提高了测量作业的自动化程度。根据测角精度可分为 0.5″、1″、2″、3″、5″、10″等几个等级。

全站仪与光学经纬仪的区别在于度盘读数及显示系统,电子经纬仪的水平度盘和竖直度盘及其读数装置是分别采用编码盘或两个相同的光栅度盘和读数传感器进行角度测量的。根据测角精度可分为 0.5″、1″、2″、3″、5″、10″等几个等级。

全站仪是由光电测距仪、电子全站仪、微处理仪及数据记录装置融为一体的电子速测仪(简称全站仪)。全站仪是指能自动地测量角度和距离,并能按一定程序和格式将测量数据传送给相应的数据采集器。全站仪自动化程度高,功能多,精度好,通过配置适当的接口,可使野外采集的测量数据直接进入计算机进行数据处理或进入自动化绘图系统。与传统的方法相比,省去了大量的中间人工操作环节,使劳动效率和经济效益明显提高,同时也避免了人工操作、记录等过程中差错率较高的缺陷。

全站仪主要的厂家及相应生产的全站仪系列有:中国南方测绘仪器公司的 NTS 系列全站仪,瑞士徕卡公司生产的 TC 系列全站仪,日本 TOPCN(拓普康)公司生产的 GTS 系列全站仪、索佳公司生产的 SET 系列全站仪、宾得公司生产的 PCS 系列全站仪、尼康公司生产的 DMT 系列全站仪及瑞典捷创力公司生产的 GDM 系列全站仪等。

二、全站仪的发展史及发展前景

最初速测仪的距离测量是通过光学方法来实现的,我们称这种速测仪为"光学速测仪"。实际上,"光学速测仪"就是指带有视距丝的经纬仪,被测点的平面位置由方向测量及光学视距来确定,而高程则是用三角测量方法来确定的。

带有"视距丝"的光学速测仪,由于其快速、简易,而在短距离(100m 以内)、低精度(1/200,1/500)的测量中,如碎部点测定中,有其优势,得到了广泛的应用。

随着电子测距技术的出现,大大地推动了速测仪的发展。用电磁波测距仪代替光学视距经纬仪,使得测程更大、测量时间更短、精度更高。人们将距离由电磁波测距仪测定的速测仪笼统地称之为"电子速测仪"(Electronic Tachymeter)。然而,随着电子测角技术的出现。这一"电子速测仪"的概念又相应地发生了变化,根据测角方法的不同分为半站型电子速测仪和全站型电子速测仪。半站型电子速测仪是指用光学方法测角的电子速测仪,也有称之为"测距经纬仪"。这种速测仪出现较早,并且进行了不断地改进,可将光学角度读数通过键盘输入测距仪,对斜距进行化算,最后得出平距、高差、方向角和坐标差,这些结果都可自动地传输到外部存储器中。全站型电子速测仪则是由电子测角、电子测距、电子计算和数据存储单元等组成的三维坐标测量系统,测量结果能自动显示,并能与外围设备交换信息的多功能测量仪器。由于全站型电子速测仪较完善地实现了测量和处理过程的电子化和一体化,所以人们也通常称之为全站型电子速测仪或简称全站仪。

20 世纪 80 年代末,人们根据电子测角系统和电子测距系统的发展不平衡,将全站仪分成两大类,即积木型全站仪和整体型全站仪。

20 世纪 90 年代以来,基本上都发展为整体型全站仪。

全站仪采用了光电扫描测角系统,其类型主要有编码盘测角系统、光栅盘测角系统及动态(光栅盘)测角系统等三种。

全站仪按其外观结构可分为两类:

(1)积木型(Modular,又称组合型)全站仪。

早期的全站仪,大都是积木型结构,即电子速测仪、电子经纬仪、电子记录器各是一个整体,可以分离使用,也可以通过电缆或接口把它们组合起来,形成完整的全站仪。

(2)整体型(Integral)全站仪。

随着电子测距仪进一步的轻巧化,现代的全站仪大多把测距、测角和记录单元在光学、机械等方面设计成一个不可分割的整体,其中测距仪的发射轴、接收轴和望远镜的视准轴为同轴结构。这对保证较大垂直角条件下的距离测量精度非常有利。

全站仪按测量功能分类,可分成四类:

(1)经典型全站仪(Classical Total Station)。

经典型全站仪也称为常规全站仪,它具备全站仪电子测角、电子测距和数据自动记录等基本功能,有的还可以运行厂家或用户自主开发的机载测量程序。其经典代表为徕卡公司的 TC 系列全站仪。

(2)机动型全站仪(Motorized Total Station)。

在经典型全站仪的基础上安装轴系步进电机,可自动驱动全站仪照准部和望远镜的旋转。在计算机的在线控制下,机动型系列全站仪可按计算机给定的方向值自动照准目标,并可实现自动正、倒镜测量。徕卡 TCM 系列全站仪就是典型的机动型全站仪。

(3)无合作目标型全站仪(Reflectorless Total Station)。

无合作目标型全站仪是指在无反射棱镜的条件下,可对一般的目标直接测距的全站仪。因此,对不便安置反射棱镜的目标进行测量,无合作目标型全站仪具有明显优势。如徕卡 TCR 系列全站仪,无合作目标距离测程可达 1000m,可广泛用于地籍测量、房产测量和施工测量等。

(4)智能型全站仪(Robotic Total Station)。

在自动化全站仪的基础上,仪器安装自动目标识别与照准的新功能,因此在自动化的进程中,全站仪进一步克服了需要人工照准目标的重大缺陷,实现了全站仪的智能化。在相关软件的控制下,智能型全站仪在无人干预的条件下可自动完成多个目标的识别、照准与测量。因此,智能型全站仪又称为"测量机器人",典型的代表有徕卡的 TCA 型全站仪等。

全站仪按测距仪测距分类,还可以分为三类:

(1)短距离测距全站仪。

测程小于 3km,一般精度为 $\pm(5mm+5\mu m)$,主要用于普通测量和城市测量。

(2)中测程全站仪。

测程为 3~15km,一般精度为 $\pm(5mm+2\mu m)$、$\pm(2mm+2\mu m)$,通常用于一般等级的控制测量。

(3)长测程全站仪。

测程大于 15km,一般精度为 $\pm(5mm+1\mu m)$,通常用于国家三角网及特级导线的测量。

自动陀螺全站仪由陀螺仪 GTA1000 与无合作目标全站仪 RTS812R5 组成,它能够在 20min 内,最高以 $\pm5''$ 的精度测出真北方向。

三、全站仪的构造

全站仪的构造见图 5-1。

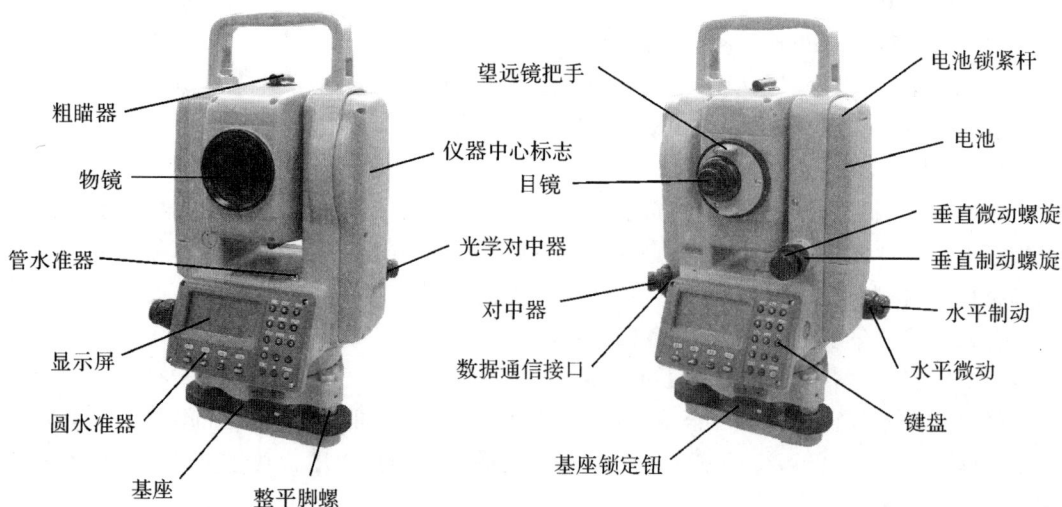

图 5-1　全站仪各个部件的名称

全站仪的基本构造主要包括光学系统、光电测角系统、光电测距系统、微处理机、显示控制/键盘、数据/信息存储器、输入/输出接口、电子自动补偿系统、电源供电系统、机械控制系统等部分。

全站仪的操作面板的功能及显示符号含义见表 5-1 和表 5-2。

表 5-1 全站仪的操作面板的功能

键	名 称	功 能
☆	星键	星键模式用于如下项目的设置或显示：①显示屏对比度；②十字丝照明；③背景光；④倾斜改正；⑤定线点显示器；⑥设置音响模式
◿	坐标测量键	坐标测量模式
↙	距离测量键	距离测量模式
ANG	角度测量键	角度测量模式
POWER	电源键	电源开关
MENU	菜单键	在菜单模式和正常测量模式之间切换，在菜单模式下可设置应用测量与照明调节、仪器系统误差改正
ESC	退出键	①返回测量模式或上一层模式；②在正常测量模式直接进入数据采集模式或放样模式；③也可以作为正常测量模式下的记录键
ENT	确认输入键	在输入值末尾按此键
F1—F4	软键	对应于显示的软键功能信息

表 5-2 全站仪操作面板上的显示符号含义

显 示	内 容
V%	垂直角（坡度显示）
HR	水平角（右角）
HL	水平角（左角）
HD	水平距离
VD	高差
SD	倾斜距离
N	北向坐标
E	东向坐标
Z	高程
*	EDM（电子测距）正在进行
m	以米为单位
f	以英尺/英寸为单位

全站仪几乎可以用在所有的测量领域。电子全站仪由电源部分、测角系统、测距系统、数据处理部分、通信接口及显示屏、键盘等组成。同电子经纬仪、光学经纬仪相比，全站仪增加了许多特殊部件，因此而使得全站仪具有比其他测角、测距仪器更多的功能，使用也更方便。这些特殊部件构成了全站仪在结构方面独树一帜的特点。

全站仪的望远镜实现了视准轴,测距光波的发射、接收光轴同轴化。同轴化的基本原理是:在望远物镜与调焦透镜间设置分光棱镜系统,通过该系统实现望远镜的多功能,既可瞄准目标,使之成像于十字丝分划板,进行角度测量。同时其测距部分的外光路系统又能使测距部分的光敏二极管发射的调制红外光在经物镜射向反光棱镜后,经同一路径反射回来,再经分光棱镜作用使回光被光电二极管接收;为测距需要在仪器内部另设一内光路系统,通过分光棱镜系统中的光导纤维将由光敏二极管发射的调制红外光传送给光电二极管接收,进而由内、外光路调制光的相位差间接计算光的传播时间,计算实测距离。

同轴性使得望远镜一次瞄准既可实现同时测定水平角、垂直角和斜距等全部基本测量要素的测定功能。加之全站仪强大、便捷的数据处理功能,使全站仪使用极其方便。

在仪器的检验校正中已介绍了双轴自动补偿原理,作业时若全站仪纵轴倾斜,会引起角度观测的误差,盘左、盘右观测值取中不能使之抵消。而全站仪特有的双轴(或单轴)倾斜自动补偿系统,可对纵轴的倾斜进行监测,并在度盘读数中对因纵轴倾斜造成的测角误差自动加以改正(某些全站仪纵轴最大倾斜可允许至 $\pm 6'$),也可通过将由竖轴倾斜引起的角度误差,由微处理器自动按竖轴倾斜改正计算式计算,并加入度盘读数中加以改正,使度盘显示读数为正确值,即所谓纵轴倾斜自动补偿。

双轴自动补偿的所采用的构造(现有水平,包括 Topcon、Trimble):使用一水泡(该水泡不是从外部可以看到的,与检验校正中所描述的不是一个水泡)来标定绝对水平面,该水泡是中间填充液体,两端是气体。在水泡的上部两侧各放置一发光二极管,而在水泡的下部两侧各放置一光电管,用以接收发光二极管透过水泡发出的光。而后,通过运算电路比较两二极管获得的光的强度。当在初始位置,即绝对水平时,将运算值置零。当作业中全站仪器倾斜时,运算电路实时计算出光强的差值,从而换算成倾斜的位移,将此信息传达给控制系统,以决定自动补偿的值。自动补偿的方式除由微处理器计算后修正输出外,还有一种方式即通过步进马达驱动微型丝杆,把此轴方向上的偏移进行补正,从而使轴时刻保证绝对水平。

键盘是全站仪在测量时输入操作指令或数据的硬件,全站型仪器的键盘和显示屏均为双面式,便于正、倒镜作业时操作。

全站仪存储器的作用是将实时采集的测量数据存储起来,再根据需要传送到其他设备如计算机等中,供进一步的处理或利用,全站仪的存储器有内存储器和存储卡两种。

全站仪内存储器相当于计算机的内存(RAM),存储卡是一种外存储媒体,又称 PC 卡,作用相当于计算机的磁盘。

全站仪可以通过 RS-232C 通信接口和通信电缆将内存中存储的数据输入计算机,或将计算机中的数据和信息经通信电缆传输给全站仪,实现双向信息传输。

四、全站仪的操作

全站仪架设包括安置、整平、照准、读数四个步骤。

1.安置

打开三脚架安置在测站点上,高度适中,架头大致水平,架头中心大致对准测站标志中心,安上全站仪,拧紧中心螺旋。对光学对中器调焦,使对中器的小圆圈和地面点清晰。然后进行精确对中,方法是:踩实一只脚架的脚尖,两手轻轻提起另两只架脚,眼睛观察对中器的同时,前后左右移动两只架脚,使对中器的分划中心与测站标志中心重合,踩实三只脚架的脚尖。

然后转动脚螺旋(或在架头上平移仪器),使对中器的分划中心与测站标志中心重合。

2.整平

伸缩三脚架腿,使管气泡在互相垂直的两个方向上气泡大致居中(使圆水准器气泡居中),这一步称为初步整平。转动照准部,使照准部水准管平行于任意两个脚螺旋的连线,如图 5-2(a)所示。两手同时向内或向外转动 1、2 脚螺旋,使管气泡居中;然后将照准部旋转 90°,如图 5-2(b)所示,使水准管与脚螺旋 1、2 的连线垂直,转动第 3 个脚螺旋,使气泡居中。重复以上操作,直到照准部转到任何位置时,气泡均居中,这一步称为精确整平。精确对中,松开中心螺旋,在架头上平移仪器,使对中器的分划中心与测站标志重合。再重复以上最后两个步骤,直到对中和整平均符合要求为止(用光学对中器的对中误差应不大于 1mm,整平误差应小于 1 格)。

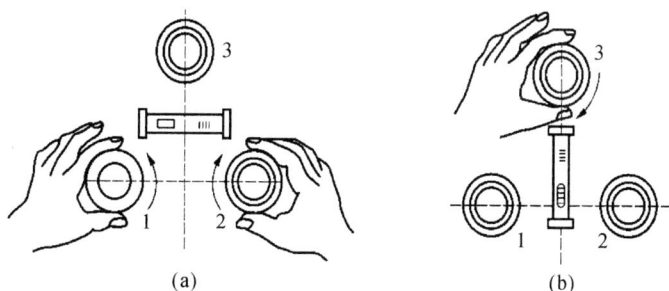

图 5-2　仪器整平

3.照准

照准就是使望远镜十字丝交点精确照准目标。它分为:

(1)目镜调焦。调节目镜调焦螺旋,使十字丝清晰。

(2)粗略照准目标。利用望远镜上的粗瞄准器,对准目标,旋紧制动螺旋。

(3)物镜调焦。调节物镜调焦螺旋,使目标影像清晰,并消除视差。

(4)精确照准目标。转动望远镜和照准部的微动螺旋,精确照准目标;测水平角时,用十字丝的单丝平分目标或用双丝夹准目标,或者尽量照准棱镜中心;测竖直角时,用十字丝的横丝切目标顶部。测距时,要尽量照准棱镜中心。棱镜有两种:基座棱镜或者三角对中杆配棱镜,棱镜需架设在待测点上。基座棱镜操作参照全站仪的操作过程;对中杆只需调节圆水准气泡居中。

4.读数(测回法)

将度盘置左照准部照准 A 置零并记录第一次水平角读数,顺时针旋转至 B 并照准记录第二次水平角读数;将度盘置右照准部照准 B 记录第三次水平角读数,逆时针转动照准部照准 A 记录第四次水平角读数。

说明:完成上面所述的四个步骤称为一测回,完成两次上述步骤称为两测回。以此类推。如果需要精度提高,我们可以选择多个测绘取平均值来进行计算。

五、全站仪的基本功能及使用方法

(一)角度测量

1.实验目的与要求

(1)继续练习全站仪的架设,熟悉对中、整平。

(2)学会使用全站仪进行水平角度测量、竖直角度测量。

2.计划与仪器工具

(1)实训时数计划 2 学时,每小组由 3～4 人组成。

(2)每小组配备全站仪 1 台、棱镜杆 2 套、钢卷尺 1 把,自备铅笔和记录纸。

3.实验方法与步骤

(1)测回法测水平角。

①要点:

a.测回法测角时的限差要求若超限,则应立即重测。

b.注意测回法测量的记录格式。

②流程:在 A 或 B 点整平全站仪—盘左顺时针测—盘右逆时针测。

(2)方向观测法测水平角。

①要点:方向观测法测角时要随时注意各项限差是否超限,才能保证最后成果可靠。

②流程:0 点对中、整平全站仪—顺时针测 ABCDA—逆时针测 ADCBA。

(3)竖直角测量。

①要点:竖直角观测时,注意全站仪竖盘读数与竖直角的区别。

②流程:在 A 点测 B 点的盘左竖盘读数—在 A 点测 B 点的盘右竖盘读数—计算 A 点至 B 点的竖直角。

③高度角/天顶距的切换;竖直角显示如表 5-3 和图 5-3 所示。

表 5-3　竖直角显示

键盘位置	视线水平	视线向上(仰角)
盘左		
盘右		

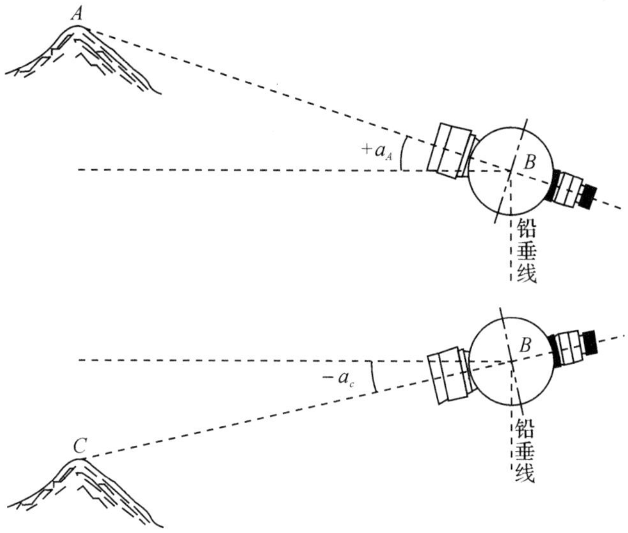

图 5-3 竖直角测量

在角度测量模式下,按 F4 键转到第三页,再按 F1 键(竖角),每次按下,显示模式交替出现。

4.全站仪角度测量操作软键

见表 5-4。

表 5-4 全站仪角度测量操作软键

页 数	软 键	显示符号	功 能
1	F1	置零	水平角置为 0
	F2	锁定	水平角读数锁定
	F3	置盘	通过键盘输入数字设置水平角
	F4	P1↓	显示第 2 页软键功能
2	F1	倾斜	设置倾斜改正开或关
	F2	复测	角度重复测量模式
	F3	V%	垂直角百分比坡度显示
	F4	P2↓	显示第 3 页软键功能
3	F1	H 蜂鸣	仪器每转动 90°是否要发出蜂鸣声的设置
	F2	R/L	水平角右/左计数方向的转换
	F3	竖盘	竖直角显示格式的切换
	F4	P3↓	显示下一页软键功能

5.水平角和竖直角的观测

(1)盘左照准第一个目标 A。

(2)设置目标 A 的水平角为 0,按 F1 置零并确认。

(3)顺时针旋转照准第二个目标 B,显示目标 B 的 V/H。

6.注意事项

瞄准目标的方法(供参考):

(1)将望远镜对准明亮天空,旋转目镜镜筒,调焦看清十字丝(先朝自己方向旋转目镜镜筒再慢慢旋进调焦清楚十字丝)。

(2)利用粗瞄准器内的三角形标志的顶尖瞄准目标点,照准时眼睛与瞄准器之间应保留有一定距离。

(3)利用望远镜调焦螺旋使目标成像清晰。

(4)当眼睛在目镜端上下或者左右移动发现有视差时,说明调焦或目镜屈光度未调好,这将影响观测的精度,应仔细调焦并调节目镜筒消除视差。

7.水平角测回法记录表

时间:　　年　　月　　日　　天气:　　成像:　　时间:　　小组:

观测者:　　　　　　　　　　　　　记录者:

测站	竖盘位置	目标	水平度盘读数 ° ′ ″	半测回角值 ° ′ ″	一测回平均角值 ° ′ ″	备注

8.水平角方向观测法记录表

时间:　　年　　月　　日　　天气:　　成像:　　时间:　　小组:

观测者:　　　　　　　　　　　　　记录者:

测站	方向目标	水平度盘度数		2C/″	平均读数 ° ′ ″	归零方向值 ° ′ ″
		盘左/(° ′ ″)	盘右/(° ′ ″)			

9.竖直角观测记录表

时间：　　　年　　月　　日　　天气：　　　成像：　　　时间：　　　小组：

观测者：　　　　　　　　　　　　　　　记录者：

测 站	竖盘位置	目　标	水平度盘读数 ° ′ ″	半测回角值 ° ′ ″	一测回平均角值 ° ′ ″	备　注

注:角度取位至1″,距离取位至1mm。

（二）距离测量

1.实验的目的与要求

(1)熟悉距离测量面板的主要功能。

(2)掌握全站仪的对中、整平、瞄准和操作的方法,掌握基本操作要领。

(3)练习全站仪进行距离测量等基本工作。

2.计划与仪器工具

(1)实训时数计划2学时,每小组由3～4人组成。

(2)每小组配备全站仪1台、棱镜杆2套、钢卷尺1把、遮阳伞1把,自备铅笔和记录纸。

3.实验方法与步骤简要

(1)大气改正设置。

当设置大气改正时,通过测量温度和气压可以求得改正值。

(2)设置棱镜常数。

拓普康的棱镜常数为0,设置棱镜改正为0,如使用其他厂家生产的棱镜,则应设置一个相应的常数,一般为-30。注意即使电源关闭,但是设置仍然保存在仪器中。

(3)具体操作步骤。

①照准棱镜中心。

②按距离测量键,距离测量开始,并显示测量距离,再次按距离测量键,则显示水平角、竖直角和斜距。

③当光电测距正在工作时,"＊"标志会显示在显示窗。当模式从精测模式转换到粗测模式或跟踪模式,则具体设置如下:在测量环境下,选择"模式"后会出现精测模式和粗测模式的选择框,这个设置方式关机后不保留;但是如果在初始设置时选择一定模式,关机后仍保留设置。

(4)测距模式。

①精测模式。正常的测距模式,最小显示单位为 0.2mm 或 1mm,测量时间:0.2mm 为 2.8s、1mm 为 1.2s。

②跟踪模式。该模式测量时间要比精测模式短,在跟踪移动目标或放样时非常有用。最小显示单位为 10mm,测量时间为 0.4s。

③粗测模式。该测距模式观测时间比精测模式短,最小显示单位为 10mm 或 1mm,测量时间约为 0.7s。

如果测距收到大气抖动的影响,仪器可以自动重复测量工作。要从距离测量模式转换到正常的角度测量模式,可以按 F4 键。

4. 注意事项

(1)目标瞄准时要特别注意消除视差,瞄准目标一定要精确。

(2)每人上交一份含有合格观测数据记录的实验报告。

5. 距离观测记录表

边　名	一测回平距读数/m				备　注
	第一次	第二次	第三次	平均值	

注:距离取位至 1mm。

(三) 坐标测量

1. 实验目的与任务

(1)了解导线测量工作的内容和方法,掌握全站仪坐标测量的原理和方法。

(2)利用全站仪三维坐标测量功能测量一个任意点坐标和一个任意三角形的各角点坐标。

2. 计划与仪器工具

(1)实训时数计划 2 学时,每小组由 3~4 人组成。

(2)全站仪 1 套、对中架 2 副、棱镜 2 个、花杆 1 根、记录板 1 块、钢卷尺 1 把。

3. 实验方法与步骤

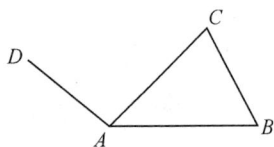

图 5-4

(1)在实验区域内选取 A、B、C、D 四点,A、D 通视,A、B、C 互相通视,如图 5-4 所示组成三角形,假设 AD 为已知方位边,A 为已知点。

(2)在 A 点架设全站仪,对中、整平后,量取仪器高,输入测站坐标、高程、仪器高。后视 D 点,设置后视已知方位角。

(3)全站仪操作时要输入仪器高和棱镜高后才能进行坐标测量,然后可以直接测定未知点的坐标。未知点的坐标有以下公式计算并显示出来:

测站点坐标:(N,E,Z) 仪器高:ISN.HT

棱镜高:R.HT   高差:$z(VD)$

相对于仪器中心点的棱镜中心坐标:(N,E,Z)

未知点坐标:(N,E,Z)

(4)依次观测 C 点、B 点,输入各反光镜高,测量并记录其三维坐标及 AB 方位角。

(5)搬站至 B 点,以 B 为测站点,以 A 为后视点,观测 C 点,记录其三维坐标,注意各边高差应取对向观测高差的平均值,以消除球气差的影响。

(6)搬站至 C 点,以 C 为测站点,以 B 为后视,观测 A 点,记录其三维坐标。

(7)计算坐标闭合差,评定精度。

4.注意事项

(1)边长较短时,应特别注意严格对中、整平。

(2)瞄准目标一定要精确。

(3)注意目标高和仪器高的量取和输入。

(4)每人上交一份含有合格观测记录的实验报告。

六、全站仪的保养使用

（一）保管

(1)仪器的保管由专人负责,每天现场使用完毕带回办公室;不得放在现场工具箱内。

(2)仪器箱内应保持干燥,要防潮防水并及时更换干燥剂。仪器必须放置在专门的架上或固定的位置。

(3)仪器长期不用时,应以一个月左右的时间定期取出进行通风防霉,并通电驱潮,以保持仪器良好的工作状态。

(4)仪器放置要整齐,不得倒置。

（二）使用

(1)开工前应检查仪器箱背带及提手是否牢固。

(2)开箱后提取仪器前,要看准仪器在箱内放置的方式和位置,装卸仪器时,必须握住提手,将仪器从仪器箱取出或装入仪器箱时,请握住仪器提手和底座,不可握住显示单元的下部。切不可拿仪器的镜筒,否则会影响内部固定部件,从而降低仪器的精度。应握住仪器的基座部分,或双手握住望远镜支架的下部。仪器用毕,先盖上物镜罩,并擦去表面的灰尘。装箱时各部位要放置妥帖,合上箱盖时应无障碍。

(3)在太阳光照射下观测仪器,应给仪器打伞,并带上遮阳罩,以免影响观测精度。在杂乱环境下测量,仪器要有专人守护。当仪器架设在光滑的表面时,要用细绳(或细铅丝)将三脚架三个脚联起来,以防滑倒。

(4)当架设仪器在三脚架上时,尽可能用木制三脚架,因为使用金属三脚架可能会产生振动,从而影响测量精度。

(5)当测站之间距离较远,搬站时应将仪器卸下,装箱后背着走。行走前要检查仪器箱是否锁好,检查安全带是否系好。当测站之间距离较近,搬站时可将仪器连同三脚架一起靠在肩上,但仪器要尽量保持直立放置。

(6)搬站之前,应检查仪器与脚架的连接是否牢固,搬运时,应把制动螺旋略微关住,使仪器在搬站过程中不致晃动。

(7)仪器任何部分发生故障,不勉强使用,应立即检修,否则会加剧仪器的损坏程度。

(8)光学元件应保持清洁,如沾染灰沙必须用毛刷或柔软的擦镜纸擦掉。禁止用手指抚摸仪器的任何光学元件表面。清洁仪器透镜表面时,请先用干净的毛刷扫去灰尘,再用干净的无线棉布沾酒精由透镜中心向外一圈圈地轻轻擦拭。除去仪器箱上的灰尘时切不可作用任何稀释剂或汽油,而应用干净的布块沾中性洗涤剂擦洗。

(9)在潮湿环境中工作,作业结束,要用软布擦干仪器表面的水分及灰尘后装箱。回到办公室后立即开箱取出仪器放于干燥处,彻底晾干后再装箱内。

(10)冬天室内、室外温差较大时,仪器搬出室外或搬入室内,应隔一段时间后才能开箱。

(三)转运

(1)首先把仪器装在仪器箱内,再把仪器箱装在专供转运用的木箱内,并在空隙处填以泡沫、海绵、刨花或其他防震物品。装好后将木箱或塑料箱盖子盖好。需要时应用绳子捆扎结实。

(2)无专供转运的木箱或塑料箱的仪器不能托运,应由测量员亲自携带。在整个转运过程中,要做到人不离开仪器,如乘车,应将仪器放在松软物品上面,并用手扶着,在颠簸厉害的道路上行驶时,应将仪器抱在怀里。

(3)注意轻拿轻放、放正、不挤不压,无论天气晴雨,均要事先做好防晒、防雨、防震等措施。

(四)电池

全站仪的电池是全站仪最重要的部件之一,全站仪所配备的电池一般为 Ni-MH(镍氢电池)和 Ni-Cd(镍镉电池),电池的好坏、电量的多少决定了外业时间的长短。

(1)建议在电源打开期间不要将电池取出,因为此时存储数据可能会丢失,因此请在电源关闭后再装入或取出电池。

(2)可充电池可以反复充电使用,但是如果在电池还存有剩余电量的状态下充电,则会缩短电池的工作时间,此时,电池的电压可通过刷新予以复原,从而改善作业时间,充足电的电池放电时间约需 8h。

(3)不要连续进行充电或放电,否则会损坏电池和充电器,如有必要进行充电或放电,则应在停止充电约 30min 后再使用充电器。

(4)不要在电池刚充电后就进行充电或放电,这样会造成电池损坏。

(5)超过规定的充电时间会缩短电池的使用寿命,应尽量避免。

(6)电池剩余容量显示级别与当前的测量模式有关,在角度测量的模式下,电池剩余容量够用,并不能够保证电池在距离测量模式下也能用,因为距离测量模式耗电量高于角度测量模式,当从角度模式转换为距离模式时,由于电池容量不足,不时会中止测距。

七、全站仪的主要轴线及其应满足的几何条件

如图 5-5 所示,仪器的主要轴线有:视准轴 CC、照准部水准管轴 LL、望远镜旋转轴(横轴)HH、照准部的旋转轴(竖轴)VV。

根据角度测量原理的要求,应满足如下几何条件:

① 照准部水准管轴垂直于仪器竖轴,即 $LL \perp VV$;
② 十字丝竖丝应垂直于横轴 HH;
③ 视准轴垂直于横轴,即 $CC \perp HH$;
④ 横轴垂直于竖轴,即 $HH \perp VV$;
⑤ 光学对中器的视准轴经棱镜折射后应与仪器竖轴重合。

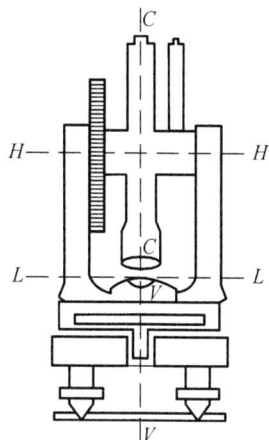

图 5-5　仪器的主要轴线

知识实训

1. 全站仪角度测量距离测量。
2. 全站仪坐标测量。

实训任务一　全站仪的认识和使用

一、实训的目的和意义

(1)了解全站仪的构造和性能,熟悉全站仪各个部件的作用。
(2)掌握全站仪的角度测量、距离测量、高差测量等使用方法。

二、实训的安排和要求

(1)实训时数 2 学时。每个实训小组由 4～5 人组成,每个人轮流作业。
(2)每个实训小组完成 1 个水平角、2 条边长、2 个高差、2 点坐标的观测。

三、实训的仪器和工具

全站仪 1 台、反光棱镜 1 组、小卷尺 1 个,以及记录计算用具等。

四、实训的方法和步骤

(一) 全站仪的认识

全站仪由电子测角系统、电子测距系统、数据存储系统、数据处理系统等部分组成。它可以直接测量出仪器至瞄准目标之间的距离和角度,并利用数据存储系统进行数据的存储、管理和计算,并将结果显示在显示屏上。

全站仪型号多种多样,不同型号全站仪的外形、体积、重量、性能有较大差异,但它们都是由电源、望远镜、基座、度盘、键盘、水准器、显示屏等部件组成。

全站仪的基本测量功能主要有角度测量模式、距离测量模式和坐标测量模式三种模式。

此外,有些全站仪还有一些特殊测量功能,能进行各种专业测量工作,测量过程主要通过操作键盘完成。

与全站仪配套使用的是棱镜,通常有单棱镜、三棱镜。目前大部分全站仪都具有免棱镜功能,同时部分仪器具有激光对中和激光指向功能。

(二)全站仪的使用

在实训场地上选择 3 个点,其中一点作为测站,安置全站仪;另外 2 点作为置镜点,安置反光棱镜。

1.安置仪器

(1)在测站点安置全站仪,对中整平。量取仪器高,精确至毫米。

(2)在目标点安置棱镜,对中整平,使棱镜对准测站方向。量取棱镜高,精确至毫米。

2.开机检测

打开电源,检测电压,看是否满足测量要求,同时检查仪器其他部件。

3.仪器设置

首先对全站仪进行设置,包括以下几方面:

(1)设定距离单位为米。

(2)设定角度单位为六十进制,角度最小显示值为 $1''$。

(3)设定气温单位为摄氏度,设定气压单位与所用气压计单位一致。

(4)输入全站仪的棱镜加常数(棱镜常数由仪器检定得到)。

其次对显示格式进行设置,包括以下几方面:

(1)设定显示格式一的内容。

(2)设定显示格式二的内容。

4.参数设置

输入温度、气压、棱镜常数等。

5.角度测量

瞄准左边目标,在角度测量模式下,按置零键,使水平角度显示为零,同时读取竖盘读数;瞄准右边目标,读取水平角和竖直角读数。

6.距离测量

在距离测量模式下,照准目标后,按相应测距键,即显示水平距离或倾斜距离。

7.高差测量

高差测量是在测距的同时,由斜距、平距、高差交替显示。

8.使用全站仪进行一测回

操作步骤如下,并将观测结果记录入表格中。

(1)盘左照准左边目标棱镜中心,在角度模式下置零,进入距离测量模式测距,记录水平距离和高差,返回到角度测量模式。

(2)松开照准部,顺时针方向转动照准部瞄准右边目标棱镜中心,记录水平度盘读数;进入距离测量模式,记录水平距离和高差,返回角度测量模式。

(3)纵转望远镜,松开照准部,逆时针方向转动照准部瞄准右边目标棱镜中心,记录水平度盘读数;进入距离测量模式,记录水平距离和高差,返回角度测量模式。

（4）松开照准部，逆时针方向转动照准部瞄准左边目标棱镜中心，记录水平度盘读数；进入距离测量模式，记录水平距离和高差，返回角度测量模式。

至此，全站仪一个测回观测水平角、水平距离和高差完成。如观测多个测回，同经纬仪测角度。

项目二 GPS 的使用

问题提出

我们平时要去一个不熟悉的地方，常用手机来导航或用汽车导航仪来导航。那么导航的原理是怎么样的？如何进行导航？导航给我们的生活带来了哪些变化？

提示与分析

导航系统都有哪些应用？为什么有了美国的 GPS 导航系统，我国却还不惜重资去发展自己的北斗导航系统呢？导航如何在测量中发挥其重要的作用？

知识链接

一、GPS 概述

（一）定义

利用 GPS 定位卫星，在全球范围内实时进行定位、导航的系统，称为全球卫星定位系统，简称 GPS。GPS 是由美国国防部研制建立的一种具有全方位、全天候、全时段、高精度的卫星导航系统，能为全球用户提供低成本、高精度的三维位置、速度和精确定时等导航信息，是卫星通信技术在导航领域的应用典范，它极大地提高了地球社会的信息化水平，有力地推动了数字经济的发展。

（二）发展

GPS 的前身是美国军方 1958 年研制的一种子午仪卫星定位系统（Transit），1964 年正式投入使用。该系统是用 5～6 颗卫星组成的星网工作，每天最多绕过地球 13 次，并且无法给出高度信息，在定位精度方面也不尽如人意。然而，子午仪系统使得研发部门对卫星定位取得了初步的经验，并验证了由卫星系统进行定位的可行性，为 GPS 的研制埋下了铺垫。由于卫星定位显示出在导航方面的巨大优越性及子午仪系统存在对潜艇和舰船导航方面的巨大缺陷。美国海陆空三军及民用部门都感到迫切需要一种新的卫星导航系统。

为此，美国海军研究实验室（NRL）提出了名为 Tinmation 的用 12～18 颗卫星组成 10000km 高度的全球定位网计划，并于 1967 年、1969 年和 1974 年各发射了一颗试验卫星，在这些卫星上初步试验了原子钟计时系统,这是 GPS 精确定位的基础。而美国空军则提出了 621-B 的以每星群 4～5 颗卫星组成 3～4 个星群的计划,这些卫星中除 1 颗采用同步轨道外其余的都使用周期为 24h 的倾斜轨道,该计划以伪随机码(PRN)为基础传播卫星测距信号,其具有强大的功能,当信号密度低于环境噪声的 1‰ 时也能将其检测出来。伪随机码的成功运用是 GPS 得以取得成功的一个重要基础。海军的计划主要用于为舰船提供低动态的二维定位,空军的计划能提供高动态服务,然而系统过于复杂。由于同时研制两个系统会产生巨大的费用,而且这里两个计划都是为了提供全球定位而设计的,所以 1973 年美国国防部将两者合二为一,并由美国国防部牵头的卫星导航定位联合计划局(JPO)领导,还将办事机构设立在洛杉矶的空军航天处。该机构成员众多,包括美国陆军、海军、海军陆战队、交通部、国防制图局、北约和澳大利亚的代表。

最初的 GPS 计划在美国联合计划局的领导下诞生了,该方案将 24 颗卫星放置在互成 120° 的三个轨道上。每个轨道上有 8 颗卫星,地球上任何一点均能观测到 6～9 颗卫星。这样,粗码精度可达 100m,精码精度为 10m。由于预算压缩,GPS 计划不得不减少卫星发射数量,改为将 18 颗卫星分布在互成 60° 的 6 个轨道上,然而这一方案使得卫星可靠性得不到保障。1988 年又进行了最后一次修改:21 颗工作星和 3 颗备用星工作在互成 60° 的 6 条轨道上。这也是 GPS 卫星所使用的工作方式。

GPS 导航系统是以全球 24 颗定位人造卫星为基础,向全球各地全天候地提供三维位置、三维速度等信息的一种无线电导航定位系统。它由三部分构成,一是地面控制部分,由主控站、地面天线、监测站及通信辅助系统组成。二是空间部分,由 24 颗卫星组成,分布在 6 个轨道平面。三是用户装置部分,由 GPS 接收机和卫星天线组成。民用的定位精度可达 10m 内。

(三)工作原理

GPS 导航系统的基本原理是测量出已知位置的卫星到用户接收机之间的距离,然后综合多颗卫星的数据就可知道接收机的具体位置。要达到这一目的,卫星的位置可以根据星载时钟所记录的时间在卫星星历中查出。而用户到卫星的距离则通过记录卫星信号传播到用户所经历的时间,再将其乘以光速得到(由于大气层电离层的干扰,这一距离并不是用户与卫星之间的真实距离,而是伪距(PR):当 GPS 卫星正常工作时,会不断地用 1 和 0 二进制码元组成的伪随机码(简称伪码)发射导航电文)。GPS 系统使用的伪码一共有两种,分别是民用的 C/A 码和军用的 P(Y)码。C/A 码频率 1.023MHz,重复周期 1ms,码间距 1μm,相当于 300m;P 码频率 10.23MHz,重复周期 266.4d,码间距 0.1μm,相当于 30m。而 Y 码是在 P 码的基础上形成的,保密性能更佳。导航电文包括卫星星历、工作状况、时钟改正、电离层时延修正、大气折射修正等信息。它是从卫星信号中解调制出来,以 50b/s 调制在载频上发射的。导航电文每个主帧中包含 5 个子帧,每帧长 6s。前三帧各 10 个字码;每 30s 重复一次,每小时更新一次。后两帧共 15000b。导航电文中的内容主要有遥测码,转换码,第 1、2、3 数据块,其中最重要的则为星历数据。当用户接收到导航电文时,提取出卫星时间并将其与自己的时钟做对比便可得知卫星与用户的距离,再利用导航电文中的卫星星历数据推算出卫星发射电文时所处位置,用户在 WGS－84 大地坐标系中的位置速度等信息便可得知。如图 5-6 所示。

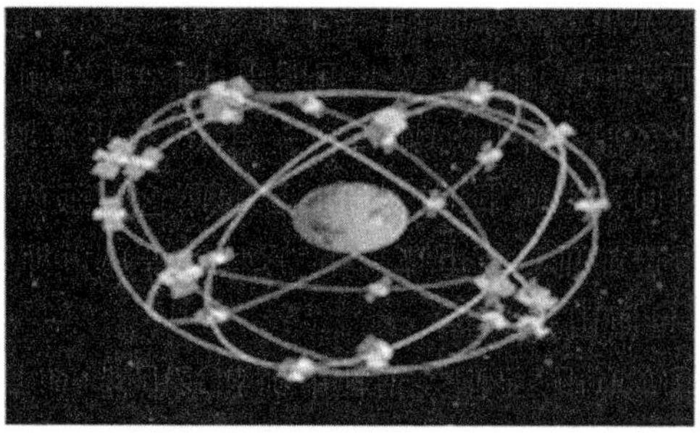

图 5-6　GPS 想象图

可见 GPS 导航系统卫星部分的作用就是不断地发射导航电文。然而,由于用户接收机使用的时钟与卫星星载时钟不可能总是同步,所以除了用户的三维坐标 x、y、z 外,还要引进一个 Δt(即卫星与接收机之间的时间差)作为未知数,然后用 4 个方程将这 4 个未知数解出来。所以如果想知道接收机所处的位置,至少要能接收到 4 个卫星的信号。

GPS 接收机接收到可用于授时的准确至纳秒级的时间信息;用于预报未来几个月内卫星所处概略位置的预报星历;用于计算定位时所需卫星坐标的广播星历,精度为几米至几十米(各个卫星不同,随时变化);以及 GPS 系统信息,如卫星状况等。

GPS 接收机对码的量测就可得到卫星到接收机的距离,由于含有接收机卫星钟的误差及大气传播误差,故称为伪距。对 CA 码测得的伪距称为 CA 码伪距,精度约为 20m,对 P 码测得的伪距称为 P 码伪距,精度约为 2m。

GPS 接收机对收到的卫星信号,进行解码或采用其他技术,将调制在载波上的信息去掉后,就可以恢复载波。严格而言,载波相位应被称为载波拍频相位,它是收到的受多普勒频移影响的卫星信号载波相位与接收机本机振荡产生信号相位之差。一般在接收机钟确定的历元时刻量测,保持对卫星信号的跟踪,就可记录下相位的变化值,但开始观测时的接收机和卫星振荡器的相位初值是不知道的,起始历元的相位整数也是不知道的,即整周模糊度,只能在数据处理中作为参数解算。相位观测值的精度高至毫米,但前提是解出整周模糊度,因此只有在相对定位、并有一段连续观测值时才能使用相位观测值,而要达到优于米级的定位精度也只能采用相位观测值。

按定位方式,GPS 定位分为单点定位和相对定位(差分定位)。单点定位就是根据一台接收机的观测数据来确定接收机位置的方式,它只能采用伪距观测量,可用于车船等的概略导航定位。相对定位(差分定位)是根据两台以上接收机的观测数据来确定观测点之间的相对位置的方法,它既可采用伪距观测量也可采用相位观测量,大地测量或工程测量均应采用相位观测值进行相对定位。

在 GPS 观测量中包含了卫星和接收机的钟差、大气传播延迟、多路径效应等误差,在定位计算时还要受到卫星广播星历误差的影响,在进行相对定位时大部分公共误差被抵消或削弱,因此定位精度将大大提高,双频接收机可以根据两个频率的观测量抵消大气中电离层误差的主要部分,在精度要求高、接收机间距离较远时(大气有明显差别),应选用双频接收机。

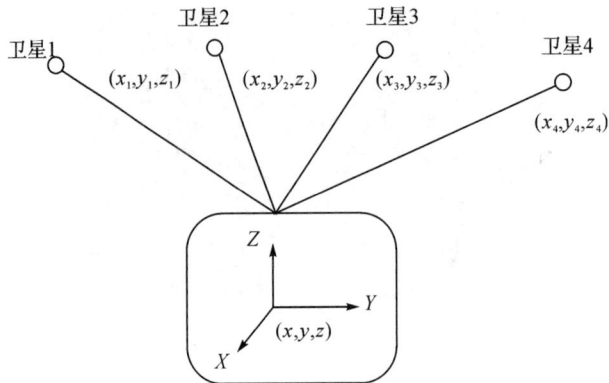

图 5-7　GPS 定位原理

GPS 定位的基本原理是根据高速运动的卫星瞬间位置作为已知的起算数据,采用空间距离后方交会的方法,确定待测点的位置。如图 5-7 所示,假设 t 时刻在地面待测点上安置 GPS 接收机,可以测定 GPS 信号到达接收机的时间 Δt,再加上接收机所接收到的卫星星历等其他数据可以确定以下四个方程式。

$$[(x_1-x)^2+(y_1-y)^2+(z_1-z)^2]^{1/2}+c(vt_1-vt_2)=d_1$$
$$[(x_2-x)^2+(y_2-y)^2+(z_2-z)^2]^{1/2}+c(vt_1-vt_2)=d_2$$
$$[(x_3-x)^2+(y_3-y)^2+(z_3-z)^2]^{1/2}+c(vt_1-vt_2)=d_3$$
$$[(x_4-x)^2+(y_4-y)^2+(z_4-z)^2]^{1/2}+c(vt_1-vt_2)=d_4$$

（四）定位精度

28 颗卫星(其中 4 颗备用)早已升空,分布在 6 条交点互隔 60° 的轨道面上,距离地面约 20000km,已经实现单机导航精度约为 10m 的标准。综合定位的话,精度可达厘米级和毫米级。但民用领域开放的精度约为 10m。

（五）GPS 设置

GPS 拿到手,如果是新机器先要定位。另外,还有做一些设置,常用的有坐标系、地图基准、参考方位、公制/英制、数据接口格式等。

坐标系:常用的是 LAT/LON 和 UTM。LAT/LON 就是经纬度表示,UTM 在这里不用设置。

地图基准:一般用 WGS84。

参考方位:实际上有两个北,磁北和真北。指南针指的北就是磁北,北斗星指的北就是真北。两者在不同地区相差的角度不一样,地图上的北是真北。

公制/英制:自选。

数据接口格式:GPS 可以输出实时定位数据给其他的设备使用,这就牵扯到了数据交换协议。几乎所有的 GPS 接收机都遵循美国国家海洋电子协会(National Marine Electronics Association)所指定的标准规格,这一标准制定了所有航海电子仪器间的通信标准,其中包含传输资料的格式及传输资料的通信协议。NMEA 协议有 0180、0182 和 0183 三种,0183 可以认为是前两种的超集,现在正被广泛地使用。

经纬度的表示:一般从 GPS 得到的数据是经纬度。经纬度有多种表示方法。

①ddd.ddddd。度.度的十进制小数部分(5位)。

②ddd.mm.mmm。度.分.分的十进制小数部分(3位)。

③ddd.mm.ss。度.分.秒的十进制小数部分(2位)。

不是所有的GPS都有这几种显示,如GPS315只能选择第二种和第三种。

在LAT/LON坐标系里,纬度是平均分配的,从南极到北极一共180个纬度。地球直径12756km,周长就是12756×PI,一个纬度是12756×PI/360=111.133km(不精确)。

经度就不是这样,只有在纬度为零的时候,就是在赤道上,一个经度之间的距离是111.319km,经线随着纬度的增加,距离越来越近,最后交汇于南北极。所以经度的单位距离与确定经度所在的纬度是密切相关的,简单的公式是:

$$经度1°长度=111.413\cos\varphi$$

在纬度 φ 处公式不精确。

（六）组成部分

1.空间部分

GPS的空间部分是由24颗卫星组成(21颗工作卫星,3颗备用卫星),它位于距地表20200km的上空,运行周期为12h。卫星均匀分布在6个轨道面上(每个轨道面4颗),轨道倾角为55°。卫星的分布使得在全球任何地方、任何时间都可观测到4颗以上的卫星,并能在卫星中预存导航信息,GPS的卫星因为大气摩擦等问题,随着时间的推移,导航精度会逐渐降低。

2.地面控制系统

地面控制系统由监测站(Monitor Station)、主控制站(Master Monitor Station)、地面天线(Ground Antenna)所组成,主控制站位于美国科罗拉多州春田市(Colorado Springfield)。地面控制站负责收集由卫星传回的信息,并计算卫星星历、相对距离、大气校正等数据。

3.用户设备部分

用户设备部分即GPS信号接收机。其主要功能是能够捕获到按一定卫星截止角所选择的待测卫星,并跟踪这些卫星的运行。当接收机捕获到跟踪的卫星信号后,就可测量出接收天线至卫星的伪距离和距离的变化率,解调出卫星轨道参数等数据。根据这些数据,接收机中的微处理计算机就可按定位解算方法进行定位计算,计算出用户所在地理位置的经纬度、高度、速度、时间等信息。接收机硬件和机内软件及GPS数据的后处理软件包构成完整的GPS用户设备。GPS接收机的结构分为天线单元和接收单元两部分。接收机一般采用机内和机外两种直流电源。设置机内电源的目的在于更换外电源时不中断连续观测。在用机外电源时机内电池自动充电。关机后机内电池为RAM存储器供电,以防止数据丢失。各种类型的接收机体积越来越小,重量越来越轻,便于野外观测使用。其次则为使用者接收器,现有单频和双频两种,但由于价格因素,一般使用者所购买的多为单频接收器。

（七）主要模块

GPS模块系统采用第三代高线式GPS模块接受SiRF StarⅢGPS模块SiRF的灵活性。该芯片是小于10m的定位精度,能够同时追踪20个卫星信道。其内部有可充电电池,可以保持星历数据,快速定位。对于数据的输出电平的串行数据格式,其通信速度波特率为4800。该模块采用MMCX GPS天线接口,为6线连接器,数据线接口电缆输出,使用简单,一般情况下只需要使用三个输出线,第一连接 3.5～5.5V 的直流供电,第五脚是电源,脚的第二行是 GPS 测量输出的是 TTL 电平信号,串行端口,高大于 2.4V,低小于 400mV,输出驱动器的启动,直接与单片机的接口。如果只使用默认设置,单片机读取数据只能从模块输出。

（八）计划实施

1.第一阶段——方案论证和初步设计阶段

从 1978 年到 1979 年,由位于美国加利福尼亚州的范登堡空军基地采用双子座火箭发射 4 颗试验卫星,卫星运行轨道长半轴为 26560km,倾角为 64°,轨道高度为 20000km。这一阶段主要研制了地面接收机及建立地面跟踪网,结果令人满意。

2.第二阶段——全面研制和试验阶段

从 1979 年到 1984 年,又陆续发射了 7 颗称为"BLOCK Ⅰ"的试验卫星,研制了各种用途的接收机。实验表明,GPS 定位精度远远超过设计标准,利用粗码定位,其精度就可达 14m。

3.第三阶段——实用组网阶段

1989 年 2 月 4 日第一颗 GPS 工作卫星发射成功,这一阶段的卫星称为"BLOCK Ⅱ"和"BLOCK ⅡA"。此阶段宣告 GPS 系统进入工程建设状态。1993 年年底实用的 GPS 网即 (21+3)GPS 星座已经建成,将根据计划更换失效的卫星。

（九）GPS 前景

由于 GPS 技术所具有的全天候、高精度和自动测量的特点,作为先进的测量手段和新的生产力,已经融入了国民经济建设、国防建设和社会发展的各个应用领域。

随着冷战结束和全球经济的蓬勃发展,美国政府宣布从 2000 年至 2006 年,在保证美国国家安全不受威胁的前提下,取消 SA 政策,GPS 民用信号精度在全球范围内得到改善,利用 C/A 码进行单点定位的精度由 100m 提高到 10m,这将进一步推动 GPS 技术的应用,提高生产力、作业效率、科学水平及人们的生活质量,刺激 GPS 市场的增长。当时据有关专家预测,在美国,单单是汽车 GPS 导航系统,2000 年后的市场将达到 30 亿美元,而在中国,汽车导航的市场也将达到 50 亿元人民币。因此,他们断言,GPS 技术市场的应用前景非常可观。

随着 2000 年 10 月 31 日第一颗北斗导航卫星成功发射,我国开始逐步建立北斗卫星定位系统。截至 2013 年,北斗在军用及民用领域均已开展应用,对 GPS 形成了一定程度的冲击。如在军用领域,北斗二代军用终端已达到厘米级的定位精度;而在更广泛的民用领域,三星已推出支持北斗卫星定位功能的手机,凯立德已推出支持北斗的车载导航仪,根据《国家卫星导航产业中长期发展规划》,到 2020 年,我国卫星导航系统产值将超过 4000 亿元,国内以往由 GPS 垄断市场的局面就此改变。

（十）GPS 特点

1.全球全天候定位

GPS 卫星的数目较多,且分布均匀,保证了地球上任何地方、任何时间至少可以同时观测到 4 颗 GPS 卫星,确保实现全球全天候连续的导航定位服务（除雷电天气不宜观测外）。

2.定位精度高

应用实践已经证明,GPS 相对定位精度在 50km 以内可达 10～6m,100～500km 可达 10

～7m,1000km 可达 10～9m。在 300～1500m 工程精密定位中,1h 以上观测时其平面位置误差小于 1mm,与 ME-5000 电磁波测距仪测定的边长比较,其边长较差最大为 0.5mm,校差中误差为 0.3mm。

实时单点定位(用于导航):P 码 1～2m;C/A 码 5～10m。

静态相对定位:50km 之内误差为 $(0～10)mm+(1～2\mu m×D)$;50km 以上可达 0.1～0.01μm。

实时伪距差分(RTD):精度达分米级。

实时相位差分(RTK):精度达 1～2cm。

3.观测时间短

随着 GPS 系统的不断完善,软件的不断更新,20km 以内相对静态定位,仅需 15～20min;快速静态相对定位测量时,当每个流动站与基准站相距在 15km 以内时,流动站观测时间只需 1～2min;采取实时动态定位模式时,每站观测仅需几秒钟。

因而使用 GPS 技术建立控制网,可以大大提高作业效率。

4.测站间无须通视

GPS 测量只要求测站上空开阔,不要求测站之间互相通视,因而不再需要建造觇标。这一优点既可大大减少测量工作的经费和时间(一般造标费用约占总经费的 30%～50%),同时也使选点工作变得非常灵活,也可省去经典测量中的传算点、过渡点的测量工作。

5.仪器操作简便

随着 GPS 接收机的不断改进,GPS 测量的自动化程度越来越高,有的已趋于"傻瓜化"。在观测中测量员只需安置仪器,连接电缆线,量取天线高,监视仪器的工作状态,而其他观测工作,如卫星的捕获,跟踪观测和记录等均由仪器自动完成。结束测量时,仅需关闭电源,收好接收机,便完成了野外数据采集任务。

如果在一个测站上需作长时间的连续观测,还可以通过数据通信方式,将所采集的数据传送到数据处理中心,实现全自动化的数据采集与处理。另外,接收机体积也越来越小,相应的重量也越来越轻,极大地减轻了测量工作者的劳动强度。

6.可提供全球统一的三维地心坐标

GPS 测量可同时精确测定测站平面位置和大地高程。GPS 水准可满足四等水准测量的精度,另外,GPS 定位是在全球统一的 WGS-84 坐标系统中计算,因此全球不同地点的测量成果是相互关联的。

(十一)GPS 的分类

1.按接收机的用途分类

(1)导航型接收机。此类型接收机主要用于运动载体的导航,它可以实时给出载体的位置和速度。这类接收机一般采用 C/A 码伪距测量,单点实时定位精度较低,一般为±10m,有 SA 影响时为±100m。这类接收机价格便宜,应用广泛。根据应用领域的不同,此类接收机还可以进一步分为:

车载型——用于车辆导航定位。

航海型——用于船舶导航定位。

航空型——用于飞机导航定位。由于飞机运行速度快,因此,在航空上用的接收机要求能适应高速运动。

星载型——用于卫星的导航定位。由于卫星的速度高达 7km/s 以上,因此对接收机的要求更高。

(2)测地型接收机。测地型接收机主要用于精密大地测量和精密工程测量。这类仪器主要采用载波相位观测值进行相对定位,定位精度高。仪器结构复杂,价格较贵。

(3)授时型接收机。这类接收机主要利用 GPS 卫星提供的高精度时间标准进行授时,常用于天文台及无线电通信中时间同步。

2.按接收机的载波频率分类

(1)单频接收机。单频接收机只能接收 L1 载波信号,测定载波相位观测值进行定位。由于不能有效消除电离层延迟影响,单频接收机只适用于短基线(<15km)的精密定位。

(2)双频接收机。双频接收机可以同时接收 L1、L2 载波信号。利用双频对电离层延迟的不一样,可以消除电离层对电磁波信号的延迟的影响,因此双频接收机可用于长达几千公里的精密定位。

3.按接收机通道数分类

GPS 接收机能同时接收多颗 GPS 卫星的信号,为了分离接收到的不同卫星的信号,以实现对卫星信号的跟踪、处理和量测,具有这样功能的器件称为天线信号通道。根据接收机所具有的通道种类可分为:

(1)多通道接收机。

(2)序贯通道接收机。

(3)多路多用通道接收机。

4.按接收机工作原理分类

(1)码相关型接收机。码相关型接收机是利用码相关技术得到伪距观测值。

(2)平方型接收机。平方型接收机是利用载波信号的平方技术去掉调制信号,来恢复完整的载波信号,通过相位计测定接收机内产生的载波信号与接收到的载波信号之间的相位差,测定伪距观测值。

(3)混合型接收机。这种仪器是综合上述两种接收机的优点,既可以得到码相位伪距,也可以得到载波相位观测值。

(4)干涉型接收机。这种接收机是将 GPS 卫星作为射电源,采用干涉测量方法,测定两个测站间距离。

经过 20 余年的实践证明,GPS 系统是一个高精度、全天候和全球性的无线电导航、定位和定时的多功能系统。GPS 技术已经发展成为多领域、多模式、多用途、多机型的国际性高新技术产业。

(十二)类似车载 GPS

类似车载 GPS 终端的还有定位手机、个人定位器等。GPS 卫星定位由于要通过第三方定位服务,所以要交纳不等的月/年服务费。

所有的 GPS 定位终端,都没有导航功能。因为需要再增加硬件和软件,成本会提高。

我们在电视里看到的车载 GPS 广告,和上述的车载 GPS 完全是两回事。它是一种 GPS 导航产品,当需要导航时,首先定位,也就是导航的起点,但是它不能把定位信息传送到第三方和持有人那里,因为导航仪中缺少对外通信。比如你把导航仪放在车里,你朋友把车借开走了,导航仪可以继续使用,继续定位,但是不能发信息给你,你就无法查找车辆位置。学术上的定位只能获取自己的位置。广告中的定位其实是定位追踪,这个需要在完成学术上的定位前提下,通过通信手段把位置告知你。

可能你会说我买的是导航手机该行了吧,但你想想,如果你把导航手机放在车上,车被盗了,手机或第三方会自动给你打电话发短信吗? 它是需要人来操作的。所以说导航终端都没有定位功能。

导航终端可以导航路线,让你在陌生的地方不迷路,划出路线让你到达目的地,告诉你自己当前的位置和周边的设施等。

中国在 GPS 应用上取得了很大的市场,其中有很多公司是做导航的,但是也有在 GPS 行业做定位管理的。

各种 GPS/GIS/GSM/GPRS 车辆监控系统软件、GSM 和 GPRS 移动智能车载终端、系统的二次开发车辆监控系统整体搭建方案,系统广泛应用于公安、医疗、消防、交通、物流等领域。该方案基于 NXP 的 PNX1090 Nexperia 移动多媒体处理器硬件和由 NXP 与合作伙伴 ALK Technologies 联合开发的软件。NXP 声称,该方案提供了设计师搭建一个带导航能力的低成本、多媒体功能丰富的便携式媒体播放器所需的一切,这些多媒体功能包括:MP3 播放、标准和高清晰度视频播放和录制、FM 收音、图像存储和游戏。NXP 以其运行于 PNX0190 上的 swGPS Personal 软件来实现 GPS 计算,从而取代了一个 GPS 基带处理器,进而降低了材料清单(BOM)成本并支持现场升级。

跟随 GPS 的一系列关联的应用都涉及数学和算法、GIS 系统、地图投影、坐标系转换等。

由于卫星运行轨道、卫星时钟存在误差,大气对流层、电离层对信号的影响,以及人为的 SA 保护政策,使得民用 GPS 的定位精度只有 100m。为提高定位精度,普遍采用差分 GPS (DGPS)技术,建立基准站(差分台)进行 GPS 观测,利用已知的基准站精确坐标,与观测值进行比较,从而得出一修正数,并对外发布。接收机收到该修正数后,与自身的观测值进行比较,消去大部分误差,得到一个比较准确的位置。实验表明,利用差分 GPS(DGPS),定位精度可提高到 5m。

(十四)四大定位系统

(1)美国全球定位系统(GPS)。由 24 颗卫星组成,分布在 6 条交点互隔 60°的轨道面上,精度约为 10m,军民两用,正在试验第二代卫星系统。

(2)俄罗斯"格洛纳斯"系统。由 24 颗卫星组成,精度在 10m 左右,军民两用。

(3)欧洲"伽利略"系统。由 30 颗卫星组成,定位误差不超过 1m,主要为民用。2005 年首颗试验卫星已成功发射。

(4)中国"北斗"系统。由 5 颗静止轨道卫星和 30 颗非静止轨道卫星组成。"北斗一号"精确度在 10m 之内,而"北斗二号"可以精确到"厘米"之内。计划 2008 年左右覆盖中国及周边地区,然后逐步扩展为全球卫星导航系统。2012 年 10 月 25 日 23 时 33 分,我国在西昌卫星发射中心用"长征三号丙"火箭,成功将第 16 颗北斗导航卫星送入预定轨道。这是我国二代北斗导航工程的最后一颗卫星,这是长征系列运载火箭的第 170 次发射。至此,我国北斗导航工程区域组网顺利完成。

（十五）时钟装置

时钟装置的 GPS 的英文全称是 Global Positioning Satellite，是 DCS 系统的时钟装置，提供 DCS 系统工作站和 DPU 的时钟同步。同时扩展接口为电气设备提供 GPS 时间同步。

（十六）GPS 控制网的设计

建立城市或其他局部性 GPS 控制网是一项重要的基础性工作，技术设计则是建立 GPS 网的第一步，是保证 GPS 网能够满足经济建设需要，保证 GPS 成果质量可靠的关键性工作。

随着 GPS 在测量中应用的普及，对 GPS 应用的研究有了更广泛的扩展。而 GPS 网无论是在布网方面，还是在平差模型方面，都与经典网有许多不同之处。由此，经典网的优化设计不再完全适用于 GPS 网的优化设计。

1. 标准

全球定位系统（GPS）测量规范（GB/T 18314—2009）。

2. 范围

本标准规定利用全球定位系统（GPS）按静态、快速静态定位原理，建立测量控制网（简称 GPS 控制网）的原则、等级划分和作业方法。

本标准适用于国家和局部 GPS 控制网的设计、布测和数据处理。

3. 引用标准

下列标准所包含的条文，通过在本标准中引用而构成为本标准的条文。本标准出版时，所示版本均为有效。所有标准都会被修订，适用本标准的各方应探讨使用下列标准最新版本的可能性。

国家一、二等水准测量规范（GB 12897—2006）。

国家三、四等水准测量规范（GB 12898—2009）。

国家三角测量规范（GB/T 17942—2000）。

测绘产品检查验收规定（CH 1002—1995。）

测绘产品质量评定标准（CH 1003—1995）。

测绘技术设计规定（CH/T 1004—2005）。

全球定位系统（GPS）测量型接收机检定规程（CH 8016—1995）。

（十七）实际运用

1. 道路工程中的应用

GPS 在道路工程中，主要是用于建立各种道路工程控制网及测定航测外控点等。随着高等级公路的迅速发展，对勘测技术提出了更高的要求，由于线路长，已知点少，因此，用常规测量手段不仅布网困难，而且难以满足高精度的要求。中国已逐步采用 GPS 技术建立线路首级高精度控制网，然后用常规方法布设导线加密。实践证明，在几十公里范围内的点位误差只有 2cm 左右，达到了常规方法难以实现的精度，同时也大大提前了工期。GPS 技术也同样应用于特大桥梁的控制测量中。由于无须通视，可构成较强的网形，提高点位精度，同时对检测常规测量的支点也非常有效。GPS 技术在隧道测量中也具有广泛的应用前景，GPS 测量无须通视，减少了常规方法的中间环节，因此，速度快、精度高，具有明显的经济效益和社会效益。

2.其他应用

GPS除了用于导航、定位、测量外,由于GPS系统的空间卫星上载有的精确时钟,可以发布时间和频率信息,因此,以空间卫星上的精确时钟为基础,在地面监测站的监控下,传送精确时间和频率是GPS的另一重要应用,应用该功能可进行精确时间或频率的控制,可为许多工程实验服务。此外,据国外资料显示,还可利用GPS获得气象数据,为某些实验和工程应用。

时间服务是指以GPS的时间为基准,为领域内的设备提供时间服务,是时间服务器基准时间的重要来源。

全球卫星定位系统GPS是开发的最具有开创意义的高新技术之一,其全球性、全能性、全天候性的导航定位、定时、测速优势必然会在诸多领域中得到越来越广泛的应用。在发达国家,GPS技术已经开始应用于交通运输和交通工程。GPS技术在中国道路工程和交通管理中的应用还刚刚起步,随着我国经济的发展,高等级公路的快速修建和GPS技术的应用研究的逐步深入,其在道路工程中的应用也会更加广泛和深入,并发挥更大的作用。

（十八）差分GPS定位原理

根据差分GPS基准站发送的信息方式可将差分GPS定位分为三类,即位置差分、伪距差分和相位差分。这三类差分方式的工作原理是相同的,即都是由基准站发送改正数,由用户站接收并对其测量结果进行改正,以获得精确的定位结果。所不同的是,发送改正数的具体内容不一样,其差分定位精度也不同。

1.位置差分原理

这是一种最简单的差分方法,任何一种GPS接收机均可改装和组成这种差分系统。

安装在基准站上的GPS接收机观测4颗卫星后便可进行三维定位,只需解算出基准站的坐标。由于存在着轨道误差、时钟误差、SA影响、大气影响、多径效应以及其他误差,解算出的坐标与基准站的已知坐标是不一样的,存在误差。基准站利用数据链将此改正数发送出去,由用户站接收,并且对其解算的用户站坐标进行改正。

最后得到的改正后的用户坐标已消去了基准站和用户站的共同误差,例如卫星轨道误差、SA影响、大气影响等,提高了定位精度。以上先决条件是基准站和用户站观测同一组卫星的情况。位置差分法适用于用户与基准站间距离在100km以内的情况。

2.伪距差分原理

伪距差分是目前用途最广的一种技术。几乎所有的商用差分GPS接收机均采用这种技术。国际海事无线电委员会推荐的RTCM SC-104也采用了这种技术。

在基准站上的接收机要求它至可见卫星的距离,并将此计算出的距离与含有误差的测量值加以比较。利用一个α-β滤波器将此差值滤波并求出其偏差。然后将所有卫星的测距误差传输给用户,用户利用此测距误差来改正测量的伪距。最后,用户利用改正后的伪距来解出本身的位置,就可消去公共误差,提高定位精度。

与位置差分相似,伪距差分能将两站公共误差抵消,但随着用户到基准站距离的增加又出现了系统误差,这种误差用任何差分法都是不能消除的。用户和基准站之间的距离对精度有决定性影响。

3.载波相位差分原理

测地型接收机利用 GPS 卫星载波相位进行的静态基线测量获得了很高的精度（10^{-6}～10^{-8}）。但为了可靠地求解出相位模糊度，要求静止观测一两个小时或更长时间。这样就限制了在工程作业中的应用。于是探求快速测量的方法应运而生。例如，采用整周模糊度快速逼近技术（FARA）使基线观测时间缩短到 5min，采用准动态（Stop and Go），往返重复设站（Re-Occupation）和动态（Kinematic）来提高 GPS 作业效率。这些技术的应用对推动精密 GPS 测量起了促进作用。但是，上述这些作业方式都是事后进行数据处理，不能实时提交成果和实时评定成果质量，很难避免出现事后检查不合格造成的返工现象。

差分 GPS 的出现，能实时给定载体的位置，精度为米级，满足了引航、水下测量等工程的要求。位置差分、伪距差分、伪距差分相位平滑等技术已成功地用于各种作业中。随之而来的是更加精密的测量技术——载波相位差分技术。

载波相位差分技术又称为 RTK（Real Time Kinematic）技术，是建立在实时处理两个测站的载波相位基础上的。它能实时提供观测点的三维坐标，并达到厘米级的高精度。

与伪距差分原理相同，由基准站通过数据链实时将其载波观测量及站坐标信息一同传送给用户站。用户站接收 GPS 卫星的载波相位与来自基准站的载波相位，并组成相位差分观测值进行实时处理，能实时给出厘米级的定位结果。

实现载波相位差分 GPS 的方法分为两类：修正法和差分法。前者与伪距差分相同，基准站将载波相位修正量发送给用户站，以改正其载波相位，然后求解坐标。后者将基准站采集的载波相位发送给用户台进行求差解算坐标。前者为准 RTK 技术，后者为真正的 RTK 技术（图 5-8）。

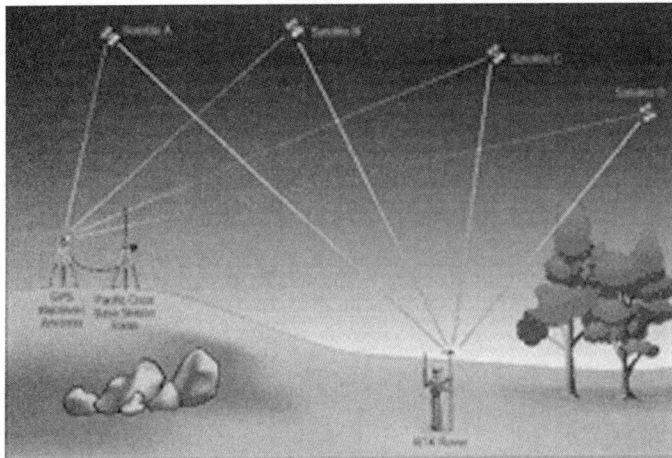

图 5-8　RTK 技术示意

二、GPS 网设计

（一）GPS 测量精度分类及标准

1.GPS 测量精度分类

对于各类 GPS 网的精度设计主要取决于网的用途。用于地壳形变及国家基本大地测量的 GPS 控制网可按表 5-9 分级。用于城市或工程的 GPS 控制网可按表 5-10 分级。

表 5-5　GPS 测量精度分级(一)

级　　别	主要用途	固定误差 a/mm	比例误差 b/mm
A	地壳形变测量或国家高精度 GPS 网建立	≤5	≤0.1
B	国家基本控制测量	≤8	≤1

表 5-6　GPS 测量精度分级(二)

等　　级	平均距离/km	a/mm	b/mm	最弱边相对中误差
二	9	≤10	≤2	1/120000
三	5	≤10	≤5	1/80000
四	2	≤10	≤10	1/45000
一级	1	≤10	≤10	1/20000
二级	1	≤15	≤20	1/10000

2. GPS 测量的精度标准

GPS 测量的精度标准通常用网中相邻点之间的距离中误差表示,其形式为

$$\sigma = \sqrt{a^3 + (bd)^2} \qquad (5-1)$$

式中:σ 为距离中误差,mm;a 为固定误差,mm;b 为比例误差系数,μm;d 为相邻点之间的距离,km。

实际生产中,应根据测区大小、GPS 网的用途,来设计网的等级和精度标准。

(二) GPS 点的密度标准

制定 GPS 网的密度标准,主要考虑任务要求和服务对象。密度可参照表 5-7 的规定执行。

表 5-7　GPS 网中相邻点间距离　　　　　　单位:km

项目	级别				
	A	B	C	D	E
相邻点最小距	100	15	5	2	1
相邻点最大距	2000	250	40	15	10
相邻点平均距	300	70	10~15	5~10	2~5

(三) GPS 网的基准设计

1. 基准设计的定义

在 GPS 网的技术设计中,必须明确 GPS 网的成果所采用的坐标系统和起算数据的工作,称为 GPS 网的基准设计。GPS 网的基准包括位置基准、方位基准和尺度基准。

2. 基准设计应考虑的几个问题

(1)应在地面坐标系中选定起算数据和联测原有地方控制点若干个,用以转换坐标。

(2)对 GPS 网内重合的高等级国家点或原城市等级控制点,除未知点连接图形观测外,对它们也要适当地构成长边图形。

(3)联测的高程点需均匀分布于网中,对丘陵或山区联测高程点应按高程拟合曲面的要求进行布设。

(4)新建 GPS 网的坐标应尽可能与测区过去采用的坐标一致。

(四)GPS 网构成的几个基本概念及网特征条件

1.GPS 网图形构成的几个基本概念

(1)观测时段。测站上开始接收卫星信号到观测停止,连续工作的时间段,简称时段。

(2)同步观测。两台或两台以上接收机同时对同一组卫星进行的观测。

(3)同步观测环。3 台或 3 台以上接收机同步观测获得的基线向量所构成的闭合环,简称同步环。

(4)独立观测环。由独立观测所获得的基线向量构成的闭合环,简称独立环。

(5)异步观测环。在构成多边形环路的所有基线向量中,只要有非同步观测基线向量,则该多边形环路叫异步观测环,简称异步环。

(6)独立基线。对于 N 台 GPS 接收机的同步观测环,有 J 条同步观测基线,其中独立基线数为 $N-1$。

(7)非独立基线:除独立基线外的其他基线叫非独立基线,总基线数与独立基线之差即为非独立基线数。

2.GPS 网特征条件的计算

观测时段数:

$$C=n \cdot m/N \tag{5-2}$$

式中:n 为网点数;m 为每点设站数;N 为接收机数。

总基线数:

$$J_{总}=C \cdot N \cdot \frac{N-1}{2} \tag{5-3}$$

必要基线数:

$$J_{必}=n-1 \tag{5-4}$$

独立基线数:

$$J_{独}=C \cdot (N-1) \tag{5-5}$$

多余基线数:

$$J_{多}=C \cdot (N-1)-(n-1) \tag{5-6}$$

3.GPS 网同步图形构成及独立边的选择

根据(5-3)式,由 N 台 GPS 接收机构成的同步图形中,一个时段包含的 GPS 基线数为

$$J=N \cdot (N-1)/2 \tag{5-7}$$

但其中仅有 $N-1$ 条是独立的 GPS 边,其余为非独立边。当接收机数 $N=2 \sim 5$ 时所构成的同步图形见图 5-9。

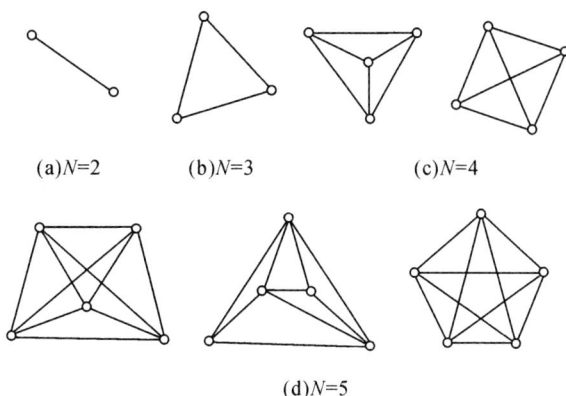

(a)N=2　　　(b)N=3　　　(c)N=4

(d)N=5

图 5-9　N 台接收机同步观测所构成的同步图形

对应于图 5-9 的独立 GPS 边可以有如图 5-10 所示的不同选择。

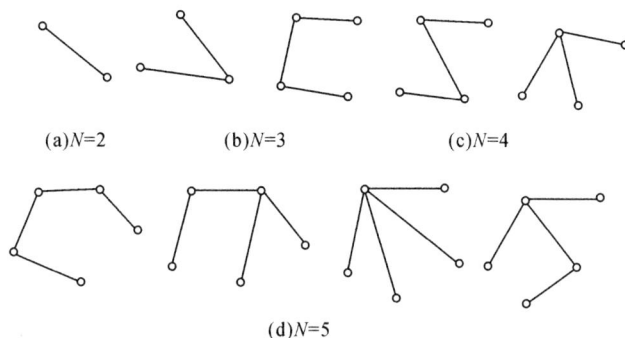

(a)N=2　　　(b)N=3　　　(c)N=4

(d)N=5

图 5-10　GPS 独立边的不同选择

当同步观测的 GPS 接收机数 $N \geqslant 3$ 时,同步闭合环的最少数应为

$$T = J - (N-1) = (N-1)(N-2)/2 \tag{5-8}$$

N 与 J、T 的关系见表 5-8。

表 5-8　N 与 J、T 的关系

N	2	3	4	5	6
J	1	3	6	10	15
T	0	1	3	6	10

（五）GPS 网的图形设计

1.GPS 网的图形设计

根据对所布设的 GPS 网的精度要求和其他方面的要求,设计出独立的 GPS 边构成的多边形网,称为 GPS 网的图形设计。

2.GPS 网的图形

(1)点连式。如图 5-11 所示,相邻同步图形之间仅有一个公共点的连接。

(2)边连式。同步图形之间由一条公共基线连接。

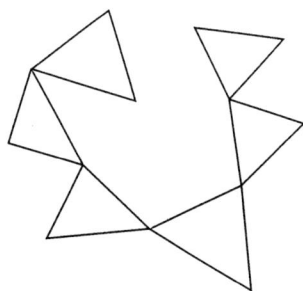

图 5-11　点连式图形

(3)网连式。指相邻同步图形之间有两个以上公共点相连接。

(4)边点混合连接。如图 5-12 所示,把点连式与边连式有机地结合起来,组成 GPS 网的方式。

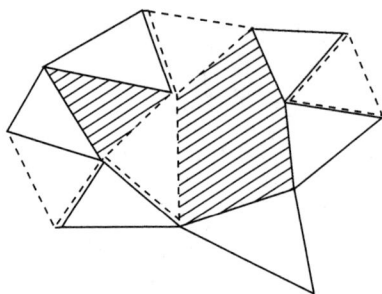

图 5-12　边点混合连接图形

(5)三角锁连接。如图 5-13 所示,用点连式或边连式组成三角锁同步图形。

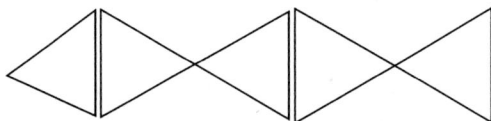

图 5-13　三角锁连接图形

(6)导线网式连接。如图 5-14 所示。

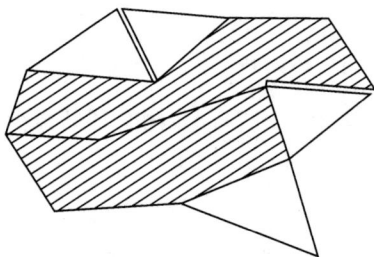

图 5-14　导线网式连接图形

三、GPS 测量的准备工作

(一)测区踏勘

测区踏勘主要是了解下列情况:

①交通情况。

②水系分布情况。

③植被情况。

④控制点分布情况。

⑤居民点分布情况。

⑥当地风俗民情。

（二）资料收集

①各类图件。

②各类控制点成果。

③测区有关的地质、气象、交通、通信等方面的资料。

④城市及乡、村行政区划表。

⑤设备、器材筹备及人员组织。

（三）设备、器材筹备及人员组织

①筹备仪器、计算机及配套设备。

②筹备机动设备及通信设备。

③筹备施工器材，计划油料、材料的消耗。

④组建施工队伍，拟订施工人员名单及岗位。

⑤进行详细的投资预算。

（四）拟定外业观测计划

(1)拟订观测计划的主要依据：

①GPS 网的规模大小。

②GPS 卫星星座几何图形强度。

③参加作业的接收机数量。

④交通、通信及后勤保障。

(2)观测计划的主要内容：

①编制 GPS 卫星的可见性预报图。

②选择卫星的几何图形强度。

③选择最佳观测时段。

④观测区域的设计与划分。

⑤编排作业调度表，见表 5-9。

表 5-9　GPS 作业调度表

时段编号	观测时间	观测者		观测者		观测者	
		机号		机号		机号	
		点名	备注	点名	备注	点名	备注
		点号		点号		点号	

（3）采用规定格式 GPS 测量外业观测通知单（见表 5-10）进行调度。

表 5-10　GPS 测量外业观测通知单

观测日期　　　　年　　　月　　　日
组别：　　　　　　　　操作员：
点位所在图幅：
测站编号/名：
观测时段：1：　　　　　　　2：
3：　　　　　　　4：
5：　　　　　　　6：
安排人：　　　　　　　　　　　　　　　　年　　　月　　　日

（五）设计 GPS 网与地面网的联测方案

GPS 网与地面网的联测，可根据测区地形变化和地面控制点的分布而定，一般在 GPS 网中至少要重合观测三个以上的地面控制点作为约束点。

（六）GPS 接收机选型及检验

1.接收机的选用

接收机的选用可参考表 5-11。

表 5-11　接收机的选用

项目	等级				
	二	三	四	五	六
单频/双频	单频/双频	单频/双频	单频/双频	单频/双频	单频/双频
标称精度	≤10mm $+2\mu$m$\times D$	≤10mm $+3\mu$m$\times D$	≤10mm $+3\mu$m$\times D$	≤10mm $+3\mu$m$\times D$	≤10mm $+3\mu$m$\times D$
观测量	载波相位	载波相位	载波相位	载波相位	载波相位
同步观测接收机数	≥2	≥2	≥2	≥2	≥2

2.接收机的检验

接收机全面检验的内容，包括一般性检视、通电检验和实测检验。

（1）一般检验。主要检查接收机设备各部件及其附件是否齐全、完好，紧固部分是否松动与脱落，使用手册及资料是否齐全等。

（2）通电检验。接收机通电后有关信号灯、按键、显示系统和仪表的工作情况，以及自测试系统的工作情况，当自测正常后，按操作步骤检验仪器的工作情况。

（3）实测检验。测试检验是 GPS 接收机检验的主要内容。其检验方法有：用标准基线检验，已知坐标、边长检验，零基线检验，相位中心偏移量检验，等等。

①用零基线检验接收机内部噪声水平。

基线测试方法如下：

- 选择周围高度角 10°以上无障碍物的地方安放天线,连接天线、功分器和接收机。
- 连接电源,两台 GPS 接收机同步接收四颗以上卫星 1～1.5h。
- 交换功分器与接收机接口,再观察一个时段。
- 用随机软件计算基线坐标增量和基线长度。基线误差应少于1mm。否则应送厂检修或降低级别使用。

②天线相位中心稳定性检验。

- 该项检验可在标准基线、比较基线或 GPS 检测场上进行。
- 检测时可以将 GPS 接收机带天线两两配对,置于基线的两端点。
- 按上述方法在与该基线垂直的基线中(不具备此条件,可将一个接收机天线固定指北,其他接收机天线绕轴顺时针转动 90°、180°、270°)进行同样观察。
- 观测结束,用随机软件解算各时段三维坐标。

③GPS 接收机不同测程精度指标的测试。

该项测试应在标准检定场进行。检定场应含有短边和中长边。基线精度应达到 $1×10^{-5}$。检验时天线应严格整平对中,对中误差小于±1mm。天线指向正北,天线高量至1mm。测试结果与基线长度比较,应优于仪器标称精度。

④仪器的高、低温试验。对于有特殊要求时需对 GPS 接收机进行高、低温测试。

⑤对于双频 GPS 接收机应通过野外测试,检查在美国执行 SA 技术时其定位精度。

⑥用于天线基座的光学对点器在作业中应经常检验,确保对中的准确性,其检校参照控制测量中光学对点器核校方法。

（七）技术设计书编写

资料收集全后,编写技术设计,主要编写内容如下。

1.任务来源及工作量

它包括 GPS 项目的来源,下达任务的项目、用途及意义;GPS 测量点的数量(包括新定点数、约束点数、水准点数、检查点数);GPS 点的精度指标及坐标、高程系统。

2.测区概况

测区隶属的行政管辖;测区范围的地理坐标、控制面积;测区的交通状况和人文地理;测区的地形及气候状况;测区控制点的分布及对控制点分析、利用和评价。

3.布网方案

GPS 网点的图形及基本连接方法,GPS 网结构特征的测算,点位布设图的绘制。

4.选点与埋标

GPS 点位的基本要求,点位标志的选用及埋设方法,点位的编号等。

5.观测

对观测工作的基本要求,观测纲要的制定,对数据采集提出注意的问题。

6.数据处理

数据处理的基本方法及使用的软件;起算点坐标的决定方法,闭合差检验及点位精度的评定指标。

7.完成任务的措施

要求措施具体,方法可靠,能在实际工作中贯彻执行。

四、GPS 测量的外业实施

GPS 测量的外业实施包括 GPS 点的选埋、观测、数据传输及数据预处理等工作。

(一) 选点

选点工作应遵守以下原则:

(1)点位应设在易于安装接收设备、视野开阔的较高点上。

(2)点位目标要显著,视场周围 15°以上不应有障碍物,以减少 GPS 信号被遮挡或障碍物吸收。

(3)点位应远离功率无线电发射源(如电视机、微波炉等),其距离不少于 200m;远离高压输电线,其距离不少于 50m。以避免电磁场对 GPS 信号的干扰。

(4)点位附近不应有大面积水域或有强烈干扰卫星信号接收的物体,以减弱多路径效应的影响。

(5)点位应选在交通方便,有利于其他观测手段扩展与联测的地方。

(6)地面基础要稳定,易于点的保存。

(7)选点人员应按技术设计进行踏勘,在实地按要求选定点位。

(8)网形应有利于同步观测边、点连接。

(9)当所选点位需要进行水准联测时,选点人员应实地踏勘水准路线,提出有关建议。

(10)当利用旧点时,应对旧点的稳定性、完好性,以及觇标是否安全可用作一检查,符合要求方可利用。

(二) 标志埋设

GPS 网点一般应埋设具有中心标志的标石,以精确标志点位,点的标石和标志必须稳定、坚固以利长久保存和利用。在基岩露头地区,也可以直接在基岩上嵌入金属标志。

每个点标石埋设结束后,应填写点之记并提交以下资料:

(1)点之记。

(2)GPS 网的选取点网图。

(3)土地占用批准文件与测量标志委托保管书。

(4)选点与埋石工作技术总结。

日期：_____年_____月_____日　记录者：_____　绘图者：_____　校对者：_____

点名及等级	点名		土质			
	点号					
	等级		标石说明			
	通视点列表				旧点名	
			概略位置 (L,B)	纬度		
				经度		
	所在地					
	交通路线					

选点情况			点位略图
单位			
选点员		日期	
联测水准情况			
联测水准等级			
点位说明			

（三）观测工作

1. 观测工作依据的主要技术指标

见表 5-12。

表 5-12　各级 GPS 测量作业的基本技术要求

项 目	等级方法	二	三	四	一级	二级
卫星高度角/°	相对　快速	≥15	≥15	≥15	≥15	≥15
有效观测卫星数	相对　快速	≥4	≥4≥5	≥4≥5	≥4≥5	≥4≥5
观测时段数	相对	≥2	≥2	≥2	≥2	≥1
重复设点数	快速		≥2	≥2	≥2	≥2
时段长度/′	相对　快速	≥90	≥60≥20	≥45≥15	≥45≥15	≥45≥15
数据采样间隔/″	相对　快速	10～60	10～60	10～60	10～60	10、60
PDOP	相对　快速	<6	<6	<8	<8	<8

2. 天线安置

(1)正常点位。天线应架设在三脚架上,并安置在标志中心的上方直接对中,天线基座上的圆水准气泡必须整平。

(2)特殊点位。当天线需要安置在三角点觇标的观测台或回光台上时应先将觇顶拆除,防止对 GPS 信号的遮挡。天线的定向标志应指向正北,并顾及当地磁偏角的影响,以减弱相位中心偏差的影响。天线定向误差依定位精度不同而异,一般不应超过±3°～±5°。

(3)刮风天气安置天线时,应将天线进行三向固定,以防倒地碰坏。雷雨天气安置时,应该注意将其底盘接地,以防雷击天线。

(4)架设天线不宜过低,一般应距地 1m 以上。天线架设好后,在圆盘天线间隔 120°的三个方向分别量取天线高,三次测量结果之差不应超过 3mm,取其三次结果的平均值记入测量手簿中,天线高记录取值 0.001m。

(5)测量气象参数。在高精度 GPS 测量中,要求测定气象元素。每时段气象观测应不少于 3 次(时段开始、中间、结束)。气压读至 10Pa,气温读至 0.1℃,对一般城市及工程测量只记录天气状况。

(6)复查点名并记入测量手簿中,将天线电缆与仪器进行连接,经检查无误后,方能通电启动仪器。

3. 开机观测

观测作业的主要目的是捕获 GPS 卫星信号,并对其进行跟踪、处理和量测,以获得所需要的定位信息和观测数据。

天线安置完成后,在离开天线适当位置的地面上安放 GPS 接收机,接通接收机与电源、天线、控制器的连接电缆,并经过预热和静置,即可启动接收机进行观测。

通常来说,在外业观测工作中,仪器操作人员应注意以下事项。

(1)当确认外接电源电缆及天线等各项连接完全无误后,方可接通电源,启动接收机。

(2)开机后接收机有关指示显示正常并通过自测后,方能输入有关测站和时段控制信息。

(3)接收机在开始记录数据后,应注意查看有关观测卫星数量、卫星号、相位测量残差、实时定位结果及其变化、存储介质记录等情况。

(4)一个时段观测过程中,不允许进行以下操作:关闭又重新启动,进行自测试(发现故障除外),改变卫星高度角,改变天线位置,改变数据采样间隔,按动关闭文件和删除文件等功能键。

(5)每一观测时段中,气象元素一般应在始、中、末各观测记录一次,当时段较长时可适当增加观测次数。

(6)在观测过程中要特别注意供电情况,除在出测前认真检查电池容量是否充足外,作业中观测人员不要远离接收机,听到仪器的低电报警要及时予以处理,否则可能会造成仪器内部数据的破坏或丢失。对观测时段较长的观测工作,建议尽量采用太阳能电池或汽车瓶进行供电。

(7)仪器高一定要按规定始、末各测一次,并及时输入及记入测量手簿之中。

(8)接收机在观测过程中不要靠近接收机使用对讲机;雷雨季节架设天线要防止雷击,雷雨过境时应关机停测,并卸下天线。

(9)观测站的全部预定作业项目,经检查均已按规定完成,且记录与资料完整无误后方可迁站。

(10)观测过程中要随时查看仪器内存或硬盘容量,每日观测结束后,应及时将数据转存至计算机硬、软盘上,确保观测数据不丢失。

4. 观测记录

(1)观测记录。

观测记录由 GPS 接收机自动进行,均记录在存储介质(如硬盘、硬卡或记忆卡等)上,其主要内容有:

①载波相位观测值及相应的观测历元。

②同一历元的测码伪距观测值。

③GPS 卫星星历及卫星钟差参数。

④实时绝对定位结果。

⑤测站控制信息及接收机工作状态信息。

(2)测量手簿。

测量手簿是在接收机启动前及观测过程中,由观测者随时填写的。其记录格式在现行规范和规程中略有差别,视具体工作内容选择。为便于使用,这里列出规程中城市与工程 GPS 网观测记录格式(见表 5-13)供参考。

表 5-13 GPS 测量手簿

点 号		点 名		网 名	
观测号		记录号		观测日期	
接收设备		天气情况		测站近似位置	
接收机名称及编号		天 气		纬 度	
天线类型及编号		风 力		经 度	
存储介质编号或数据文件名		风 力		高 程	
天线高 m	测 前		观测时间	年月日	站时段号	
	测 后			开 始	日时段号	
	平均值			结 束	观测记事	
气象元素	温度计类型及编号					
	气压计类型及编号					
	观测时间					
	气压/Pa					
	干温/°					
	湿温/°					

表 5-13 中,备注栏应记载观测过程中发生的重要问题,问题出现的时间及其处理方式等。

观测记录和测量手簿都是 GPS 精密定位的依据,必须认真、及时填写,坚决杜绝事后补记或追记。

外业观测中存储介质上的数据文件应及时拷贝一式两份,分别保存在专人保管的防水、防静电的资料箱内。存储介质的外面适当处应贴制标签,注明文件名、网区名、点名、时段名、采集日期、测量手簿编号等。

接收机内存数据文件在转录到外存介质上时,不得进行任何剔除或删改,不得调用任何对数据实施重新加工组合的操作指令。

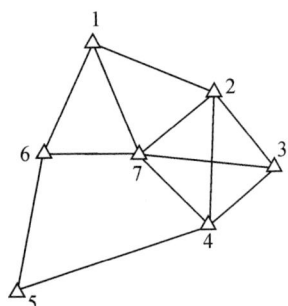

图 5-15　经典静态定位模式

(四)观测模式

1.经典静态定位模式

(1)作业方式。采用两台(或两台以上)接收设备,分别安置在一条或数条基线的两个端点,同步观测 4 颗以上卫星,每时段长 45min 至 2h 或更多。作业布置如图 5-15 所示。

(2)精度。基线的相对定位精度可达 $5mm+1\mu m\times D$,D 为基线长度(km)。

(3)适用范围。建立全球性或国家级大地控制网,建立地壳运动监测网,建立长距离检校基线,进行岛屿与大陆联测,钻井定位及精密工程控制网建立等。

注意事项:所有已观测基线应组成一系列封闭图形(如图 5-15 所示),以利于外业检核,提高成果可靠度。并且可以通过平差,有助于进一步提高定位精度。

2.快速静态定位

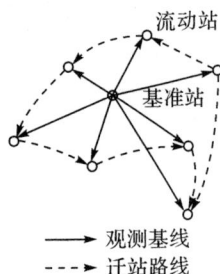

图 5-16　快速静态定位

(1)作业方法。在测区中部选择一个基准站,并安置一台接收设备连续跟踪所有可见卫星;另一台接收机依次到各点流动设站,每点观测数分钟。作业布置如图 5-16 所示。

(2)精度。流动站相对于基准站的基线中误差为 $5mm\pm1\mu m\times D$。

(3)应用范围。控制网的建立及其加密、工程测量、地籍测量、大批相距百米左右的点位定位。

注意事项:在测量时段内应确保有 5 颗以上卫星可供观测;流动点与基准点相距应不超过 20km;流动站上的接收机在转移时,不必保持对所测卫星连续跟踪,可关闭电源以降低能耗。

(4)优、缺点。

作业速度快、精度高、能耗低。不足之处是两台接收机工作时,构不成闭合图形(如图 5-16 所示),可靠性差。

3.准动态定位

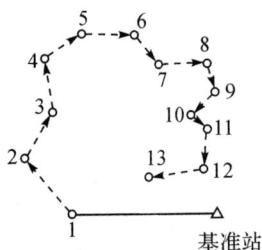

图 5-17　准动态定位

(1)作业方法。在测区选择一个基准点,安置接收机连续跟踪所有可见卫星;将另一台流动接收机先置于 1 号站(如图 5-17 所示)观测;在保持对所测卫星连续跟踪而不失锁的情况下,将流动接收机分别在 2、3、4…各点观测数秒钟。

(2)精度。基线的中误差约为 1～2cm。

(3)应用范围。开阔地区的加密控制测量、工程测量、碎部测量及线路测量等。

注意事项:应确保在观测时段上有 5 颗以上卫星可供观测;流动点与基准点距离不超过 20km;观测过程中流动接收机不能失锁,否则应在失锁的流动点上延长观测时间 1～2min。

4.往返式重复设站

(1)作业方法。建立一个基准点,安置接收机连续跟踪所有可见卫星;流动接收机依次到每点观测 1～2min;1h 后逆序返测各流动点 1～2min。

(2)精度。相对于基准点的基线中误差为 5mm+1μm×D。

(3)应用范围。控制测量及控制网加密、取代导线测量及三角测量、工程测量及地籍测量。

注意事项:流动点与基准点,距离不超过 15km;基准点上空开阔,能正常跟踪 3 颗及以上卫星。

5.动态定位

(1)作业方法。建立一个基准点,安置接收机连续跟踪所有可见卫星;流动接收机先在出发点上静态观测数分钟;然后流动接收机从出发点开始连续运动;按指定的时间间隔自动运动载体的实时位置。作业布置如图 5-18 所示。

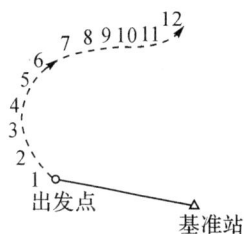

图 5-18 动态定位

(2)精度。相对于基准点的瞬时点位精度为 1～2cm。

(3)应用范围。精密测定运动目标的轨迹、测定道路的中心线、剖面测量、航道测量等。

注意事项:需同步观测 5 颗卫星,其中至少 4 颗卫星要连续跟踪;流动点与基准点距离不超过 20km。

(五)实时动态测量的作业模式与应用

1.实时动态(RTK)定位技术简介

实时动态(Real Time Kinematic,RTK)测量技术是以载波相位观测量为根据的实时差分 GPS(RTD GPS)测量技术,它是 GPS 测量技术发展中的一个新突破。

实时动态测量的基本思想是:在基线上安置一台 GPS 接收机,对所有可见 GPS 卫星进行连续地测量,并将其观测数据通过无线电传输设备实时地发送给用户观测站。在用户站上,GPS 接收机在接收 GPS 卫星信号的同时,通过无线电接收设备,接收基准站传输的观测数据,然后根据相对定位的原理,实时地计算并显示用户站的三维坐标及其精度。

2.RTK 作业模式与应用

根据用户的要求,目前实时动态测量采用的作业模式主要有:

(1)快速静态测量。采用这种测量模式,要求 GPS 接收机在每一用户站上,静止地进行观测。在观测过程中,连同接收到的基准站的同步观测数据,实时地解算整周末知数和用户站的三维坐标。如果解算结果的变化趋于稳定,且其精度已满足设计要求,便可适时的结束观测。

采用这种模式作业时,用户站的接收机在流动过程中,可以不必保持对 GPS 卫星的连续跟踪,其定位精度可达 1～2cm。这种方法可应用于城市、矿山等区域性的控制测量、工程测量和地籍测量等。

(2)准动态测量。同一般的准动测量一样,这种测量模式,通常要求流动的接收机在观测工作开始之前,首先在某一起始点上静止地进行观测,以便采用快速解算整周未知数的方法实时地进行初始化工作。初始化后,流动的接收机在每一观测站,只需静止观测数历元,并连同基准站的同步观测数据,实时地解算流动站的三维坐标。目前,其定位的精度可达厘米级。

该方法要求接收机在观测过程中,保持对所测卫星的连续跟踪。一旦发生失锁,便需重新进行初始化的工作。

准动态实时测量模式,通常主要应用于地籍测量、碎部测量、路线测量和工程放样等。

(3)动态测量。动态测量模式,一般需首先在某一起始点上静止地观测数分钟,以便进行初始化工作。之后,运动的接收机按预定的采样时间间隔自动地进行观测,并连同基准站的同步观测数据,实时地确定采样点的空间位置。目前,其定位的精度可达厘米级。

这种测量模式,仍要求在观测过程中,保持对观测卫星的连续跟踪。一旦发生失锁,则需重新进行初始化的工作。这时,对陆地上的运动目标来说,可以在卫星失锁的观测点上,静止地观测数分钟,以便重新初始化,或者利用动态初始化(AROF)技术,重新初始化,而对海上和空中的运动目标来说,则只有应用 AROP 技术,重新完成初始化的工作。

实时动态测量模式,主要应用于航空摄影测量和航空物探中采样点的实时定位、航空测量、道路中线测量,以及运动目标的精度导航等。

(六)数据预处理

1.数据处理软件及选择

GPS 网数据处理分基线解算和网平差两个阶段。各阶段数据处理软件可采用随机软件或经正式鉴定的软件,对于高精度的 GPS 网成果处理也可选用国际著名的 GAMIT/GLOBK、BERNESE、GIPSY、GFZ 等软件。

2.基线解算

对于两台及以上接收机同步观测值进行独立基线向量(坐标差)的平差计算叫基线解算。它的基本内容是:

(1)数据传输。

(2)数据分流。

(3)统一数据文件格式。

(4)卫星轨道的标准化。

(5)探测周跳、修复载波相位观测值。

(6)对观测值进行必要改正。

3.注意问题

基线向量的解算一般采用多站、多时段自动处理的方法进行,具体处理中应注意以下几个问题:

(1)基线解算一般采用双差相位观测值,基线大于 30km,可采用三差相位观测值。

(2)卫星广播星历坐标值,可作基线解的起算数据。

(3)基线解算中所需的起算点坐标,应按以下优先顺序采用:国家 GPS A、B 级网控制点或其他高等级 GPS 网控制点的已有 WGS-84 系坐标。国家或城市较高等级控制点转换到

WGS-84 系后的坐标系。不少于观测 30min 的单点定位结果的平差值提供的 WGS-84 系坐标。

(4)在采用多台接收机同步观测的一个同步时段中,可采用单基线模式解算。

(5)同一级别的 GPS 网,根据基线长度不同,可采用不同的数据处理模型。

(6)对于所有同步观测时间短于 30min 的快速定位基线,必须采用合格的双差固定解作为基线解算的最终结果。

（七）观测成果的外业检核

1.每个时段同步观测数据的检核

(1)数据剔除率应小于 10%。

(2)采用单基线处理模式时,对于采用同一种数学模型的基线解,其同步时段同步环的坐标分量相对闭合差和全长相对闭合差不得超过表 5-14 所列限差。

表 5-14　同步坐标分量及环线全长相对闭合差限差(μm)

限差类型	等　级				
	二	三	四	五	六
坐标分量相对闭合差	2.0	3.0	6.0	9.0	9.0
环线全长相对闭合差	3.0	5.0	10.0	15.0	15.0

2.重复观测边的检核

对于重复观测边的任意两个时段的成果互差,均应小于相应等级规定精度的值。

3.同步观测环检核

一般规定,三边同步环中第三边处理结果与前两边的代数和之差应小于下列数值：

$$\omega_x \leq \frac{\sqrt{3}}{5}\sigma \quad \omega_y \leq \frac{\sqrt{3}}{5}\sigma \quad \omega_z \leq \frac{\sqrt{3}}{5}\sigma$$

$$\omega = (\omega_x^2 + \omega_y^2 + \omega_z^2)^{1/2} \leq \frac{3}{5}\sigma \tag{5-9}$$

对于四站以上的多边同步环,所有的分量闭合差不应大于 $\frac{\sqrt{n}}{5}\sigma$。

而环闭合差

$$\omega = (\omega_x^2 + \omega_y^2 + \omega_z^2)^{1/2} \leq \frac{\sqrt{3n}}{5}\sigma \tag{5-10}$$

4.异步观测环检核

各独立环的坐标分量闭合差及全长相对闭合差应符合下式：

$$\left.\begin{array}{l} \omega_x \leq 2\sqrt{n}\sigma \\ \omega_y \leq 2\sqrt{n}\sigma \\ \omega_z \leq 2\sqrt{n}\sigma \\ \omega \leq 2\sqrt{3n}\sigma \end{array}\right\} \tag{5-11}$$

（八）野外返工

对经过检核超限的基线在充分分析的基础上,进行野外返工观测。

（九）GPS 网平差处理

在各项质量检核符合要求后，以所有独立基线组成闭合图形，以三维基线向量及其相应方差阵作为观测信息，以一个点的 WGS-84 系三维坐标作为起算数据，进行 GPS 网的无约束平差。再在无约束平差确定的有效观测量的基础上，在国家坐标系或城市独立坐标系下进行三维约束平差或二维约束平差。

无约束平差中，基线向量的改正数绝对值应满足下式：

$$\left.\begin{aligned} V_{\Delta x} &\leqslant 3\sigma \\ V_{\Delta y} &\leqslant 3\sigma \\ V_{\Delta z} &\leqslant 3\sigma \end{aligned}\right\} \tag{5-12}$$

约束平差中，基线向量的改正属于剔除粗差后的无约束平差结果的同名基线相应改正数的较差应符合下式要求：

$$\left.\begin{aligned} dV_{\Delta x} &\leqslant 2\sigma \\ dV_{\Delta y} &\leqslant 2\sigma \\ dV_{\Delta z} &\leqslant 2\sigma \end{aligned}\right\} \tag{5-13}$$

（十）技术总结

GPS 测量工作结束后，需按要求编写技术总结报告，其内容为：

(1)测区范围与位置，自然地理条件，气候特点，交通及电信、电源等情况。

(2)任务来源，测区已有测量情况，项目名称，施测目的和基本精度要求。

(3)施测单位，施测起讫时间，技术依据，作业人员情况。

(4)接收设备类型与数量及检验情况。

(5)选点所遇障碍物和环境影响的评价，埋石与重合点情况。

(6)观测方法要点与补测、重测情况。

(7)野外数据检核，起算数据情况和数据预处理内容、方法及软件情况。

(8)工作量、工作日及定额计算。

(9)方案实施与规范执行情况。

(10)上交成果存在问题和需说明的其他问题。

(11)各种附表与附图。

（十一）上交资料

GPS 测量任务完成后，应上交下列资料：

(1)测量任务书与专业设计书。

(2)点之记、环视图和测量标志委托保管书。

(3)卫星可见性预报表和观测计划。

(4)外业观测记录、测量手簿及其他记录。

(5)接收设备、气象及其他仪器的检验资料。

(6)外业观测数据质量分析及野外检核计算资料。

(7)数据加工处理中生成的文件、资料和成果表。

(8)GPS 网展点图。

(9)技术总结和成果验收报告。

实训任务二　GPS-RTK 的认识和使用

知识实训

一、实训的目的和意义

(1)了解 GPS-RTK 的主要构造和主要功能。

(2)掌握 GPS-RTK 各部件名称及使用方法。

二、实训的仪器和工具

GPS-RTK 基准站和流动站各 1 台、三脚架 1 个、流动站手簿等。

三、实训的任务和要求

(1)实训时数 2 学时。每个实训小组由 4～5 人组成,每个人轮流作业。

(2)每个实训小组完成 GPS-RTK 的初步认识和各项基本设置。

四、实训的方法和步骤

1.认识主机

2.主机设置

(1)设置界面。

(2)基准站设置。

(3)基准站模块设置。

(4)移动站模块设置。

模块六　小区域控制测量

能力目标

1. 能够根据工程概况依据工程测量规范编制控制测量报告书。
2. 完成校园内 1∶500 数字化测图控制测量任务。
3. 编写测量报告，上交控制点坐标。

知识目标

1. 了解控制测量的基本方法。
2. 完成校园数字化测图控制测量的准备工作。
3. 完成对校园控制点的外业测量与内业平差计算工作。

背景资料

1. 某公司通过招投标中标浙江省绍兴市越城区某地块 5 平方千米的地形图测量任务。
2. 本工程测量资质要求为乙级，地形图比例要求为 1∶500。
3. 注意事项：

（1）注意测量控制点的密度一定要按照国家等级要求，控制点的精度也要参照工程测量规范要求检验。

（2）注意控制点的保护工作。

工作任务

根据工程测量规范要求，完成本地区的小区域控制测量的外业及内业工作。

任务说明

测量任务是工程建设的基础工作。

项目一 控制测量

问题提出

一个施工单位打算在一块荒地上新建一个小区,请你设想应该经过哪些程序?

提示与分析

新建小区肯定要通过有关单位的规划和设计,设想他们是如何进行规划和设计的? 他们进行规划设计的依据又是什么?

知识链接

一、控制测量概述

在测区内,按测量任务所要求的精度,测定一系列控制点的平面位置和高程,建立起测量控制网,作为各种测量的基础,这种测量工作称为控制测量。

控制网具有控制全局、限制测量误差累积的作用,是各项测量工作的依据。对于地形测图,等级控制是扩展图根控制的基础,以保证所测地形图能互相拼接成为一个整体。对于工程测量,常需布设专用控制网,作为施工放样和变形观测的依据。

(一) 控制测量的任务

控制测量是研究精确测定地面控制点空间位置的技术。它是在大地测量学基本理论的基础上,以工程控制测量为主要服务对象而发展和形成的。其主要任务是:在一定的区域范围内通过建立水平控制网和高程控制网,精确地测定控制点的位置,即平面坐标(x, y)和高程H。

控制测量的服务对象主要是各种工程建设、城镇建设和土地规划与管理等。这就决定了它的测量范围比大地测量要小(通常测区面积在$2000 \mathrm{km}^2$以下),并且在监测手段和数据处理方法上还具有多样化的特点。

工程建设工作在进行控制测量的过程中,大体上可分为设计、施工和运营三个阶段。每个阶段控制测量的具体任务如下:

(1)在设计阶段,建立用于测绘大比例尺地形图的测图控制网。这一阶段,设计人员要在大比例尺地形图上进行建筑物的设计或区域规划,以求得设计所依据的各项数据。因此,控制测量的任务是布设作为图根控制依据的测图控制网,以保证地形图的精度和各幅地形图准确拼接。

(2)在施工阶段,建立施工控制网。这一阶段,控制测量的主要任务是将图纸上设计的建筑物放样到实地上去,以便指导施工的进行。对于不同的工程来说,控制测量的具体任务也不同。例如,隧道控制测量的主要任务是保证对向开挖的隧道能够按照规定的精度贯通;建筑控制测量的主要任务是使各建筑物按照设计的位置修建。在施工放样过程中,放样所需的方向、距离都是依据控制网计算出来的,因而在施工放样之前,需要建立具有必要精度的施工控制网。

(3)在工程竣工后的运营阶段,建立以监视变形为目的的变形监测专用控制网。例如,超高层建筑和大型水库等工程,由于在工程施工阶段改变了地面的原有状态,加之建筑物本身的重量将会引起地基及其周围地层的不均匀变化。此外,建筑物本身及其基础,也会由于地基的变化而产生变形,这种变形,如果超过了某一限度,就会影响建筑物的正常使用,严重的还会危及建筑物的安全。在一些大城市(如北京、上海、广州),由于地下水的过量开采,也会引起市区大范围的地面沉降,从而造成危害。因此,在工程竣工后的运营阶段,需对这种有怀疑的建筑物或区域进行变形监测,为此需布设变形监测控制网。由于这种变形的数值一般都很小,为了能够准确测出它们,要求变形监测控制网具有较高的精度。

(二)控制测量的作用

由上所述,控制测量在工程建设的各个不同的阶段的基本任务是建立控制网,以精确确定控制点的位置。可见,控制网是控制测量的具体体现,其主要作用有以下几点:

(1)控制网是进行各项测量工作的基础。对勘察设计阶段建立的控制网而言,基本控制网是扩展图根控制和进行测图的基础;对施工控制网而言,基本控制网是各种工程建筑施工放样的基础。

(2)控制网具有控制全局的作用。对勘察设计阶段建立的控制网而言,控制网具有控制全局,保证所测的各幅地形图具有一定的精度,且能够互相拼接成为一个整体的作用;对施工控制网而言,控制网具有控制全局,保证各建筑物轴线之间的相关位置具有必要的精度,以满足设计与施工要求的作用。

(3)控制网具有限制测量误差传递和积累的作用。建立控制网时所采用的分级布网、逐级控制的原则,就是从技术上考虑了控制网具有限制测量误差传递和积累的作用。

由于工程建设的规划设计阶段、施工阶段及运营阶段均需要使用控制网,可见控制测量对于工程建设的重要性。

(三)控制测量的基本内容

一项控制测量工程分为三个阶段,即设计阶段、施测阶段和使用阶段。各个阶段的基本内容如下:

(1)在控制网的设计阶段,主要是进行控制网的可行性论证,估算控制网的技术经济指标,撰写技术设计报告等。

(2)在控制网的施测阶段,主要是根据技术设计报告进行控制网的布测,即踏勘选点、埋石、观测及数据处理等。

(3)在控制网的使用阶段,主要是针对控制网的成果进行有效管理,以便能够迅速、准确地为各项工程建设提供有用的资料,此外还包括对控制网的维护和补测等。

应该说明的是,以上三个阶段划分界限并不是十分明确的。例如:在施测阶段,有可能发现技术设计不符合实际情况,因而需要局部的修改设计,这实际上又重新进行了设计与施测;同样,在控制网的使用阶段,由于包含了控制网的维护与补测,因而部分地重复上述三个阶段的工作也时有发生。

知识实训

1.明白控制测量的任务及作用。
2.学习控制测量的三个阶段。

二、平面控制测量

问题提出

地面点的位置是由什么来确定的? 平面位置是如何确定的? 如何迅速地让别人知道你的精确位置?

提示与分析

军事演习或者战争中,我方导弹是如何准确命中敌方的? 依据是什么?

知识链接

在测量工作中,为了限制测量误差的传播,满足测图或者施工的需要,必须遵循"从整体到局部,先控制后碎部,由高级到低级"的原则,即在测区内先进行控制测量,然后进行测绘和放样。在测区范围内选定一些对整体具有控制作用的点,称为控制点,组成一定的几何图形,称为控制网,用精密仪器和严密的方法精确测定各控制点位置的工作称为控制测量。控制测量分为平面控制测量和高程控制测量。

测定控制点平面坐标(x,y)所进行的测量工作称为平面控制测量。测定控制点高程(H)所进行的测量工作称为高程控制测量。

（一）平面控制网的分类

1.国家基本平面控制网

在全国范围内建立的平面控制网,称为国家基本平面控制网。它提供了全国性的、统一的空间定位基准,是全国各种比例尺测图和工程建设的基本控制,也为空间科学和军事应用提供精确的点位依据。

建立国家平面控制网的常规方法有卫星定位测量、三角测量和导线测量。三角测量是在地面上选定若干个控制点,相邻控制点连接起来构成连续的三角形,观测三角形的内角,精密测定一条或几条边的边长和方位角,根据起点坐标来推求各三角点的平面位置。以此建立起来的控制网称为三角网。测定每一个三角形的边长和起始方位角,再根据起始点坐标推求各点的平面位置的测量方法称为三边测量,以此建立的控制网称为三边网。将地面上一系列的点依相邻次序连成折线形式,以此测定各折线的长度、转折角,再根据起始数据推求各点平面位置的测量方法,称为导线测量,以此建立起来的控制网称为导线网。

国家平面控制网按精度分为一、二、三、四等。一、二等三角测量属于国家基本控制测量,三、四等三角测量属于加密控制测量。各等级三角网的主要技术指标见表6-1。

表6-1 全国三角网技术指标

等 级	平均边长/km	测角中误差/″	三角形最大闭合差/″	起始边相对中误差
一等	20～25	±0.7	±2.5	1/350000
二等	13	±1.0	±3.5	1/250000
三等	8	±1.8	±7.0	1/150000
四等	2～6	±2.5	±9.0	1/100000

2.城市平面控制网

在城市地区建立的平面控制网称为城市平面控制网。它属于区域控制网,是国家控制网的发展和延伸。它主要为城市大比例尺测图、城市规划、城市地籍管理、市政工程建设和城市管理提供基本控制点。城市平面控制网建立的方法有:三角测量、边角测量(测量三角形的各边长和内角)、导线测量、GPS定位测量。三角网、GPS网、边角网的精度等级依次为二、三、四等和一、二级;导线网的精度等级依次为三、四等和一、二、三级。各等级平面控制网的主要技术指标见表6-1～表6-5。

表6-2 精密导线技术指标

等 级	导线边长/km	测角中误差/″	导线节边数	边长测定相对中误差
一等	10～30	±0.7	＜7	1/250000
二等	10～30	±1.0	＜7	1/200000
三等	7～20	±1.8	＜20	1/150000
四等	4～15	±2.5	＜20	1/100000

表6-3 三角网主要技术指标

等 级	平均边长/km	测角中误差/″	起始边边长相对中误差	边长测定相对中误差
二等	9	≤±1.0	≤1/300000	≤1/120000
三等	5	≤±1.8	≤1/200000(首级) ≤1/120000(加密)	≤1/80000
四等	2	≤±2.5	≤1/120000(首级) ≤1/80000(加密)	≤1/45000
一级小三角	1	≤±5.0	≤1/40000	≤1/20000
二级小三角	0.5	≤±10.0	≤1/20000	≤1/10000

表 6-4 边角组合网边长和边长测量的主要技术指标

等级	平均边长/km	测距中误差/mm	测距相对中误差
二等	9	≤±30	≤1/300000
三等	5	≤±30	≤1/160000
四等	2	≤±16	≤1/120000
一级	1	≤±16	≤1/60000
二级	0.5	≤±16	≤1/30000

表 6-5 光电测距导线的主要技术指标

等级	闭合环及附和导线长度/km	平均边长/m	测距中误差 mm	测角中误差 ″	导线全长相对闭合差
三等	15	3000	≤±18	≤±1.5	≤60000
四等	10	1600	≤±18	≤±2.5	≤40000
一级	3.6	300	≤±15	≤±5	≤14000
二级	2.4	200	≤±15	≤±8	≤10000
三级	1.5	120	≤±15	≤±12	≤6000

3.工程平面控制网

为满足工程建设的需要而建立的平面测量控制网称为工程平面控制网。工程平面控制网分为测图平面控制网、施工平面控制网、变形监测网三类。

(1)测图平面控制网。同前述。

(2)施工平面控制网。在工程建设中,为工程建筑物施工放样而布设的平面控制网称为施工平面控制网。它分为场区平面控制网和建筑物平面控制网。场区平面控制网的坐标系统一般与工程设计所采用的坐标系一致。建立场区平面控制网的方法有建筑方格网、导线网、三角网、三边网等。建筑物平面控制网可布设成建筑基线或矩形网。

(3)变形监测网。为工程建筑物的变形监测而布设的测量控制网称为变形监测网。变形监测网包括为观测建筑物沉降而布设的高程控制网和为观测建筑物的水平位移所布设的平面控制网。水平位移是不同时期建筑物在水平面内的平面坐标或距离的变化。建立平面控制网的方法有导线网、前方交会网等。

4.图根平面控制网

直接为测图而建立的平面控制网称为图根平面控制网。组成图根控制网的控制点称为图根点。小测区建立图根控制网时,如测区内或测区外有国家控制点,应与国家控制点联测,将本测区纳入国家统一的坐标系。如测区附近无国家控制点,或联测有困难,可采用独立的坐标系。

建立平面控制网的方法有图根导线测量和图根三角锁测量。局部地区也可采用全站仪极坐标法和交会定点法加密图根点。图根控制点的密度应根据地形条件和测图比例尺的大小而定,一般平坦开阔的地区图根控制点的密度不宜小于表 6-6 中所列的指标。

表 6-6　图根控制点密度

测图比例尺	1：500	1：1000	1：2000	1：5000
图根点密度/(点/km²)	150	50	15	5
每幅图的控制点数	9	12	15	20

（二）平面控制测量常用方法

平面控制测量常用的方法有三角测量、三边测量、边角测量、导线测量、全球定位系统（GPS）等。随着科学技术的发展和现代化高新仪器设备的应用,三角测量这一传统定位技术将逐步被 GPS 定位技术所取代。本章主要介绍导线测量。

知识实训

1.平面控制测量的等级。
2.平面控制测量的技术指标。

三、高程控制测量

问题提出

大家都知道,地球是一个不规则的椭球体,科学家们想了很多办法让它变得有规律起来,我们是如何确定珠穆朗玛峰的高度的？

提示与分析

我们国家的大地水准面是如何得来的？

知识链接

国家高程控制测量主要采用水准测量方法进行。按照精度要求的不同,分为一、二、三、四等水准测量,其布设原则同样也是遵循"由高级到低级,逐级控制"的原则来布设的。另外用三角高程测量作为高程控制的补充。一、二等水准测量利用高精度水准仪和精密水准测量方法施测,其成果作为全国范围内的高程控制和进行科学研究之用。三、四等水准测量除用于国家高程控制网加密外,在小地区常用于建立首级高程控制网。

为城市建设及各种工程建设需要而建立的高程控制网分为二、三、四等水准测量及图根测量。

小区域高程控制测量包括三、四等水准测量,图根水准测量和三角高程测量。现分别介绍三、四等水准测量和三角高程测量。

（一）三、四等水准测量

1.三、四等水准测量的技术要求

三、四等水准测量，一般应与国家一、二等水准网联测，使整个测区具有统一的高程系统。若测区附近没有国家一、二等水准点，则在小区域范围内可假定起算点的高程，采用闭合水准路线的方法，建立独立的首级高程控制网。对于较小测区，图根控制可作为首级控制。三、四等水准测量及图根水准测量的精度要求列于表6-7。

表6-7　水准测量的主要技术要求

等级	路线长度 km	水准仪	水准尺	观测次数		往返较差、附合或环线闭合差	
				与已知点联测	附合或环线	平地/mm	山地/mm
三	≤50	DS1	因瓦	往返各一次	往一次	$\pm 12\sqrt{L}$	$\pm 4\sqrt{n}$
		DS3	双面		往返各一次		
四	≤16	DS3	双面	往返各一次	往一次	$\pm 20\sqrt{L}$	$\pm 6\sqrt{n}$
图根	≤5	DS3	单面	往返各一次	往一次	$\pm 40\sqrt{L}$	$\pm 12\sqrt{n}$

注：L 为路线长度，km；n 为测站数。

三、四等水准测量一般采用双面尺法观测，其在一个测站上的技术要求见表6-8。

表6-8　水准观测的主要技术要求

等级	水准仪的型号	视线长度 m	前、后视较差/m	前、后视累积差 m	视线离地面最低高度/m	黑红面读数较差/mm	黑红面高差较差/mm
三等	DS1	100	3	6	0.3	1.0	1.5
	DS3	75				2.0	3.0
四等	DS3	100	5	10	0.2	3.0	5.0
图根	DS3	150	大致相等	—	—	—	—

2.三、四等水准测量的观测程序和记录方法

三、四等水准测量的观测应在通视良好、成像清晰稳定的情况下进行。下面以一个测段为例，介绍三、四等水准测量双面尺法观测的程序，其记录与计算参见表6-9。

（1）测站观测程序。

①三等水准测量每测站照准标尺分划顺序为：

后视标尺黑面，精平，读取上、下、中丝读数，记为（1）、（2）、（3）。

前视标尺黑面，精平，读取上、下、中丝读数，记为（4）、（5）、（6）。

前视标尺红面，精平，读取中丝读数，记为（7）。

后视标尺红面，精平，读取中丝读数，记为（8）。

三等水准测量测站观测顺序简称为："后—前—前—后"（或黑—黑—红—红），其优点是可消除或减弱仪器和尺垫下沉误差的影响。

②四等水准测量每测站照准标尺顺序为：

后视标尺黑面，精平，读取上、下、中丝读数，记为（1）、（2）、（3）。

后视标尺红面,精平,读取中丝读数,记为(8)。

前视标尺黑面,精平,读取上、下、中丝读数,记为(4)、(5)、(6)。

前视标尺红面,精平,读取中丝读数,记为(7)。

四等水准测量测站观测顺序简称为:"后—后—前—前"(或黑—红—黑—红)。

(2)测站计算与校核。

①视距计算

后视距离:(9)＝[(1)－(2)]×100

前视距离:(10)＝[(4)－(5)]×100

前、后视距差:(11)＝(9)－(10)

前、后视距累积差:本站(12)＝本站(11)＋上站(12)

②同一水准尺黑、红面中丝读数校核

前尺:(13)＝(6)＋K－(7)

后尺:(14)＝(3)＋K－(8)

③高差计算及校核

黑面高差:(15)＝(3)－(6)

红面高差:(16)＝(8)－(7)

校核计算:红、黑面高差之差(17)＝(15)－[(16)±0.100]

或 (17)＝(14)－(13)

高差中数:(18)＝[(15)＋(16)±0.100]/2

在测站上,当后尺红面起点为4.687m,前尺红面起点为4.787时,取＋0.100;反之,取－0.100。

(3)每页计算校核

(1)高差部分。

每页上,后视红、黑面读数总和与前视红、黑面读数总和之差,应等于红、黑面高差之和,还应等于该页平均高差总和的两倍,即

对于测站数为偶数的页:

$$\sum[(3)+(8)]-\sum[(6)+(7)]=\sum[(15)+(16)]=2\sum(18)$$

对于测站数为奇数的页:

$$\sum[(3)+(8)]-\sum[(6)+(7)]=\sum[(15)+(16)]=2\sum(18)\pm0.100$$

(2)视距部分。

末站视距累积差值:末站(12)＝$\sum(9)-\sum(10)$

总视距＝$\sum(9)+\sum(10)$

3.成果计算与校核

在每个测站计算无误后,并且各项数值都在相应的限差范围之内时,根据每个测站的平均高差,利用已知点的高程,推算出各水准点的高程,其计算与高差闭合差的调整方法,前面已经讲述,这里不再重复,至此完成了三、四等水准测量的整个过程。

表 6-9　三、四等水准测量观测手簿

测站编号	测点编号	后尺 下丝 上丝 / 后距 / 视距差 d/m	尺 下丝 上丝 / 前距 / ∑d/m	方向及尺号	标尺读数 m 黑面	标尺读数 m 红面	K加黑减红 mm	高差中数 m	备注
		(1)	(4)	后	(3)	(8)	(14)		
		(2)	(5)	前	(6)	(7)	(13)	(18)	
		(9)	(10)	后－前	(15)	(16)	(17)		
		(11)	(12)						
1	BM1－Z1	1.691	1.137	后 01	1.523	6.309	+1		
		1.355	0.798	前 02	0.968	5.655	0	0.5545	
		33.6	33.9	后－前	+0.555	+0.654	+1		
		−0.3	−0.3						
2	Z1－Z2	1.937	2.113	后 02	1.676	6.364	−1		K01＝4.787
		1.415	1.589	前 01	1.851	6.637	+1	0.1740	K02＝4.687
		52.2	52.4	后－前	−0.175	−0.273	−2		
		−0.2	−0.5						
3	Z2－Z3	1.887	1.757	后 01	1.612	6.399	0		
		1.336	1.209	前 02	1.483	6.169	+1	0.1295	
		55.1	54.8	后－前	+0.129	+0.230	−1		
		+0.3	−0.2						
4	Z3－BM2	2.208	1.965	后 02	1.878	6.565	0		
		1.547	1.303	前 01	1.634	6.422	−1	0.2435	
		66.1	66.2	后－前	+0.244	+0.143	+1		
		−0.1	−0.3						

每页校核

$\sum(9)=207.0$

$-)\sum(10)=207.3$

$=-0.3$

$\sum[(3)+(8)]=32.326$

$-)\sum[(6)+(7)]=30.819$

$=+1.507$

$\sum[(15)+(16)]=+1.507$

$\sum(18)=+0.7535$

$2\sum(18)=+1.507$

总视距 $=\sum(9)+\sum(10)=414.3(m)$

（二）三角高程测量

三角高程测量是加密图根高程的一种方法,特别适用于山区或高层建筑物上,因为在这些地区,水准测量作高程控制,困难大且速度慢。三角高程测量分为光电测距三角高程测量和经纬仪三角高程测量两种。

1.三角高程测量的主要技术要求

三角高程测量的主要技术要求,是针对竖直角测量的技术要求,一般分为两个等级,即四、五等,其可作为测区的首级控制,具体布设要求如下:

(1)三角高程控制,宜在平面控制点的基础上布设成三角高程网或高程导线。

(2)四等应起讫于不低于三等水准的高程点上,五等应起讫于不低于四等的高程点上。其边长均不应超过1km,边数不应超过6条。当边长不到0.5km或单纯作高程控制时,边数可增加1倍。

电磁波测距三角高程测量的主要技术要求,应符合表6-10所列的规定。

表6-10 电磁波测距三角高程测量的主要技术要求

等级	仪器	测距边测回数	竖直角测回数		指标差较差 "	竖直角较差 "	对向观测高差较差/mm	附合或环线闭合差/mm
			三丝法	中丝法				
四	DJ2	往返各一次	—	3	$\leqslant 7$	$\leqslant 7$	$40\sqrt{D}$	$20\sqrt{\sum D}$
五	DJ2	往一次	1	2	$\leqslant 10$	$\leqslant 10$	$60\sqrt{D}$	$30\sqrt{\sum D}$
图根	DJ6	往一次	—	2	$\leqslant 25$	$\leqslant 25$	$80\sqrt{D}$	$40\sqrt{\sum D}$

注:D为电磁波测距边长度,km。

2.三角高程测量的原理

三角高程测量,是根据两点间的水平距离和竖直角计算两点的高差,然后求出所求点的高程。

如图6-1所示,在A点安置仪器,用望远镜中丝瞄准B点觇标的顶点,测得竖直角α,并量取仪器高i和觇标高v,若测出A、B两点间的水平距离D,则可求得A、B两点间的高差,即

$$h_{AB}=D\tan\alpha+i-v \tag{6-1}$$

B点高程为

$$H_B=H_A+D\tan\alpha+i-v \tag{6-2}$$

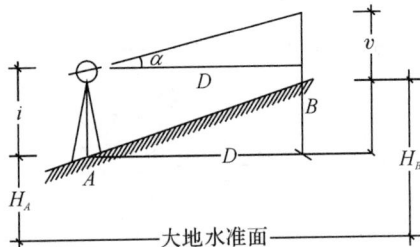

图6-1 三角高程测量示意

三角高程测量一般应采用对向观测法,如图6-1所示,即由A向B观测称为直觇,再由B向A观测称为反觇,直觇和反觇称为对向观测。采用对向观测的方法可以减弱地球曲率和大气折光的影响。当对向观测所求得的高差较差满足表6-10所列的要求时,则取对向观测的高差中数为最后结果,即

$$h_{中} = \frac{1}{2}(h_{AB} - h_{BA}) \tag{6-3}$$

式(6-3)适用于 A、B 两点距离较近(小于 300m)的三角高程测量,此时水准面可近似看成平面,视线视为直线。当距离超过 300m 时,就要考虑地球曲率及观测视线受大气折光的影响。

3. 三角高程测量的观测与计算

三角高程测量的观测与计算应按以下步骤进行:

(1)安置仪器于测站上,量出仪器高 i;觇标立于测点上,量出觇牌高 v。仪器和觇牌的高度应在观测前后各量测一次,并精确到毫米,取其平均值作为最终高度。

(2)用经纬仪或测距仪采用测回法观测竖直角 α,取其平均值为最后观测成果。

(3)采用对向观测,其方法同前两步。

(4)用式(6-1)和式(6-2)计算高差和高程。

三角高程路线,尽可能组成闭合测量路线或附合测量路线,并尽可能起闭于高一等级的水准点上。若闭合差 f_h 在表 6-10 所规定的容许范围内,则将 f_h 反符号按照与各边边长成正比例的关系分配到各段高差中,最后根据起始点的高程和改正后的高差,计算出各待求点的高程。

4. 三角高程误差来源

(1)竖直角测量误差。

竖直角测量的误差包括观测误差和仪器误差。观测误差有照准误差、读数误差及竖盘指标水准管气泡居中的误差等;仪器误差有竖盘偏心误差及竖盘分划误差等。

(2)距离测量误差。

距离是计算三角高程测量的一个变量,距离测量的误差影响到高差的精度。对于图根三角高程测量,距离测量精度一般要达到 1/2000 以上。采用电磁波测距仪测定距离具有较高的精度。

(3)仪器高和目标高误差。

用于测定地形控制点高程的三角高程测量,仪器高和目标高的量测仅要求到厘米级;用电磁波测距三角高程测量代替四等水准测量时,仪器高和目标高要求量测到毫米级。用钢尺认真量取仪器高和目标高,误差可控制在 3mm 以内。仪器高和目标高的量测误差对高程的影响是直接的,应注意控制仪器高和目标高的量测误差。

(4)地球曲率的影响和大气折光的影响。

地球曲率对高差的影响能够精确地计算并加以改正,而大气折光对高差的影响,随外界条件的不同,变化不定,大气折光对高差的影响与两点间水平距离的平方成正比,随着距离的增长,影响明显增大。当两者间的距离大于 300m 时,要对高差进行地球曲率和大气折光的影响的改正。

知识实训

1. 高程控制测量的方法。

2. 三角高程测量的计算。

项目二　图根导线测量

问题提出

什么是导线测量？

提示与分析

平面控制测量里，小范围的控制测量是以哪种方法进行的？

一、导线测量基础知识

（一）导线测量中的角度表示

方位角：直线的方位角是指从基准方向线的北端起顺时针旋转至某直线所夹的水平角。其角值范围是 $0°\sim360°$。

坐标方位角：从坐标纵轴的北端起顺时针旋转到某直线所成的水平角，称为该直线的坐标方位角，一般用 α 表示。

象限角：在测量工作中，有时也用象限角表示直线的方向。象限角是从基准方向线的南端或北端量至某直线所成的水平夹角，一般用 R 表示，其角值范围是 $0°\sim90°$。

因为同样角值的象限角，在四个象限中都能找到，所以用象限角定向时，不仅要表示出角度的大小，还要注明该直线所在的象限名称。象限角分别用北东、南东、北西、南西表示，如图 6-2 所示。

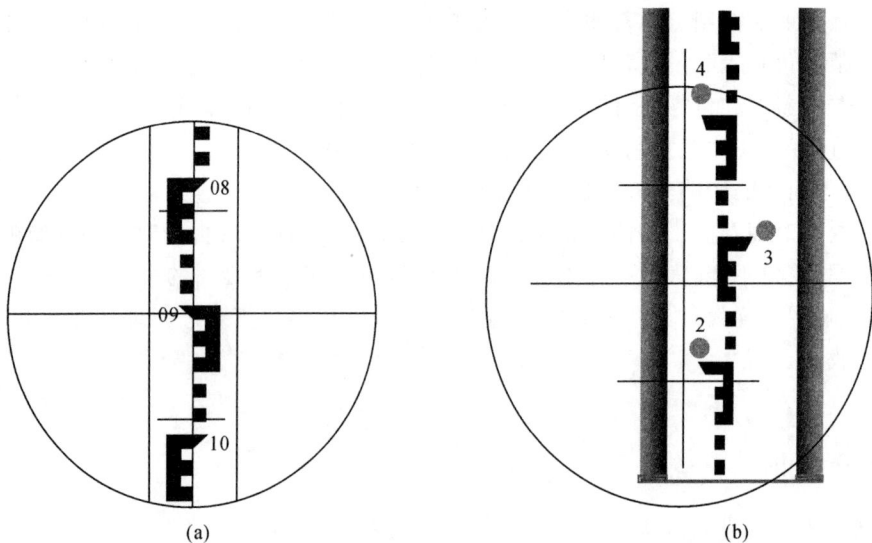

(a)　　　　　　　　　　　　　　(b)

图 6-2　象限角

由于象限角常在坐标计算中使用,故一般所说的象限角是指坐标象限角。

坐标方位角与象限角之间的关系如表 6-11 所示。

表 6-11　坐标方位角与象限角的关系

象限编号	名　称	坐标方位角范围	由坐标方位角求坐标象限角	由坐标象限角求坐标方位角
Ⅰ	北东(NE)	$0°\sim90°$	$R=\alpha$	$\alpha=R$
Ⅱ	南东(SE)	$90°\sim180°$	$R=180°-\alpha$	$\alpha=180°-R$
Ⅲ	南西(SW)	$180°\sim270°$	$R=\alpha-270°$	$\alpha=180°+R$
Ⅳ	北西(NW)	$270°\sim360°$	$R=360°-\alpha$	$\alpha=360°-R$

正、反坐标方位角:测量工作中,直线都是具有一定方向性的,一条直线存在正、反两个方向。通常以直线前进的方向为正方向。如图 6-3 所示。

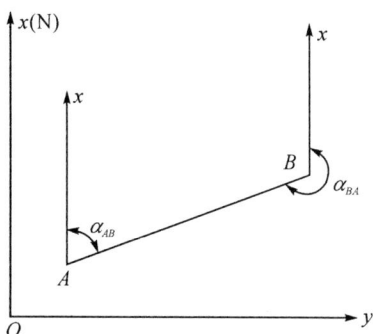

图 6-3　正、反坐标方位角

就直线 AB 而言,从 A 点到 B 点为前进方向,直线 AB 的坐标方位角 α_{AB} 称为正坐标方位角,直线 BA 的坐标方位角 α_{BA} 称为反坐标方位角。正、反坐标方位角的概念是相对的。由于在一个高斯投影平面直角坐标系内的各点处,坐标北方向都是相互平行的,所以一条直线的正、反坐标方位角互差 180°,即

$$\alpha_{BA}=\alpha_{AB}\pm180° \tag{6-4}$$

正坐标方位角小于 180°,反坐标方位角等于正坐标方位角加 180°;正坐标方位角大于180°,反坐标方位角等于正坐标方位角减 180°。

(二) 坐标方位角的推算

实际工作中并不需要直接测定每条直线的坐标方位角,而是通过与已知坐标方位角的直线连测后,推算出各直线的坐标方位角。在推算线路左侧的夹角称为左角,可用 $\beta_左$ 表示;在推算线路右侧的夹角称为右角,可用 $\beta_右$ 表示,如图 6-4 所示。

如图 6-4 所示,相邻的前后直线有如下关系:

$$\alpha_前=\alpha_后\pm180°+\beta_左 \tag{6-5}$$

或　　　　$$\alpha_前=\alpha_后\pm180°-\beta_右 \tag{6-6}$$

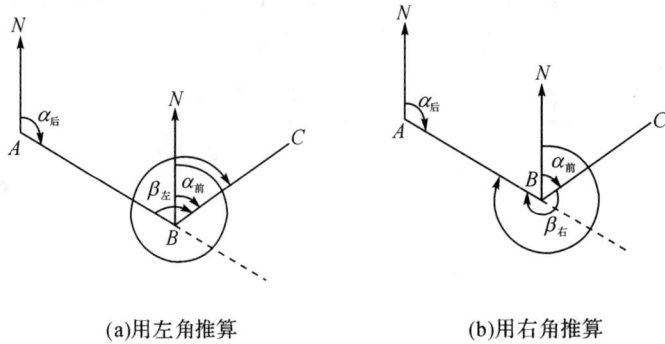

(a)用左角推算　　　　　　(b)用右角推算

图 6-4　坐标方位角的推算

（三）坐标正算和坐标反算

1.坐标增量

地面上两点的直角坐标值之差称为坐标增量,用 Δx_{AB} 表示 A 点至 B 点的纵坐标增量, Δy_{AB} 表示 A 点至 B 点的横坐标增量。坐标增量有方向性和正负意义,Δx_{BA}、Δy_{BA} 则表示 B 点至 A 点的纵、横坐标增量,其符号与 Δx_{AB},Δy_{AB} 相反。

在图 6-5 中,设 A,B 两点的坐标分别为 $A(x_A,y_A)$、$B(x_B,y_B)$。则 A 至 B 点的坐标增量为

$$\begin{cases} \Delta x_{AB} = x_B - x_A \\ \Delta y_{AB} = y_B - y_A \end{cases} \tag{6-7}$$

而 B 至 A 点的坐标增量为

$$\begin{cases} \Delta x_{BA} = x_A - x_B \\ \Delta y_{BA} = y_A - y_B \end{cases} \tag{6-8}$$

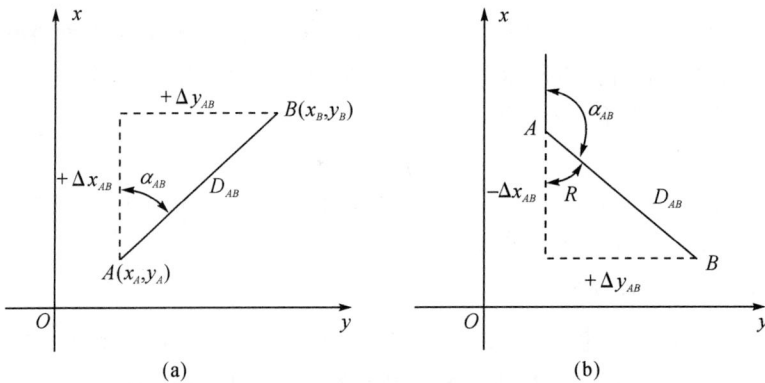

图 6-5　坐标正、反算

很明显,A 点至 B 点与 B 点至 A 点的坐标增量,绝对值相等,符号相反。由于坐标方位角和坐标增量均带有方向性(由下标表示),需务必注意下标的书写次序。

2.坐标正算

由一个已知点的坐标及该点至未知点的距离和坐标方位角,计算未知点坐标,称为坐标正算。

已知 A 点的坐标为 $A(x_A,y_A)$，测出 A 点至 B 点的坐标方位角 α_{AB} 和水平距离 D_{AB}，求 B 点的坐标 (x_B,y_B)。其计算公式为

$$\left.\begin{aligned} x_B &= x_A + \Delta x_{AB} = x_A + D_{AB}\cos\alpha_{AB} \\ y_B &= y_A + \Delta y_{AB} = y_A + D_{AB}\sin\alpha_{AB} \end{aligned}\right\} \tag{6-9}$$

3. 坐标反算

已知两点 A、B 的直角坐标，推算这两点之间的水平距离 D_{AB} 及坐标方位角 α_{AB}，称为坐标反算。如图 6-5 所示，已知 A 点的直角坐标为 (x_A,y_A)，B 点的直角坐标为 (x_B,y_B)，则距离 D_{AB} 及方位角 α_{AB} 的计算公式如下：

$$D_{AB} = \sqrt{\Delta x_{AB}^2 + \Delta y_{AB}^2} = \sqrt{(x_B-x_A)^2 + (y_B-y_A)^2} \tag{6-10}$$

$$D_{AB} = \frac{\Delta y_{AB}}{\sin\alpha_{AB}} = \frac{\Delta x_{AB}}{\cos\alpha_{AB}} \tag{6-11}$$

$$\alpha_{AB} = \arctan\frac{\Delta y_{AB}}{\Delta x_{AB}} + \begin{cases} 0°（第 \text{I} 象限） \\ 180°（第 \text{II}、\text{III} 象限） \\ 360°（第 \text{IV} 象限） \end{cases} \tag{6-12}$$

式中：α_{AB} 的象限可根据坐标增量 Δx_{AB}、Δy_{AB} 的符号确定，可参见表 6-12。

表 6-12　象限角、方位角、坐标增量的关系

象限	象限角 R 与方位角 α 的关系	Δx	Δy
I	$\alpha = R$	+	+
II	$\alpha = 180° - R$	−	+
III	$\alpha = 180° + R$	−	−
IV	$\alpha = 360° - R$	+	−

二、导线测量

（一）导线测量概述

导线测量是建立平面控制测量的常用方法。其特点是布设灵活，要求通视方向少，边长直接丈量，精度均匀。它适用于狭长地带、隐蔽地区、地物分布较复杂的城市地区。用经纬仪测量转折角，钢尺丈量边长的导线，通常称为经纬仪导线；用测距仪或全站仪测量边长的导线称为光电测距导线。

（二）导线测量分类

根据测区的具体情况，可将导线布设成下列几种形式。

1. 闭合导线测量

以高级控制点 A、B 中的 A 为起点，AB 边的方位角 α_{AB} 为起始方位角，经过若干个导线点后，仍回到起始点 A，形成一个闭合多边形的导线称为闭合导线。如图 6-6

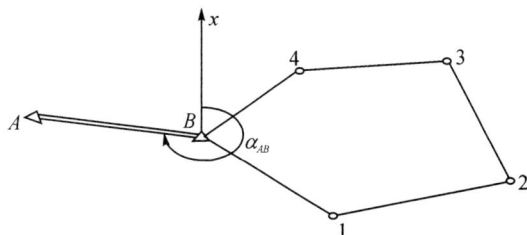

图 6-6　闭合导线

所示。

2.附合导线测量

以高级控制点 A 为起始点,AB 方向为起始方向,经过若干个导线点后,附合到另外一个高级控制点 C 和已知方向 CD 上,这种导线称为附合导线。如图 6-7 所示。

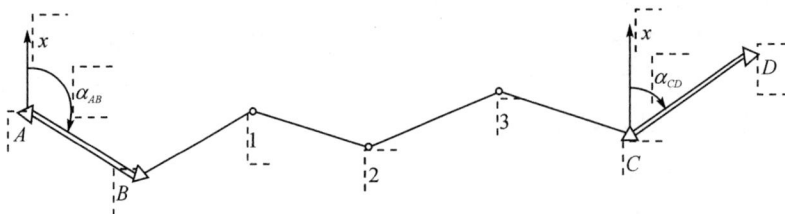

图 6-7　附合导线

3.支导线测量

从一高级控制点上引申的导线,它既不闭合到起始点上,也不附合到另一高级控制点上,这种导线称为支导线。支导线没有检核条件,有错误也不易发现,故一条支导线一般不能多于 3 个点。如图 6-8 所示。

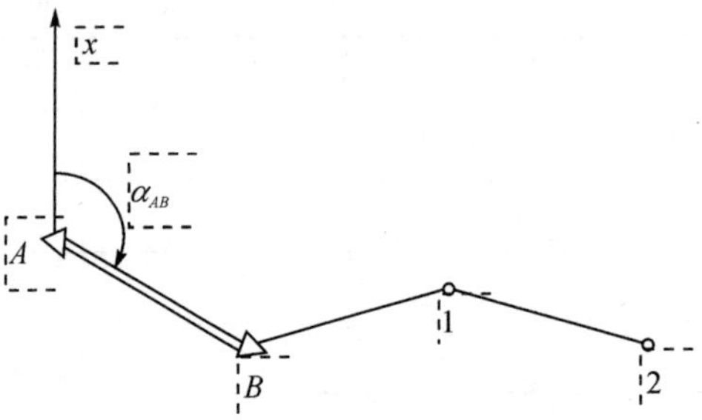

图 6-8　闭合导线

闭合导线、附合导线和支导线统称为单一导线。

导线测量按精度可分为一、二、三级导线和图根导线,其主要技术指标如表 6-13 所示。

表 6-13　导线测量技术指标

等　级	导线长度 km	平均边长 km	测角中误差/″	测回数		角度闭合差 ″	导线全长相对闭合差
				DJ6	DJ2		
一级	4	0.5	5	4	2	$\pm 10\sqrt{n}$	1/15000
二级	2.4	0.25	8	3	1	$\pm 16\sqrt{n}$	1/10000
三级	1.2	0.1	12	2	1	$\pm 24\sqrt{n}$	1/5000
图根	$\leqslant 1.0M$	$\leqslant 1.5$ 倍测图最大视距	20	1	—	$\pm 40\sqrt{n}$(首级) $\pm 60\sqrt{n}$(一般)	1/2000

注:表中 n 为测角个数;M 为测图比例尺分母。

（三）导线测量外业工作

导线测量的外业工作包括选点、测角、量边、定向。

1.选点

根据测区的地形情况选择一定数量的导线点。在选点之前,应收集测区已有的小比例尺地形图和控制点的成果资料,然后在地形图上拟订导线的布设方案,最后到野外进行实地踏勘,根据实地情况进行修改与调整,选定点位并建立标志。若无地形图可利用时,实地踏勘选点。选点时应注意以下几点:

(1)点位应选在土质坚实、稳固可靠、便于保存的地方,视野应相对开阔,便于加密、扩展和寻找及安置仪器。

(2)相邻点之间应通视良好,其视线距障碍物的距离宜保证便于观测,以不受旁折光的影响为原则。

(3)当采用电磁波测距时,相邻点之间视线应避开烟囱、散热塔、散热池的发热体及强电磁场。

(4)相邻两点之间的视线倾角不宜过大。

(5)充分利用旧有控制点。

(6)导线边长要大致相等,以使测角的精度均匀。

(7)导线点的数量要足够,密度要均匀,以便控制整个测区。

导线点选定后,用木桩(或钢筋钉)打入地面,桩顶钉一小铁钉,以表示点位。在水泥地面上也可用红漆圈一圆圈,圆内点一小点或画一"十"字作为临时性标志。重要的地方应埋设水泥桩,桩顶嵌入带有"十"字的金属标志。为了便于测量和使用管理,导线点要统一编号,并绘制导线线路草图和点之记。如图6-9～图6-12所示。

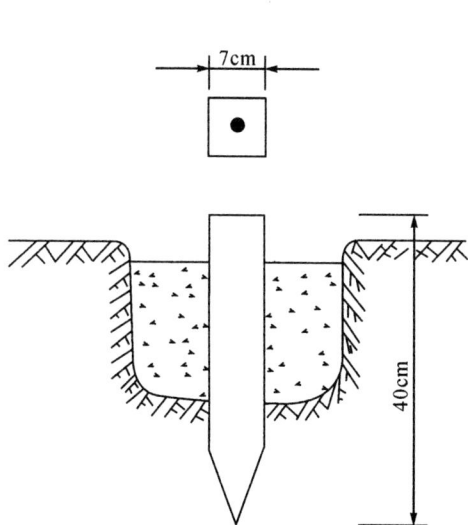

图6-9　临时性导线点

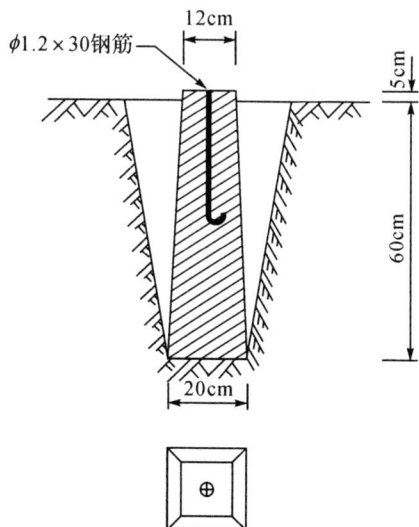

图6-10　永久性导线点

$$\frac{116}{45.78}$$ 2.0 ⊡
埋石等级导线点

$$\frac{45}{23.46}$$ 1.6 ⊙
2.6
埋石图根点

$$\frac{112}{84.46}$$ ⊠
土堆上的等级导线点

$$\frac{25}{62.74}$$ 1.6 ⊡
大埋石图根点

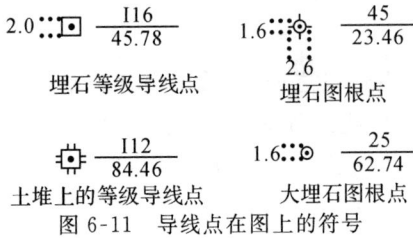

图 6-11　导线点在图上的符号

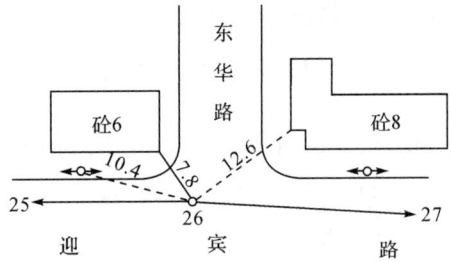

图 6-12　导线点的点之记

2.水平角观测

导线转折角有左、右之分,以导线为界,沿前进方向向左侧的角为左角,沿前进方向向右侧的角称为右角。在附合导线中一般测量其左角,在闭合导线中一般测量其内角。闭合导线若按逆时针方向编号,其内角即为左角,反之均为右角。对于图根导线,一般用 DJ6 型经纬仪观测一个测回,盘左、盘右测得角度之差不得大于 $40''$,并取平均值作为最后角度。

3.边长测量

导线边长可以用光电测距仪测定,也可用钢尺丈量。若用测距仪测定,应测定导线边的水平距离;若用钢尺丈量,对一、二、三级导线,应采用精密量距法进行丈量;对于图根导线,则用一般方法往返进行丈量,其相对误差一般不得超过 1/3000,在特殊困难地区也不得超过 1/1000。

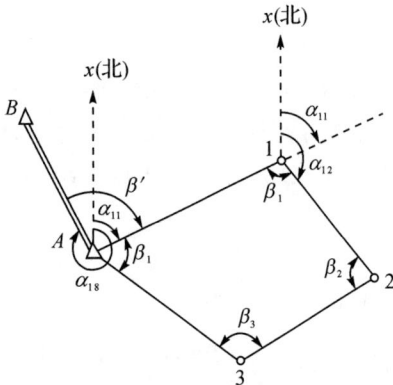

图 6-13　导线定向

4.导线定向

导线定向的目的是使导线点的坐标纳入国家坐标系或该地区的统一坐标系中。当导线与测区已有控制点连接时,必须测出连接角即导线边与已知边发生联系的角,如图 6-13 所示。

对于独立导线,需用罗盘仪测定起始方位角。

(四)导线测量内业工作

1.闭合导线的计算

闭合导线是由折线组成的多边形,因而闭合导线必须满足两个几何条件:一个是多边形内角和条件;另一个是坐标条件,即从起算点开始,逐点推算导线各点的坐标,最后推算到起点,由于是同一个点,因此推算出的坐标应该等于已知坐标。

闭合导线计算的方法与步骤如下:

(1)角度闭合差的计算与调整。

①角度闭合差的计算。

由平面几何知识可知,对于 n 边形,其内角和的理论值为

$$\sum \beta_{理} = (n-2) \times 180° \tag{6-13}$$

由于角度观测过程存在误差,那么我们观测的内角之和与理论值的内角之和就会出现一个差值,我们把这个差值称为闭合导线的角度闭合差。设角度闭合差为 f_β,则

$$f_\beta = \sum \beta_{测} - \sum \beta_{理} = \sum \beta_{测} - (n-2) \times 180° \tag{6-14}$$

　　角度闭合差的大小在一定程度上标志着测角的精度。导线作为图根控制时,角度闭合差的容许值为

$$f_{\beta容} = \pm 60''\sqrt{n} \tag{6-15}$$

式中:n 为闭合导线内角的个数。

　　②角度闭合差的调整。

　　当闭合差不大于其容许值时,即可将闭合差按相反符号平均分配到观测角中。每个角度的改正数设为 V_β 表示,则

$$V_\beta = -\frac{f_\beta}{n} \tag{6-16}$$

式中:f_β 为角度闭合差,";n 为闭合导线内角的个数。

　　如果 f_β 的值不能被导线内角数整除而有余数时,可将余数调整到短边的邻角上,使调整后的内角和等于 $\sum \beta_理$。

　　③调整后的观测值计算。

　　设导线的角度观测值为 $\beta_测$,改正后的观测值为 $\hat\beta$,则

$$\hat\beta = \beta_测 + V_\beta \tag{6-17}$$

　　(2)导线方位角的计算。

　　由起算边方位角,再结合改正后的角度值,推算各边方位角。

　　【例1】　如图 6-14 所示,测得图根闭合导线各转折角、边长的值均标注于图上,求角度闭合差和各边的方位角。

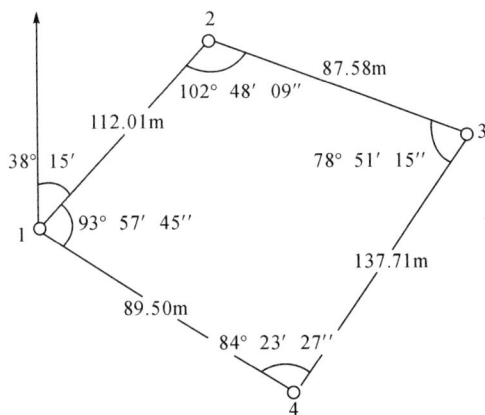

图 6-14　图根闭合导线坐标计算略

　　【解】　①求角度闭合差:

$$f_\beta = \sum \beta_测 - \sum \beta_理 = \sum \beta_测 - (n-2) \times 180° = 360°00'36'' - 360° = +36''$$

$$f_{\beta容} = \pm 60''\sqrt{n} = \pm 120''$$

因为 $|f_\beta| \leqslant |f_{\beta容}|$,所以角度观测精度符合要求。

　　②计算角度改正数:

$$V_\beta = -\frac{f_\beta}{n} = -9''$$

则各角的改正后的角度为

$\hat{\beta}_2 = \beta_测 + V_\beta = 102°48'09'' - 9'' = 102°48'00''$

$\hat{\beta}_3 = \beta_测 + V_\beta = 78°51'06''$

$\hat{\beta}_4 = \beta_测 + V_\beta = 84°23'18''$

$\hat{\beta}_1 = \beta_测 + V_\beta = 93°57'36''$

③方位角推算：

由于观测角是右角，因此，采用以下公式推算方位角：

$$\alpha_前 = \alpha_后 \pm 180° - \beta_右 \tag{6-18}$$

$\alpha_{23} = \alpha_{12} + 180° - \hat{\beta}_2 = 38°15' + 180° - 102°48'00'' = 115°27'$

$\alpha_{34} = \alpha_{23} + 180° - \hat{\beta}_3 = 216°35'54''$

$\alpha_{41} = \alpha_{34} + 180° - \hat{\beta}_4 = 312°12'36''$

$\alpha_{12} = \alpha_{41} + 180° - \hat{\beta}_1 = 38°15'00''$

(3)坐标增量的计算与闭合差的调整。

①坐标增量及坐标增量闭合差的计算。

计算各边的坐标增量。对于图根闭合导线，如图 6-15 所示，各边 x 坐标增量总和与 y 坐标增量总和的理论值应等于零，即

$$\left.\begin{array}{c} \sum \Delta x_理 = 0 \\ \sum \Delta y_理 = 0 \end{array}\right\} \tag{6-19}$$

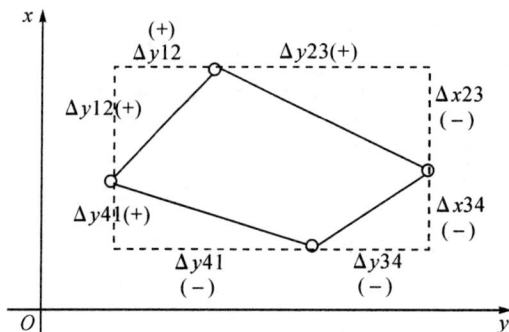

图 6-15　坐标增量闭合差示意

由于观测值不可避免地包含误差，所以计算出的坐标增量总和一般不等于零，其不符值称为纵、横坐标增量闭合差，分别用 f_x、f_y 表示，即

$$\left.\begin{array}{c} f_x = \sum \Delta x \\ f_y = \sum \Delta y \end{array}\right\} \tag{6-20}$$

②导线全长闭合差和相对误差的计算。

所谓导线全长闭合差就是从起点出发，根据各边坐标计算值算出各点的坐标后，不能闭合于起点，造成错开现象，这种错开的距离长度称为导线全长闭合差，用 f_D 表示，如图 6-16 所示。f_x 即为 f_D 在 x 轴上的投影；f_y 即为 f_D 在 y 轴上的投影，则

$$f_D = \sqrt{f_x^2 + f_y^2} \tag{6-21}$$

导线全长相对闭合差为

$$K = \frac{f_D}{\sum D} = \frac{1}{\dfrac{\sum D}{f_D}} \tag{6-22}$$

对于图根导线,导线全长相对闭合差的容许值 $K_{容} = 1/2000$。

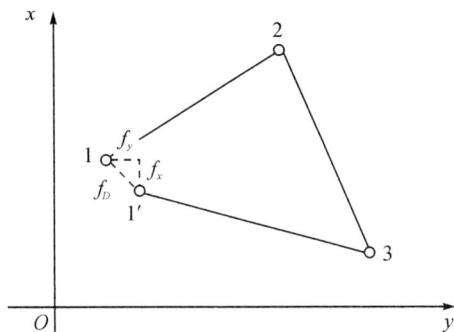

图 6-16 导线全长闭合差计算示意

当 K 小于 $K_{容}$ 时,导线测量的精度符合要求,可以进行闭合差的调整;否则结果不符合要求,不得进行内业计算,需进行外业检查,必要时重新测量。

③ 坐标增量闭合差的调整。

由于坐标增量闭合差主要由于边长误差影响而产生,而边长误差大小与边长的长短有关,因此,坐标增量闭合差的调整方法是将增量闭合差 f_x、f_y 反号,按与边长成正比分配于各个坐标增量之中,使改正后的 $\sum \Delta x$、$\sum \Delta y$ 均等于零。设第 i 边边长为 D_i,其纵、横坐标增量改正数分别用 $V_{\Delta x_i}$、$V_{\Delta y_i}$ 表示,则

$$\left. \begin{aligned} V_{\Delta x_i} &= -\frac{f_x}{\sum D} \cdot D_i \\ V_{\Delta y_i} &= -\frac{f_y}{\sum D} \cdot D_i \end{aligned} \right\} \tag{6-23}$$

式中:$\sum D$ 为导线边长总和,m;D_i 为第 i 边的边长,m。

改正数一般取至毫米,坐标增量改正数的总和应等于坐标增量闭合差的相反数,用此进行检核。改正后的坐标增量计算公式为

$$\left. \begin{aligned} \Delta \hat{x} &= \Delta x + V_{\Delta x_i} \\ \Delta \hat{y} &= \Delta y + V_{\Delta y_i} \end{aligned} \right\} \tag{6-24}$$

(4)导线点坐标的计算。

坐标增量调整后,可根据起算点的坐标和调整后的坐标增量,逐点计算各导线点的坐标,其计算公式为

$$\left. \begin{aligned} x_i &= x_{i-1} + \Delta \hat{x}_{i-1} \\ y_i &= y_{i-1} + \Delta \hat{y}_{i-1} \end{aligned} \right\} \tag{6-25}$$

【例2】 已知 $x_1 = 200.00\text{m}$,$y_1 = 500.00\text{m}$,求图 6-14 中闭合导线各导线点的坐标。

计算过程见表 6-14。

表 6-14 闭合导线坐标计算

点号	角度观测值 ° ′ ″	改正后角值 ° ′ ″	方位角 ° ′ ″	平距 m	坐标增量		改正后增量		坐 标	
					Δx/m	Δy/m	Δx/m	Δy/m	x/m	y/m
(1)	(2)	(3)	(4)	(5)	(6)	(7)	(8)	(9)	(10)	(11)
1									200.00	500.00
2	−09 102 48 09	102 48 00	38 15 00	112.01	+3 87.96	−1 69.34	87.99	69.33	287.99	569.33
3	−09 78 51 15	78 51 06	115 27 00	87.58	+2 −37.64	0 79.08	−37.62	79.08	250.37	648.41
4	−09 84 23 27	84 23 18	216 35 54	137.71	+4 −110.56	−1 −82.10	−110.52	−82.11	139.85	566.30
1	−09 93 57 45	93 57 36	312 12 36	89.50	+2 60.13	−1 −66.29	60.15	−66.30	200.00	500.00
2			38 15 00							
总和	360 00 36	360 00 00		426.80	−0.11	+0.33	0	0		

$$f_\beta = +\sum \beta_测 - (n-2) \times 180° = +36'' \qquad \sum D = 426.80\text{m} \qquad f_x = -0.11\text{m} \qquad f_y = +0.03\text{m}$$

$$f_D = \sqrt{f_x^2 + f_y^2} = 0.114\text{m}$$

$$f_{\beta容} = \pm 60'' \sqrt{n} = \pm 120'' \qquad K = 1/3700 < 1/2000(符合精度要求)$$

2. 附合导线的计算

附合导线的计算与闭合导线的计算基本相同,只是在角度闭合差的计算和坐标增量闭合差的计算方面存在不同。

(1)附合导线角度闭合差的计算与调整。

由于附合导线不是闭合多边形,因此其角度闭合差只能用推算方位角的方法来计算。如图 6-17 所示,根据起始边 AB 的坐标方位角及各转折角(左角),计算 CD 边的坐标方位角。

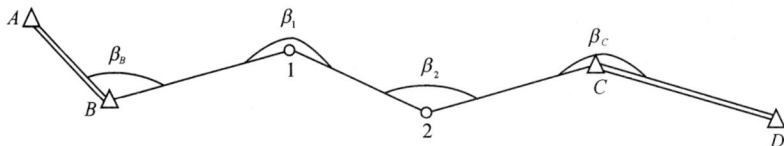

图 6-17 附合导线示意

根据方位角推算公式

$$\alpha_{B1} = \alpha_{AB} + \beta_B \pm 180°$$
$$\alpha_{12} = \alpha_{B1} + \beta_1 \pm 180°$$
$$\alpha_{2C} = \alpha_{12} + \beta_2 \pm 180°$$
$$\alpha_{CD}{}' = \alpha_{2C} + \beta_C \pm 180° = \alpha_{AB} + \sum \beta_测 \pm 4 \times 180°$$

将上列式子写成一般公式为

$$\alpha_{终}' = \alpha_{始} + \sum \beta_{测} \pm n \times 180° \qquad (6\text{-}26)$$

式中:n 为附合导线转折角个数;$\alpha_{始}$ 为附合导线起始边方位角。

如果导线转折角为右角,则按下式计算:

$$\alpha_{终}' = \alpha_{始} - \sum \beta_{测} + n \times 180° \qquad (6\text{-}27)$$

附合导线闭合差 f_β 为

$$f_\beta = \alpha_{终}' - \alpha_{终} \qquad (6\text{-}28)$$

若闭合差在容许范围内,则将闭合差按相反符号平均分配给各左角;若观测的是右角,则将闭合差按相同符号平均分配给各右角。

(2) 坐标增量闭合差的计算。

附合导线是从一已知点出发,附合到另外一个已知点,因此,纵、横坐标增量的代数和理论上不是零,而应等于起、终两已知点间的坐标差。如不相等,则其差值就是附合导线坐标增量闭合差,计算公式如下:

$$\left. \begin{array}{l} f_x = \sum \Delta x_{测} - (x_{终} - x_{起}) \\ f_y = \sum \Delta y_{测} - (y_{终} - y_{起}) \end{array} \right\} \qquad (6\text{-}29)$$

式中:$x_{起}$、$y_{起}$ 分别为附合导线起始点的纵、横坐标;$x_{终}$、$y_{终}$ 分别为附合导线终点的纵、横坐标。

当我们计算出 f_x、f_y 后,其余的计算与闭合导线完全相同,这里不再重复讲述。

【例 3】 图 6-18 是附合导线的计算略图,A、B 和 C、D 点是已知的高级控制点,α_{AB}、α_{CD} 及 (x_B, y_B)、(x_C, y_C) 为起算数据,β_i 和 D_i 分别为角度和边长的观测值,计算 1、2、3、4 点的坐标。

计算过程见表 6-15。

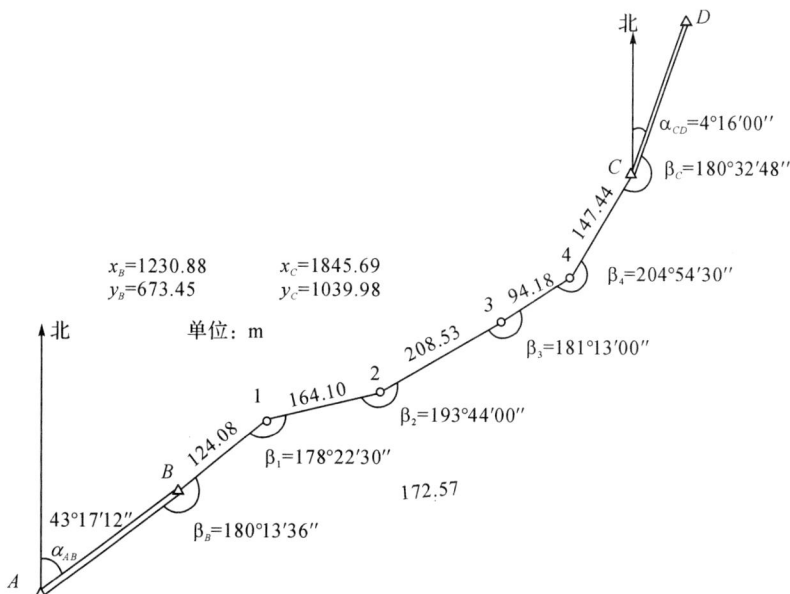

图 6-18 附合导线计算略图

表 6-15　附合导线计算

点号	观测角（右角）° ' "	改正后的角度 ° ' "	坐标方位角 ° ' "	边长 m	增量计算值 改正数 Δx/m	增量计算值 改正数 Δy/m	改正后的增量值 Δx/m	改正后的增量值 Δy/m	坐标 x m	坐标 y m
1	2	3	4	5	6	7	8	9	10	11
A			43 17 12							
B	+8　180 13 36	180 13 44								
			43 03 28	124.08	−0.02　90.66	+0.02　84.71	90.64	84.73	1230.88	673.45
1	+8　178 22 38	178 22 30								
			44 40 50	164.10	−0.02　116.68	+0.03　115.39	116.66	115.42	1321.52	758.18
2	+8　193 44 08	193 44 00								
			30 56 42	208.53	−0.02　178.85	+0.03　107.23	178.83	107.26	1438.18	873.60
3	+8　181 13 08	181 13 00								
			29 43 34	94.18	−0.01　81.79	+0.02　46.70	81.78	46.72	1617.01	980.86
4	+8　204 54 38	204 54 30								
			4 48 56	147.44	−0.02　146.92	+0.02　12.38	146.90	12.40	1698.79	1027.58
C	+8　180 32 56	180 32 48								
			4 16 00						1845.69	1039.98
D										
Σ	1119 00 24	1119 01 12		738.33	+614.90	+366.41	+614.81	366.53		

$\alpha'_{CD} = 4°16'48''$

$\alpha_{CD} = 4°16'00''$

$f_\beta = +48''$

$f_{容} = ±60''\sqrt{6}$

$= ±147''$

$f_\beta < f_{容}$

$f_x = +0.09 \quad f_y = -0.12$

$f = \sqrt{f_x^2 + f_y^2} = 0.15$

$k = \dfrac{0.15}{738.33} \approx \dfrac{1}{4900} < \dfrac{1}{2000}$

3.支导线的坐标计算

由于支导线没有检核条件,其坐标计算不必进行角度闭合差和坐标闭合差的计算与调整,直接由各边的边长和方位角计算坐标增量,最后依次求出各点坐标即可。

知识实训

1.导线测量的外业工作:测角、量边。

2.导线测量的内业计算方法。

实训任务　导线测量

一、布置任务

某校有 1、2、3、4 四组导线点及一个定向点 B，请每组同学选择一组导线点进行闭合导线测量，并根据观测结果进行平差计算。

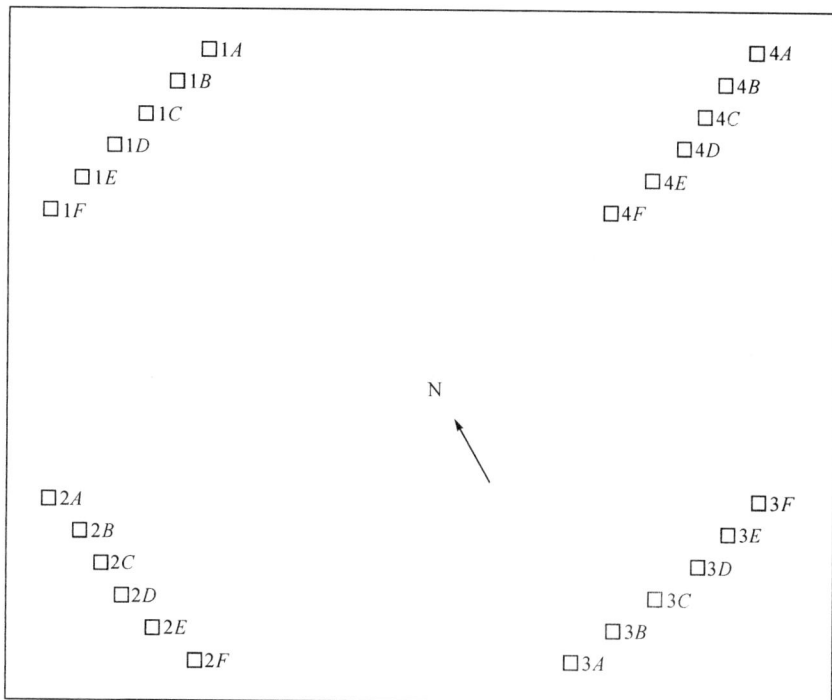

图 6-19　导线点分布

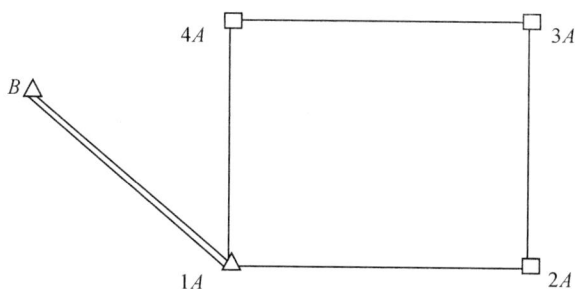

图 6-20　闭合导线点示意

二、其他要求

1. 劳动组织要求

本项目实施中，对学生进行分组，学生 4 人组成一个工作小组。各小组制订出实施方案及工作计划,组长协助教师参与指导本组学生学习,检查项目实施进程和质量,制订改进措施,共同完成项目任务。具体见表6-16。

表6-16 分组成员工作明细

序号	各组成员组成	成员工作职责	姓名	备注
1	组长	负责协助教师统筹组内实习现场全部工作并负责检查项目实施相关测量精度工作		
2	观测员	负责仪器使用和保管工作		
3	立镜员	主要负责采集和处理测量数据点工作		
4	记录员	主要负责现场记录和处理观测数据,负责整理和及时上交本组测量资料		

2.所需设备与器件

全站仪、木质三脚架、基座棱镜一组及记录表格等,每3～4人配备一套。

3.项目评价

按时间、质量、安全、文明、环保要求进行考核。首先学生按照表6-17进行项目考核评分,先自评,在自评的基础上,由本组的同学互评,最后由教师进行总结评分。

表6-17 项目考核评价

姓名： 总分：

序号	考核项目	考核内容及要求	评分标准	配分	学生自评	学生互评	教师考评	得分
1	时间要求	1080min	不按时无分	10				
2	质量要求	操作记录规程	1.仪器操作使用不安全,扣5分; 2.仪器操作使用不规范,扣2分/处; 3.记录不符合规定,扣2分/处	20				
		测量精度	1.测量结果的精度超过规定要求,扣40分; 2.算错,扣3分/处; 3.操作不规范,扣10分	40				
		检查	1.不会使用仪器和工具,扣5分; 2.一次测量不成功,扣5分	20				
		误差调整	1.处理方法错误,扣2分; 2.处理误差时间超过45min,扣2分; 3.处理结果错误,扣6分	10				
3	安全要求	遵守安全操作规程	不遵守,酌情扣1～5分					

序号	考核项目	考核内容及要求	评分标准	配分	学生自评	学生互评	教师考评	得分
4	文明要求	遵守文明生产规则	不遵守,酌情扣 1～5 分					
5	环保要求	遵守环保生产规则	不遵守,酌情扣 1～5 分					

注:如出现重大安全、文明、环保事故及损坏设备,本项目考核记为 0 分。

三、项目实施过程中可能出现的问题

问题 1:角度闭合差、导线全长闭合差超限。

问题 2:学生测出的坐标与理论不符。

模块七　大比例尺地形图测绘

![能力目标]

能力目标

能够利用传统测量仪器和工具测绘大比例尺地形图。

知识目标

1. 熟悉地形图的基本知识；
2. 掌握大比例尺地形图传统测绘方法。

背景资料

现在保存下来的最古老的地图是公元前 27 世纪苏美尔人绘制的地图；刻划在陶片上的古巴比伦地图大约是公元前 25 世纪的遗物。这些图中已表示出城市、河流和山脉。其次是大约公元前 11 世纪古埃及人绘制的彩色金矿图，它是画在展平了的纸草叶片上的。这些地图反映出原始公社时代的人在从事渔猎、采掘等生产活动中已经有了对地图的需要。从近代发现的太平洋海岛原始部落用木柱制作的海岛图，用柳条、贝壳编缀的海道图，以及因纽特人草绘的海港图，证明原始地图可能都是一些示意的模型地图，起着确定位置、辨识方向的作用。

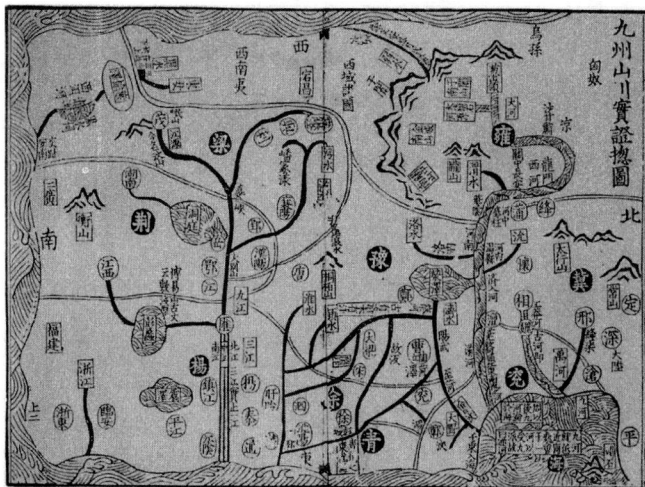

图 7-1　九州地图

在中国,有关地图起源的文献中最早的记载是夏禹铸九鼎的传说。鼎上铸有用来表示各地奇异事物的图像。这种有山、有水、有道路的地理图画,不仅是为渔猎、旅行提供方便,也被认为是地图志的雏形。《左传》记有:"远方图物,贡金九枚。铸鼎象物,百物而为之备;使民知神奸,故民入川泽山林,不逢不若,魑魅魍魉,莫能逢之。"公元前 11 世纪,周公为洛阳建都选址时,曾绘制了洛邑一带的地图。周代地图在生产、军事、土地管理方面应用比较广泛。《周礼》中记载有九州地图、天下土地之图、兆域图、金玉锡石之图等。1978 年在河北省平山县挖掘出春秋战国时期中山王墓的"兆域图",证实了《周礼》记载的历史事实。中山王墓的兆域图是一个长 94cm、宽 48cm 的长方形铜版。上有金银镶嵌的线划、符号和数字,表示墓地建筑工程的平面图。它反映当时的地图已有了比例尺和抽象符号的概念,并已从模型地图向平面地图过渡。

项目一　地形图基本知识

问题提出

地形图是经济建设、国防建设和科学研究中不可缺少的工具,也是编制各种小比例尺地图、专题地图和地图集的基础资料。不同比例尺的地形图,具体用途也不同。

地形图不光是国防、科研等领域的法宝,也是工程建设全阶段必不可少的工具。在各种领域里,对地形图的认识和利用的熟练程度、地形图测绘的水平,都会给相关的工作带来深远的影响。

那么地形图是如何来的呢?

知识链接

一、地形图的比例尺

地面上有各种各样的天然的或人工的固定物体,通常我们称之为地物,如房屋、农田、道路等。地表面的高低起伏形态,如高山、丘陵、盆地等称为地貌。地物和地貌总称为地形。按一定的数学法则有选择地在平面上表示地球表面各种自然要素和社会要素的图通称为地图。地图可分为普通地图和专题地图。普通地图是综合反映地面上物体和现象一般特性的地图;专题地图则是着重表示自然现象和社会现象的某一种或几种要素的地图,如交通图、水系图等。

地形图是按一定的比例,用规定的符号表示地物和地貌的平面位置和高程的正射投影图。地形图是普通地图的一种。如果仅仅表示地物的形状和平面位置,而不表示地面起伏的地图,则称为平面图。

图上一段直线长度 d 与地面上相应线段的实际长度 D 之比,称为地形图的比例尺。地形图的比例尺分数字比例尺和图示比例尺两种。

（一）数字比例尺

数字比例尺用分子为 1 的分数表达，分母为整数。设图中某一线段长度为 d，相应实地的水平长度为 D，则图的比例尺为

$$\frac{d}{D}=\frac{1}{\dfrac{D}{d}}=\frac{1}{M}=1:M \tag{7-1}$$

比例尺分母 M 越大，比例尺的值越小；M 越小，比例尺的值越大。如，1∶500 大于 1∶1000。通常 1∶500、1∶1000、1∶2000 和 1∶5000 比例尺的地形图为大比例尺地形图；1∶1 万、1∶2.5 万、1∶5 万、1∶10 万比例尺的地形图为中比例尺地形图；1∶25 万、1∶50 万和 1∶100 万比例尺的地形图为小比例尺地形图。地形图数字比例尺注记在南面图廓外的正中央。

（二）图示比例尺

图示比例尺绘制在数字比例尺的上方，其作用是便于用分规直接在图上量取直线的水平距离，同时还可以抵消在图上量取长度时图纸伸缩变形的影响。

图 7-2 为 1∶1000 的图示比例尺，以 2cm 为基本单位，最左端的一个基本单位分成 10 等分。从图示比例尺上可直接读得基本单位的 1/10，估读到 1/100。

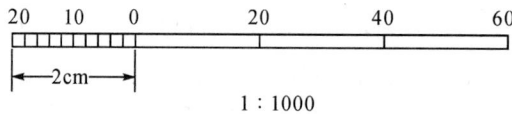

图 7-2　1∶1000 图示比例尺

（三）比例尺精度

由于人眼能分辨的图上最小距离是 0.1mm，所以我们把图上 0.1mm 所表示的实地水平长度称为比例尺精度。各种比例尺的比例尺精度可表达为

$$\delta=0.1\times M \tag{7-2}$$

式中：δ 为比例尺精度；M 为比例尺分母。

比例尺越大，其比例尺精度也越高。工程上常用的几种大比例尺地形图的比例尺精度如表 7-1 所示。

表 7-1　地形图比例尺的精度

比例尺	1∶500	1∶1000	1∶2000	1∶5000	1∶10000
比例尺精度	0.05m	0.1m	0.2m	0.5m	1m

比例尺精度的概念，对测图和设计都有重要的意义。根据比例尺的精度，可以确定在测图时量距应准确到什么程度。例如测 1∶1000 图时，实地量距只需取到 0.1m，因为即使量得再精细，在图上也无法表示出来。同时，若设计规定需在地图上能量出的实地最短长度时，就可以根据比例尺精度定出测图比例尺。如一项工程设计用图，要求图上能反映 0.2m 的精度，则所选图的比例尺就不能小于 1∶2000。图的比例尺越大，其表示的地物、地貌就越详细，精度也越高。但比例尺愈大，测图所耗费的人力、财力和时间也愈多。因此，在各类工

程中,究竟选用何种比例尺测图,应从实际情况出发,合理选择,而不要盲目追求大比例尺的地形图。

二、地形图图式

用特定的符号和方法来表示地物和地貌,这些符号和方法就称作地形图图式。我国当前使用的《国家基本比例尺地图图式 第1部分:1:500、1:1000、1:2000 地形图图式》(以下简称《地形图图式》)(GB/T 20257.1—2007)由国家测绘总局制定、国家技术监督局发布。它是测图和用图的重要依据,测图和用图时应严格执行《地形图图式》中的规定。

《地形图图式》中有三类符号:地物符号、地貌符号和注记符号。

(一)地物符号

地物符号分为比例符号、非比例符号和半比例符号。

1. 比例符号

地物的轮廓较大,能按比例尺将地物的形状、大小和位置缩小绘在图上以表达轮廓性的符号。这类符号一般是用实线或点线表示其外围轮廓,如房屋、湖泊、森林、农田等。如表 7-2 所示中的 1~9 号。

表 7-2 地形图图式(摘录)

编号	符号名称	1:500	1:1000	1:2000	编号	符号名称	1:500	1:1000	1:2000
1	单幢房屋 a. 一般房屋 b. 有地下室的房屋	a 混1	b 混3-2 0.5 2.0 1.0	3	6	果园			
2	台阶	0.6	1.0	1.0	7	草地 a. 天然草地 d. 人工草地			
3	稻田 a. 田埂								
4	旱地				8	花圃、花坛			
5	菜地				9	灌木林			

续　表

编号	符号名称	1：500	1：1000	1：2000	编号	符号名称	1：500	1：1000	1：2000
10	高压输电线 架空的 a.电杆		a 35 4.0		19	内部道路		1.0 1.0	
11	配电线 架空的 a.电杆		a 8.0		20	小路、栈道		4.0 1.0 0.3	
12	电杆		1.0 ○		21	三角点 a.土堆上的		3.0 △ 张湾岭/156.718 a 5.0 黄土岗/203.623	
13	围墙 a.依比例尺 b.不依比例	a 10.0 0.5 b 10.0 0.5 0.3							
14	栅栏、栏杆	10.0 1.0			22	小三角点 a.土堆上的		3.0 ▽ 摩天岭/294.91 a 4.0 张庄/156.71	
15	篱笆	10.0 1.0 0.5			23	导线点 a.土堆上的		2.0 ⊙ I16/84.46 a 2.4 I23/94.40	
16	活树篱笆	6.0 1.0 0.6							
17	行树 a.乔木行树 b.灌木行树	a b			24	埋石图根点 a.土堆上的		2.0 12/275.46 a 2.5 16/175.64	
18	街道 a.主干道 b.次干道 c.支路	a 0.35 b 0.25 c 0.15			25	不埋石图根点		2.0 ⊡ 19/84.47	
					26	水准点		2.0 ⊗ II京石5/32.805	

续　表

编号	符号名称	1:500	1:1000	1:2000	编号	符号名称	1:500	1:1000	1:2000
27	卫星定位等级点		3.0 △	$\dfrac{\text{B14}}{495.263}$	33	独立树 a. 阔叶 b. 针叶 c. 棕榈、椰子、槟榔 d. 果树 e. 特殊树		a 2.0 ⊕ 3.0 （1.6/1.0） b 2.0 ⊥ 3.0 （1.6）45° 1.0 c 2.0 ✕ 3.0 （1.0） d 1.6 ○ 3.0 （1.0/1.0） e	
28	水塔 a. 依比例尺 b. 不依比例尺	a ⊞		b 3.6 2.0 ⊞					
29	水塔烟囱 a. 依比例尺 b. 不依比例尺	a ⊞		b 3.6 2.0 ⊞					
30	亭 a. 依比例尺 b. 不依比例尺	a 亭	亭 2.0 1.0	b 2.4 亭	34	等高线 a. 首曲线 b. 计曲线 c. 间曲线	a 0.15 b 25 0.3 c 1.0 6.0 0.15		
31	旗杆		4.0 □ 1.6 1.0 ○ 1.0		35	高程点及其注记	0.5 · 1520.3		· −15.3
32	路灯		⚲						

2. 非比例符号

一些具有特殊意义的地物,轮廓较小,不能按比例尺缩小绘在图上时,就采用统一尺寸,用规定的符号来表示,如三角点、水准点、烟囱、路灯等。这类符号在图上只能表示地物的中心位置,不能表示其形状和大小。如表7-2中的12号、21～33号。

3. 半比例符号

一些呈线状延伸的地物,其长度能按比例缩绘,而宽度不能按比例缩绘,需用一定的符号表示的称为半比例符号,也称线状符号,如铁路、公路、围墙、通信线等。半比例符号只能表示地物的位置(符号的中心线)和长度,不能表示宽度。如表7-2中10～11号、13～16号。

(二)地貌符号

地貌是指地表面的高低起伏形态,常用等高线表示。

(三)注记符号

有些地物除了用相应的符号表示其位置、大小外,还需用文字和数字标注其属性,如名称、房屋结构和层数、河流的水流方向、高程等,这些标注的文字和数字称为注记符号。

三、等高线

(一)等高线的概念

等高线是地面高程相等的相邻各点连成的闭合曲线。如图 7-3 所示,设想有一座高出平静水面的小山头,山顶被水淹没时的水面高程为 100m,山头与水面相交形成的水涯线为一闭合曲线,曲线的形状随山头与水面相交的位置而定,曲线上各点的高程相等。例如,当水面高为 95m 时,曲线上任一点的高程均为 95m;若水位继续降低至 90m、85m,则水涯线的高程分别为 90m、85m。将这些水涯线垂直投影到水平面 H 上,并按一定的比例尺缩绘在图纸上,就将山头用等高线表示在地形图上。这些等高线的形状和高程,客观地显示了山头的空间形态。

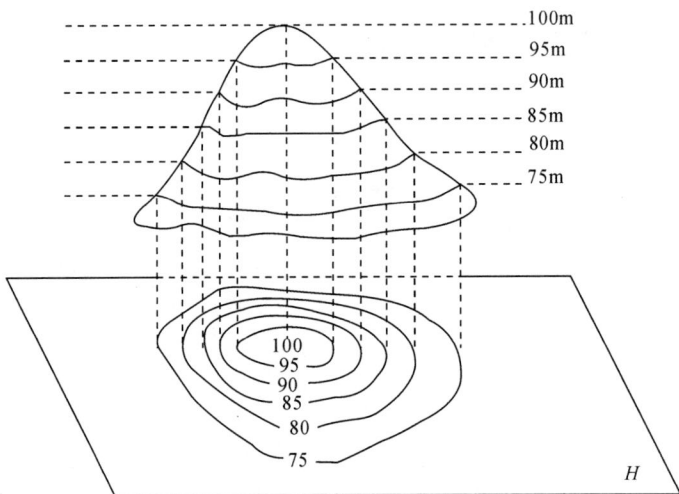

图 7-3 用等高线表示地貌的方法

(二)等高距与等高线平距

相邻等高线间的高差称为等高距,常用 h 表示。同一幅地形图的等高距相同。等高距越小,表示的地貌越详细;等高距越大,表示的地貌细部越粗略。测绘地形图时,应根据测图比例尺、测区地面的坡度情况,按国家规范要求选择合适的等高距,见表 7-3。

表 7-3 地形图的基本等高距 单位:m

地形类别	比例尺			
	1:500	1:1000	1:2000	1:5000
平坦地	0.5	0.5	1	2
丘陵	0.5	1	2	5
山地	1	1	2	5
高山地	1	2	2	5

相邻等高线之间的水平距离称为等高线平距,常以 d 表示。d 的大小与地面坡度有关。相邻等高线之间的地面坡度为

$$i=\frac{h}{d \cdot M} \tag{7-3}$$

在同一幅地形图上,等高线平距越大,地面坡度就越小;平距越小,则坡度越大;平距相等,则坡度相同。因此,可以根据地形图上等高线的疏、密来判定地面坡度的缓、陡。如图 7-4 所示。

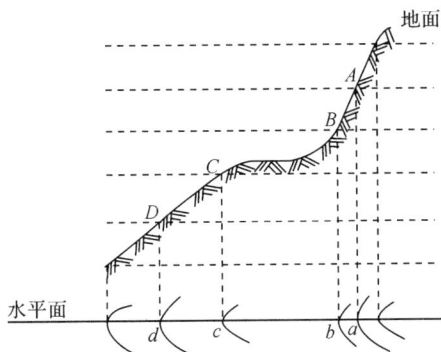

图 7-4　等高线平距

（三）等高线的分类

等高线分为首曲线、计曲线、间曲线和助曲线。如图 7-5 所示。

1.首曲线

按基本等高距测绘的等高线称为首曲线,用 0.1mm 宽的细实线绘制。

2.计曲线

从零米算起,每隔四条首曲线加粗的一条等高线称为计曲线,用 0.3mm 宽的粗实线绘制。

3.间曲线和助曲线

当首曲线不能很好地显示地貌的特征时,按 1/2 基本等高距描绘的等高线称为间曲线,在图上用点画线表示。有时为显示局部地貌的需要,按 1/4 基本等高距描绘的等高线,称为助曲线,一般用短虚线表示。间曲线和助曲线可不闭合。

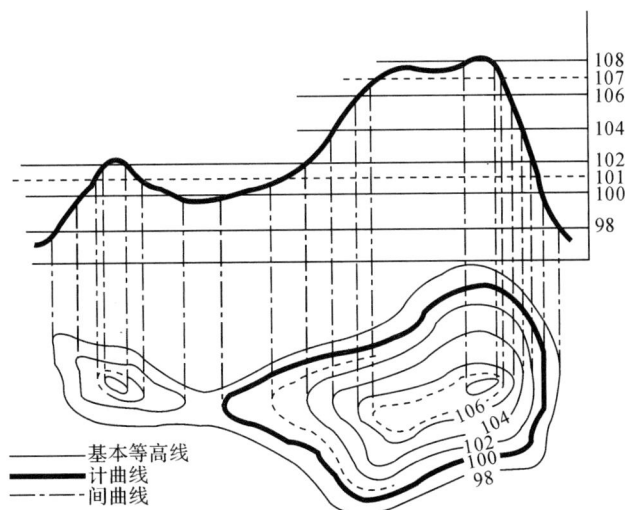

图 7-5　等高线的分类

（四）典型地貌的等高线

地貌的形态虽然纷繁复杂,但通过仔细研究和分析就会发现它们是由几种典型的地貌综合而成的。了解和熟悉典型地貌的等高线特性,对于提高我们识读、应用和测绘地形图的能力很有帮助。

1.山头和洼地

山头的等高线特征如图 7-6 所示,洼地的等高线特征如图 7-7 所示。山头和洼地的等高线都是一组闭合曲线,但它们的高程注记不同。内圈等高线的高程注记大于外圈者为山头;反之,小于外圈者为洼地。也可以用示坡线表示山头或洼地。示坡线是垂直于等高线的短线,用以指示坡度下降的方向,如图 7-6、图 7-7 所示。

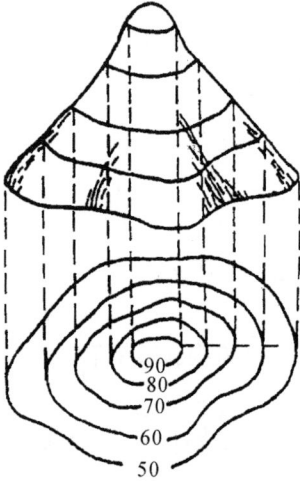

图 7-6 山头等高线

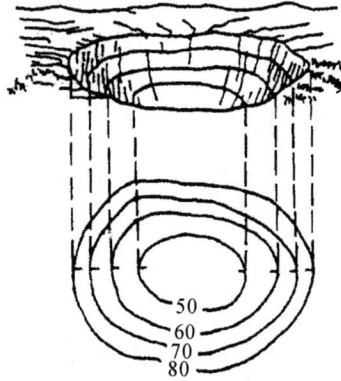

图 7-7 洼地等高线

2.山脊和山谷

山的最高部分为山顶,从山顶向某个方向延伸的高地称为山脊。山脊的最高点连线称为山脊线。山脊等高线的特征表现为一组凸向低处的曲线,如图 7-8 所示。

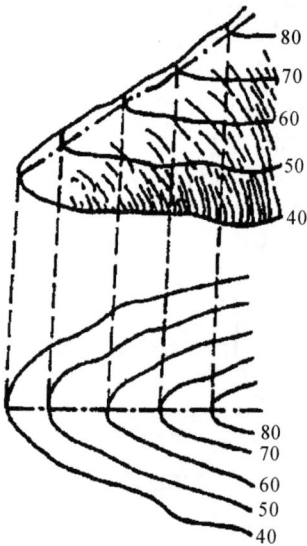

图 7-8 山脊等高线

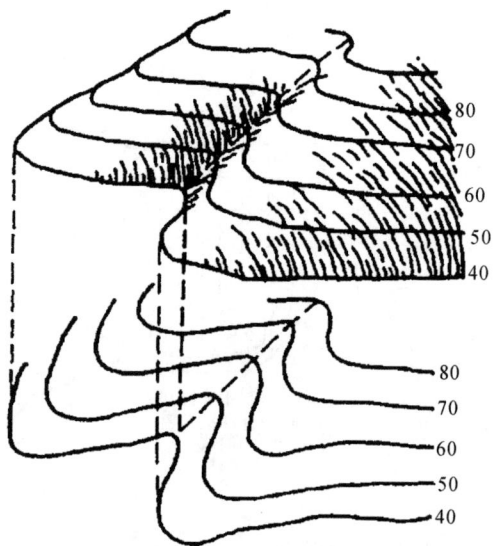

图 7-9 山谷等高线

相邻山脊之间的凹部称为山谷,它是沿着某个方向延伸的洼地。山谷中最低点的连线称为山谷线,如图7-9所示,山谷等高线的特征表现为一组凸向高处的曲线。因山脊上的雨水会以山脊线为分界线而流向山脊的两侧,所以山脊线又称为分水线。在山谷中的雨水由两侧山坡汇集到谷底,然后沿山谷线流出,所以山谷线又称集水线。山脊线和山谷线合称为地性线。

3.鞍部

鞍部是相邻两山头之间呈马鞍形的低凹部位(见图7-10中的S)。鞍部等高线的特征是对称的两组山脊线和两组山谷线,即在一圈大的闭合曲线内,套有两组小的闭合曲线。

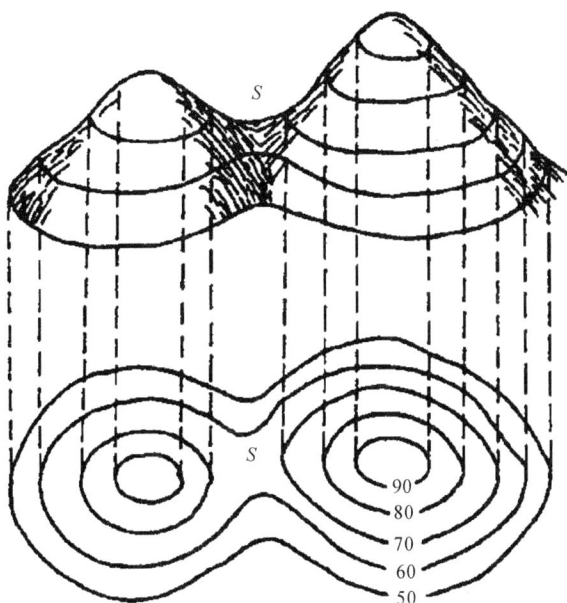

图7-10 鞍部等高线

4.陡崖和悬崖

陡崖是坡度在70°以上的陡峭崖壁,因用等高线表示将非常密集或重合为一条线,故采用陡崖符号来表示。如图7-11(a)、(b)所示。

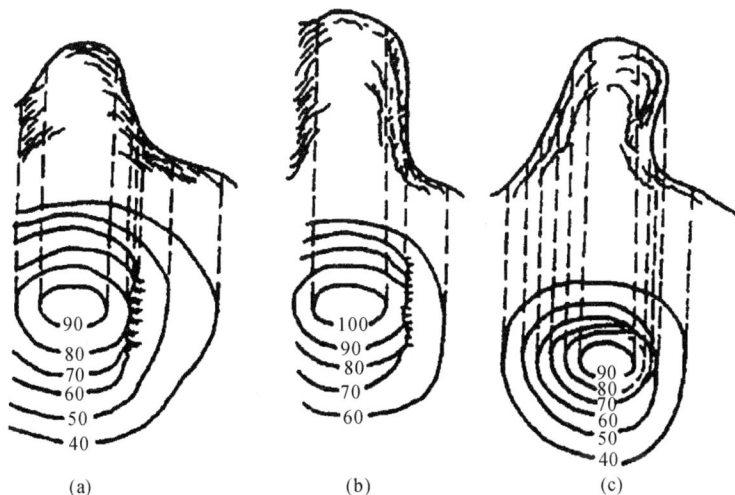

(a)   (b)   (c)

图7-11 陡崖和悬崖等高线

悬崖是上部突出、下部凹进的陡崖。上部的等高线投影到水平面时,与下部的等高线相交,下部凹进的等高线用虚线表示,如图 7-11(c)所示。

（五）等高线的特性

(1)同一等高线上各点的高程相等。

(2)等高线是闭合曲线,不能中断(间、助曲线除外),如果不在同一幅图内闭合,则必定在相邻的其他图幅内闭合。

(3)等高线只有在陡崖或悬崖处才会重合或相交。

(4)等高线与山脊线、山谷线正交。

(5)等高线平距大,表示地面坡度小;等高线平距小,表示地面坡度大;平距相等则坡度相同。

四、地形图的分幅与编号

受图纸尺寸的限制,不可能把测区内的所有地形都绘制在一幅图内,因此,需要对地形图进行分幅。地形图的分幅可分为两大类:一类是按经纬线分幅的梯形分幅法,一般用于中、小比例尺的地形图分幅。另一种是按坐标格网划分的矩形分幅法,一般用于大比例尺地形图分幅。

（一）梯形分幅法

2012 年国家质量监督检验检疫总局发布了《国家基本比例尺地形图分幅和编号》(GB/T 13989—2012)国家标准,自 2012 年 10 月 1 日起实施。

1. 1∶100 万比例尺地形图的分幅和编号

1∶100 万比例尺地形图的分幅是从赤道(纬度 0°)起,分别向南、北两极,每隔纬差 4°为一横行,依次以拉丁字母 A、B、C、D、…、V 表示;由经度 180°起,自西向东每隔经差 6°为一纵列,依次用数字 1、2、3、…、60 表示。图 7-12 所示为东半球北纬 1∶100 万地图的国际分幅和编号。每幅图的编号,先写出横行的代号,后面写出纵列的代号。如北京所在的 1∶100 万地形图的图号为 J50。

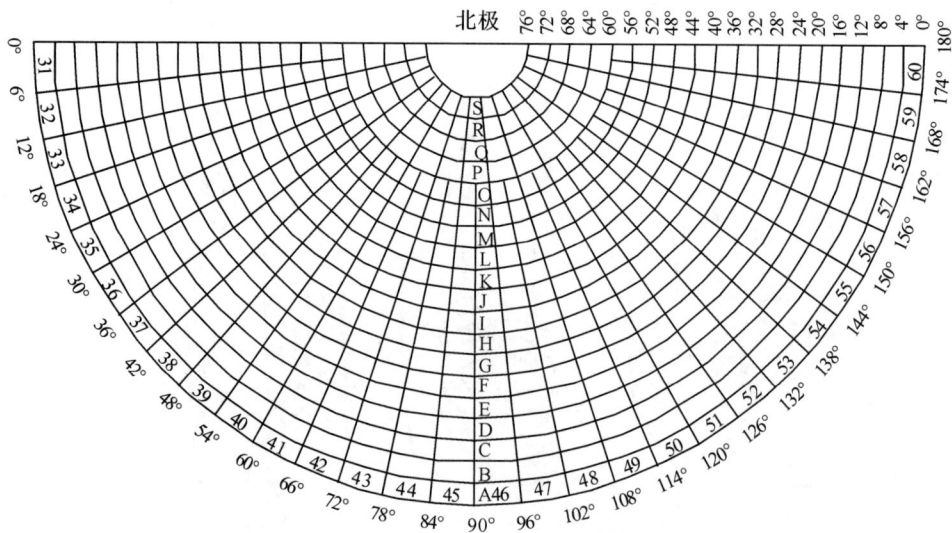

图 7-12　东半球北纬 1∶100 万地图的国际分幅和编号

2. 1：50 万～1：5000 地形图的分幅和编号

1：50 万～1：5000 地形图的分幅全部由 1：100 万地形图逐次加密划分而成,编号均以 1：100 万比例尺地形图为基础,采用行列编号方法。即将 1：100 万地形图按所含各比例尺地形图的经差和纬差划分为若干行和列,图幅关系见表 7-4,横行从上到下、纵列从左到右按顺序分别用三位数字码表示,不足三位者前面补零,各比例尺地形图分别采用不同的字符代码加以区别,见表 7-5。按上述地形图分幅的方法,1：50 万～1：5000 地形图的编号由其所在 1：100 万比例尺地形图的图号、比例尺代码和图幅的行列号共十位码组成,见图 7-13。

表 7-4　现行的国家基本比例尺地形图分幅编号关系

比例尺		1：100 万	1：50 万	1：25 万	1：10 万	1：5 万	1：2.5 万	1：1 万	1：5000
图幅范围	经差	6°	3°	1°30′	30′	15′	7′30″	3′45″	1′52.5″
	纬差	4°	2°	1°	20′	10′	5′	2′30″	1′15″
行列数量关系	行数	1	2	4	12	24	48	96	192
	列数	1	2	4	12	24	48	96	192
图幅数量关系		1	4	16	144	576	2304	9216	36864
		1	4	36	576	576	2304	9216	
			1	9	144	144	576	2304	
				1	4	16	64	256	
					1	4	16	64	
						1	4	16	
							1	4	
编号示例		J50	J50B001001	H51C001003	J50D009011	H50E020021	J51F001001	G49G080911	K50H189178

表 7-5　比例尺代码

比例尺	1：500000	1：250000	1：100000	1：50000	1：25000	1：10000	1：5000
代码	B	C	D	E	F	G	H

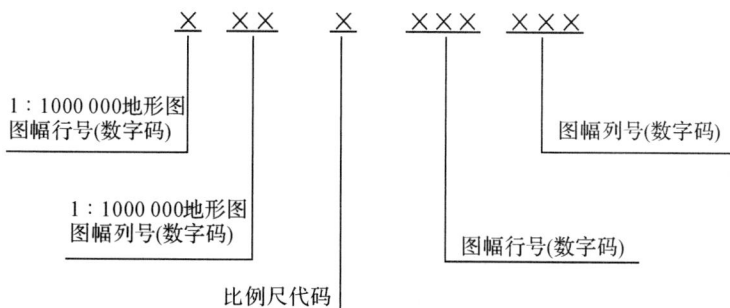

图 7-13　1：50 万～1：5000 地形图图号的构成

（二）矩形分幅法

1：500～1：2000 比例尺地形图一般采用 50cm×50cm 正方形分幅或 50cm×40cm 矩形分幅。地形图编号一般采用图廓西南角坐标公里数编号法，也可选用流水编号法或行列编号法等。

采用图廓西南角坐标公里数编号法时，x 坐标在前，y 坐标在后，中间用"—"相连，1：500地形图（西南角坐标）号取至 0.01km（如 10.40—21.75）；1：1000、1：2000 地形图（西南角坐标）号取至 0.1km（如 10.0—21.0）。

带状测区或小面积测区，可按测区统一顺序进行编号，一般从左到右、从上到下用数字1、2、3、4…编号，这种方法称为流水编号法，如图 7-13(a)所示的"杜阮—7"其中"杜阮"为测区地名。行列编号法一般以代号（如 A、B、C、D…）为横行，由上到下排列，以数字1、2、3、4…为代号的纵列，从左到右来编号，先行后列，如图 7-13(b)中的 A—4。

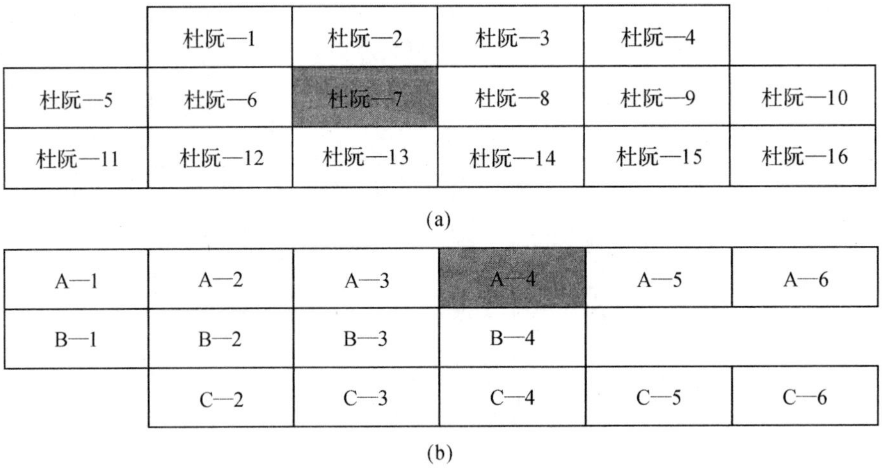

杜阮—1	杜阮—2	杜阮—3	杜阮—4		
杜阮—5	杜阮—6	杜阮—7	杜阮—8	杜阮—9	杜阮—10
杜阮—11	杜阮—12	杜阮—13	杜阮—14	杜阮—15	杜阮—16

(a)

A—1	A—2	A—3	A—4	A—5	A—6
B—1	B—2	B—3	B—4		
	C—2	C—3	C—4	C—5	C—6

(b)

图 7-13　大比例尺地形图的分幅和编号

五、地形图图外注记

为了图纸管理和使用的方便，在地形图的图框外有许多注记，如图号、图名、接图表、图廓、坐标格网、三北方向线和坡度尺等。

（一）图名和图号

图名就是本幅图的名称，常用本图幅内最著名的地名、最大的村庄或厂矿企业的名称来命名。图号即图的编号。图名和图号标在北图廓上方的中央，如图 7-14 所示。

（二）接图表

说明本图幅与相邻图幅的关系，供索取相邻图幅时使用。通常是中间一格画有斜线的代表本图幅，四邻分别注明相应的图号或图名，并绘注在北图廓的左上方。如图 7-15 所示。

（三）图廓和坐标格网线

图廓是图幅四周的范围线。矩形图幅有内图廓和外图廓之分。内图廓是地形图分幅时的坐标格网线，也是图幅的边界线。外图廓是距内图廓以外一定距离绘制的加粗平行线，仅起装

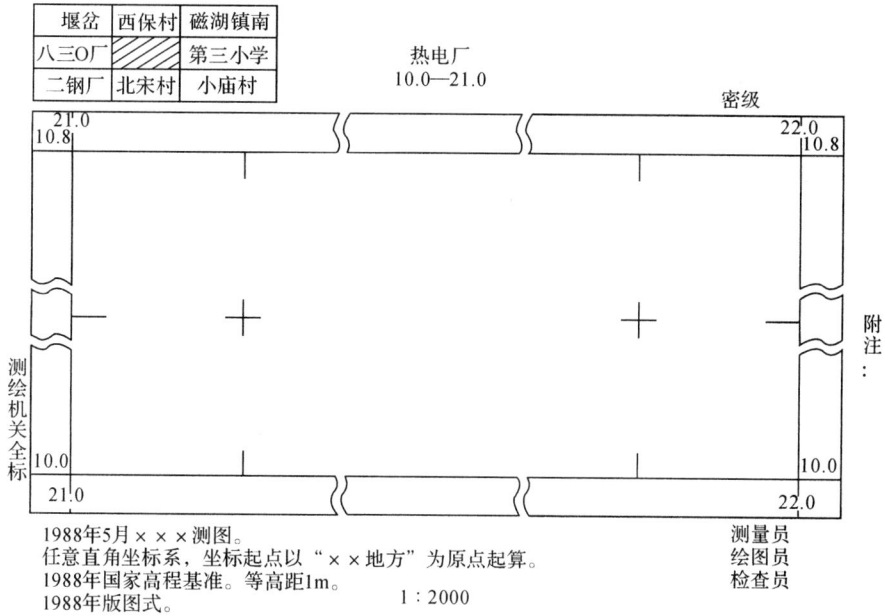

图 7-14　地形图图外注记

饰作用。在内图廓外四角处注有坐标值,并在内图廓线内侧,每隔 10cm 绘有 5mm 的短线,表示坐标格网线的位置。在图幅内每隔 10cm 绘有坐标格网交叉点,如图 7-14 所示。

梯形图幅的图廓有三层:内图廓、分图廓和外图廓。内图廓是经纬线,也是该图幅的边界线。如图 7-15 所示中西图廓经线是东经 128°45′,南图廓是北纬 39°50′。内、外图廓之间的黑白相间的线条是分图廓,每段黑线或白线的长度,表示实地经差或纬差为 1′。分图廓与内图廓之间,注记了以千米为单位的平面直角坐标值,如图 7-15 中的 5189 表示纵坐标为 5189km(从

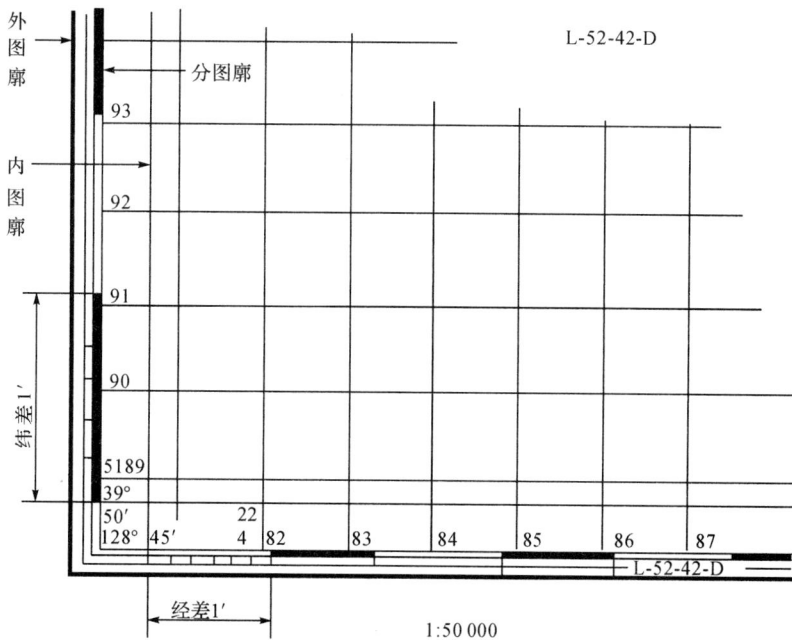

图 7-15　梯形图幅图廓

赤道算起)。其余 90、91 等,其千米的千百位的数都是 51,故省略。横坐标为 22482,22 为该图幅所在投影带的带号,482 表示该纵线的横千米数。外图廓以外还有图示比例尺、三北方向、坡度尺等,是为了便于在地形图上进行量算而设置的各种图解,称为量图图解。

（四）三北方向线及坡度尺

在许多中、小比例尺的南图廓线的右下方,还绘有真子午线、磁子午线和坐标纵轴(中央子午线)三者之间的角度关系,常称为三北方向线,如图 7-16(a)所示。该图中,磁偏角为 9°50′(西偏),子午线收敛角为 0°05′(西偏)。利用该关系图可对图上任一方向的真方位角、磁方位角和坐标方位角三者间作相互换算。

在中比例尺地形图的南图廓左下方还常绘有坡度比例尺,如图 7-16(b)所示。它是一种量测坡度的图示尺,按以下原理制成:坡度 $i = \tan\alpha = \dfrac{h}{d \times M}$,$d$ 为图上等高线的平距,h 为等高距,M 为比例尺分母,在用分规卡出图上相邻等高线的平距后,可在坡度比例尺上读出相应的地面坡度数值。坡度尺的水平底线下边注有两行数字,上行是用坡度角表示的坡度,下行是对应的倾斜百分率表示的坡度。

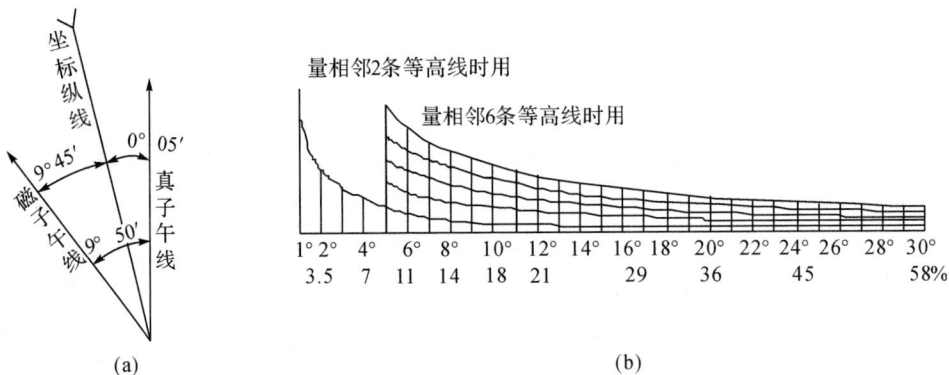

图 7-16　三北方向线及坡度尺

（五）投影方式、坐标系统、高程系统

地形图测绘完成后,都要在图上标注本图的投影方式、坐标系统和高程系统,以备日后使用时参考。

坐标系统是指该图幅是采用哪种坐标系完成的,如 1980 年国家大地坐标系、城市坐标系、独立直角坐标系等。

高程系统是指本图所采用的高程基准,如 1985 国家高程基准或假定高程基准。

知识实训

1.何为比例尺? 何为比例尺精度,比例尺精度的意义是什么?

2.地物符号分为哪些类型?

3.等高线、等高距、等高线平距是如何定义的? 等高线可以分为哪些类型?

4.等高线有什么特性?

项目二　地形图传统测绘方法

知识链接

遵循测量工作"从整体到局部,先控制后碎部"的原则,在控制测量工作结束后,就可根据图根控制点测定地物、地貌特征点的平面位置和高程,并按规定的比例尺和符号缩绘成地形图。地面上地物和地貌的特征点称为碎部点,其平面坐标和高程的测定工作称为碎部测量。地形图测绘的主要工作就是根据控制点测定地物、地貌特征点在图上位置,再根据地物、地貌特征点,用地物符号对地物进行描绘,用等高线对地貌进行勾绘,并对描绘和勾绘的对象进行检查、整饰和注记。根据碎部测量的方法来划分,地形图测绘方法主要分为以下三种:以平板仪、水准仪或经纬仪、光电测距仪或皮尺为主要测量工具的传统测绘方法;以电子全站仪为主要测量工具,并辅以计算机、绘图仪的数字化测图方法;摄影测量方法。这里我们简要介绍量角器配合经纬仪进行测图的传统测图方法。

一、测图前的准备工作

(一)图纸的准备

绘制地形图的图纸一般有 40cm×40cm,40cm×50cm,50cm×50cm 三种,并采用高级绘图纸或厚度为 0.07~0.1mm、表面磨毛后的聚酯薄膜进行野外测图。聚酯薄膜具有透明度好、伸缩性小、不怕潮湿、牢固耐用等优点,可用水洗涤以保持图面清洁,并可直接在底图上着墨复晒蓝图。但聚酯薄膜有易燃、易折和老化等缺点,故在使用过程中应注意防火防折,并注意妥善保管。

(二)绘制坐标方格网

聚酯薄膜图纸分空白图纸和印有方格网的图纸。如果是空白图纸,则需要在图纸上精确绘制坐标方格网,每个方格的尺寸为 10cm×10cm。绘制方格网的方法有使用 AutoCAD 绘制法、对角线法和坐标格网尺法等。

1. AutoCAD 绘制法

在数字化地形地籍成图系统软件 CASS 中执行下拉菜单"绘图处理/标准图幅 50cm×50cm"或"标准图幅 50cm×40cm"命令,直接生成坐标方格网图形,以完成坐标方格网的绘制工作。

2. 对角线法

如图 7-17 所示,用该法绘方格网时,先用直尺和铅笔在图纸上轻画出两条对角线,设对角线的交点为 O。过 O 点向各对角线截取相同的长度得 A、B、C、D 点,连接 A、B、C、D 点即得一个矩形。再分别由 A、B、D 三点起,沿 AB、

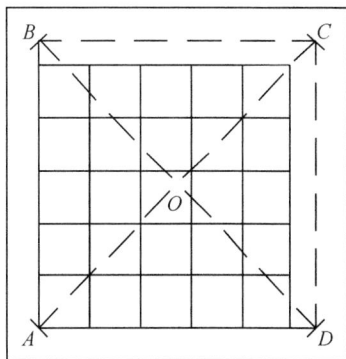

图 7-17　对角线绘制法

AD、BC、DC 线每隔 10cm 截取等长的诸点,连接相应各点即成坐标格网。

3.坐标格网尺法

坐标格网尺是一种带有方眼的金属直尺,如图 7-18 所示。尺上有间隔为 10cm 的 6 个小孔,每孔有一斜面,起始孔斜面边缘为一直线,其上刻有一细线表示该尺长度的起始点(即零点)。其余各孔以及末端的斜面边缘是以零点为圆心,以 10cm、20cm、…、50cm 及 70.711cm 为半径的弧线。70.711cm 是边长为 50cm 的正方形对角线长度,可以用它直接绘制 50cm×50cm 的正方形,以及 10cm×10cm 的方格网。

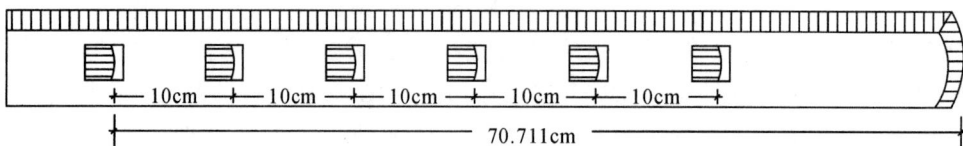

图 7-18　坐标格网尺

(三)展绘控制点

根据图根平面控制点的坐标值,将其点位在图纸上标出,称为展绘控制点。应先确定控制点所在的方格。例如,A 点的坐标为($X=214.60$,$Y=256.78$),由图 7-19 可知,A 点在方格 1、2、3、4 内。从 1、2 点分别向右量取 $\Delta y_{2A}=(256.78\text{m}-200\text{m})/1000=5.678\text{cm}$,定出 a、b 两点;从 2、4 点分别向上量取 $\Delta x_{2A}=(214.6\text{m}-200\text{m})/1000=1.46\text{cm}$,定出 a、d 两点。直线 ab 与 cd 的交点即为 A 点的位置。

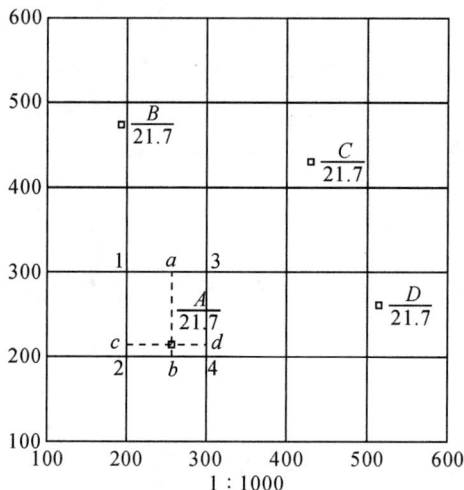

图 7-19　展绘控制点

用上述同样的方法展绘图幅内的所有控制点。然后,要认真检查。在图上分别量取已展控制点之间的距离,与换算成图纸上距离的已知边长或根据两点坐标计算所得的两点之间水平距离相比较,其最大误差不得超过图上的 0.3mm,否则应重新展绘。

为保证地形图精度,测区内应有一定数目的图根控制点。《城市测量规范》规定,测区内解析图根点的个数应不少于表 7-6 的要求。

表 7-6　一般地区解析图根点的个数

测图比例尺	图幅尺寸 cm	解析图根点（个数）
1∶500	50×50	8
1∶1000	50×50	12
1∶2000	50×50	15

二、碎部点的选择

地形图是根据测绘在图纸上的碎部点来勾绘的，因此碎部点的选择至关重要，它将直接影响地形图的质量。

（一）地物的特征点

对于地物，碎部点应选在地物轮廓线的方向变化处，如房角点，道路转折点、交叉点，围墙的转折点，河岸线转弯点，以及独立地物的中心点等。连接这些特征点便得到与实地相似的地物形状，如图 7-20 所示。对于形状极不规则的地物，一般规定主要地物的凹凸部分在图上大于 0.4mm 时均应表示出来，小于 0.4mm 时，可直接用直线连接。

图 7-20　碎部点的选择

（二）地貌的特征点

对于地貌，如图 7-20 所示的山丘，碎部点应选在山脊线、山谷线等地性线上坡度和方向改变的地方，如山顶、鞍部、山脚及坡度变化处。根据这些地貌特征点的位置和高程内插勾绘等高线，即可将实际地貌在图上表示出来。为了能如实地反映地面情况，在地面较平坦或坡度无显著变化的地方，每隔一定距离也应立尺。碎部点的间距和测量碎部点时的最大视距，应符合规范要求，参见表 7-7。城市建筑区的最大视距见表 7-8。

表 7-7　地形点的密度和最大视距长度

测图比例尺	地形点最大间隔 m	最大视距/m	
		主要地物点	次要地物点和地形点
1∶500	15	60	100
1∶1000	30	100	150
1∶2000	50	180	250
1∶5000	100	300	350

表 7-8　城市建筑区的最大视距

测图比例尺	最大视距/m	
	主要地物点	次要地物点和地形点
1∶500	50(量距)	70
1∶1000	80	120
1∶2000	120	200

三、传统经纬仪测绘法

测图时,将安置仪器的图根控制点称为测站点。量角器配合经纬仪测图法的原理,其实质是按极坐标定点进行测图,观测时先将经纬仪安置在测站点上,绘图板安置于测站旁,用经纬仪测定碎部点的方向与已知方向之间的夹角、测站点至碎部点的距离和碎部点的高程。然后根据测定数据和测图比例尺,通过一定的计算,用量角器和直尺等工具把碎部点的位置展绘在图纸上,并在点的右侧注明其高程,再对照实地描绘地形图。

如图 7-21 所示,A、B 两点为已知图根控制点,测量并展绘碎部点 1 的过程如下。

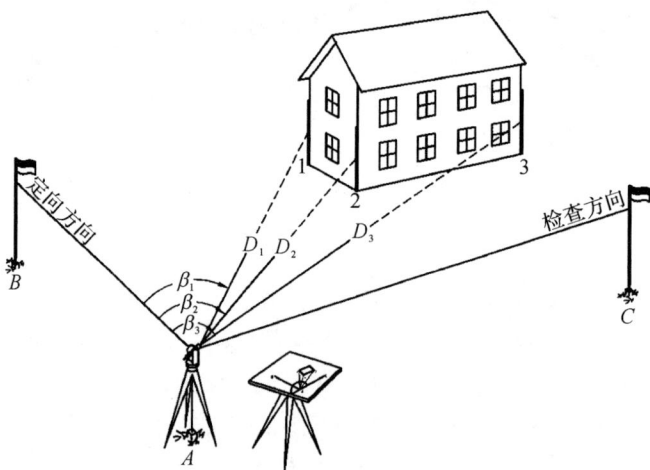

图 7-21　经纬仪测绘法

（一）安置仪器

观测员安置经纬仪于测站点 A（设其高程为 146.80m）上，量取并记录仪器高 i（1.61m）；将绘图板置于测站旁。

（二）定向

观测员将经纬仪盘左后视另一图根控制点 B，置水平度盘读数为 $0°00'00''$，然后再找一个固定、清晰的目标 C（或者是另一个控制点）进行瞄准读数，作为检查方向。绘图员对应在展绘好图根控制点的图纸上用铅笔轻轻连接 A、B 两点作为零方向。

（三）立尺

立尺员依次将尺立在地物、地貌特征点上。立尺前，立尺员应弄清实测范围和实地情况，选定立尺点，并与观测员、绘图员共同商定跑尺路线。

（四）观测

观测员转动经纬仪照准部，瞄准立在碎部点 1 的标尺，读视距间隔 l（64.6m），中丝读数 v（1.61m），竖盘读数 L（$87°15'$）及水平角 β（$59°15'$）。观测时，竖盘与水平度盘读数只需读到分。

（五）记录、计算

记录员将测得的视距、中丝读数、竖盘读数及水平度盘读数依次填入记录手簿，见表 7-9。计算出测站点至碎部点的水平距离 D 及高程。计算步骤如下：

1 号碎部点的竖直角：

$$\alpha_1 = 90° - 87°15' = 2°45'$$

测站点至 1 号碎部点的距离：

$$D_1 = Kl\cos^2\alpha_1 = 64.6 \times \cos^2 2°45' = 64.5(\text{m})$$

测站点至 1 号碎部点的高差：

$$h_1 = D_1\tan\alpha_1 + i - v = 64.5 \times \tan 2°45' + 1.61 - 1.61 = 3.10(\text{m})$$

1 号碎部点的高程：

$$H_1 = H_A + h_1 = 146.80 + 3.10 = 149.90(\text{m})$$

表 7-9　碎部测量记录手簿（$H_A = 146.80\text{m}, i = 1.61\text{m}$）

测点	视距间隔×100 m	中丝读数 m	水平角 ° ′	竖盘读数 ° ′	竖直角 ° ′	水平距离 m	高差 m	高程 m
1	64.6	1.61	59 15	87 15	2 45	64.5	3.10	149.9
2	…	…	…	…	…	…	…	…

（六）展绘碎部点

绘图员用细针将量角器的圆心准确固定在图上测站点 A 处，转动量角器，将量角器上等于水平角 β（$59°15'$）的刻划线对准起始方向线 AB（如图 7-22 所示），此时量角器的零方向便是碎部点 1 和 A 点连线的方向，然后用测图比例尺测得的水平距离求得测站点至碎部点的图上距离,在该方向上定出点 1 的位置,并在点的右侧注明其高程。

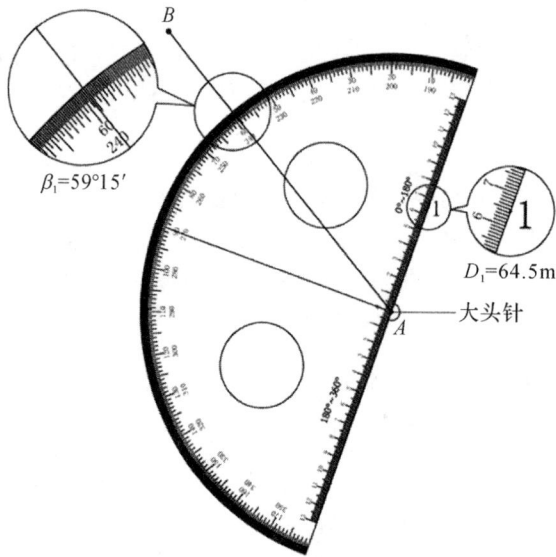

图 7-22 展绘碎部点

同法,测出其余各碎部点的平面位置与高程,展绘于图上,并随测随绘等高线和地物。观测过程中应适时地对检查方向进行观测以检查度盘位置是否发生变化。

量角器配合经纬仪测图法一般需要 4 个人操作,其分工是:1 人观测,1 人记录,1 人绘图,1 人立尺。若测区较大,可分成若干图幅,分别测绘,最后拼接成全区地形图。为了相邻图幅的拼接,每幅图应测出内图廓外 5～10mm。

四、地形图的绘制

在外业工作中,当碎部点展绘在图上后,就应对照实地随时描绘地物和等高线。

(一)地物描绘

凡是能依比例尺表示的地物,则将它们水平投影位置的几何形状相似地描绘在地形图上,如房屋、河流、运动场等。对于不能依比例尺表示的地物,在地形图上是以相应的地物符号表示在地物的中心位置上,如水塔、纪念碑、单线道路、单线河流等。

测绘地物必须根据规定的测图比例尺,按规范和图式的要求,经过综合取舍,将各种地物表示在图上。地物的测绘主要是要测绘地物的形状特征点,例如地物的转折点、交叉点,曲线上的弯曲变换点等。房屋轮廓需用直线连接,而道路、河流的弯曲部分应逐点连成光滑的曲线。不能依比例描绘的地物,应按规定的非比例符号表示。

(二)等高线勾绘

勾绘等高线时,首先用铅笔轻轻描绘出山脊线、山谷线等地性线,再根据碎部点的高程勾绘等高线。不能用等高线表示的地貌应按图式规定的符号表示。

由于碎部点是选在地面坡度变化处,因此相邻点之间可视为均匀坡度。这样就可在两相邻碎部点的边线上,按平距与高差成比例的关系,线性内插出两点间各条等高线通过的位置。如图 7-23(a)所示,地面上碎部点 C 和 A 的高程分别为 202.8m 及 207.4m,若取基本等高距为 1m,则其间有高程为 203m、204m、205m、206m 及 207m 五条等高线通过。根据平距与高差成正比的原理,先目估出高程为 203m 的 m 点和高程为 207m 的 q 点,然后将 mq 的距离四等分,定出高程为 204m、205m、206m 的 n、o、p 点。同法定出其他相邻两碎部点间等高线应通过位置。将高程相等的相邻点连成光滑的曲线,就得到了这一区域内的等高线,如图 7-23(b)所示。

勾绘等高线时,要对照实地情况,先画计曲线,后画首曲线并注意等高线通过山脊线、山谷线时要与之保持正交。

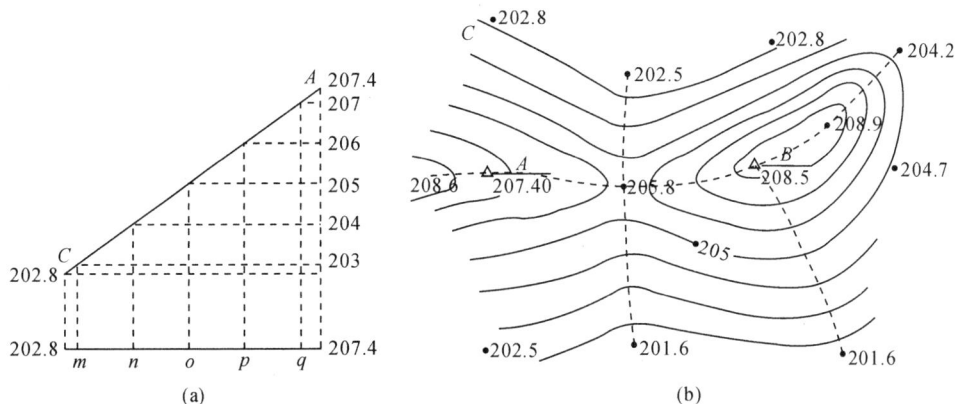

图 7-23 等高线的勾绘

五、地形图的拼接、检查与整饰

地形测量完毕后,应按测量规范要求进行拼接和整饰,还要根据质量标准进行检查。只有经整饰清绘,并检查验收合格,符合国家有关测绘成果验收标准的地形图,才能交付使用。

(一)地形图的拼接

若测区面积较大,采用分幅测图时。整饰以前必须进行地形图的拼接。为了拼接方便,测图时每幅图的西南两边应测出图框以外 2cm 左右。

拼接工作在相邻图幅间进行。若为聚酯薄膜测图,则可直接按图廓线将两幅图重叠拼接,然后检查拼接处地物及等高线的偏差,见图 7-24 所示。一般地物的测绘中误差要求小于 0.5mm,接图时两幅图上同一地物的相对位移可容许到 $0.5 \times 2\sqrt{2} \approx 1.4$mm。等高线的高程中误差要求小于基本等高距的 1/3,当等高距为 1m 时,接图时容许的最大误差为 $2\sqrt{2} \times 1 \times \frac{1}{3} \approx 0.9$m。接边差合乎要求后,取地物和等高线的平均位置加以改正,并且应保证地物的原状不变。若为白纸测图,拼接时需要先将相邻两幅图衔接处的地形蒙绘于一张透明纸条上,然后检查地物与等高线的衔接情况。经修正后,

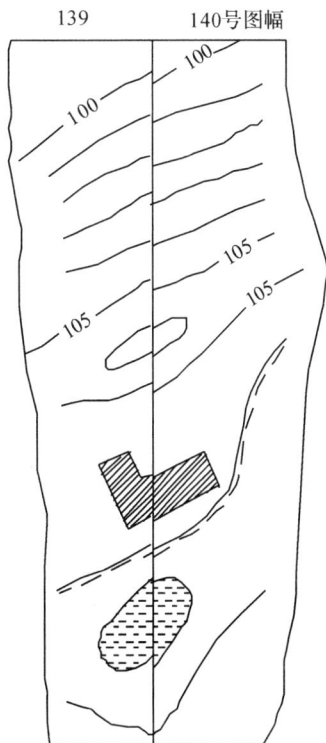

图 7-24 图幅的拼接

按透明纸上衔接好的图形转绘到相邻的图纸上去。如发现漏测或有错误,必须补测或重测。

（二）地形图的整饰

地形图底图经自查和拼接无误后,为使图面更加合理、清晰、美观,还应在室内进行整饰和清绘。整饰的顺序是先图内后图外,先注记后符号,先地物后地貌。即先整饰各种符号,然后是地物、等高线。图内整饰完后,最后按照图式要求整饰图廓,并在图廓外相应的地方注记图名、图号、接图表、比例尺、坐标系统和高程系统、测图单位、测量和绘图员及施测日期等。

1.地物的描绘

地物应按《地形图图式》规定的符号表示。如房屋轮廓需用直线相连,而道路、河流的弯曲部分则需逐点连成光滑曲线。不能依比例描绘的地物应按相应的非比例符号表示。

2.地貌的描绘

地貌主要用等高线来表示。对于不能用等高线表示的特殊地貌,例如悬崖、峭壁、陡坎、冲沟、雨裂等,应按图式规定的符号表示。

地形原图清绘和整饰好后,即可进行检查验收。

（三）地形图的检查

为确保地形图质量,除施测过程中加强自查和互查外,在地形图测完后,还应对成图质量作一次全面检查。包括室内检查和外业检查。

1.室内检查

室内检查的内容有:图上地物、地貌是否清晰易读;各种符号注记是否正确;等高线的形状是否合理,高程是否正确;图边拼接有无问题等。如发现错误或疑点,应到野外进行实地检查修改。

2.外业检查

外业检查分为巡视检查和仪器设站检查。

巡视检查主要检查地物、地貌有无遗漏;等高线是否逼真合理;符号、注记是否准确等。

仪器设站检查是在野外测图控制点上架设仪器,对地物、地貌特征点进行抽样观测检查。用仪器实测抽查的数量一般为本幅图的实测碎部点总数的 10% 左右。

3.验收

上述工作完毕后,将地形图及有关记录、计算资料一并上交,经有关验收单位审核,评定质量,作为以后用图时的依据。

习 题

1.何为比例尺? 何为比例尺精度,比例尺精度的意义是什么?

2.地物符号分为哪些类型?

3.等高线、等高距、等高线平距是如何定义的? 等高线可以分为哪些类型?

4.等高线有什么特性?

5.试述经纬仪测绘法在一个测站测绘地形图的工作步骤。

模块八　地形图应用

能力目标

1.能掌握利用地形图较强的判读能力；
2.能熟练掌握利用地形图分析、研究普通应用的能力；
3.能掌握利用地形图在建筑工程中的应用方案制订与实施能力；
4.能掌握较强的计算能力。

知识目标

1.掌握地形图图廓、地物、地貌的识读有关知识；
2.熟练掌握应用地形图求某点坐标和高程，求某直线的坐标方位角、长度和坡度有关知识；
3.掌握利用地形图量算图形面积、绘制纵断面图、选等坡度线、确定汇水面积有关知识；
4.了解利用地形图进行建筑工程的场地平整方法知识。

背景资料

　　2013年4月20日8时02分，四川省雅安市芦山县发生7.0级地震。中科院遥感与数字地球研究所立即启动应急响应预案。遥感飞机于9时50分从绵阳机场起飞，执行雅安地震灾情遥感监测任务。同时，完成地震灾区部分卫星的灾前数据产品处理，数据获取时间分别为2009年6月3日、2010年3月18日和2011年4月9日，最高数据分辨率为2.5m。利用卫星数据完成的芦山县遥感卫星影像图，在图上叠加了经纬网格，并对震中、芦山县、龙门乡等重点位置进行了标志。科研人员依据这些震前卫星数据，对灾情情况进行判读和评估。这对于灾情评估具有重要的基础性作用。

　　与此同时，国家测绘地理信息局立即启动应急保障机制。利用"资源三号"卫星获取芦山县灾前2.1m分辨率卫星影像图，制作完成相应的地势图、行政区划图等；紧急调配多颗高分辨率卫星、雷达卫星进行编程，以接收灾区卫星影像。2013年4月20日17时左右，紧急派出的无人机成功获取到芦山县核心灾区太平镇的首批高分辨率航空影像，技术人员在第一时间赶制出了第一张芦山县太平镇震后无人机航拍影像图，分辨率达到0.16m，如图8-1(a)所示为无人机航拍影像图部分内容。随后相关航拍影像图提供给国务院应急办、国家减灾委、国土资源部、中国地震局、四川省有关部门等，用于指挥决策和抢险救灾。

(a)   (b)

图 8-1　四川省雅安市 7.0 级地震震后航拍影像图

而此时的四川测绘地理信息局，按照国家测绘地理信息局的部署和要求，为四川省政府提供抗震救灾专用图、四川省交通图，为成都军区提供核心灾区 1∶1 万数字正射影像图、数字栅格地图、纸质地形图，并将测绘应急指挥平台部署在四川省政府应急指挥中心，派出测绘应急技术保障小组，现场提供测绘应急技术保障。

为有效防止因地震引发的次生地质灾害给灾区人民带来二次伤害，阻碍救援工作，四川省测绘地理信息局等部门连夜对 2013 年 4 月 20 日获取的宝盛、太平、龙门 3 乡镇低空无人机影像进行解译，在宝盛乡、太平镇、龙门乡附近初步判定滑坡 203 处、公路被堵 57 处。如图 8-1(b)所示为宝盛乡高分辨率航空遥感图像，箭头处为山体塌方造成的两条道路堵塞情况。

科技人员进一步利用地震灾害空间分析模型，开展了受灾范围和受灾人口的快速评估。评估结果如下：(1)本次地震极重灾区烈度达Ⅸ度，受灾范围约 15720km²，主要涉及芦山县、宝兴县、天全县、雅安市雨城区、名山县、邛崃市、大邑县、康定县、泸定县等区域；(2)结合 2010 年人口数据，地震影响范围内受灾人口 185 万左右。评估结果与最终结论极其吻合。

在雅安地震灾害中，由于地形图资料准备充分，信息采集反应快速，居民地、水系、土质、地形地貌、植被等信息全面，信息判读准确，极大地提高了地质灾害发生后的科学判断能力和应急反应速度，为精准救援、防灾减灾及民生需求应急指挥部门提供了可靠的保障服务。

工作任务

以地形图为学习工具，小组为单位(3～4 人)，学习、交流、讨论地形图识读、地形图应用的基本内容的知识；并互相检查知识掌握的情况。以有关知识为前提开展利用地形图在建筑工程中的应用方案制订与模拟实施工作。

任务说明

在建筑工程建设与日常生活中，经常会碰到如何使用地形图的问题。这需要通过知识的学习和技巧的训练，利用地形图的信息学会准确判读。同时理解地形图对工程建设的综合影响，使勘测、规划、设计能充分利用地形条件，优化设计和施工方案，有效节省工程建设费用。在施工中，利用地形图获取施工所需的坐标、高程、方位角等数据和进行工程量的估算等工作。

地形图是工程建设必不可少的基础性资料。在每一项新的工程建设之前,都要先进行地形测量工作,以获得规定比例尺的现状地形图。同时还要收集有关的各种比例尺地形图和资料,使得可能从历史到现状的结合上、从整体到局部的联系上、从自然地理因素到人文地理因素的分析上去进行研究。

在地形图上,可以直接确定点的概略坐标、点与点之间的水平距离和直线间夹角、直线的方位。既能利用地形图进行实地定向,或确定点的高程和两点间高差,也能从地形图上计算出面积和体积,还可以从图上决定设计对象的施工数据。

地形图是具有丰富的地形信息的载体,它既体现了各种自然地理要素,又包含了社会、政治、经济等人文地理要素。无论是工程建设,还是军事利用、国土整治、资源勘查、土地利用及规划等,都离不开地形图。

正确应用地形图,也是建筑工程技术人员必须具备的基本技能。

项目一 地形图的识读

问题提出

2008 年 5 月 12 日 14 时 28 分 04 秒,四川省阿坝藏族羌族自治州汶川县发生里氏 8.0 级地震,地震造成 69227 人遇难、374643 人受伤、17923 人失踪,是中华人民共和国成立以来破坏力最大的地震,也是唐山大地震后伤亡最惨重的一次。

地震发生后政府反应迅速,时任国务院总理温家宝第一时间亲临灾区现场。在电视报道时,有一个细节是:在飞机上温总理对着灾区的地形图细细研读,并不时与周围领导商讨。国家测绘部门负责人事后觉得非常内疚,因为无法及时提供最新的地形图,总理看的是震前地形图。

地形图的新旧有什么重要意义呢?

提示与分析

地形图的识读是掌握地形图各方面应用内容的基础,要求将地形图上的各种注记、符号、线划、颜色等表示内容准确判读出来。地形图反映的是测绘时的现状,对于未能在图纸上反映的地面上的新变化,应根据需要及时组织力量进行修测与补测。

知识链接

地形图的判读可按照先图外后图内、先地物后地貌、先注记后符号、先主要后次要的一般原则,并参照相应的《地形图图式》认真进行阅读。通过对这些符号、注记、线划、颜色的识读,可使地形图成为展现在人们面前的实地立体模型,以判断其相互关系和自然形态。

在建筑工程中,通过现有的地形图分析、研究,为设计、施工提供正确、翔实的技术资料。

一、地形图图廓外注记的识读

根据地形图图廓外的注记,首先要了解这幅图的图名和图号、图的比例尺、图幅范围、图幅接合图,以及采用什么坐标系统和高程系统,等高距是多少,等等,这样就可以确定图幅所在的位置、图幅所包括的面积和长宽等。

通常,地形图所使用的坐标系统、高程系统、等高距均用文字注明于地形图的左下角。自 1956 年起,我国统一规定以黄海平均海水面作为高程起算面,所以绝大多数地形图都属于这个高程系统。我国自 1987 年启用"1985 国家高程基准",全国均以新的水准原点高程为准。要注意两个系统的高程互换问题。

其次,需了解图廓、分度带和坐标格网等内容。图廓是指图幅四周的范围线,有内图廓和外图廓之分。内图廓是地形图分幅时的坐标格网或经纬线。内图廓四个角标注的数字是它的直角坐标值。图内的十字交叉线是坐标格网的交点。内图廓以内的内容是地形图的主体信息,包括坐标格网和经纬线、地貌符号、地物符号和注记。

再次,对地形图的测图日期、测图方法、图式版本、测图单位等要了解清楚。

如图 8-2 所示,根据地形图图廓外的注记,知道这幅图图名为沙湾,图号为 20.0—15.0,

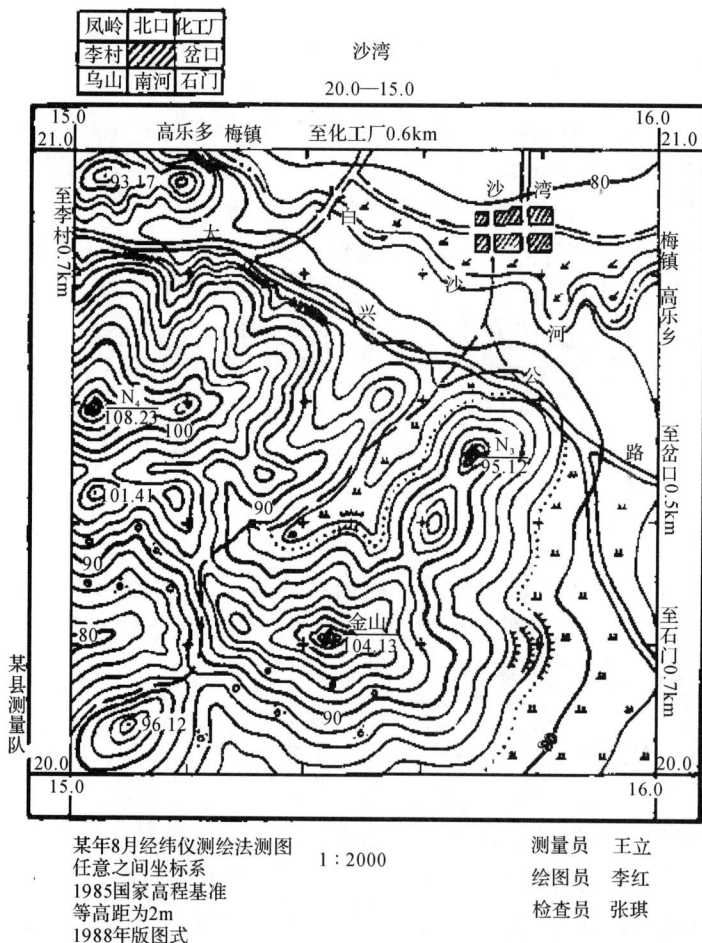

图 8-2 地形图识读

图比例尺为 1∶2000,图幅范围为 1km×1km,图幅接合图中可以看出北与"北口"图幅接壤,南与"南河"图幅相邻等,采用任意直角坐标系和 1985 国家高程基准,等高距 2m,左下角的纵坐标为 20.0km,横坐标为 15.0km 等。

二、地物和地貌的识读

地物和地貌情况是工程建设进行勘测、规划、设计的重要资料。在《基础地理信息要素分类与代码》(GB/T 13923—2006)标准中规定了基础地理信息要素分类,确定了定位基础、水系、居民地及设施、交通、管线、境界与政区、地貌、土质与植被等几个大类。在地物、地貌的识读中,应遵循有关标准、《地形图图式》符号、等高线的性质和测绘地形图时综合取舍的原则。地形图的内容很丰富,主要包括以下内容。

(一)地物识读

熟悉常用的地物符号及其表示方法,区分比例符号、半比例符号和非比例符号的不同,以及这些地物符号和地物注记的含义。地物识读的核心是居民地及设施,所以应从了解居民地及设施入手,再了解相关的交通路线走向、水系分布、土质与植被情况、管线布置、地貌、定位基础状况、境界与政区等。

如图 8-2 所示为沙湾村的地形图,其西南侧有一条东西方向的大兴公路,村子向南过一座小桥,桥下为白沙河,河水流向是由西向东,南面靠近河流处种有水稻,在东南角公路南面种有旱作。在图的西半部分有一些小山。

(二)地貌识读

要掌握等高线种类,理解等高线特性,明确等高距的数值,熟悉典型地貌符号,了解图内整个地区地貌情况,例如,山头、洼地、山脊、山谷、鞍部、峭壁等。然后从主要山头、山梁入手,依据等高线的疏密及其变化情况判断地面坡度及地形走势,从而对整个地貌特征作出分析评价。

从图 8-2 可以看出:整个地形西南高东北低,该图等高距为 2m,在图的西面最高点高程是 108.23m,西南、西北方向有多个小山头,逐渐向东北部平缓过渡,最低点高程为 70m 多,总体高差不大。在金山的东、北山脚有几处陡坎,在最高山坡的北面有几处 10m 以下的峭壁。

知识延伸—— 案例评析

一套涉密地形图的泄密之旅

谢宓是 A 市的风云人物,颇具经商头脑,什么工程都敢接,几年下来赚了不少钱。最近,他听说该市红旗林场要搞一个林地地理信息系统项目,就想到在省城搞这方面项目的朋友王明,一套涉密地形图的泄密之旅由此展开……

违规招标　涉密项目埋隐患

在电话里,谢宓对王明说:"王总,你公司能做林场的地理信息系统吗?"
"能做,只要给图,啥都能做。"

"我们这儿有个林场的项目,要不要来试试,我给你牵线。"

"好啊,不过老谢,你知道的,我们公司没有测绘资质,按规定是不允许接此类项目的,但我保证工程质量。"

"你们先把标书做一下,价格弄得低一些,我再去说说好话,应该没问题。"

联系好王明,谢宓随即又给林场的熟人老张打电话,要了林场的招标书,又把王明的公司好好吹捧了一番。2个月后,王明的公司以最优惠的价格竞标成功。虽有一些参与投标的公司向林场举报王明公司不具有测绘资质,不能承担该项目的问题。但林场研究后认为:该项目不复杂,王明的公司以前也从事过这方面的工作,应该不会出现问题,便与王明的公司签订了合同。

合同签订后,林场从当地测绘部门申领了有关涉密地形图。测绘部门在提供有关涉密地形图时,明确要求林场必须采取有效保密管理措施,但林场取得涉密地形图后,随即交给了王明,没有提任何保密要求。

明知故犯　复制传送皆泄密

王明拿到的是20张标有秘密字样的图纸。他想到:把这些图纸带到省城很不方便,如果弄丢了,会很麻烦,于是就与谢宓商量,请他把这些图纸在A市进行扫描,谢宓痛快地答应了。王明特别嘱咐他:这些地图涉及国家秘密,一定要看管好,扫描过程千万不能出纰漏。

谢宓觉得这是双方得利的好事,却把王明叮嘱其注意保密的事忘在了脑后。他直接找到当地有大型扫描仪的复印店,把图纸往店里一放,要求店老板抓紧扫描,便离开了,一天后才回到该复印店取图纸。

谢宓拿着自己的U盘去拷图,由于U盘空间不够,他让老板给他刻一张光盘。"我这里没有光盘。"老板说:"把图传到你的电子邮箱不就行了吗?"

"看我笨的,你这存图的电脑能上网吗?"

"随时可以上。"

谢宓接受了店老板的提议,将图上传到自己的电子信箱里,后又把图直接发送给了王明。王明验完图,对谢宓说:"扫得挺不错,纸质图纸我不要了,麻烦你还给林场吧。这些图都是涉密的,按道理不能在互联网上传,被查到就麻烦了,你务必把电脑上的图都删除干净。"此后,王明回到省城,组织公司员工在连接互联网的计算机上处理这些涉密图纸,并在员工之间相互传递,致使涉密地形图泄密范围不断扩大。

错上加错　涉密地图被倒卖

谢宓将图纸还给林场后,心存私念:觉得自己手里有一套电子地图的事无人知晓,不交、不删也没有问题,或许以后这套地图还能派上用场。果然,没过两天,谢宓的一个朋友张扬就找到了他。

"老谢,听说你承担了林场的项目,又发财了吧。"

"没有,帮朋友牵线,我没拿多少钱。"

"哦,我这里倒有一个赚钱的机会,你知道我们最近和B国的公司合作,设立了一家外商独资企业,有计划对林场那块地进行矿产资源开发,我知道林场给了你们一些地形图,提供给我们,怎么样,一张图我给你200元。"

谢宓心里一惊,不费力就可以赚4000元,真是天上掉下了馅饼。可转念又想:"不对,他们怎么不去测绘部门申请呢？这其中肯定有问题。"于是问道："你们为什么不去测绘部门申请呢？"

张扬直言："我们是外资公司，拿这类图比较麻烦。从你这儿拿方便，也给老兄一个赚钱的机会。"谢宓琢磨了半天，提出了每张至少 400 元的条件。经过一番讨价还价，双方最终以每张 250 元的价格成交。随后，谢宓通过电子邮箱，将整套图纸传给了张扬。

张扬拿到图后，通过互联网大肆传播，还通过电子邮件将地图发送出境，交给在 B 国的合作公司，造成涉密地形图在更大范围内泄露。

事件发生后，司法机关对谢宓、王明、张扬等人的泄密行为追究了刑事责任。也许只有当冰冷的手铐铐在手上时，他们才会真正意识到自己的行为给国家安全和利益造成的损害。同时，有关部门对林场和王明公司也进行了追惩和处罚。

【法理评析】

本案是极为典型的一起违反涉密地理信息使用、管理制度，造成涉密地理信息被泄露的案件。林场、王明、谢宓、张扬等各方当事人在本案中都存在违法行为，现结合有关法律法规，对各方的行为分析如下：

(1)林场。一是违规发包。《中华人民共和国测绘法》(2002 年 8 月 29 日修订)(以下简称《测绘法》)规定，测绘项目实施承发包的，发包单位不得向不具有相应测绘资质等级的单位发包。林场在明知王明的公司没有测绘资质的前提下，仍然将项目发包给王明，属于违规发包，同时也为泄密案件的发生埋下了隐患。二是监管不力。《基础测绘成果提供使用管理暂行办法》第十六条规定，被许可使用人必须根据基础测绘成果的密级按国家有关保密法律法规的要求使用，并采取有效保密措施，严防泄密；被许可使用人若委托第三方开发，项目完成后，负有督促其销毁相应测绘成果的义务。林场在获取有关涉密地理信息数据后，未按有关规定采取保密措施，将涉密地形图直接交给第三方开发，并且在开发过程中没有实施有效监管，在开发结束后没有督促其销毁所有测绘成果，直接造成国家秘密的泄露。

(2)王明及其公司。一是违规承包。《测绘法》规定，从事测绘活动的单位应当依法取得相应的测绘资质。王明的公司不具有测绘资质，违规承揽涉密测绘项目，已构成非法测绘。二是涉嫌泄露国家秘密。《中华人民共和国保密法》(以下简称《保密法》)第二十六条规定，禁止非法复制、记录、存储国家秘密；禁止在互联网及其他公共信息网络或者未采取保密措施的有线和无线通信中传递国家秘密。王明在明知有关地形图属于国家秘密的情况下，未采取必要的保密管理措施，使用电子邮件传递涉密信息，并在连接互联网的计算机上存储、处理涉密信息，造成国家秘密泄露。

(3)谢宓。一是非法复制、转让国家秘密载体。《中华人民共和国测绘成果管理条例》第十八条规定，对未经提供测绘成果的部门批准，擅自复制、转让或者转借测绘成果的，由测绘行政主管部门给予通报批评，可以并处罚款。《关于国家秘密载体保密管理的规定》规定，复制国家秘密载体，应当经制发机关、单位批准，并到保密行政管理部门审查批准的定点单位复制。谢宓非但没有报提供涉密测绘成果的部门审批，而且在非国家秘密载体定点复制单位复制涉密地形图，导致涉密地形图失控。此外，谢宓私自留存国家秘密载体，并违规转让给他人，造成国家秘密在较大范围泄露。二是涉嫌泄露国家秘密。谢宓在知悉有关地形图属于国家秘密的情况下，违反《保密法》有关规定，利用电子邮件传递涉密地形图，造成国家秘密泄露，应承担相应的法律责任。

(4)张扬。为境外收买国家秘密。《测绘法》规定，测绘成果属于国家秘密的，适用国家保密法律、行政法规的规定;需要对外提供的,按照国务院和中央军事委员会规定的审批程序执行。张扬在明知境外公司获取涉密地理信息数据必须经过审批的情况下,违反规定从谢宓处收买国家秘密,并使用电子邮件将涉密地理信息数据传递至境外,涉嫌构成为境外窃取、刺探、收买、非法提供国家秘密、情报罪。

项目二 地形图应用的基本内容

问题提出

浙江省诸暨市某镇有 2 个山村,有 100 多亩分处 3 个山头的坡地交错在一起。早年多为荒坡,没有什么收入,所以地界也没有细分,大家也相安无事。随着一个著名的茶叶公司要在此租用坡地,大规模开发为茶山,矛盾就出来了。租期长,租金又是按亩计算的,算算钱有不少,可是地界不清,租金该如何分配呢?

提示与分析

如果有可利用的地形图,可以直接在图上量算面积;如果没有正确的地形图,也可以通过有资质的测绘单位进行测绘,制作地形图后再量算面积。

知识链接

在建筑工程建设与运用时,往往要在地形图上求出任意点的坐标、高程,确定两点之间的距离、坐标方位角和坡度,量算面积等,这就是地形图应用的基本内容,现述如下。

一、确定图上某点的坐标

点的坐标是根据地形图上标注的坐标格网的坐标值确定的。如图 8-3 所示,求 P 点的坐标。具体方法如下:

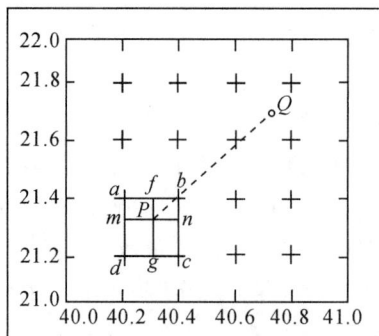

1 : 2000

图 8-3 求图上某点坐标

(1)确定 P 点所在方格 $abcd$。

(2)过 P 点作方格网的平行线交 P 点所在方格于 f、g 点和 m、n 点;

(3)量取 dm、dg 的图上长度分别为 8.5cm、5.5cm。

(4)根据下列公式计算 P 点坐标为

$$x_p = x_d + dm \cdot M$$
$$y_p = y_d + dg \cdot M$$

(8-1)

式中:M 为测图比例尺分母。

则 P 点坐标为

$$x_P = 21200 + 170 = 21370 \text{(m)}$$
$$y_P = 40200 + 110 = 40310 \text{(m)}$$

即 $P(21370, 40310)$。

为了消除图纸伸缩影响,还需量取 da、dc 的图上长度。在图纸使用过程中,会产生伸缩变形,致使方格网中每个方格的边长与理论值(本例 l 为 10cm)不相等,为了使坐标值更精确,可采用下列公式进行校核:

$$\begin{cases} x_P = x_d + \dfrac{l}{da} \cdot dm \cdot M \\ y_P = y_d + \dfrac{l}{dc} \cdot dg \cdot M \end{cases}$$

(8-2)

式中:l 为方格理论边长,M 为测图比例尺分母。

二、根据图上直线的长度确定水平距离

如图 8-4 所示,欲求直线 AB 的实地水平距离,可用下述两种方法解决。

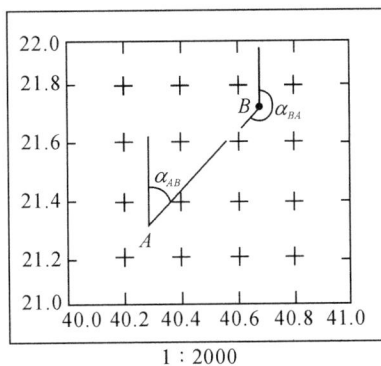

图 8-4 求直线 AB 的实地水平距离和坐标方位角

(一)解析法

如图 8-4 所示,已知 A、B 两点的坐标,欲求 A、B 两点间的水平距离,则 A、B 两点水平距离根据公式可以确定:

$$D_{AB} = \sqrt{(x_B - x_A)^2 + (y_B - y_A)^2}$$

(8-3)

（二）图解法

可以用以下一些方法解决：

(1)先量取图上两点间的长度，再乘以比例尺分母。

(2)用三棱尺量取图上两点间的实地水平距离。

(3)用分规量取两点间的长度，在直线比例尺上读取实地距离。

三、确定两点间直线的坐标方位角

如图 8-4 所示，欲求直线 AB 的坐标方位角，可用下述两种方法解决。

（一）解析法

首先确定 A、B 两点的坐标，然后按下列公式确定直线 AB 的坐标方位角。

$$\alpha_{AB} = \arctan \frac{\Delta y}{\Delta x} = \arctan \frac{y_B - y_A}{x_B - x_A} \tag{8-4}$$

注意，确定坐标方位角的时候，必须考虑 Δx 和 Δy 的正负符号，判断直线的象限位置，从而计算正确的坐标方位角。

（二）图解法

在图上先过 A、B 点分别作出平行于纵坐标轴的直线，然后用量角器分别度量出直线 AB 的正、反坐标方位角 $\alpha_{AB}{}'$ 和 $\alpha_{BA}{}'$，取这两个测量值的平均值作为直线 AB 的坐标方位角。

$$\alpha_{AB} = \frac{1}{2}(\alpha_{AB}{}' + \alpha_{BA}{}' \pm 180°) \tag{8-5}$$

公式中，当 $\alpha_{BA}{}'$ 大于 $180°$ 时，取 $-180°$；当 $\alpha_{BA}{}'$ 小于 $180°$ 时，取 $+180°$。

四、确定图上某点的高程

图上各点的高程可通过等高线求得。若所求点恰好位于某等高线上，那么该点高程就等于该等高线的高程。若所求点在两等高线之间，如图 8-5(a)中 P 点，可通过 P 作一条大致垂直两相邻等高线的线段 mn，在图上量出 mn 和 mP 的长度，即实地的水平距离，则 P 点高程为

$$H_P = H_m + \frac{mP}{mn}h \tag{8-6}$$

式中：H_m 为 m 点的高程；h 为等高距。

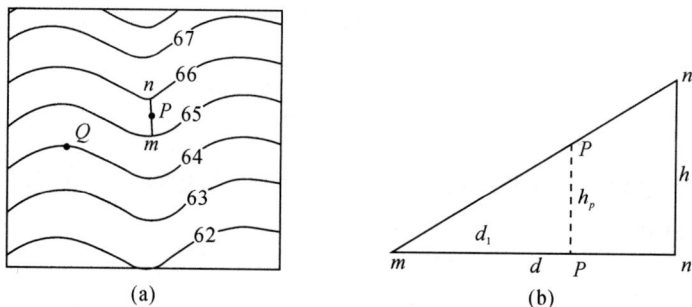

图 8-5 求点的高程

【例1】 如图 8-5(a)所示,求 P 点和 Q 点的高程。

【解】 Q 点在 64m 的等高线上,所以高程为 64m。P 点在 65m、66m 两等高线之间,若量出 mn 为 10mm,mP 为 6mm,则根据公式(8-6)可知:

$$H_P = H_m + \frac{mP}{mn}h = 65 + \frac{6}{10} \times 1 = 65.6 \text{(m)}$$

如图 8-5(b)所示,从剖面可以看出,在图上量出 mn 和 mP 的长度实为 mn 和 mP 的水平距离 d 和 d_1。如果精度要求不高,也可以目估 mP 与 mn 的比例来确定 P 点的高程。在一般地区使用也不会超过《工程测量规范》(GB 50026—2007)的有关限定。

五、确定两点间的坡度

两点间的坡度是指直线两端点间的高差 h 与其平距 D 之比。用 i 表示。坡度的计算公式是

$$i = \tan\alpha = \frac{h}{D} = \frac{h}{d \cdot M} \tag{8-7}$$

坡度 i 一般用百分率(%)或千分率(‰)表示,上坡为正、下坡为负,如图 8-6 所示。

由等高线的特性可知,地形图上某处等高线之间的平距愈小,则地面坡度愈大。反之,等高线间平距愈大,坡度愈小。当等高线为一组等间距平行直线时,则该地区地貌为斜平面。当地面两点间穿过的等高线平距不等时,计算的坡度则为地面两点平均坡度。

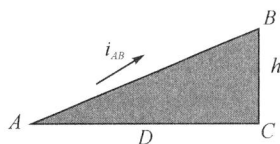

图 8-6 坡度示意

六、图形面积的量算

在地形图上量算面积的方法较多,应根据具体情况选择不同的方法。

(一)几何图形法

若待量算面积的图形为规则的几何图形,如矩形、三角形、梯形等,可量测其几何要素,用相应的几何面积计算公式计算其面积。也可将多边形划分为若干个几何图形来计算。

为保证量算精度,所划分三角形的底高之比以接近 1∶1 为最好。

如图 8-7 所示,将所求多边形 12345 的面积分解为 Ⅰ、Ⅱ、Ⅲ 等 3 个三角形,求出各三角形面积,其面积总和即为整个多边形的面积。

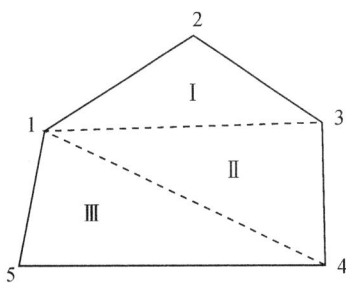

图 8-7 几何图形求面积

(二)透明方格纸法

利用绘有边长为 1mm 或 2mm 正方形网格的透明模片(或透明纸),蒙图数格量算面积的方法,称为方格法。如图 8-8 所示,要计算曲线内的面积,可将一张透明方格纸覆盖在图形上,数出曲线内的整方格数 n_1 和不足一整格的方格数 n_2。设每个方格的面积为 a(当为 1mm 方格时,$a = 1\text{mm}^2$),则曲线围成的图形实地面积为

$$A = \left(n_1 + \frac{1}{2} n_2 \right) a M^2 \tag{8-8}$$

式中:M 为比例尺分母。计算时应注意 a 的单位。

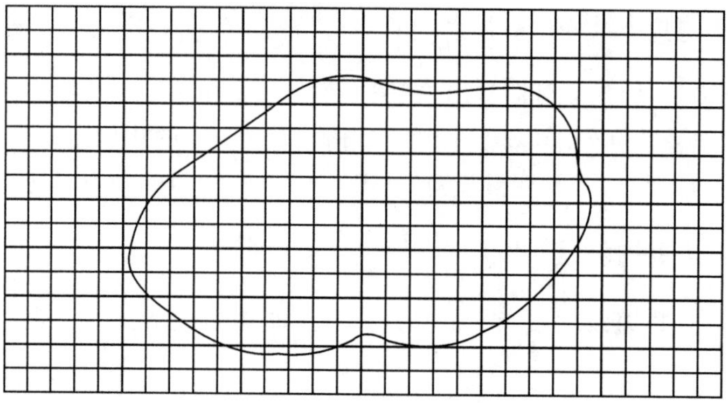

图 8-8　方格纸法求面积

（三）平行线法

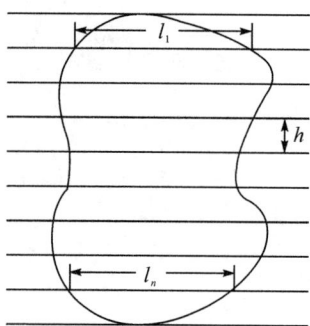

图 8-9　平行线法求面积

利用刻有间距 h 为 1mm 或 2mm 平行线组的透明膜片,将其覆盖在待量算的图形上量算面积的方法,称为平行线法,又称积距法。

如图 8-9 所示,图形被平行线分割成若干个等高的近似梯形,并使两条平行线与曲线图形边缘相切,用分规和比例尺量取在曲线内的长度为 l_1、l_2、$\cdots$、l_n,将其累加后乘以梯形的高（平行线间距为 h）,即得到图形的面积:

$$A_1 = \frac{1}{2} h (0 + l_1)$$

$$A_2 = \frac{1}{2} h (l_1 + l_2)$$

$$\vdots$$

$$A_n = \frac{1}{2} h (l_{n-1} + l_n)$$

图形总面积为

$$A = h \sum_{i=1}^{n} l_i \tag{8-9}$$

（四）电子求积仪法

除上述方法外,还可用电子求积仪来测定图形面积。这是一种专门供图上量算面积的仪器,其优点是操作简便、速度快,适用于任意曲线图形的面积量算,且能保证一定的精度。如图 8-10 所示是常用的一种电子求积仪。

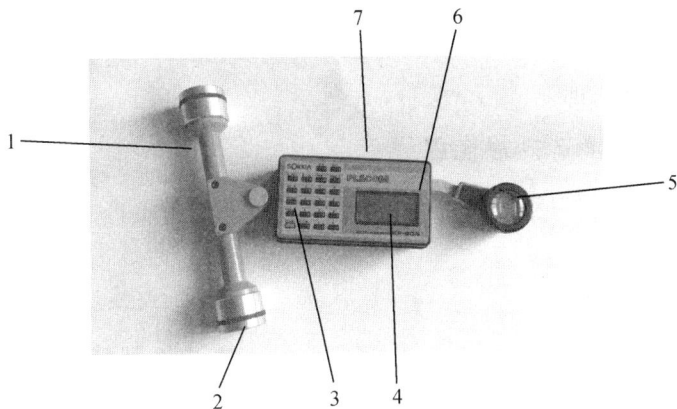

图 8-10　KP-90N 型电子求积仪

1—动极轴　2—滚轮　3—键盘　4—显示窗　5—跟踪放大镜　6—跟踪臂　7—交流转换器插座

　　此仪器在设定图形比例尺和计量单位后,把仪器放在图形轮廓的中间偏左处,在图形的边界上任取一点,作为测量开始的起点。并使跟踪放大镜的中心与其重合。按下 START 键,蜂鸣器发出响声,显示窗显示出数字 0,在显示窗口左下端显示出测量次数。按顺时针方向跟踪图形。在跟踪图形一周后,按下 MEMO 键结束测量。此时,蜂鸣器响,在显示窗上自动显示图形的面积和周长。

项目三　地形图在工程建设中的应用

问题提出

　　曾有一则新闻报道说,某山村地处交通不便的半山腰,早先村民出村要蹚过一条小溪流,学生去上学也是如此。后来条件好些了,在别人的资助下终于有路了,在溪流上装了当地最大的水泥预制涵管。可是一到下雨天,学生上学还是要蹚水,因为溪流的水量多而急,漫过了路面。时间久了,路也冲垮了,他们又重新过起了出村必蹚水的生活。那他们的路就该这样走下去吗?

提示与分析

　　工程建设不是光有钱就能解决问题的,需要以科学的规划、设计,准确的数据,选用合理的设计和施工方案为前提。

一、按规定的坡度选择最佳路线

在道路、管道等工程设计时,要求在不超过某一限制坡度条件下,选定最短线路或等坡度线路。

【例 2】 如图 8-11 所示,要从 A 向山顶 B 选一条道路的路线。已知等高线的基本等高距 h 为 1m,比例尺为 1∶2000,规定坡度 i 为 5%,该如何选择一条最佳线路?

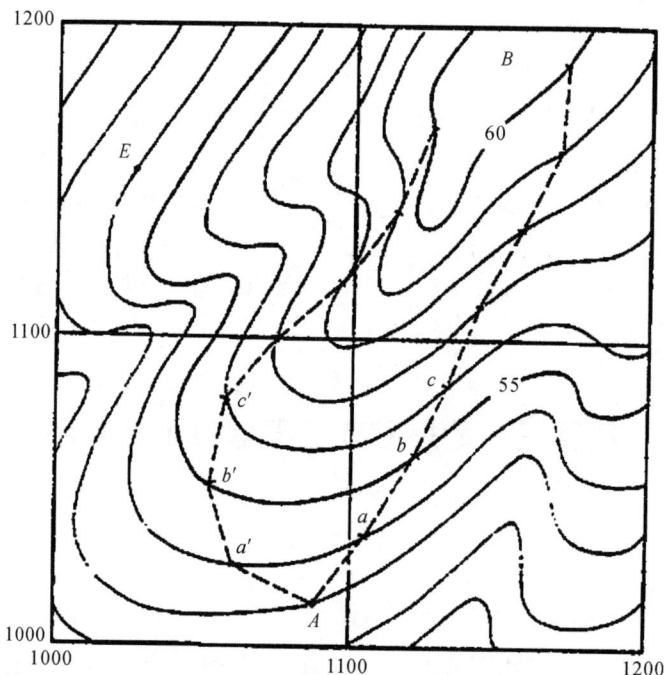

图 8-11 按规定的坡度选定等坡路线

【解】 (1)求出拟建路线通过相邻等高线的平距 D:

$$D = \frac{h}{i} = \frac{1}{5\%} = 20(\text{m})$$

(2)计算平距 D 在图上的距离:

$$d = \frac{D}{M} = \frac{20}{2000} \times 100 = 0.01 \times 100 = 1(\text{cm})$$

(3)用分规以 A 为圆心,1cm 为半径,作圆弧交 54m 等高线于 a 或 a'。再以 a 或 a' 为圆心,按同样的半径交 55m 等高线于 b 或 b'。同法可得一系列交点,直到 B。

(4)把相邻点连接,即得数条符合设计要求的路线的大致方向。由图中可以看出,A—a'—b'—c' 的线路的线形,不如 A—a—b—c 线路线形好。再通过实地踏勘,综合考虑各种因素对工程的影响,如少占耕地,避开滑坡地带,土石方工程量小等,以获得最佳方案。

二、绘制已知方向纵断面图

在道路、管道设计和土方计算中常利用地形图绘制沿线方向的断面图。

【例3】 如图8-12(a)所示,要求绘出AB方向的断面图。

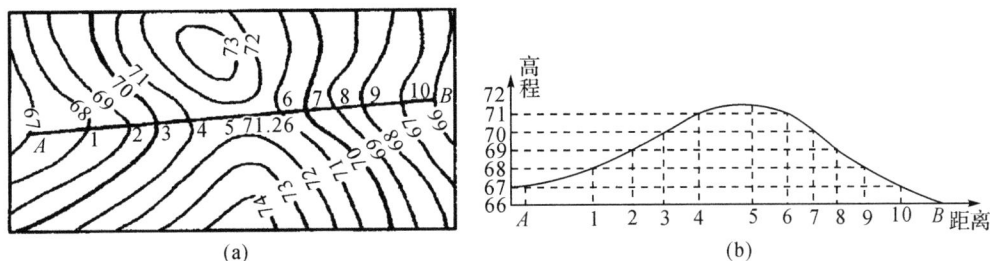

图8-12 绘制已知方向纵断面图

【解】 绘制方法:

(1)在图8-12(b)中绘出直角坐标系,横轴表示水平距离,纵轴表示高程。为了绘图方便,水平距离的比例尺一般选择与地形图相同。为了较明显地反映路线方向的地面起伏,以便于在断面图上作竖向布置,取高程比例尺是水平距离比例尺的10倍或20倍。

(2)在横轴上以A为起点,以线段$A1$、$A2$、$A3$直至AB为半径,截得对应1、2、3等点,即两图中同名线段一样长。

(3)把图8-12(a)中A、1、2、3直至B点的高程作为图8-12(b)中横轴上同名点的纵坐标值,这样就作出断面上的地面点,把这些点依次平滑地连接起来,就形成纵断面图。

为了较合理地反映断面的起伏,应根据鞍部情况内插得出4、6点之间的5点高程。

三、确定汇水面积的边界线

当在山谷或河流修建大坝、架设桥梁或敷设涵洞时,需要知道雨水流向同一山谷地面的受雨面积有多大,即需要了解汇水面积的大小。汇水面积的边界是根据等高线的分水线(山脊线)来确定的。

如图8-13所示,公路AB通过山谷,在M处要建一涵洞,为了设计孔径的大小,要确定该处汇水面积。由图8-13看出,流往AB断面的汇水面积,即为AB断面与该山谷相邻的山脊线的连线所围成的面积(图中虚线部分)。可用透明方格网法、平行线法或电子求积仪测定该面积的大小。

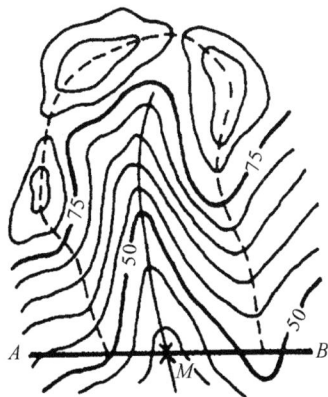

图8-13 确定汇水面积的边界线

四、平整场地

在建筑工程建设中,往往需要对原来的地貌进行平整,并计算土石方量,以适应各类建筑物的布置、地面水的排除、交通运输与管线敷设等需要,这种改造工作称为场地平整。在地形图上进行场地平整方法很多,应用较广泛的有方格法和等高线法。

（一）方格法计算土（石）方量

方格法的主要步骤有：

(1)在地形图上绘制方格网。

(2)求方格网角点的地面高程。

(3)计算设计高程。

(4)确定填挖边界线。

(5)计算各方格网角点填、挖高度。

(6)计算填、挖土（石）方量。

方格网边长根据地形的复杂程度、地形图比例尺的大小、土（石）方估算的精度要求，一般为 10mm 或 20mm。在需平整地块起伏不大、面积较大且地面坡度有规律的情况下，应用方格法估算有计算比较方便、精度较高的优点。

【例 4】 如图 8-14 所示，在 1∶1000 地形图上，要求将原有一定起伏的地形平整成一水平场地，而且要求挖方量和填方量大致平衡。请计算填挖土（石）方量。

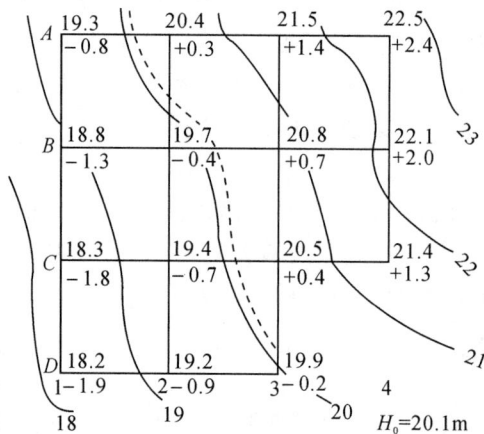

图 8-14 方格法估算土（石）方量

【解】 步骤如下：

(1)在地形图上绘制方格网。

在地形图上拟平整场地范围内绘方格网，方格网边长为 20mm，实际为 20m。将方格网横线分别编为 1、2、3、4，纵线分别编为 A、B、C、D。

(2)求方格网角点的地面高程。

根据方格网角点在地形图上的位置，用等高线内插法目估确定各格角点的地面高程，并注记在格点右上方。

(3)计算设计高程。

从图 8-14 可以看出，角点 A1、D1、D3、C4、A4 的高程只参加一次计算，边点 A2、A3、B1、B4、C1、D2 的高程参加两次计算，拐点 C3 的高程参加三次计算，中点 B2、B3、C2 的高程参加四次计算，因此，根据加权平均法计算设计高程 H_0 的公式为

$$H_0 = \frac{\sum H_角 + 2\sum H_边 + 3\sum H_拐 + 4\sum H_中}{4N}$$

(8-10)

式中:N 为方格总数。

将图 8-14 中各格点高程代入公式(8-10),求出设计高程:

$$H_0 = [(19.3+22.5+21.4+18.2+19.9)+2\times(20.4+21.5+18.8+22.1$$
$$+18.3+19.2)+3\times20.5+4\times(19.7+20.8+19.4)]\div(4\times8)=20.1(m)$$

(4)确定填挖边界线。

在地形图内插绘出 20.1m 等高线(图中虚线),此即为不填不挖的边界线,也称为零线。

(5)计算各方格网角点填、挖高度。

设地面高程为 H_i,则各方格角点的填、挖高度 h_i 为

$$h_i = H_i - H_0 \tag{8-11}$$

将挖、填方高度注记在相应网格角点右下方(可改用红色笔注记)。"+"号为挖方,"-"号为填方。

(6)计算填、挖土(石)方量。

填、挖土(石)方量是将角点、边点、拐点、中点的挖、填方高度,分别代表 1/4、2/4、3/4、1 方格面积的平均挖、填方高度,故填、挖土(石)方量分别按下式计算:

$$\left.\begin{array}{l}\text{角点:挖(填)方高度}\times\dfrac{1}{4}\text{方格面积}\\[6pt]\text{边点:挖(填)方高度}\times\dfrac{2}{4}\text{方格面积}\\[6pt]\text{拐点:挖(填)方高度}\times\dfrac{3}{4}\text{方格面积}\\[6pt]\text{中点:挖(填)方高度}\times\text{方格面积}\end{array}\right\} \tag{8-12}$$

实际计算时,可按方格线依次计算挖、填方量,然后再计算挖方量总和及填方量总和。

图 8-14 中土(石)方量计算如下(方格边长为 20m×20m):

$$A:V_W=2.4\times\frac{1}{4}\times400+(0.3+1.4)\times\frac{2}{4}\times400=+580(m^3)$$

$$V_T=(-0.8)\times\frac{1}{4}\times400=-80(m^3)$$

$$B:V_W=2.0\times\frac{2}{4}\times400+0.7\times1\times400=+680(m^3)$$

$$V_T=(-1.3)\times\frac{2}{4}\times400+(-0.4)\times1\times400=-420(m^3)$$

$$C:V_W=1.3\times\frac{1}{4}\times400+0.4\times\frac{3}{4}\times400=+250(m^3)$$

$$V_T=(-1.8)\times\frac{2}{4}\times400+(-0.7)\times1\times400=-640(m^3)$$

$$D:V_W=0$$

$$V_T=(-1.9-0.2)\times\frac{1}{4}\times400+(-0.9)\times\frac{2}{4}\times400=-390(m^3)$$

总挖方量:$\sum V_W = 580+680+250 = +1510(m^3)$

总填方量:$\sum V_T = -80+(-420)+(-640)+(-390) = -1530(m^3)$

总挖方量与总填方量相近,填、挖方量处于均衡状态。符合平整后的场地坡度能满足排

水的要求,达到全场土方量的平衡和工程量最小的平整基本原则。

（二）等高线法计算土(石)方量

等高线法是从场地设计高程的等高线开始,求出各等高线所包围的面积,分别将相邻两条等高线所围面积的平均值乘以等高距,就是此两等高线间地面的土方量,再求和即得总挖方量或填方量。等高线法适用于场地地面起伏较大、坡度均匀、需计算的挖方或填方均一。

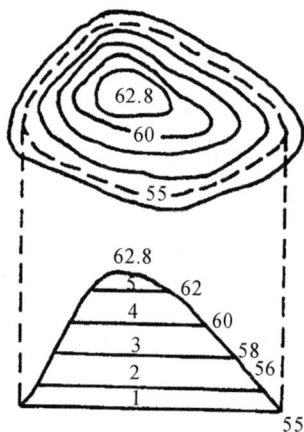

【例5】 如图 8-15 所示,某地形图等高距为 2m,要求在平整场地后的设计高程为 55m。求总挖方量为多少?

【解】 (1)在地形图中确定出设计高程 55m 的等高线(图中虚线)。

(2)分别求出 55m、56m、58m、60m、62m 五条等高线所围成的面积 A_{55}、A_{56}、A_{58}、A_{60}、A_{62},即可算出每层土石方量为

$$V_1 = \frac{1}{2}(A_{55} + A_{56}) \times 1$$

$$V_2 = \frac{1}{2}(A_{56} + A_{58}) \times 2$$

$$\vdots$$

$$V_5 = \frac{1}{3}A_{62} \times 0.8$$

V_5 是 62m 等高线以上山头顶部的土(石)方量。

图 8-15 等高线法求土方量

总挖方量为

$$\sum V_W = V_1 + V_2 + V_3 + V_4 + V_5$$

课堂讨论

某建筑商承包了某地的场地平整项目,他施工认真,按期完成。但在工程验收时因为不符合设计要求而没有通过,只得再次返工。事后他很后悔没有认真看设计说明,他按照经验平整为水平面,而设计要求是具有一定坡度的倾斜面。请各位同学课外查阅资料,讨论解决具有一定坡度倾斜面的场地平整问题。

习 题

一、选择题

1.接图表的作用是( )。

A.表示本图的边界线或范围   B.表示本图的代号

C.表示本图幅与其他图幅的位置关系   D.都不是

2.高差与水平距离之( )为坡度。

A.和   B.差   C.比   D.积

3.在地形图上，量得 A 点高程为 21.17m，B 点高程为 16.84m，AB 距离为 279.50m，则直线 AB 的坡度为（　　　）。

A.6.8% 　　B.1.5% 　　C.−1.5% 　　D.−6.8%

4.在 1∶1000 地形图上，设等高距为 1m，现量得某相邻两条等高线上 A、B 两点间的图上距离为 0.01m，则 A、B 两点的地面坡度为（　　　）。

A.1% 　　B.5% 　　C.10% 　　D.20%

5.同一坡度两个地形点高程分别为 21.4m 和 27.3m，若等高距为 2m，通过两点间等高线的高程应为（　　　）m。

A.23.4，25.4 　　　　　　　　B.22.4，24.4，26.4

C.23，25，27 　　　　　　　　D.22，24，26

6.已知 A 点坐标 $x_A=111.00m$，$y_A=124.30m$，B 点坐标 $x_B=110.42m$，$y_B=142.41m$，则 A、B 两点间的距离为（　　　）。

A.18.12m 　　B.18.69m 　　C.34.64m 　　D.45.29m

7.在 1∶1000 比例尺地形图上，量得某厂的面积为 50cm²，则该厂实地面积是（　　　）km²。

A.0.005 　　　　　　　　　　B.0.05

C.0.5 　　　　　　　　　　　D.5

8.道路纵断面图的高程比例尺通常比水平距离比例尺（　　　）。

A.小一半 　　B.小 10 倍 　　C.大一倍 　　D.大 10 倍

9.应用地形图确定汇水面积时，汇水面积通常是由（　　　）围成的区域确定。

A.山谷线 　　　　　　　　　　B.山谷与山脊线

C.悬崖线 　　　　　　　　　　D.山脊线

10.在比例尺为 1∶2000、等高距为 2m 的地形图上，如果按照坡度 $i=5\%$，从坡脚 A 到坡顶 B 来选择路线，其通过相邻等高线时在图上的长度为（　　　）mm。

A.10 　　B.15 　　C.20 　　D.25

11.在 1∶2000 地形图上，设等高距为 1m，现要设计一条坡度为 5% 的等坡度路线，则路线上等高线间隔应为（　　　）。

A.0.1m 　　B.0.1cm 　　C.1cm 　　D.5mm

二、填空题

1.在地形图判读时，一般按_____、_____、_____、_____的原则逐一识读。

2.在 1∶1000 比例尺的平面图上，量得某矩形房屋的长边长度为 8.0cm、短边长度为 3.2cm，则该房屋占地面积为_____m²。

3.在 1∶2000 地形图上，量得某直线的图上距离为 18.17cm，则其实地水平距离为_____m。

4.已知 A、B 两点的坐标值分别为 $x_A=5773.633m$，$y_A=4244.098m$，$x_B=6190.496m$，$y_B=4193.614m$，则坐标方位角 $\alpha_{AB}=$_____、水平距离 $D_{AB}=$_____m。

5.汇水面积的边界线是由一系列_____连接而成。

6.在 1∶1000 地形图上，若等高距为 1m，现要设计一条坡度为 4% 的等坡度路线，则在地形图上该路线的等高线平距应为_____mm。

7. 要在 AB 方向上测设一条坡度为 $1‰$ 的坡度线, 已知 A 点高程为 $24.050m$, AB 的实地水平距离为 $120m$, 则 B 点高程应为_____ m。

8. 在 $1:10000$ 地形图上, 得到 A、B 两点的高差为 $2m$, 量得 AB 图上长度为 $2.0cm$, 则直线 AB 的坡度为_____ $\%$。

三、判断题

1. 地形图所使用的高程系统用文字注明于地形图的右下角。(   )

2. 比例符号、半比例符号都属于地物符号。(   )

3. 从 $1:500$ 比例尺的地形图上量得一段长度为 $3.8cm$, 则在地面上的实际距离是 $38m$。(   )

4. 量算矩形、三角形等几何图形面积, 用透明方格纸法最为便捷。(   )

5. 方格法平整场地时, 设计高程是指场地平整后, 各方格的地面高程。(   )

6. A、B 两点间高差为 $3.7m$, 水平距离为 $42.0m$, 则 AB 的坡度为 5%。(   )

7. 场地平整测量通常采用方格法和断面法两种方法。(   )

8. 场地平整的原则是平整后的场地坡度能满足排水的要求, 达到全场土方量的平衡和工程量最小。(   )

四、简答题

1. 地形图中地物与地貌如何识读?

2. 地形图的应用包括哪些内容?

3. 地形图在工程建设中的应用有哪些内容?

4. 简述按规定的坡度选择最佳路线的基本做法。

5. 简述方格法计算土(石)方量的主要步骤。

五、计算题

1. 为了把货物从河边码头 A 运到火车站 B, 欲从 A 点到 B 点选择一条公路, 允许最大坡度为 8%, 试在下图中画出此路线。

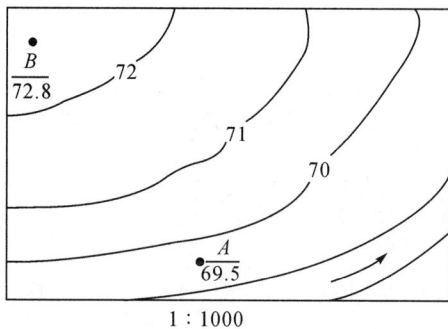

1:1000

2.根据附图,试沿 AB 方向画出纵断面图。

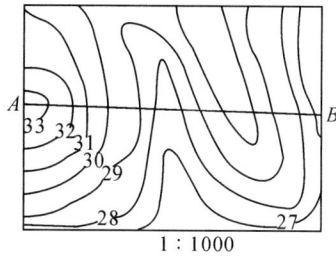

1 : 1000

3.下图为地形图上平整土地中的一方格(10m×10m 方格),其方格顶点地面高程 $H_A=$ 76.2m,$H_B=76.3$m,$H_C=72.4$m,$H_D=71.9$m,试求出平整为一水平面的设计高程,并在图上标出填挖边界线,注明填挖区域。

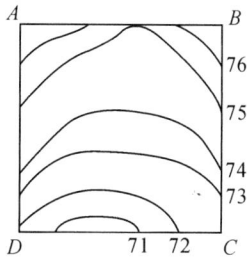

模块九　施工测量的基本工作

项目一　施工测量概述

问题提出

施工测量是施工的先导,贯穿于整个施工过程中。那么施工测量主要有哪些内容,施工测量的基本工作内容是什么？如何操作？施工测量的主要任务是施工放样,即以地面控制点为基础,根据图纸上的建筑物的设计数据,将建(构)筑物的特征点在实地标定出来,作为施工的依据。如何将建筑物特征点在地面上标定？常用的方法有哪些？如何操作？

知识链接

一、基本概念

施工测量定义:在施工阶段所进行的测量工作,称为施工测量。施工测量的主要任务是以地面控制点为基础,根据图纸上的建筑物的设计数据计算出建(构)筑物各特征点与控制点之间的距离、角度、高差等数据,将建(构)筑物的特征点在实地标定出来,作为施工的依据,这项工作称为测设,又称施工放样。

施工测量的目的:与一般测图工作相反,它是按照设计和施工的要求将设计的建(构)筑物的平面位置和高程测设在地面上,作为施工的依据,并在施工过程中进行一系列的测量工作,以衔接和指导各工序之间的施工。

二、施工测量的内容

施工测量包括以下主要内容:

(1)施工控制测量。开工前在施工场地上建立施工控制网,以保证施工测设(放样)的整体精度,可分批分片测设,同时开工,以缩短建设工期。

(2)建(构)筑物的测设(放样)工作。在施工过程中,将图纸上设计好的建(构)筑物的平面位置、几何尺寸及标高测设到施工现场和不同的施工部位,设置明显的标志,作为施工定位的依据。

(3)质检测量。在每项工序施工完成后,需要通过测量的方法,检查工程各部位的实际位置、几何尺寸及标高是否符合施工规范要求。根据实测验收的记录、资料编绘竣工图,作为验收时鉴定工程质量的必要资料及工程交付使用后运营管理、维修、扩建的重要依据之一。

(4)变形观测。在高层、大型建(构)筑物的施工中,随着施工的进度,测量施工部位在平面和标高方面产生的位移和沉降,收集整理各种变形资料,作为鉴定工程质量和验证工程设计、施工是否合理的重要资料。

三、施工测量的精度

为了确保建(构)筑物测设(放样)的正确性,满足设计要求,施工测量必须具有一定的精度要求。施工测量的精度要求可概括为以下三个方面:

(1)施工控制网的精度。施工控制网的精度是根据建(构)筑物的测设定位精度和控制范围的大小来决定的。若定位精度要求较高和施工现场较大,则需要施工控制网具有较高的精度。若由于某一部分建(构)筑物要求较高的定位精度,则在大的控制网内建立精度较高的局部独立控制网。

(2)建(构)筑物轴线测设的精度。建(构)筑物轴线测设的精度是指建(构)筑物定位轴线的位置相对控制网、周围建(构)筑物或建筑红线、马路中线的精度。这种精度除自动化和连续性生产车间的特殊要求外,一般要求精度适中,但不应压住建筑红线,更不允许超出建筑红线。

建筑红线是指由城市规划部门确定的建筑用地的边界线,在规划图上它是以红线标明的,故称建筑红线。

(3)建(构)筑物细部放样的精度。建(构)筑物细部放样的精度是指建筑物内部各轴线对定位轴线的精度,这种精度的高低取决于建(构)筑物的形式、规模、重要性、结构、材料及施工方法等因素。一般而言,高层建筑物的放样精度高于低层建筑物,工业建筑物放样精度高于一般民用建筑物,钢结构建筑物的放样精度高于钢筋混凝土结构建筑物,框架结构建筑物的放样精度高于砖混结构建筑物,装配式建筑物的放样精度高于非装配式建筑物。总之,应根据具体的精度要求进行放样。精度过高,将导致人力、物力及时间的浪费;精度过低,则会影响施工质量,甚至造成工程事故。

四、施工测量的特点

施工测量工作与工程质量及施工进度有着密切的关系。测量人员必须了解设计的内容、性质及其对测量工作的精度要求,熟悉设计图纸上尺寸和标高数据,了解施工的全过程及施工工艺、方法,并掌握施工现场的变动情况,使测量工作能够与施工密切配合。其特点表现如下:

(1)由于施工现场复杂,障碍物多,测设定位桩时,必须有足够的数量,了解现场布置,避开施工干扰。

(2)密切配合施工进度,及时准确地测设施工需要的轴线、标高线。若有差错,将延误工期,甚至造成质量事故。

(3)由于现场各工种交叉立体作业,不安全因素多,不但要注意高空坠物,也要防止脚下踩空,保证人身及仪器安全,防止发生意外事故。

(4)由于现场有大量的土方填挖,地面变动很大,交通频繁,受动力机构震动等影响,各种定位标志必须埋设牢固,妥善保护,经常检查。如有损坏,及时恢复。

(5)必须明确按图测设,为施工服务,一切服从施工的安排,满足施工的需要。

五、施工测量的基本要求

1.施工测量的基本准则

(1)遵守测量工作的基本原则。为了保证各种建(构)筑物、管线等之间相对位置能满足设计要求,以便于分期分批地进行测设(放样),施工测量也必须遵循"从整体到局部,先控制后碎部"的原则,即首先在施工场地上,以原勘测设计阶段所建立的测图控制网为基础,建立统一的施工控制网,然后根据施工控制网来测设建(构)筑物的轴线,再根据轴线测设建筑物各个细部(基础、墙、柱、门窗等)。施工控制网不单是施工放样的依据,同时也是变形观测、竣工测量及将来建筑物扩建、改建的依据。

施工测量所提供的轴线、标高线等施工标志,只能正确,不能出错;否则,将会误导施工,造成不必要的损失。因此,施工测量也必须遵循"处处检核"的原则,不但要检核设计提供的定位条件及现场的控制点位或红线桩位,而且也要核对设计图纸的分尺寸与总尺寸的一致性,检查各张图纸标高的一致性等,发现问题应立即提出。测设(放样)之前检查测设数据的正确性,测设(放样)之后复查成果的可靠性。当查证内、外业都无差错时,方能将成果交付施工。

(2)选用科学、简捷、能满足精度要求的实测方法。

(3)一切定位放线工作要经过自检、互检合格后,方可申请主管部门验线。实测时要现场做好原始记录,测后要及时保护好测量标志。

2.测量记录的基本要求

(1)测量记录应做到原始、正确、完整、工整。

(2)记录应采用规定的表格。

(3)记录中的简单计算应在现场及时进行,并作校核。草图、点之记等应当场绘制,其方向、有关数据和地名等均应标注清楚。

(4)测量记录多为保密资料,应妥善保管。

任务一 测设工作的基本内容

建筑物的测设或放样,实质上就是根据设计图纸上的建筑物的特征点(如外墙轴线交点或外墙皮角点)与测量控制点或原有建筑物的角度、距离、高差的相对关系,按设计要求用测量仪器把这些欲建建(构)筑物的平面位置及高程以一定的精度在地面上标定出来。因此,测设的基本工作就是测设已知水平角、水平距离及高程等。

一、已知水平距离的测设

已知水平距离的测设,就是根据地面上给定的直线起点,沿给定方向量出设计的水平距离,定出终点。在施工放样中,经常要把建(构)筑物的轴线(或边线)设计长度在地面上标定出来,这个工作就是已知水平距离的测设。水平距离的测设的工具是钢尺、测距仪和全站仪。

(一)钢尺测设法

如图 9-1 所示,设 A 为地面上已知点,D 为设计的水平距离,要在地面上 AB 方向测设出水平距离 D,以定出 B 点。具体方法是:将钢尺的零点对准 A 点,沿 AB 方向拉平、拉紧钢尺,在尺上读数为 D 处插测钎或吊垂球,定出一个点。为了检核,应往返丈量该段的距离,往返丈量结果的相对误差应在容许范围之内,则取其平均值 D' 与设计值 D 比较得 $\Delta D = D' - D$,由 ΔD 对所定点进行改正,求得 B 点的位置。

当放样精度要求较高时,可采用精密方法。测设时,先用一般方法初步定出设计长度的终点 B',测出该点与起点的高差、丈量时的现场温度,再根据钢尺的尺长方程式,计算出尺长改正值 ΔD_l、温度改正值 ΔD_t、高差改正值 ΔD_h,然后计算出直线 AB' 的水平距离 D',最后把过渡点 B' 调整到 B 点,距离调整值 $\Delta D = D - D'$。实地调整时,可由 B' 开始,在 AB' 方向上向远($\Delta D > 0$)或向近($\Delta D < 0$)测设 ΔD 值,便可标出直线的终点 B(见图 9-2)。

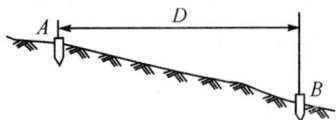

图 9-1 钢尺一般方法测设水平距离

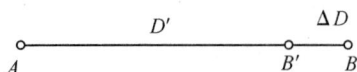

图 9-2 终点位置调整

（二）光电测距仪放样已知水平距离

用光电测距仪放样已知水平距离与用钢尺放样已知水平距离的方式一致,先用跟踪法放出终点的概略位置,再精确测定其长度,最后进行改正。如图 9-3 所示,安置仪器于 A 点,瞄准并锁定已知方向,沿此方向移动反射棱镜,使仪器显示值为所放样水平距离,在实地测设 C 点。为了检核,应将反光棱镜安置于 C 点,再实测 AC 的水平距离,根据符号的判断移动方向。

图 9-3 测距仪测设水平距离

其不符值应在限差之内,否则应再进行改正,直到符合要求。

二、已知水平角的测设

测设已知水平角就是根据水平角的已知数据和一个已知方向,把该角的另一个方向测设在地面上。

如图 9-4 所示,已知地面上 OA 方向和水平角 β。要求从 OA 向右放样水平角 β 定出 OB 的方向。

（一）正倒镜分中法

操作步骤如下:

(1)在 O 点安置经纬仪,盘左位置瞄准 A 点,并使水平度盘读数为 $0°00'00''$(归零)。

(2)松开水平制动螺旋,旋转照准部,使水平度盘读数为 β 值,在此方向线上定出 B' 点。

图 9-4 直接测设水平角

(3)在盘右位置同法定出 B″ 点,取 B'、B″ 的中心点 B,则 $\angle AOB$ 就是要放样的已知水平角 β。该方法也称为盘左盘右分中法。

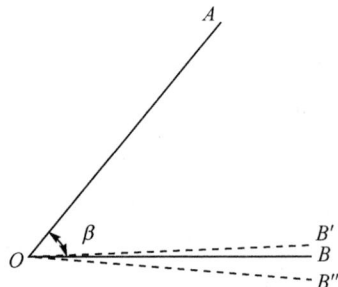

（二）多测回修正法

当对放样精度要求较高时,可按下述步骤进行:

(1)如图 9-5 所示,先按一般方法放样定出 B' 点。

(2)反复观测水平角 $\angle AOB'$ 若干个测回,取其平均值 β_1,并计算出它与设计水平角的差值 $\Delta\beta = \beta_1 - \beta$。

(3)计算改正距离为

$$B'B = OB \times \tan\Delta\beta = OB' \times \frac{\Delta\beta}{\rho} \qquad (9\text{-}1)$$

式中:OB' 为测站点 O 至放样点 B' 的距离;$\rho = 206265''$。

图 9-5　精确测设水平角

(4)从 B' 点沿 OB' 的垂直方向量出 BB',定出 B 点,则 $\angle AOB$ 就是要放样的已知水平角。

注意:若 $\Delta\beta$ 为正,则沿 OB' 的垂直方向向外量取;反之,向内量取。

当前,随着科学技术的日新月异,全站仪的智能化水平越来越高,能同时放样已知水平角和水平距离。若用全站仪放样,可自动显示需要修正的距离和移动的方向。

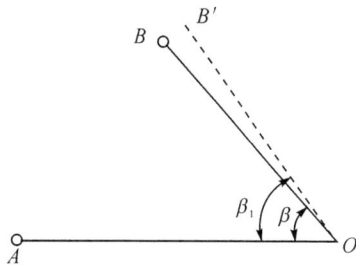

三、高程的测设与传递

根据已知水准点,在给定的点位上标定出某设计高程的工作,称为已知高程测设。

如图 9-6 所示,已知:在某设计图纸上已确定建筑物的室内地坪高程为 $H_{设} = 21.500\text{m}$,附近有一水准点 A,其高程为 $H_A = 20.950\text{m}$,要求把该建筑物的室内地坪高程放样到木桩 B 上,作为施工时控制高程的依据。

操作步骤:

(1)安置水准仪于 A、B 之间,在 A 点竖立水准尺,测得后视读数为 $a = 1.675\text{m}$。

(2)在 B 点处设置木桩,在 B 点木桩侧面竖立水准尺。

(3)计算:视线高程　$H_{视} = H_A + a = 20.950 + 1.675 = 22.625(\text{m})$

B 点水准尺应读数　$b_{应} = H_{视} - H_{设} = 22.625 - 21.500 = 1.125(\text{m})$

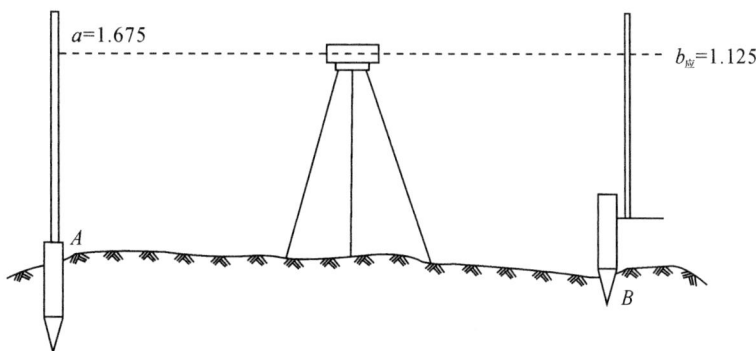

图 9-6　测设高程

(4)上下移动 B 点的水准尺,直至水准仪视线在水准尺上截取的读数恰好等于 1.125m 时,紧靠尺底在木桩侧面画一道横线,此线位置就是设计高程的位置。

在深基坑内或在较高的楼层面上测设高程时,水准尺的长度不够,这时,可在坑底或楼层面上先设置临时水准点,然后将地面高程点传递到临时水准点上,再放样所需高程。

如图 9-7(a)所示,欲根据地面水准点 A 测设坑内水准点 B 的高程,可在坑边架设吊杆,杆顶吊一根零点向下的钢尺,尺的下端挂上重锤,在地面和坑内各安置一台水准仪。放样步骤如下:

(1)地面上水准仪后视 A 点读后视读数 a_1,前视钢尺读数 b_1。

(2)坑内水准仪后视钢尺读数 a_2。

(3)计算前视应该有的读数 b_2 为

$$b_2 = H_A - H_B + a_1 - b_1 + a_2$$

(4)坑内水准仪照准前视尺,指挥调整水准尺高度,至读数为 b_2 时,尺子零端为放样的高程位置。

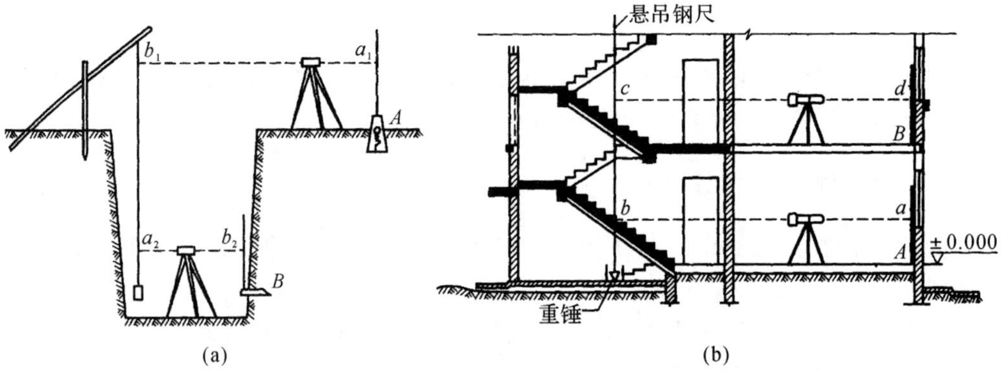

图 9-7 高程传递

图 9-7(b)为由 ±0.000 标志向楼层上进行高程传递的示意图。同样,在楼梯间悬吊一零点向下的钢尺,下端挂一重锤。即可用水准仪逐层引测。楼层 B 点的高程为

$$H_B = \pm 0.000 + a + (c - b) - d \tag{9-2}$$

式中:a、b、c、d 为尺读数。

改变吊尺位置,再进行读数计算高程,以便检核。

在实际工作中,常测设比每层地面设计标高高出 0.5m 的水平线来控制每层各部位的标高,该线称为"+50"线。

任务二 点的平面位置测设

点的平面位置测设常用方法有直角坐标法、极坐标法、角度交会法、距离交会法。至于选用哪种方法,应根据控制网的形式、现场情况、所使用的仪器及精度要求等因素进行选择。

一、直角坐标法

适用情况:当在施工现场有互相垂直的主轴线或方格网线时。

如图 9-8 所示,已知某厂房矩形控制网中 3 个角点 1、2、4 的坐标,设计总平面图中已确定某车间 4 个角点 P、Q、R、S 的设计坐标。现以根据点 1 测设点 P 点为例,说明其测设步骤。

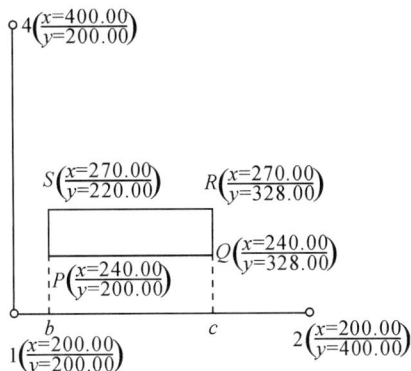

图 9-8 直角坐标法

(1)先算出点 1 与点 P 的坐标差：$\Delta x = Pb = 40\text{m}$，$\Delta y = 1b = 20\text{m}$。

(2)在点 1 安置经纬仪，瞄准点 2，在此方向上用钢尺量 Δy 得点 b。

(3)在点 b 安置经纬仪，瞄准点 2，用盘左、盘右位置两次向左测设 90°角，在两次平均方向 bP 上从点 b 起用钢尺量 Δx，即得车间角点 P。再量 $x_S - x_P$，即得点 S。

(4)同法，测设 Q、R 点。

检核：最后丈量 RS 和 PQ 是否等于 108m 以做检核，若满足设计或规范要求，则测设为合格；否则应查明原因，重新测设。

特点：用该方法测设、计算都比较方便，精度亦高，是较常用的一种方法。

二、极坐标法

适用情况：当被测设点附近有测量控制点，且相距较近，便于量距时，常采用极坐标法测设点的平面位置。

如图 9-9 所示，首先根据控制点 A、B 的坐标及 P 点的设计坐标按下式计算测设数据水平角 β 及水平距离 D_{AP}，

$$\alpha_{AB} = \arctan \frac{y_B - y_A}{x_B - x_A} \tag{9-3}$$

$$\alpha_{AP} = \arctan \frac{y_P - y_A}{x_P - x_A} \tag{9-4}$$

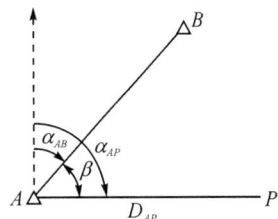

图 9-9 极坐标法

$$\beta = \alpha_{AP} - \alpha_{AB} \tag{9-5}$$

$$D_{AP} = \frac{y_P - y_A}{\sin\alpha_{AP}} = \frac{x_P - x_A}{\cos\alpha_{AP}} = \sqrt{(\Delta x_{AP})^2 + (\Delta y_{AP})^2} \tag{9-6}$$

然后将经纬仪安置在 A 点，测设 β 角以定出 AP 方向，再沿该方向测设距离 D_{AP} 即可定出 P 点在地面上的位置。同法定出建筑物其余各点，并作必要的检核。

随着全站仪的普及，越来越多地采用该方法测设点位。

三、角度交会法

适用情况：本法是在量距困难地区用两个已知水平角测设点位的方法，但必须有第三个方向进行检核，以免错误。

如图 9-10 所示，A、B、C 为三个控制点，其坐标为已知，P 为待测设点，设计坐标亦为已知。先用坐标反算求出 α_{AP}、α_{BP} 和 α_{CP}，然后由相应坐标方位角之差求出测设数据 β_1、β_2、β_3，并按下述步骤测设。

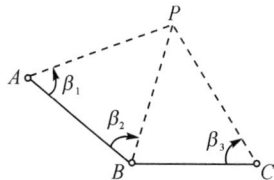

图 9-10　角度交会法

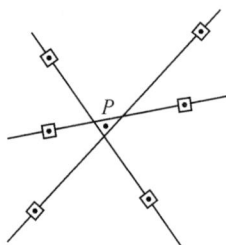

图 9-11　示误三角形

用经纬仪先定出 P 点的概略位置，在概略位置处打一个顶面积约为 $10\text{cm} \times 10\text{cm}$ 的大木桩，然后在大木桩的顶面上精确测设。由观测者指挥，用铅笔在桩顶面分别在 AP、BP、CP 方向上各标定两点（见图 9-11），将各方向上的两点连起来，就得三个方向线。三个方向线理应交于一点，但实际上由于存在测设误差，将形成一个误差三角形。一般规定，若误差三角形的最大边长不超过 $3\sim4\text{cm}$，取误差三角形内切圆的圆心或误差三角形角平分线的交点作为 P 点的最后位置。

注意:应用此法测设时，宜使交会角为 $30°\sim150°$，最好使交会角接近 $90°$，以提高交会点的精度。

四、距离交会法

适用情况:在便于量距的地区，且边长较短时（如不超过一钢尺长），宜用本法。

如图 9-12 所示，由已知控制点 A、B 测设房角点 P，根据控制点的已知坐标及 P 点的设计坐标，反算出放样数据 D_1 和 D_2。测设时分别用两把钢尺的零点对准 A、B 点，同时拉紧、拉平钢尺，以 D_1 和 D_2 为半径在地面上画弧，两弧的交点即为待测点的位置。

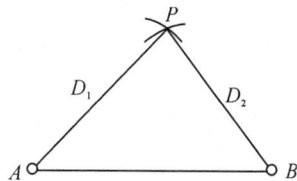

图 9-12　距离交会法

特点:该方法的优点是不需要仪器，但精度较低，施工测设细部点时常采用此法。

任务三　已知水平线与坡度线的测设

在修筑道路、敷设排水管道等工程中，经常要测设设计的坡度线。已知坡度线测设是根据附近水准点的高程、设计坡度和坡度端点的设计高程，用高程测设的方法将坡度线上各点的设计高程标定在地面上。根据地形情况及设计坡度的大小，可采用以下几种测设方法。

一、水平视线法

如图 9-13 所示，A、B 为设计坡度的两个端点，A 点设计高程，为了施工方便，每隔距离钉一木桩，要求在木桩上标定出坡度的坡度线。施测步骤如下。

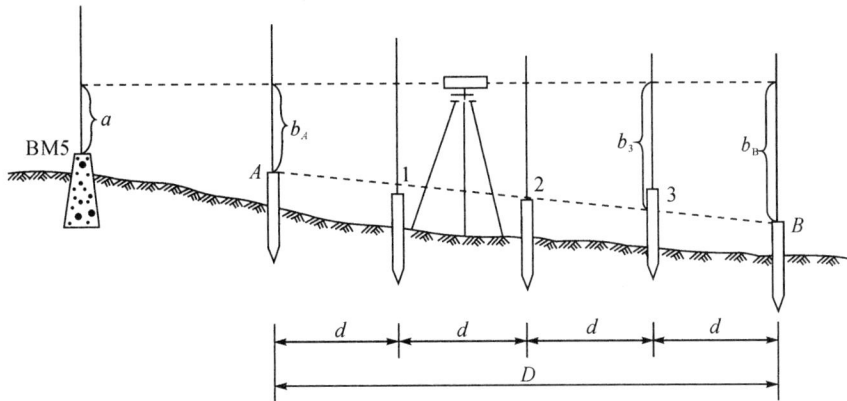

图 9-13　水平视线法测设坡度线

（1）按公式

$$H_设 = H_起 + id \qquad (9-7)$$

计算各桩点的设计高程。

第 1 点的高程　$H_1 = H_A + id$

第 2 点的高程　$H_2 = H_1 + id$

B 点的设计高程　$H_B = H_3 + id$

B 点的检核高程　$H_B = iD$

坡度有正有负，计算设计高程时，坡度应连同其符号一并运算。

（2）沿 AB 方向，按间距 d 定出中间点 1、2、3 的位置。

（3）安置水准仪于水准点 BM5 附近，后视读数 a，得仪器视线高 $H_视 = H_{BM5} + a$，然后根据各点设计高程计算各点的应读前视读数 $b_{i应} = H_视 - H_{i设}$。

（4）将水准尺分别立在各木桩的侧面，上下移动尺子，当水准尺读数为 $b_{i应}$ 时，沿尺底在木桩侧面画一横线，该线即在 AB 的坡度线上。

二、倾斜视线法

　　倾斜视线法是根据视线与设计坡度线平行时，其竖直距离处处相等的原理，以确定设计坡度线上各点高程的一种方法。它适用于地面坡度较大且设计坡度与地面自然坡度较一致的地段。如图 9-14（a）所示，A、B 为设计坡度线的两端点，其水平距离为 D，设 A 点的高程为 H_A，设计坡度 i，由此就可计算出 B 点高程 $H_B = H_A + iD$。通过测设已知高程的方法，将 A、B 两点的高程测设到地面的木桩上。

　　在 A 点上安置水准仪，使基座上一个脚螺旋

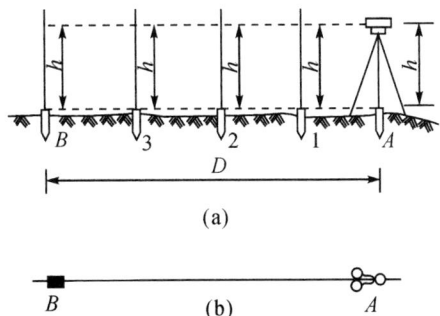

图 9-14　倾斜视线法测设坡度线

在 AB 方向线上，另外两个脚螺旋的边线与 AB 方向线垂直（见图 9-14（b））。量取仪器高，转动微倾螺旋及 AB 方向线上的脚螺旋，使十字丝横丝照准 B 点水准尺上读数，此时视线就

与坡度线平行。

分别在 AB 方向的中间各木桩侧面立尺，并上下移动，当读数为 h 时，沿尺底在木桩侧面上画一横线，各木桩横线的边线就是设计坡度线。

若设计坡度较大，超过水准仪脚螺旋的调节范围，则可用经纬仪测设。

三、改正数法

当地面起伏较大，无法在木桩上画出坡度线时，可采用改正数法测设。

如图 9-15 所示，由 A 点高程、设计坡度及间距计算出各点的设计高程

$$H_{i设} = H_A + ind \qquad (n=1,2,3,\cdots) \tag{9-8}$$

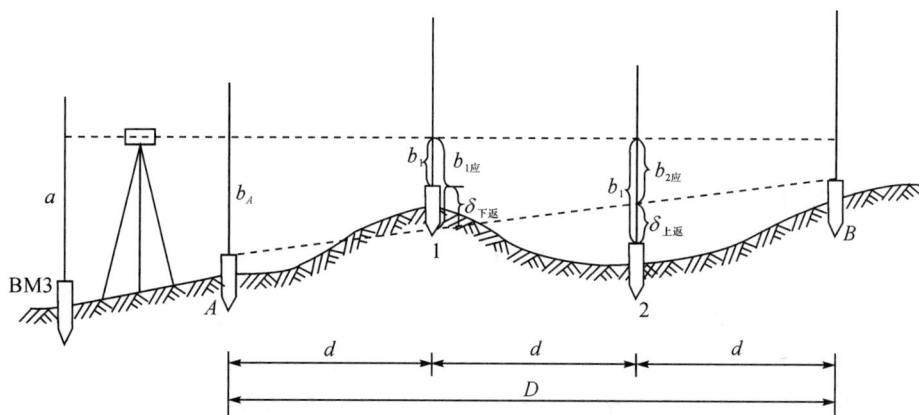

图 9-15 改正数法测设坡度线

在水准点附近安置水准仪，读取水准点上水准尺读数 a，求得视线高程 $H_视$，再由各点设计高程计算出各点应读前视读数 $b_{i应}$。将水准标尺分别立在各木桩桩顶，读取各前视读数 b_i，求得各桩顶改正数 δ_i

$$\delta_i = b_i - b_{i应} \tag{9-9}$$

若 $\delta_i < 0$，自桩顶下返 δ_i；若 $\delta_i > 0$，自桩顶上返 δ_i，并用红油漆注明在各桩侧面。施工时由此就可找出设计的坡度线。

项目二 施工控制测量

问题提出

施工放样要以施工控制点为基础进行，施工控制网与测图控制网有何区别？如何建立施工控制网？

知识链接

在勘测期间应已经建立了测量控制网。利用勘测时期所建立的测量控制网,可以进行建(构)筑物的测设。但是,由于测图时未考虑施工的要求,控制点的分布、密度和精度都难以满足施工测量的要求,另外,在场地平整中,控制点有可能大多已被破坏。因此在施工之前,在建筑场地上要重新建立专门的施工控制网。

一、施工控制网的特点

与测图控制网相比较,施工控制网具有以下特点:

(1)控制点的密度大,精度要求较高,使用频繁,受施工干扰多。这就要求控制点的位置应分布恰当和稳定,使用方便,并能在施工期间保持桩位不被破坏。因此,控制点的选择、测定及桩点的保护等工作,应与施工方案、现场布置统一考虑确定。

(2)在施工控制测量中,局部控制网的精度要求往往比整体控制网的精度要求高。如有些重要厂房的矩形控制网,精度常高于工业场地建筑方格网或其他形状的控制网。在一些重要设备安装时,也往往要建立高精度的专门施工控制网。因此,大范围的控制网只是给局部控制网传递一个起始点的坐标及方位角,而局部控制网则布置成自由网的形式。

二、施工控制网的种类及选择

施工控制网分为平面控制网和高程控制网两种。平面控制网根据地形情况可以采用导线网、三角网、建筑基线或建筑方格网,高程控制网根据施工精度要求可采用三、四等水准或图根水准网。

选择平面控制网的形式,应根据建筑总平面图、建筑场地的大小和地形、施工方案等因素综合考虑。

在山区或丘陵地区,常采用三角网作为建筑场地的首级平面控制网。如图 9-16 中所示的Ⅲ部分。三角网常布设成两级,一级为基本网,是以控制整个场地为主。按地形条件,基本网可采用单三锁或中心多边形,根据场地的大小和放样的精度要求,基本网可按城市一级或二级小三角的技术要求建立。组成基本网的控制点应埋设成永久标志。另一级是以测设

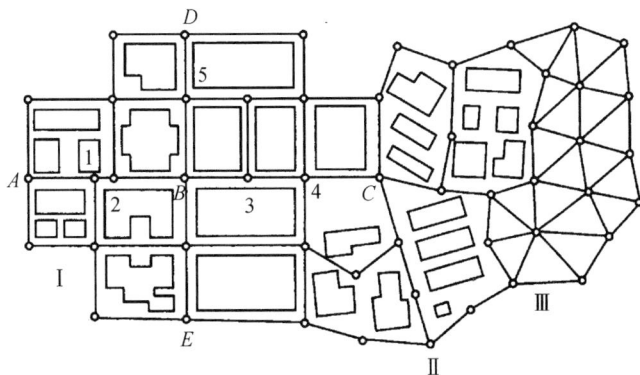

图 9-16 施工平面控制网

建(构)筑物为主的放样网,它直接控制建(构)筑物的轴线及细部位置,它是在基本网的基础上用交会法加密而成的。当厂区面积较小时,可采用二级小三角网一次布设。

对于地形平坦但通视比较困难的地区,如扩建或改建的施工场地或建(构)筑物布置不很规则,则可采用导线网作为平面控制网(如图 9-16 中所示的 II 部分)。它也常布设成两级。一级为首级控制,多布设成环形,往往按城市一级或二级导线的要求建立。另一级为加密导线,用以测设局部建筑物。根据测设精度要求,可以按城市二级或三级导线的技术要求建立。

对于地面平坦而有简单的小型建(构)筑物的场地,常布设一条或几条建筑基线,组成简单的图形作为施工测设(放样)的依据。而对于地势平坦、建(构)筑物众多且布置比较规则和密集的工业场地,一般采用建筑方格网(如图 9-16 中所示的 I 部分)。

总之,施工控制网的形式应与设计总平面图布局一致。

由于某些施工场地小、多变,无法采用上述各施工控制网,可采用全站仪随时测设控制点,满足施工测量的需要。

三、施工控制网的测设方法

以下主要介绍建筑基线和建筑方格网的测设方法。

(一)建筑基线

建筑基线是建筑场地施工控制基准线,即在建筑场地中央测设一条长轴线和若干条与其垂直的短轴线,在轴线上布设所需要的点位。由于各轴线之间不一定组成闭合图形,所以建筑基线是一种不甚严密的施工控制,它适用于总图布置比较简单的小型建筑场地。

1.建筑基线的设计

根据建筑设计总平面的施工坐标系及建筑物的布置情况,建筑基线可以设计成"一"字形、"直角"形、"十"字形及"丁"字形等形式,如图 9-17 所示。建筑基线的形式可以灵活多样,适用于各种地形条件。

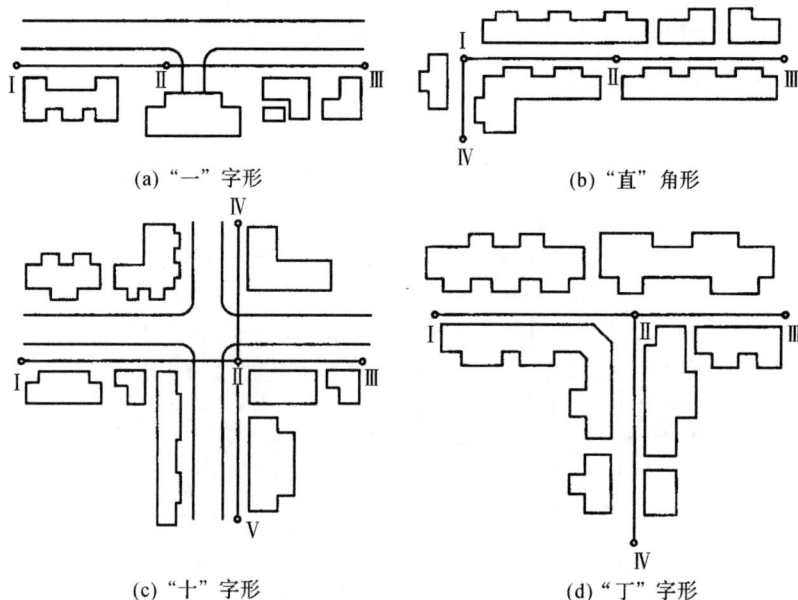

(a) "一"字形   (b) "直"角形

(c) "十"字形   (d) "丁"字形

图 9-17　建筑基线的布设形式

基线设计时应注意以下几点:

(1)建筑基线应尽量位于厂区中心中央通道的边缘上,其方向应与主要建筑物轴线平行。基线的主点应不少于三个,以便检查点位有无变动。

(2)建筑基线主点间应相互通视,边长为100~400m。

(3)主点在不受挖土损坏的条件下,应尽量靠近主要建筑物,为了能长期保存,要埋设永久性的混凝土桩,如图9-18所示。

(4)建筑基线的测设精度应满足施工放样的要求。

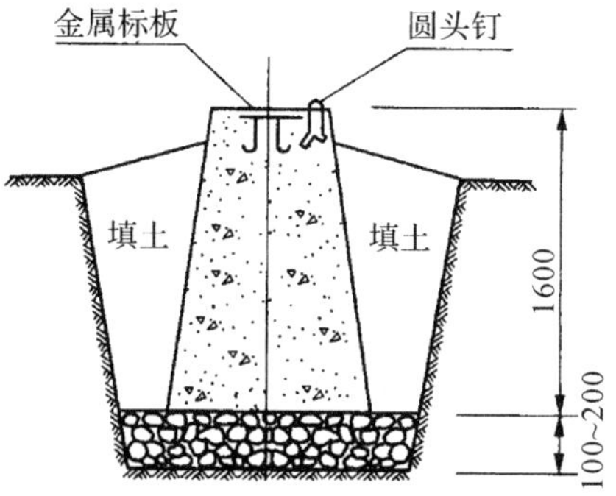

图9-18 建筑基线标志

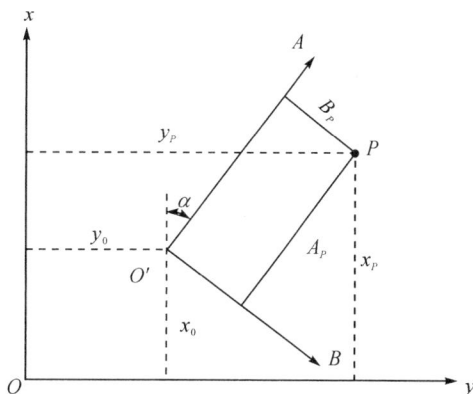

图9-19 施工坐标系与测图坐标系转换

2.建筑基线的测设

(1)施工坐标系与测图坐标系的换算。

为了便于建(构)筑物设计和施工测设(放样),设计总平面图上,建(构)筑物的平面位置常采用施工坐标系(又称建筑坐标系)的坐标来表示,如图9-19所示。施工坐标系的纵轴通常用 A 表示,横轴用 B 表示,施工坐标也称为 A、B 坐标。

施工坐标的 A 轴和 B 轴应与施工场地上的主要建筑物或主要管线方向平行,坐标原点设在总平面图的西南角,使所有建筑物和构筑物的设计坐标值均为正值。如果点的设计施工坐标为 $1A+00.00$,$1B+35.00$,即 $A=100.00$,$B=135.00$,表示沿 A 轴100m,沿 B 轴135m。

由于受地形的限制或工艺流程的需要,施工坐标系与测图坐标系往往不一致。如图9-19中,施工坐标系与测图坐标之间的关系可用施工坐标系原点 O' 的测图坐标 x_0、y_0 及 $O'A$ 轴的坐标方位角 α 来确定,在进行施工测量时,上述数据由勘测设计单位给出。因此,在测设前应先将建筑基线或建筑方格网的施工坐标换算成测图坐标,然后进行测设。设 x_P、y_P 为点在测图坐标系 xOy 中的坐标,A_P、B_P 为 P 点在施工坐标系 $AO'B$ 中的坐标,若将 P 点的施工坐标 A_P、B_P 换算成相应的测图坐标,可采用下列公式计算

$$x_P = x_0 + A_P \cos\alpha - B_P \sin\alpha$$
$$y_P = y_0 + A_P \sin\alpha + B_P \cos\alpha \tag{9-10}$$

反之,已知 x_P、y_P,也可求 A_P、B_P

$$A_P = (x_P - x_0)\cos\alpha + (y_P - y_0)\sin\alpha$$
$$B_P = -(x_P - x_0)\sin\alpha + (y_P - y_0)\cos\alpha \tag{9-11}$$

（2）建筑基线的测设。

建筑基线的测设方法，根据建筑场地的情况不同，主要有以下两种：

①根据建筑红线测设（放样）。在建成区，建筑红线是由城市规划部门批准、测绘部门测设的，可用做建筑基线放样的依据。如图 9-20 所示，AB、AC 是建筑红线，Ⅰ、Ⅱ、Ⅲ是建筑基线点，从 A 点沿 AB 方向量取定Ⅰ′点，沿 AC 方向量取定Ⅰ″点。通过 B、C 作红线的垂线，沿垂线量取得Ⅱ、Ⅲ点，则ⅡⅠ″与ⅢⅠ′相交于Ⅰ点。Ⅰ、Ⅱ、

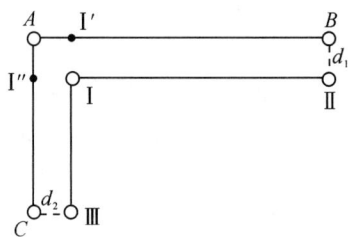

图 9-20　根据建筑红线测设基线

Ⅲ点即为建筑基线点。将经纬仪安置在Ⅰ点处，精确观测∠ⅡⅠⅢ，其角值与 90°之差不应超过±20″，距离相对误差不超过 1/10000。否则，应进行调整。如果建筑红线完全符合作为建筑基线的条件，可将其作为建筑基线用。

②根据测量控制点测设（放样）。在新建区，建筑场地上没有建筑红线作依据时，可根据建筑基线点的设计坐标和附近已有的控制点的关系，按极坐标法进行测设。如图 9-21 所示，A、B 为附近已有控制点，Ⅰ、Ⅱ、Ⅲ为选定的建筑基线点。首先根据已知控制点和待测点的坐标关系反算出所测数据 β_1、d_1、β_2、d_2、β_3、d_3，然后用经纬仪和钢尺（测距仪、全站仪）以极坐标法测设Ⅰ、Ⅱ、Ⅲ点。

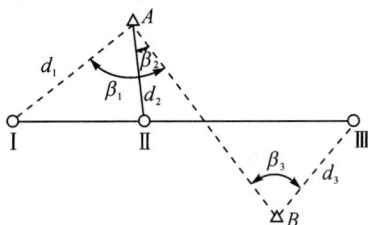

图 9-21　根据测量控制点测设基线点

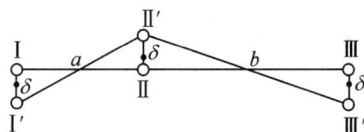

图 9-22　基线点调整

由于存在测量误差，测设的基线点往往不在同一直线上（如图 9-22 中的Ⅰ′、Ⅱ′、Ⅲ′点），故尚需在Ⅱ′点安置经纬仪，精确观测出∠Ⅰ′Ⅱ′Ⅲ′。沿与基线垂直的方向各移动相等的调整值，其值按下式计算

$$\delta=\frac{ab}{a+b}\left(90°-\frac{\angle Ⅰ′Ⅱ′Ⅲ′}{2}\right)\frac{1}{\rho″}$$ （9-12）

式中：δ 为各点调整值，m；a、b 为ⅠⅡ、ⅡⅢ的长度，m；$\rho=206265″$。

例如：在图 9-22 中，$a=150$m，$b=200$m，∠Ⅰ′Ⅱ′Ⅲ′$=180°00′50″$，则

$$\delta=\frac{150×200}{150+200}×\left(90°-\frac{180°00′50″}{2}\right)×\frac{1}{206265″}=-0.010（\text{m}）$$

当∠Ⅰ′Ⅱ′Ⅲ′<180°时，δ 为正值，Ⅱ′点向下移动，Ⅰ′、Ⅲ′点向上移动；当∠Ⅰ′Ⅱ′Ⅲ′>180°时，δ 为负值，点位调整方向与上述相反。此项调整应反复进行，直至误差在允许范围之内。

除调整角度外，还应调整Ⅰ、Ⅱ、Ⅲ点之间的距离，若丈量长度与设计长度之差的相对误差大于 1/10000，则以Ⅱ点为准，按设计长度调整Ⅰ、Ⅲ两点。

如图 9-23 所示,定出Ⅰ、Ⅱ、Ⅲ点之后,在Ⅱ点安置经纬仪,瞄准Ⅲ点,分别向左、右测设 90°角,并根据主点间的距离,在实地测设出Ⅳ′点、Ⅴ′点。用全圆测回法观测各方向,分别求出∠ⅠⅡⅣ′及∠ⅠⅡⅤ′的角值与 90°之差值 ε_1、ε_2,若 ε_1、ε_2 过±15″,则按下式计算方向改正数 l_1 及 l_2,即

$$l = L \times \frac{\varepsilon''}{\rho''} \qquad (9\text{-}13)$$

式中:L 为主点间的距离,m。

将Ⅳ′、Ⅴ′两点分别沿ⅡⅣ′及ⅡⅤ′的垂直方向移动 l_1 和 l_2,得Ⅳ、Ⅴ点,Ⅳ′、Ⅴ′的移动方向按观测角值的大小决定,若角值大于 90°则向左移动。最后检查∠ⅣⅡⅤ,其值与 180°之差应不超过±15″。

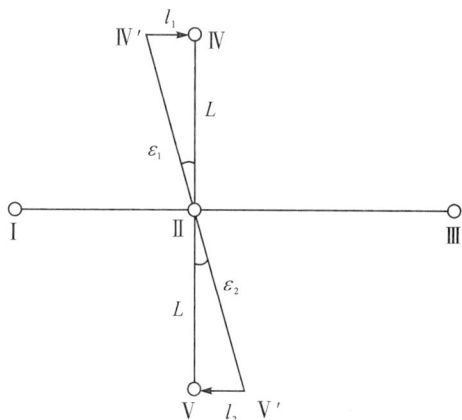

图 9-23　测设基线点Ⅳ、Ⅴ及调整

建筑基线的测设方法除上述两种方法外,还可以根据已有建筑物或道路中线进行测量,其方法与利用建筑红线测设方法相同。

(二)建筑方格网

1.建筑方格网的布设

在一般工业建(构)筑物之间的关系要求比较严格或地上、地下管线比较密集的施工现场,常需要测设由正方形或矩形格网组成的施工控制网,称为建筑方格网,或称为矩形网。它是建筑场地中常用的控制网形式之一,也适用于按正方形或矩形布置的建筑群或大型高层建筑的场地,建筑方格网轴线与建(构)筑物轴线平行或垂直,因此可用直角坐标法进行建(构)筑物的定位,放样较为方便,且精度较高。

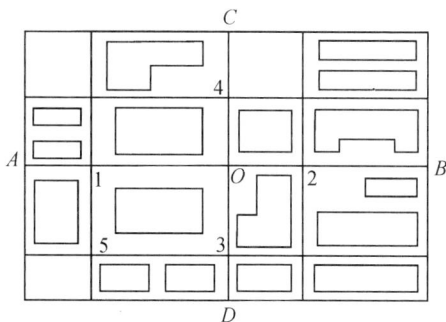

图 9-24　建筑方格网

布设建筑方格网时,其位置或形式应根据建(构)筑物、道路、管线的分布,结合场地的地形等因素,先选定方格网主轴线(如图 9-24 中的 A、B、C、D、O 为主轴线点),再全面布设方格网。布设要求与建筑基线基本相同,且须考虑以下几点:

(1)主轴线点应接近精度要求较高的工程。

(2)方格网的轴线应彼此严格垂直。

(3)方格网点之间能长期保持通视。

（4）在满足使用要求的前提下，方格网点数应尽量少。正方形格网边长一般为100～200m。矩形控制网边长应根据建筑物的大小和分布而定，一般为几十米或几百米的整数长度。为了能长期保存，各方格网点均应设置固定标志，如图9-18所示。考虑到调整点位误差的需要，桩顶一般须固定一块 15cm×15cm×0.5cm 的钢板。

2.建筑方格网的测设

（1）主轴线测设。

主轴线测设方法与"十"字形建筑基线测设方法相同，其测设精度应符合表9-1中的规定。

表 9-1　建筑方格网测设精度要求

规范名称	等级	边长/m	测角中误差/″	边长相对中误差
《工程测量规范》 （GB 50026—2007）	一级	100～300	±5	1/30000
《建筑施工测量技术规程》 （DB11/T 446—2007）	一级	100～300	±5	1/40000
	二级	100～300	±10	1/20000

（2）方格网的测设。

主轴线确定后，进行分部方格网测设，然后在分部方格网内进行加密。

①分部方格网的测设。在主轴线点 A 和 C 上安置仪器，各自照准主轴线另一端 B 和 D，如图9-25所示。分别向左和向右测设90°角，两方向的交点为1点位置，并进行交角的检测和调整。同法，可交会出方格网点2、3、4。

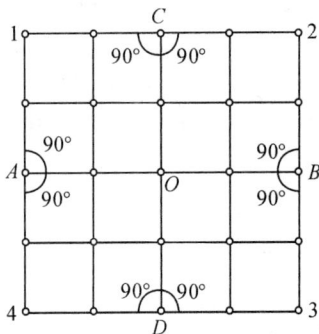

图 9-25　建筑方格网测设

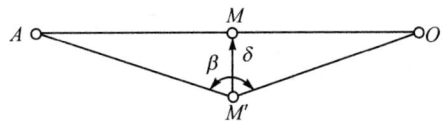

图 9-26　直线内分点加密

②直线内分点法加密。在一条方格边上的中间点加密方格网时，如图9-26所示，在已知点 A 沿方向线 AO 丈量至中间点 M 即得设计距离 AM，由于定线偏差得 M' 点，安置经纬仪于 M' 点，精确测定∠AM'O 的角值，按下式求得改正数

$$\delta = \frac{\Delta\beta''}{\rho}D \qquad\qquad (9\text{-}14)$$

式中：D 为 AM' 的距离，m。

$$\Delta\beta = 180° - \beta$$

然后将 M' 点沿与 AO 直线垂直方向移动到 M 点。同法加密其他各方格点位。

3. 方格网点的验测、调整

由于各种因素的影响，方格网点的几何关系肯定不会完全满足，为此应进行验测以符合表 9-1 中的要求。一般的方法是将测设的方格网点组成导线网，按导线测量的方法测量各网点的实际坐标，与设计值相比较，计算出各点的改正数

$$\begin{cases} \delta_x = x_{设计} - x_{实际} \\ \delta_y = y_{设计} - y_{实际} \end{cases} \tag{9-15}$$

在毫米方格纸上，以实测点位为原点，以改正值 δ_x 和 δ_y 为坐标 1∶1 地画出两点的相互关系，得到设计点位。带图纸到施工现场，逐个地把图上实测点位对准桩上标志，按方格网边定向后，把设计点位投在桩顶，做好标志，即得到正确的点位。为了防止使用中发生错误，桩顶上的原实测点位标志必须设法消除或与正确点位的标志严格区分。如图 9-27 所示，"·"为原实测点位，"+"为改正后设计点位。

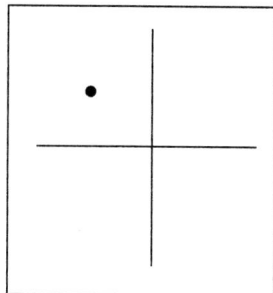

图 9-27　方格网点调整

四、施工高程控制测量

施工高程控制测量的要求：一是水准点的密度尽可能满足在施工放样时一次安置仪器即可测设出所需的高程点的要求；二是在施工期间，高程控制点的位置应保持不变。

大型的施工场地高程控制网一般布设两级。首级为整个场地的高程基本控制，相应的水准点称为基本水准点，用来检核其他水准点是否稳定。它应布设在场地平整范围之外、土质坚实的地方，以免受震，并埋设成永久性标志，便于长期使用。个数一般不少于 3 个，组成闭合水准路线，尽量与国家水准点联测，可按四等水准测量要求进行施测。对于为连续性生产车间、地下管道放样所设立的基本水准点，按三等水准测量要求进行施测。另一级为加密网，相应的水准点称为施工水准点，用来直接测设建（构）筑物的高程。通常采用的建筑基线（方格网点）的标桩上加设圆头钉作为施工水准点。由基本水准点开始组成闭合或附合水准路线，按四等水准测量要求进行施测。

中小型的建筑场地，首级高程控制网可按四等水准测量要求进行布设，加密网根据不同的测设要求，可按四等水准测量或图根水准测量的要求进行布设。

为了施工放样的方便，在每幢较大的建（构）筑物附近，还要测设 ±0.000 高程标志，其位置大多选在较稳定的建（构）筑物墙、柱的侧面，用红油漆涂成上顶为水平线的"▽"形，旁边注明其标高值。

习 题

1. 测设的基本工作有哪些？
2. 测设点的平面位置有哪些方法？
3. 简述用水准仪测设坡度的方法。
4. 如何测设建筑基线、建筑方格网？
5. 建筑场地的平面控制网的形式有哪几种？它们各适用于哪些场合？

6.什么是测量坐标系,什么是施工坐标系,两者如何换算?

7.已知控制点 $A(150.36,247.15)$、$B(247.58,154.56)$,待定点 $P(100.00,200.00)$,试分别用极坐标法、角度交会法、距离交会法测设 P 点的测设数据,并简述其测设方法。

8.已知某水准点 A 的高程为 72.376m,现要测设高程为 73.254m 的 B 点,若仪器安置在 A、B 两点之间时,在 A 尺上的读数为 1.624m,则 B 尺上的读数应为多少? 应如何测设?

9.要在 AB 方向上测设一条坡度 $i=-2\%$ 的坡度线,已知 A 点的高程为 23.165m,A、B 两点之间的水平距离为 100m,则 B 点的高程应为多少?

模块十　民用建筑施工测量

能力目标

1. 能够进行一般民用建筑物的定位放线测量；
2. 能够进行建筑物基础施工测量和主体结构施工测量；
3. 能够进行高层建筑物轴线投测和高程传递。

知识目标

1. 掌握民用建筑物的定位放线测量方法；
2. 掌握民用建筑物基础施工测量和主体结构施工测量的方法；
3. 熟悉高层建筑施工测量的特点与精度要求，掌握高层建筑的轴线投测与高层建筑的高程传递的方法。

背景资料

本工程东临骆宾王公园，北靠康园路，南临工人西路商业用房，西靠北门街，建筑总面积为 86167m²，地下面积 13933m²；包括 1#～5# 楼 5 个单体，1#～3# 为 17 层，4#、5# 为 22 层。地下为连通，4 个防火分区。地下室为停车库，地上一层为沿街商铺，内院考虑建敞开停车及自行车、摩托车车库，二层 1#～3# 楼为商铺，4#、5# 为架空公共活动场所，三层以上均为住宅。本工程属一类高层建筑。

工作任务

××工程勘察设计有限公司承担了该工程的建筑施工测量任务，主要任务包括建筑物定位放线，施工控制桩测设、基础施工测量、主体工程施工测量等。

项目一　建筑物定位放线

问题提出

什么是建筑物定位？如何进行建筑物的定位？定位的依据是什么？建筑物定位放线过程中需完成哪些测量工作？

知识链接

民用建筑按用途分类有住宅、商店、办公楼、学校和影剧院等，按层数分类有单层、低层（2～3 层）、多层（4～8 层）和高层（9 层以上）。由于类型不同，其测设（放样）的方法及精度要求有所不同，但过程基本相同，大致为准备工作，建筑物的定位、放线，基础工程施工测量，墙体工程施工测量，各层轴线投测及标高传递等。在施工测量之前，必须做好各种准备工作。

任务一　施工前的准备工作

充分做好施工测量前的准备工作，不仅能使开工前的测量工作顺利进行，而且对整个施工过程中的测量工作都有重要的影响。准备工作的主要内容如下。

一、仪器工具准备

对经纬仪、水准仪各轴线几何关系进行检验校正，使其满足规范要求。对所用钢尺的实长应送到有关计量部门进行检定，尤其是在精度要求较高的工程中，如在钢结构建筑施工中，若尺长没有检定，就根本无法保证精度要求。

二、熟悉、校核图纸

通过总平面图，了解工程所在位置、周围环境及与原有建筑物的关系、现场地形及拆迁情况、红线桩位置及原有控制点、建筑物的布局、定位依据、±0 标高位置等。其中要特别注意的是定位依据、条件及建（构）筑物主要轴线的布局。另外，还需要校对图之间相应轴线尺寸、标高是否对应相等，确保测设（放样）无误。与测设有关的图纸主要有以下几项：

（1）建筑总平面图（见图 10-1）。从该图中查出或计算出设计建筑物与原有建筑物或测量控制点之间的平面尺寸和高差，作为测设建筑物总体位置的依据。

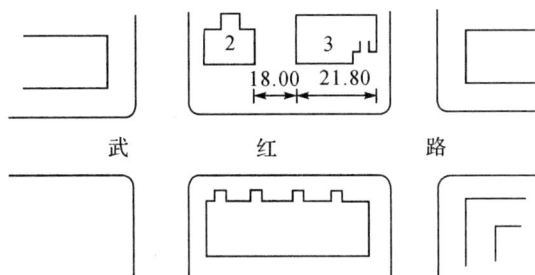

图 10-1　建筑总平面图

　　(2)建筑平面图(底层和标准层见图 10-2)。从该图中查取建筑物总尺寸和内部各定位轴线之间的关系尺寸,它是测设建筑物细部轴线的依据,要注意其尺寸是否与建筑总平面图尺寸相等。

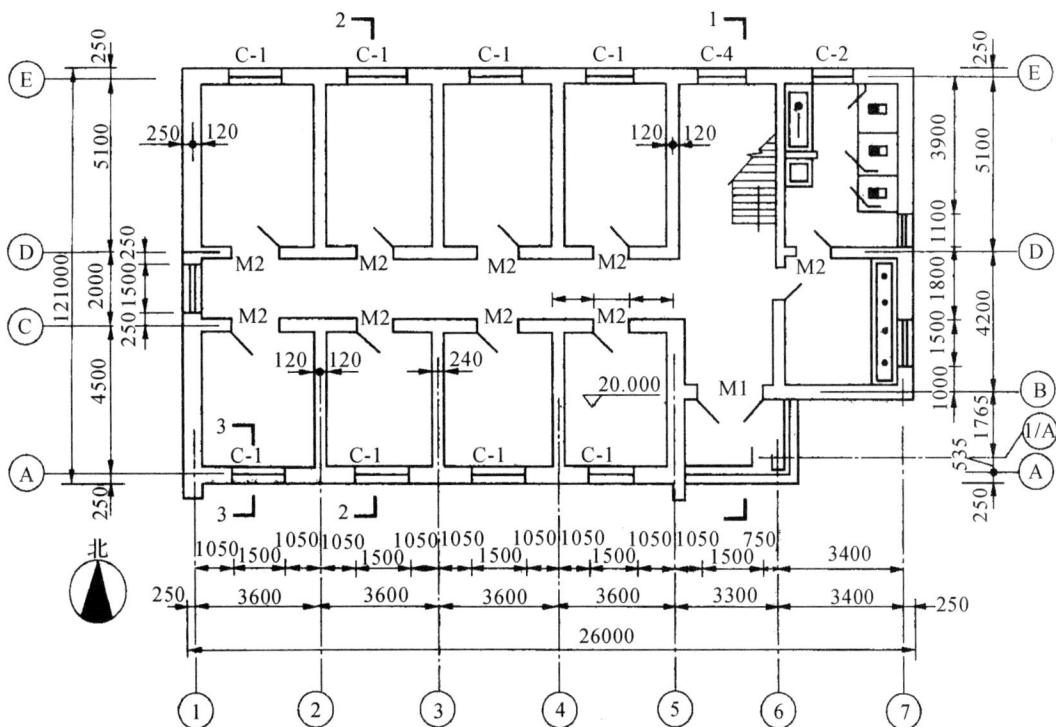

图 10-2　建筑平面图

　　(3)基础平面图(见图 10-3)和基础剖面图(见图 10-4)。从该图中查取基础边线与定位轴线的平面尺寸、基础布置与基础剖面位置关系、基础立面尺寸、设计标高、宽度变化及基础边线与定位轴线的尺寸关系等,它是测设基槽(坑)开挖边线和开挖深度的依据,也是基础定位和细部放样的依据。

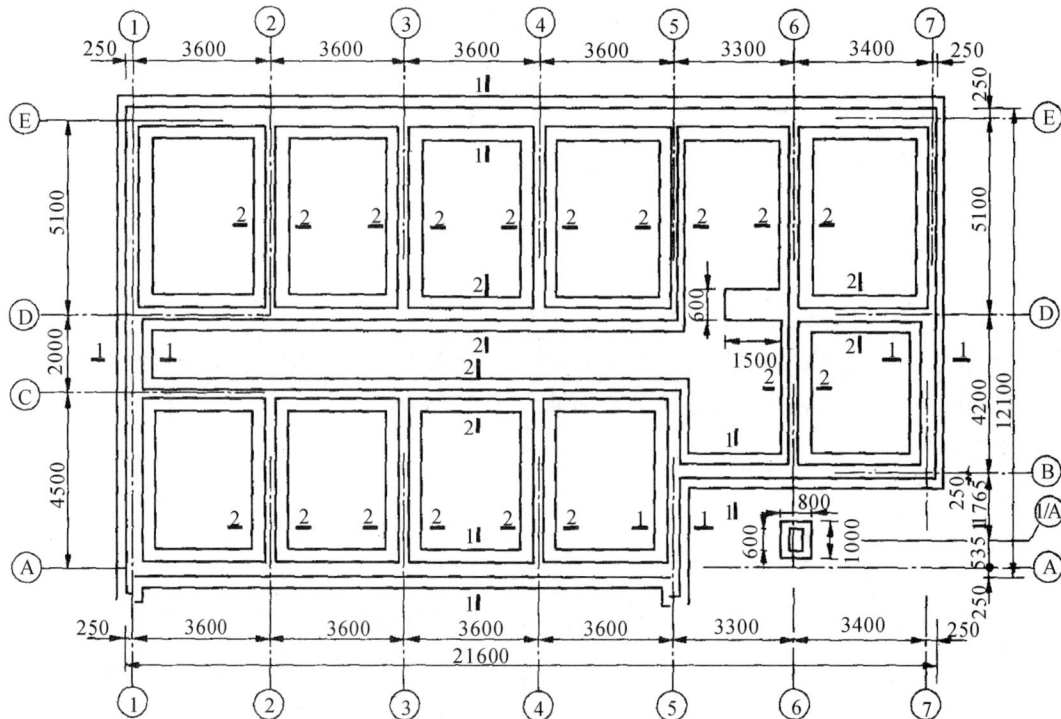

图 10-3　基础平面图

(4)立面图和剖面图。从图中可以查取室内地坪、门窗、楼梯平台、楼板、屋面及屋架的设计高程，它是测设建筑物各部位高程的依据。

从上述各种设计图中获得所需的测设数据，并对各设计图纸中相应部位的有关尺寸及测设数据进行仔细核对，必要时将图纸上主要尺寸抄于施测记录本上，以便随时查找使用。根据测设数据绘制测设（放样）略图，如图 10-5 所示。图中标有已建房屋Ⅱ号及拟建房屋Ⅲ号之间平面尺寸、定位轴线间平面尺寸和定位轴线控制桩等。由图 10-2 或图 10-3 可知，拟建房屋的外墙皮距轴线为 0.250m，为使施工后两建筑物的南墙皮齐平，所以在测设略图上将定位尺寸 18.00m 和 4.00m 分别加上 0.250m 后注在图上。

通过现场踏勘，全面了解现场情况，检校仪器工具，检查原有测量控制点，准备测设数据，绘测设（放样）略图（图 10-5），按照施工进度计划，制订测设方案，即可开始测设。

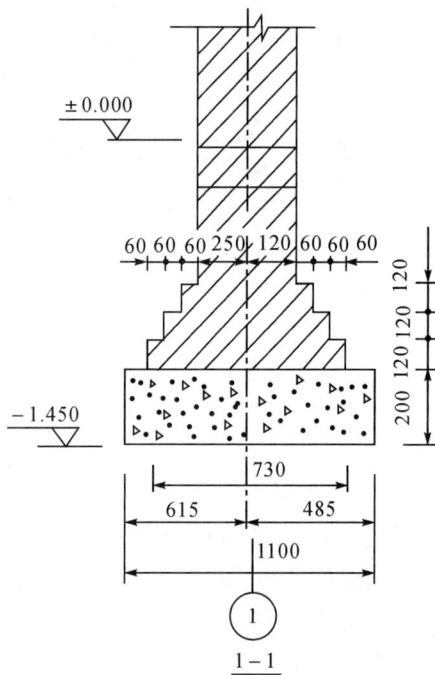

图 10-4　基础剖面图

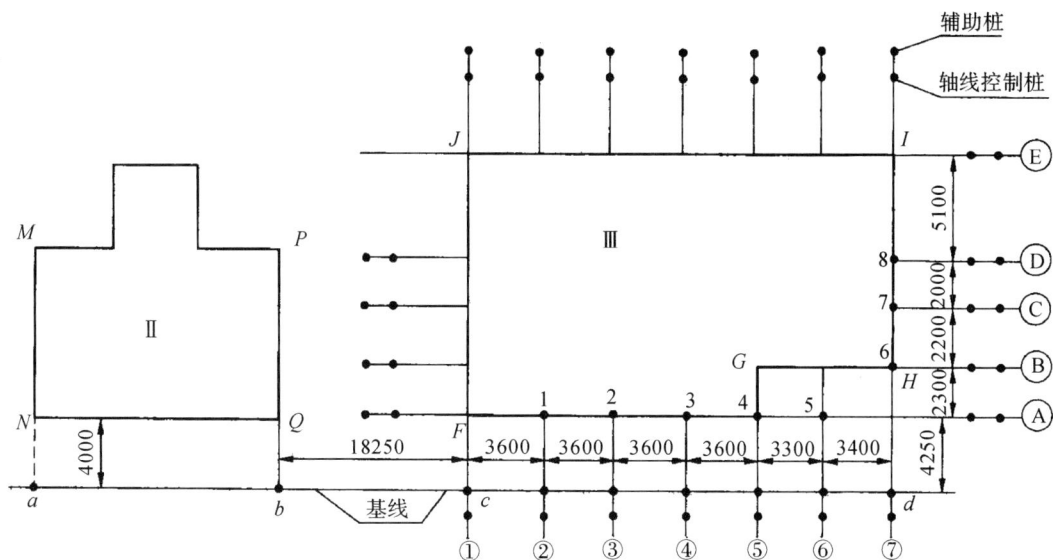

图 10-5　测设略图

三、校核红线桩（定位点）与水准点

为保证整个场地定位和标高的正确性，对原勘测图纸提供的控制点、红线桩及水准点均应进行严格的校核，以取得正确的测量起始数据与起始点位，这是做好整个施工测量的基础。

四、制订施工测量方案

根据施工现场情况、原有控制点位置、建筑结构的形状以及设计给定的定位条件，制订切实可行的测设方法及方案，并健全测量组织。

任务二　建筑物定位

一、建筑物的定位

建筑物的定位就是根据设计中给定的定位条件，将建筑物外廓各轴线的交点测设到地面上，作为基础和细部放线的依据。

由于定位条件不同，定位方法主要有以下四种。

（一）根据与原有建筑物的关系定位

一般民用建筑物的设计图上，通常给出的是拟建建筑物与附近原有建筑物的相对位置及尺寸。此时，就可根据原有建筑物测设出拟建建筑物。

如图 10-6 所示（阴影部分是原有建筑物），先从 A、B 两个点作平行线 $A'B'$。延长平行线 $A'B'$，可定出 E'、F'、I' 等点，然后用直角坐标法就可测设出拟建建筑物的 EF、GH、IJ 等轴线（交）点。以此就可定出其余各轴线。

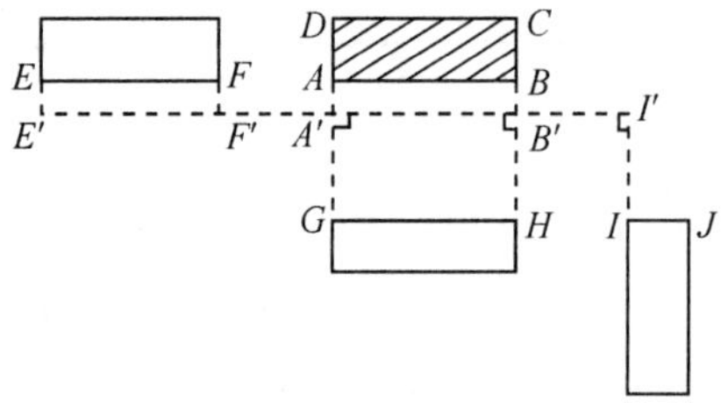

图 10-6　根据与已有建筑物关系定位
（轴线平行）

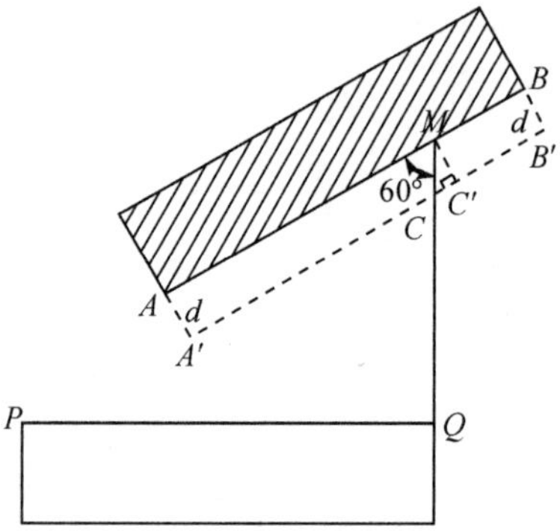

图 10-7　根据与已有建筑物关系定位
（轴线成任意角）

如果拟建建筑物与原有建筑物的主轴线成一任意角度，可以利用平行线的方法来测设。如图 10-7 所示（阴影部分是原有建筑物），距离 MB、MQ 及 $\angle AMQ$ 是设计图纸给定的，在测设拟建建筑物 PQ 轴线前先作平行线 $A'B'$，其与 AB 的间隔为 d，为了确定 C 点在平行线上的位置，需要确定出距离 CC'。由图 10-7 可知，$CC'=d\times\cot60°$，由 B' 点起量距离 $CB'=CC'+MB$，即可在平行线上定出 C 点的位置。而距离 $CQ=MQ-MC$，其中 $MC=\dfrac{d}{\sin60°}$。在 C 点安置经纬仪，照准 A' 逆时针方向转动照准部 60°，得 CQ 的方向，自 C 点起量距离 CQ 得 Q 点。在 Q 点上安置经纬仪，照准 C 点，逆时针方向转动照准部 90°，量取距离 QP，即定出 PQ 轴线。

Q 点也可由 MQ、AQ 两段距离交会来确定。因 AM、MQ 及 $\angle AMQ$ 为已知，则

$$AQ=\sqrt{AM^2+MQ^2-2AM\times MQ\times\cos\angle AMQ}\tag{10-1}$$

用两把钢尺将零点分别对准 A、M 两点，在对准 A 点的钢尺上找出 AQ 读数和在对准 M 点的钢尺上找出 MQ 读数，拉直两钢尺，则两读数对齐处即为 Q 点的位置，采用此法时，MQ、AQ 两段距离必须小于一整尺。

【例 1】　欲在原锅炉房西侧进行扩建，其设计尺寸与原锅炉房的相对位置如图 10-8 所注，叙述其定位方法与过程。

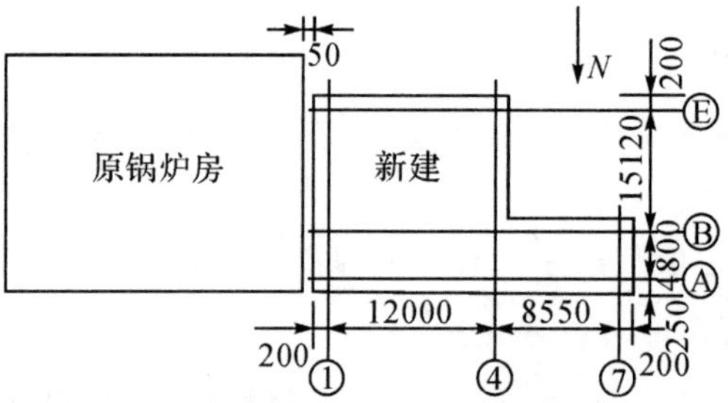

图 10-8　建筑物平面位置图

【解】　（1）分析：

从图中可看出两建筑物的北墙外皮对齐，中间留有 0.050m 的施工缝。①轴到原锅炉房西墙外皮为 0.200m，Ⓐ轴到北墙外皮为 0.250m，定位时直接定出各轴线的桩位，以便

施工。

(2)定位过程：

①在原锅炉房的西墙外皮上，从北墙外皮向里量取 0.250m，即得Ⓐ轴标志，再继续量取 4.800m 和 15.120m＋4.800m＝19.920m 分别得到Ⓑ轴、Ⓔ轴标志，如图 10-9 所示。

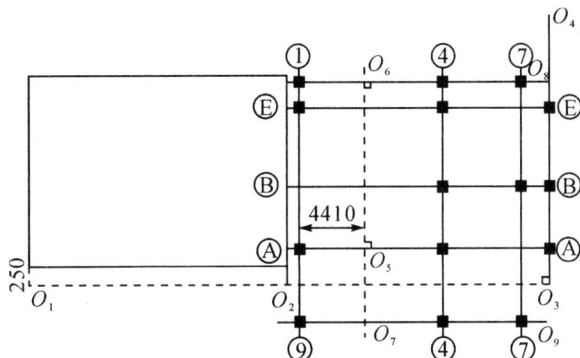

图 10-9　测设各轴线

②从原锅炉房北墙两端各向外丈量出 0.250m 得 O_1、O_2 两点，在 O_2 上安置经纬仪，延长 O_1O_2 到点 O_3，在 O_3 点上安置经纬仪照准 O_1 点，旋转照准部90°得 O_3O_4 方向线。

③在 O_3O_4 方向上依次量取 0.500m 得Ⓐ轴桩位，继续丈量 4.800m 和 4.800m＋15.120m＝19.920m 得到Ⓑ轴、Ⓔ轴桩位，各自与墙上相应轴线标志的连线就是Ⓐ、Ⓑ、Ⓔ三轴的位置。

④在Ⓐ轴桩位上安置经纬仪，照准墙上标志Ⓐ，下转望远镜在Ⓐ轴线上得 O_5 点，量取到西墙皮的距离，若为 4.410m，在 O_5 点上安置经纬仪照准Ⓐ轴桩位，旋转照准部 90°得 O_6O_7 方向线。在 O_6 点上安置经纬仪，照准 O_7 点，旋转照准部90°，得 O_6O_8 方向线，从该方向上由 O_6 向东量取 4.410m－0.250m＝4.160m 得①轴桩位，向西分别量取 12.000m＋0.250m－4.410m＝7.840m 和 12.000m＋0.250m－4.410m＋8.550m＝16.390m 得到④轴、⑦轴的桩位。同理，在 O_7 点安置仪器也可定出①轴、④轴和⑦轴的桩位。相应轴线桩位的连线即①、④、⑦轴的位置。

⑤由各轴线的交点即可定出该建筑物的位置。在交点上安置经纬仪，观测其夹角应为90°，其差值不超过容许值，否则应调整桩位。

（二）根据建筑红线或道路中心线定位

建筑红线是指规划部门测定的划定的建筑用地的边界线，因在规划图中一般用红线表示，所以称为建筑红线。图 10-10(a)、(b)中的甲、乙两点为建筑红线点，其连线就为建筑红线，它一般与道路中心线平行。

根据甲、乙红线桩测设⑰号和⑱号拟建建筑物的轴线 AB、CD 和 EF、GH 时，先在甲点上安置经纬仪，照准乙点，在视线方向上从甲点起量取 45.50m 得到 H' 桩点，再继续量取 9.75m＋26.44m＋9.75m＝45.94m 得 B' 桩点（桩上钉中心钉）。然后分别在 H' 点和 B' 点上安置经纬仪，照准乙(甲)点，顺(逆)时针转动照准部 90°，在视线方向上依次量取 21.12m、47.70m，钉出 H、G 和 B、A 各桩。随后在 G 点和 A 点上安置仪器，观测∠$H'GA$ 和∠GAB' 值，与 90°比较，其差值在 ±40″ 范围内即为合格，实量 AG 与 $B'H'$，比较其相对误

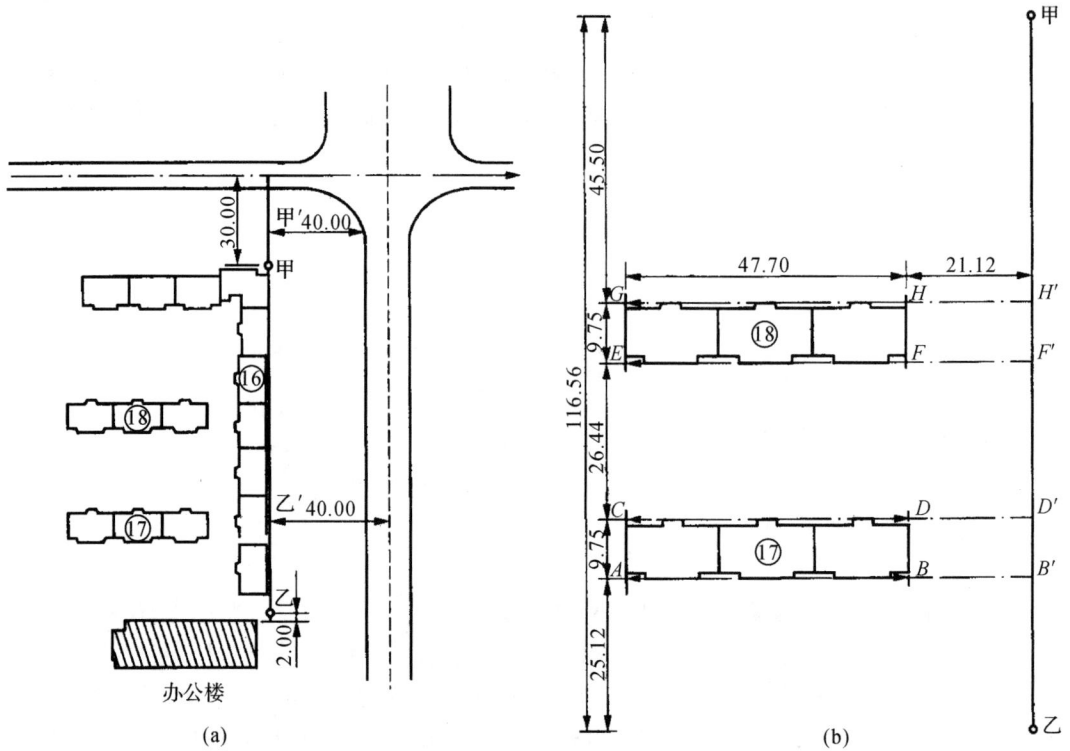

图 10-10　根据建筑红线定位

差,不超过 1/3000 即为合格。在容许范围之内,根据实际情况对桩位做适当的调整。最后由矩形 $ABHG$ 测设出 C、D、E、F 各点,就得到 17 号和 18 号拟建建筑物的轴线 AB、CD 与 EF、GH。

图 10-11 所示为拟建建筑物 $ABCD$ 与道路中心线平行,根据设计给定的条件,在 M 点上安置经纬仪定出 N、Q 两点,在这两点上用经纬仪按直角坐标法可测设出该建筑物的轴线。

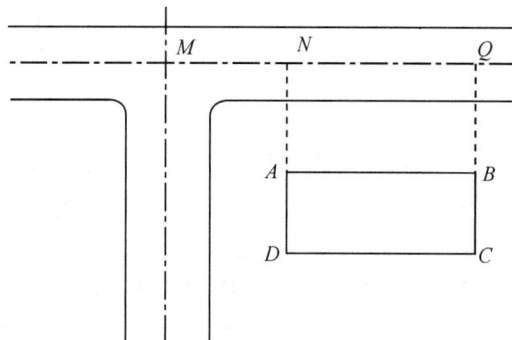

图 10-11　根据道路中心线定位

【**例2**】 某建筑物的平面位置如图 10-12 所示,试述其定位方法及过程。

【**解**】 (1)在马路中线交点 M 上安置经纬仪,照准 M' 点,在马路中线上量取 9.800m 得 N 点,再继续量 46.500m 得 P 点。

(2)在 N 点安置经纬仪,照准 M' 点,顺时针旋转照准部 90°,在视线方向上量取 34.400m 得 Q 点。再继续量取 9.900m＋13.200m＝23.100m 得 R 点。

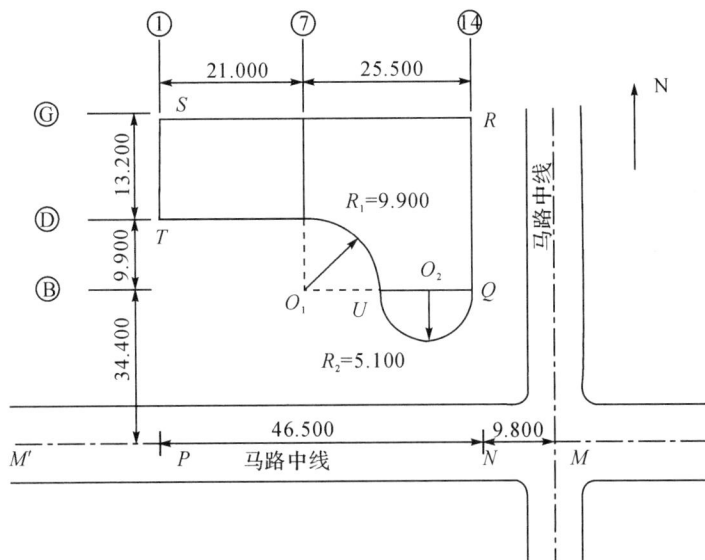

图 10-12 建筑物平面位置图

(3)在 P 点上安置经纬仪,照准 M 点,逆时针旋转照准部 90°,在视线方向上量取 34.400m＋9.900m＝44.300m 得 T 点,再继续量取 13.200m 得 S 点。

(4)在 S 点安置经纬仪照准 P 点,逆时针旋转照准部 90°,应能照准 R 点,并丈量 SR 的距离,其差值均应在容许值之内。否则,应调整桩位。

(5) S、R 尺两点边线即为⑥轴,R、Q 连线即为⑭轴,S、T 连线即为①轴。在 Q 点安置经纬仪,照准 R 点,逆时针旋转照准部 90°,量取 10.200m 得 U 点,Q、U 连线就为⑧轴。以此按图纸设计尺寸就可定出其余轴线的位置。

(6)⑧轴与⑦轴的延长线相交于 O_1 点,以 O_1 点为圆心、9.900m 为半径就可放出该段圆弧。以 QU 的中点 O_2 为圆心、5.100m 为半径可放出其圆弧。

(三)根据建筑方格网定位

如图 10-13 所示,方格网点 A、B 及拟建建筑物的四个外角点 M、N、Q、P 的坐标是设计图纸给定的。由这些点的坐标就可以通过简单的加、减方法计算出 M 点与 A 点的横坐标差 e、纵坐标差 aM,建筑物的长度 MN 及宽度 PM、NQ。在 A 点安置经纬仪,瞄准 B 点,在经纬仪视线方向上量取距离 e 得 a 点,继续量取 MN 得 b 点,分别在 a、b 两点处安置经纬仪,后视 A 点,用直角坐标法就可测出 M、P 及 N、Q 各点。实量 MN、PQ 边的长度进行检核,与设计值比较,若其相对误差不大于 1/3000 即为合格。

(四)根据控制点定位

从测量控制点上测设拟建建筑物,一般都是采用极坐标法或角度前方交会法。如图 10-14 所示,测量控制点 A、B 及拟建建筑物外角点 M、N 坐标由设计图纸给定。若 M 点用极坐标法测设,则要计算出图中的角 α_2 及距离 S。若点用角度交会法测设,利用相应点的坐标反算出各边的方位角,就可计算夹角 α_1 及 β_1。

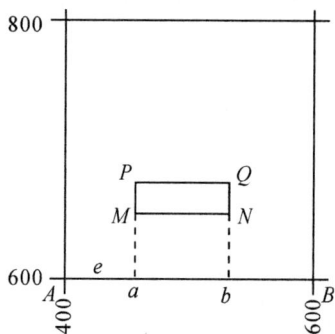

图 10-13　建筑方格网定位　　　　　　　　图 10-14　一般控制点定位

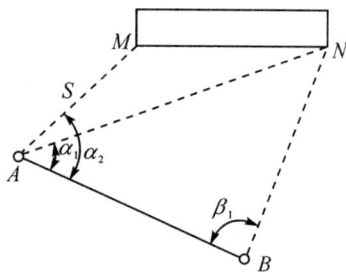

计算公式、方法及测设过程与点的平面位置测设方法相同。为了避免差错,测设前应备有测设示意图。各项数据算出后均应经过校核。

在设计图纸中所给定的拟建建(构)筑物的坐标值,大多数为外角坐标,测设出的点位为建筑物的外墙皮角点,施工时必须由此点位再测设出轴线交点桩。

二、建筑物定位的注意事项

(1)认真熟悉有关图纸及有关技术资料,审核各项尺寸,发现图纸有不符之处应与有关技术部门核实改正。施测前绘制测量定位略图,并标注相关测设数据。

(2)施测过程的每个环节都要仔细认真,精心操作。尽量做到以长方向控制短方向,引测过程的精度不低于控制网精度。

(3)基础施工中最容易发生问题的地方是错位,容易把中线、轴线、边线搞混看错。标注桩位时,一定要写清轴线编号、偏移距离和方向。

(4)控制桩要做好明显标志,以便引起人们注意。桩周围要设置保护措施,防止碰撞破坏。定期检测,保证测量精度。

(5)寒冷地区应采取防冻措施。

三、工程测量定位记录

工程测量定位记录见表 10-1。

表 10-1 工程测量定位记录

工程测量定位记录		编号	
工程名称		委托单位	
图纸编号		施测日期	
坐标依据		复测日期	
高程依据		使用仪器	
允许误差		仪器检验日期	

定位抄测示意图：

复测结果：

签字栏	建设（监理）单位	施工（测量）单位		测量员证书号	
		专业技术负责人	测量负责人	复测人	施测人

知识实训

实训任务一 建筑物定位

一、实训的目的和要求

（1）能根据给定的设计图纸和放样条件制订建筑物定位的方案。

（2）理解并掌握根据已有建筑进行拟建建筑物定位的方法和步骤。

二、实训的计划及仪器和工具

1.实习时间:2学时。

2.每组配置经纬仪 1 台、钢尺 1 把、标杆 1 根、测钎 1 串(10 支)、木桩小钉各 8 枚、锤子1把。

三、实训的任务和要求

每组完成图 10-15 所示的拟建建筑物定位工作并检查。

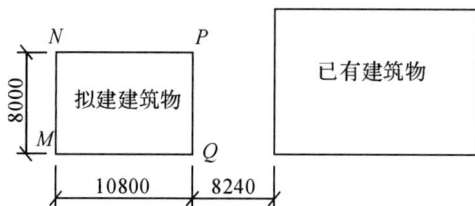

图 10-15

四、实训的方法和步骤

(1)根据图纸制订测设方案。

(2)计算放样数据。

(3)绘制测设略图。

(4)定位点 M、P、N、Q 的实地测设。

①借线。如任务图 10-15,用钢尺沿已有建筑物的东、西山墙延出一小段距离 L 的 a、b 两点,做出标志。

②做辅助点。在 a 点安置经纬仪,瞄准 b 点,并用钢尺从 b 点量取 8.240m 定出 c 点,做出标志,再继续沿 ab 方向量取 10.800m 定出 d 点,做出标志,则 cd 线就是测设拟建建筑物的基线。

③做定位点。分别在 c、d 两点安置经纬仪,瞄准 a 点,逆时针方向测设 $90°$,沿此视线方向量距离 L,钉 Q、M 两点,沿此视线方向再继续量取 8.000m,钉出 N、P 两点,做出标志。M、N、P、Q 四点即为拟建建筑物外廓定位轴线的交点。

④检查。检出距离和角度,其误差应在允许范围内。

五、实训的注意事项

(1)检测 NP 的距离是否等于设计值 10.800m,相对误差≤1/5000。

(2)检测角度∠N 和∠P 是否等于设计值 $90°$,误差≤±1′。

六、检查测量记录表

1.水平角检测记录表

日期:_____   天气:_____   仪器型号:_____   组号:_____

观测者:_____   记录者:_____   立棱镜者:_____

测站	竖盘位置	目标	水平度盘读数 ∘′″	半测回角值 ∘′″	一测回角值 ∘′″	示意图

2.水平距离 NP 检测记录

直线 NP:第一次=_____ m,第二次=_____ m,平均=_____ m。

任务三   建筑物的定线

建(构)筑物各外墙轴线交点桩定位,经验核无误后,方可进行建筑物的放线。所谓建筑物的放线,是指根据定位的轴线交点桩,详细测设其他各轴线交点的位置。用木桩(桩顶钉中心钉)标定出来,称为中心桩,并由此按基础宽及放坡宽用白灰撒出基槽(坑)开挖的边界线。放线方法如下。

一、测设外墙周边上各轴线交点桩

如图 10-16 所示,在点 M 安置经纬仪,照准点,用钢尺沿方向量出相邻轴线间的距离,定出②、③、④、…各轴线与轴的交点的桩(也可以每隔 1~2 轴线定一点)。同理,可定出其余各轴线的交点桩,量距精度应达到 1/3000。丈量各轴线间距时,钢尺零端要始终对在同一点上。

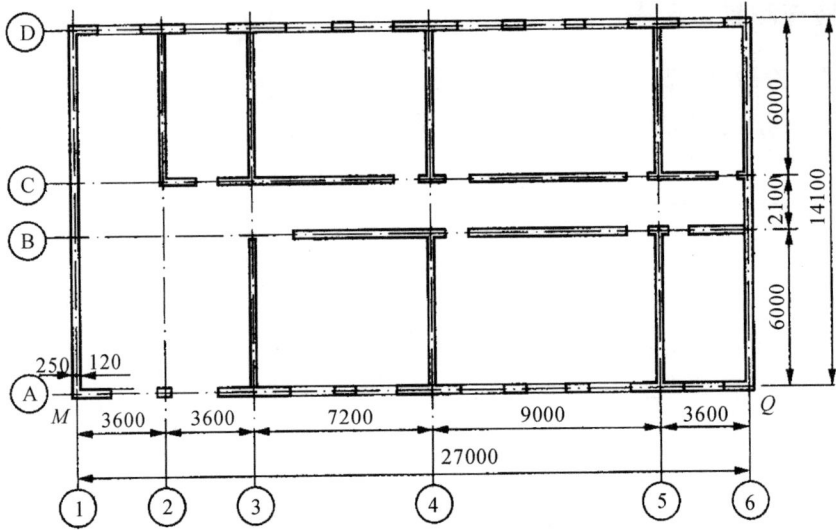

图 10-16　轴线交点桩测设

　　由于基槽(坑)开挖时这些轴线交点桩都要挖掉,因此在挖槽工作开始前,要把这些桩移到施工范围以外的安全地方,以便作为各阶段施工中恢复轴线的依据。其方法是:延长这些轴线至一定距离,在施工范围以外的安全地方钉设轴线控制桩或龙门板,将这些轴线位置固定下来。

二、测设轴线控制桩(引桩)

　　在大面积开挖的箱形基础或桩基础的施工场地及机械化施工程度高的工地,常测设轴线控制桩。测设时,在轴线交点桩上安置经纬仪,照准另一轴线交点桩,沿视线方向用钢尺向基槽(坑)外侧量取一定距离(一般为 2~4m),打下木桩,桩顶钉小钉,准确标定出轴线位置,并用混凝土包裹木桩,必要时砌筑保护井,加盖保护,如图 10-17 所示。

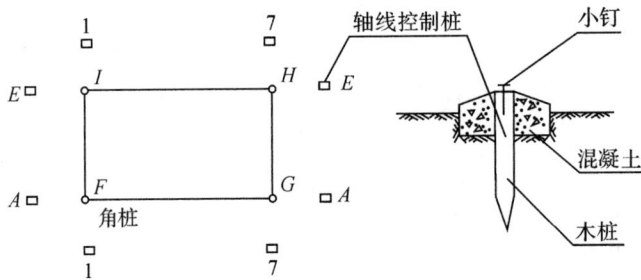

图 10-17　轴线控制桩

　　在大型施工场地放线时,为了保证轴线控制的精度,通常是选择测设轴线的控制桩,然后根据轴线控制桩测设各轴线交点桩。在中小型的施工场地上,轴线控制桩是根据外墙轴线交点桩(角桩)引测的。如有条件也可把轴线引测到周围固定的地物上,并作好标志,注明轴线号,以便恢复轴线时使用。利用这些轴线控制桩作为在实地上定出基槽(坑)上口宽、基础边线等的依据。

三、龙门板的设置

在一般民用建筑中，人工开挖的条形基础的施工场地上，常采用测设龙门板。如图 10-18 所示，其测设方法如下：

(1)在建筑轴线两端距槽边 1.5～2.0m 适当位置钉设一对与轴线垂直的保留大木桩，称为龙门桩，桩要钉得竖直和牢固，并使桩的一侧平行于基槽。

(2)利用附近的水准点，用水准仪将建筑物的室内地坪设计标高(±0.000)引测到龙门桩的外侧面上，用红铅笔画一横线作为标志。如果施工现场地面太高或太低，也可测设比±0.000高或低一整数的标高线。

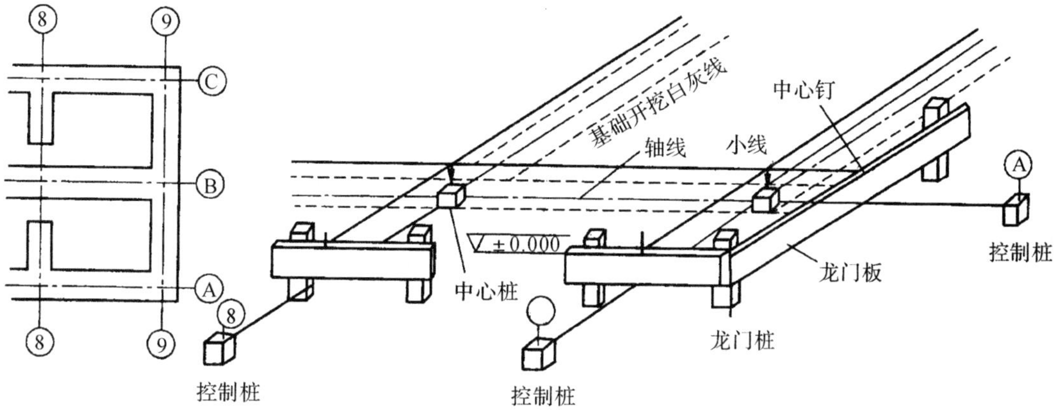

图 10-18　龙门板

(3)在相邻两龙门桩上钉设把木板，称为龙门板。龙门板的上沿应与龙门桩上的横线对齐，使龙门板顶面标高在一个水平面上，并标高±0.000，或比±0.000 线高或低一定的数值，龙门板顶面标高的误差应在±5mm 以内。

(4)将经纬仪安置于轴线交点上，照准另一轴线交点后，将轴线引测到龙门板顶面上，钉上小钉(称为中心钉)。

(5)检查。用钢尺沿龙门板顶面实量各中心钉(轴线)间的距离是否正确，用水准仪检查各龙门板顶的±0.000 标高是否正确。经检核无误后，以中心钉为准，将墙宽、基础宽标在龙门板上。

四、民用建筑定位放线的检验测量

当施工员、测量员放线完毕后，质检员应立即进行放线检验测量，以检核放线、桩位有无错误。

检测项目主要包括：

(1)根据设计总平面图，查算建筑物轴线的平面坐标，以及该桩与现场控制点的相关位置和放线需要的数据，然后用仪器复核各轴线桩是否正确。同时，也要检验龙门板上的轴线标志位置。若发现问题，应立即与放线人员查找原因，进行调整或重测。

(2)根据现场水准点，质检员用水准仪对龙门板或墙上的±0.000 标高进行检查，必须符合规范要求。

以上检验均应及时记录,并妥善保存。在施工过程中进行有关检测时,需查常对原始资料。同时,在工程竣工验收填写验收报告及编绘竣工图时,均需附上这些资料。

一般建筑放线时,±0.000 标高测设误差范围为±5mm,轴线间距离校核相对误差不得大于 1/3000,其夹角允许误差范围为±40″。

五、施工测量验线的基本规定

(一)验线依据

设计图纸、变更文件、起始点位和数据必须是原始资料,最后定案并有效正确。

(二)仪器设备

仪器和钢尺满足精度要求并在鉴定有效期内。

(三)验线原则

(1)测量放线人员应爱岗敬业,有效保护测量成果。爱护仪器,定期维护保养,按期鉴定检验。

(2)验线应主动。从审核施工测量方案到施工各主要阶段前,应对测量提出预防性要求,做到防患于未然。

(3)独立验线。从人员、仪器、方法到线路尽量做到与放线不相关,验线重点应放在重点部位、薄弱环节。

(四)验线方法及误差处理

(1)场地平面控制网及建筑定位,应在平差计算中评定最弱部位的精度,实地验测,精度不合格时要求重测。

(2)细部验线,可用不低于放线时的精度进行验测。验线成果与放线成果之间的误差按以下办法处理:两者之差 $\Delta < 1/20.5\Delta_{限差}$ 时,对放线成果评为优良;两者之差 $\Delta = 1/20.5\Delta_{限差}$ 时,对放线成果评为合格,可不必改正放线成果,或取其平均值;两者之差 $\Delta > 1/20.5\Delta_{限差}$ 时,原则上不予验收,特别是重要部位,次要部位可令其局部返工。

(五)验线组织管理

验线的组织管理见表 10-2。

表 10-2　验线组织管理

测量内容	验线人员	测量内容	验线人员
水准点引测和场地控制网,建筑物定位	施工现场质量检查人员	楼层放线	质检员及木工工长(结构施工时钢筋工长参加)
基础定位放线	公司质量科	细部尺寸	质检员及相关工长

六、施工测量放线报验表

施工测量放线报验表见表 10-3。

表 10-3　施工测量放线报验表

施工测量放线报验表		编号	
工程名称		日期	

致＿＿＿＿＿＿＿＿＿（监理单位）：

我方已完成（部位）＿＿＿＿＿＿＿＿＿＿＿

　　　　　（内容）＿＿＿＿＿＿＿＿＿＿＿

的测量放线，经自检合格，请予查验。

附件:1.□放线的依据材料＿＿＿＿＿页

　　　2.□放线成果表＿＿＿＿＿页

测量员（签字）:岗位证书号:

查验人（签字）:岗位证书号:

承包单位名称：　　　　　　　　　　　　　　　技术负责人（签字）

查验结果：

查验结论　　　　　　　□合格　　　　　　　□纠错后重报

监理单位名称：　　　　　　　监理工程师（签字）　　　　　　日期：

![知识实训图标] 知识实训

实训任务二　建筑基线测设

一、实训的目的和要求

(1)掌握建筑基线的精确测量方法。

(2)掌握建筑基线的轴线点的调整方法。

二、实训的计划及仪器和工具

(1)实训时间:4学时。

(2)每组配置全站仪 1 台、棱镜组 2 组、对中杆 1 根、三脚架 2 副、记录板 1 块（自备计算器 1 只）。

三、实训的任务和要求

根据图 10-19 及表 10-4 中的内容,每组布设并调整好一个有 3 个轴线点的"一"字形建筑基线。

表 10-4

点名	平面坐标	
	X	Y
CP1	1000.000	1000.000
CP2	1000.000	1100.000
Ⅰ	1010.000	998.438
Ⅱ	1010.000	1048.569
Ⅲ	1010.000	1099.211

四、实训的方法和步骤

(1)布设控制点。如图 10-19 所示,在空旷地面选择一点,打下一木桩,桩顶画十字线,交点即为 CP1 点。从 CP1 点用全站仪量一段 100.000m 的距离定出一点,同样打木桩,桩顶画十字线,交点即为 CP2 点。

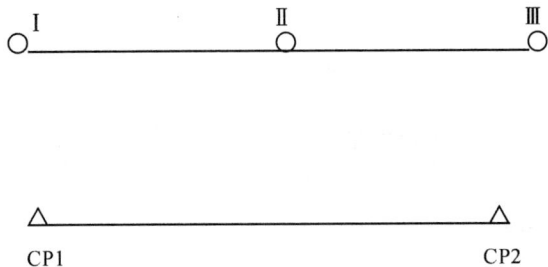

图 10-19

(2)设置测站。基线测设时,将全站仪安置在 CP1 点,对中整平后进行测站设置,输入测站的平面坐标;照准 CP2 点,输入 CP2 点平面坐标,然后进行定向。

(3)放样基线点。定向后执行放样功能,分别输入Ⅰ、Ⅱ、Ⅲ点坐标,并将这三点放出。

(4)角度检核与调整。将全站仪搬至Ⅱ点用测回法测量角度∠ⅠⅡⅢ;若与 180°之差超过±20″时,沿与基线垂直的方向各移动相等的调整值 δ 进行调整,其值按下式计算

$$\delta = \frac{ab}{a+b}\left(90° - \frac{\angle Ⅰ'Ⅱ'Ⅲ'}{2}\right)\frac{1}{\rho''}$$

式中:ρ'' 取 206265″;δ 为各点的调整值,m;a、b 分别为Ⅰ和Ⅱ、Ⅱ和Ⅲ之间的长度,m。

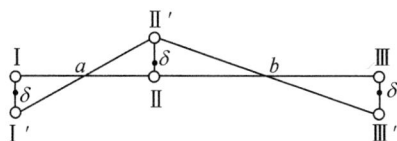

图 10-20

(5)距离检核与调整。分别测量 Ⅰ 和 Ⅱ、Ⅱ 和 Ⅲ 之间的长度 a、b,若设计长度与实测距离之差大于 1/10000,则以 Ⅱ 为准,调整 Ⅰ、Ⅲ 两点。

五、实训的注意事项

(1)水平角观测要求。测回数:一测回;精度要求:半测回互差≤10″。

(2)测距要求。测回数:一测回;精度要求:一测回内互差≤5mm。

六、检查测量记录表

1.水平角检测记录表

日期:_____ 天气:_____ 仪器型号:_____ 组号:_____

观测者:_____ 记录者:_____ 立棱镜者:_____

测站	竖盘位置	目标	水平度盘读数 °′″	半测回角值 °′″	一测回角值 °′″	示意图

2.水平距离 a、b 检测记录

直线 a:第一次=_____ m,第二次=_____ m,平均=_____ m。

直线 b:第一次=_____ m,第二次=_____ m,平均=_____ m。

3.计算调整

经计算得:δ=_____ mm。

项目二 基础施工测量

问题提出

民用建筑物基础施工过程中要进行哪些测量工作? 如何实施?

知识链接

一、基槽开挖边线放线

在基础开挖前,按照基础剖面图上的尺寸,考虑到放坡及工作面大小,确定出基槽的上部开挖宽度。在两端由轴线(中心)桩向两边各量出开挖尺寸,并做好标志;在两端标志之间拉一细线,沿着细线在地面上用白灰撒出基槽边线,作为基槽开挖的界限。

(一) 放坡宽度和挖方宽度

基础开挖的宽度和深度与土质条件有关。若施工组织设计中对挖方边线有明确规定,撒白灰线时按此规定办理。若只给定放坡比例,则按照图 10-21 计算放坡宽度和挖方宽度,计算公式为

$$b_4 = KH$$

左侧开挖宽度

$$b_L = b_1 + b_3 + b_4$$

右侧开挖宽度

$$b_R = b_2 + b_3 + b_4$$

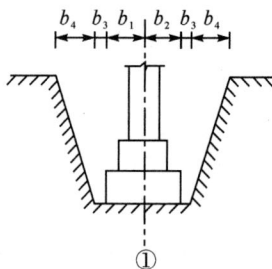

图 10-21 基础开挖宽度

总的开挖宽度

$$b = b_1 + b_2 + 2(b_3 + b_4)$$

式中:b_4 为放坡宽度;K 为放坡系数;H 为挖槽深度;b_3 为施工面宽度;b_1、b_2 为基础两侧到轴线距离。

(二) 施工面宽度

若施工组织设计中对施工面宽度有明确规定,按规定计算。否则,可参照下面规定计算:

(1)毛石基础或砖基础,每边增加施工面 15cm。

(2)混凝土基础或垫层需支模的,每边增加施工面 30cm。

(3)使用卷材或防水砂浆做垂直防潮层时,增加施工面 50cm。

(三) 放坡系数

若施工组织设计中无明确规定,可参照表 10-4 的规定计算。

在地质条件良好,土质均匀且地下水位于槽底或管沟底面标高,坚硬的黏土挖深不超过

2.0m，其他土质挖深超过 1.5m，可直立开挖，不放坡。否则，按表 10-5 要求放坡或做直立壁加支撑，以防止塌方，造成安全事故。

表 10-5　基础边坡的放坡系数

土的类型	放坡宽度（高∶宽）		
	坡顶无荷载	坡顶有荷载	坡顶有动载
中密的砂土	1∶1.00	1∶1.25	1∶1.50
中密的碎石类土（填充物为砂土）	1∶0.75	1∶1.00	1∶1.25
硬塑的粉土	1∶0.67	1∶0.75	1∶1.00
中密的碎石类土（填充物为黏土）	1∶0.50	1∶0.67	1∶0.75
硬塑的粉质黏土、黏土	1∶0.33	1∶0.50	1∶0.67
老黄土	1∶0.10	1∶0.25	1∶0.33
软土	1∶1.00		

二、基础施工测量的方法

在建（构）筑物的基础工程施工阶段，由于基础的形式不同，施工测量的方法也有所不同。

（一）条形基础的施工测量

1.水平桩的测设

一般民用建筑大多采用条形基础。当基槽开挖到一定深度时，在基槽壁上自拐角开始，每隔 3～4m，由龙门板上沿的±0.000 标高测设一比槽底设计标高高 0.5m 的水平桩，作为挖槽深度、找平槽底和垫层的标高依据。

如图 10-22 所示，室内地坪（±0.000）的设计标高为 49.800m，槽底设计标高为 48.100m，欲测设比槽底设计标高高 0.500m 的水平桩，其标高为 48.100m＋0.500m＝48.600m。在槽边适当处安置水准仪，在龙门板上立水准尺，读得后视读数为 0.774m，则视线高为 49.800m＋0.774m＝50.574m。求得水准尺立在水平桩上的前视读数为 50.574m－48.600m＝1.974m。在槽内一侧立水准尺，上下移动，当水准仪读数为 1.974m 时，用一木桩水平地紧贴尺底钉入槽壁，即为所测的水平桩。同理，测设出其余各桩。水平桩测设的标高容许误差范围为±10mm。

2.槽底放线

垫层打好后，用经纬仪或拉细线挂垂球，把龙门板或控制桩上的轴线投测到垫层上，如图 10-23 所示，用墨线弹出墙体中心线和基础边线（俗称撂底），以便砌筑基础。整个墙体形状及大小均以此线为准。它是确定建筑物位置的关键环节，必须严格校核。

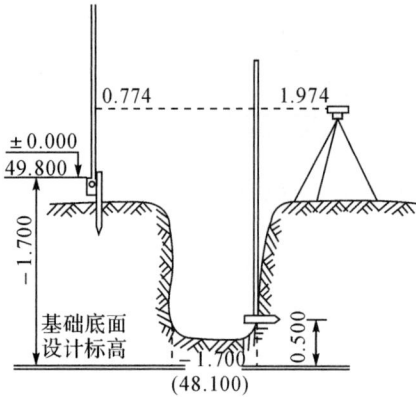

图 10-22 基槽水平桩测设

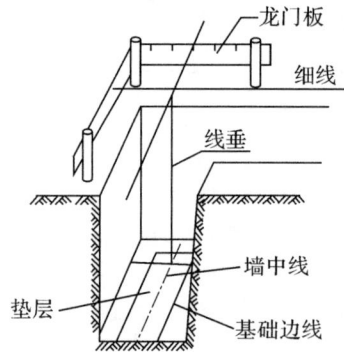

图 10-23 槽底放线

3.基础墙砌筑时的标高控制

砖基础砌筑时,一般采用基础皮数杆作为标高控制依据。基础皮数杆是一根木制的杆子(见图 10-24)。按照设计尺寸,在杆子上将砖厚度、灰缝厚度、层数画出,并标明±0.000、防潮层等标高位置。

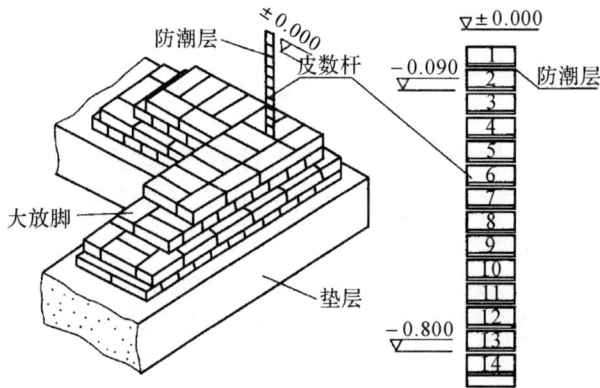

图 10-24 基础皮数杆

在立皮数杆处打一大木桩。用水准仪在该木桩上测设一条比垫层顶标高高一数值(如 10cm)的水平线。将皮数杆上标高相同的一条线与木桩上的水平线对齐,并用大钉把皮数杆钉到木桩上,作为砌砖时的标高依据。

毛石基础砌筑时,在龙门板中心钉上挂细线,以控制砌筑毛石基础的高度。

基础墙体砌筑完后,用水准仪检查各轴线交点上的基础面的标高是否符合设计要求。一般民用建筑物的基础面标高容许误差范围为±10mm。

(二)箱形基础的施工测量

箱形基础施工时,开挖范围较大,深度较深,测量工作应密切配合。

1.坑底标高引测

由于开挖较深,可采用吊钢尺法把地面水准点 A 的高程引测到坑底水平桩 B 上,其容许误差范围为±5mm。如图 10-25 所示,在基坑中悬吊一根钢尺,尺下端吊一 10kg 的重垂。

用地面和坑内的两台水准仪分别读取地面及坑内水准尺上读数和,并同时读取钢尺读数和。若水准点的高程为 H_A,那么水平桩的高程为

$$H_B = H_A + a - (b-c) - d \tag{10-1}$$

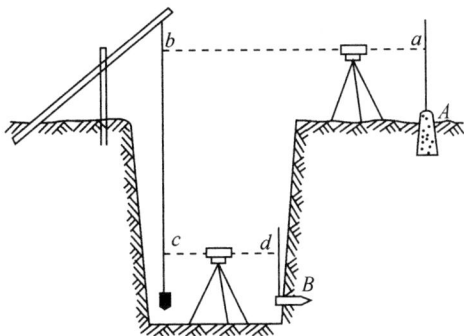

图 10-25　基坑底标高引测

由点高程就可在坑壁每隔一定距离测设出比坑底设计标高高 0.5m 的水平桩,作为挖深及垫层找平的依据。

2.坑底放线

垫层打好后,在控制桩上安置经纬仪,将主要轴线测设到垫层上,由此按设计图纸弹出其余轴线及墙、柱的中线与边线等,并对外廓轴线交角及间距进行严格检核,符合表 10-6 中要求后弹出墨线方可交付施工。

表 10-6　基础放线容许误差

长度、宽度的尺寸	容许误差范围
$L(B) \leqslant 30\text{m}$	$\pm 5\text{mm}$
$30\text{m} < L(B) \leqslant 60\text{m}$	$\pm 10\text{mm}$
$60\text{m} < L(B) \leqslant 90\text{m}$	$\pm 15\text{mm}$
$90\text{m} < L(B)$	$\pm 15\text{mm}$
外廓轴线夹角	$\pm 30''$

（三）桩基础的施工测量

由于各种原因,有些多(高)层建筑物的基础采用桩基础。桩位的排列随着建筑物形状和基础结构不同而异,最简单的是排列成格网形式。有的基础是由若干个基础梁及承台连接而成的。基础梁下面采用单排或双排桩支撑,沿轴线排列。承台下面采用群桩支撑。其排列有的是矩形,有的是梅花形,如图 10-26 所示。

测设桩位时,排桩纵向(沿轴线方向)偏差应在 $\pm 3\text{cm}$ 范围之内,横向偏差应在 $\pm 2\text{cm}$ 范围之内,位于群桩外围边上的桩,偏差不大于桩径的 1/10,中间的桩不大于桩径的 1/5。

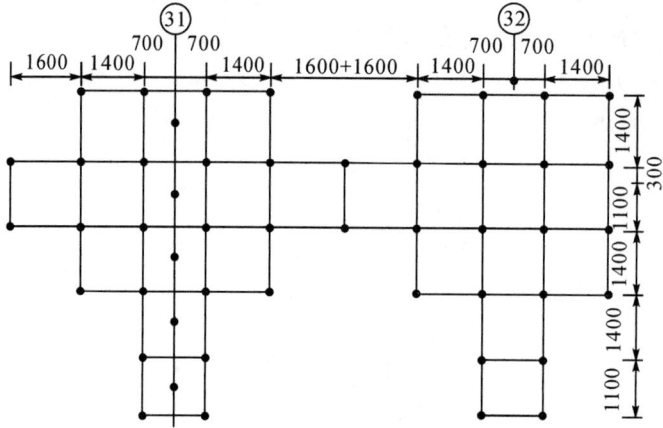

图 10-26   桩基础桩位排列图

1. 桩位测设

在定位轴线交点桩或轴线控制桩上,拉细线恢复各轴线,检查无误后方可测设桩位。

对于布设在轴线上的桩位,用钢尺沿细线按设计尺寸测设。对于排列成格网的桩位,根据轴线,精确地测设出格网的四个角点桩,然后按设计尺寸加密。承台下面的群桩,通常是根据轴线用直角坐标法测设的。

测设出的角点桩位及轴线两端的桩位,钉设木桩,上面钉中心钉,以便检核。其余各桩位可用 φ20mm 圆钢凿入地下 30cm 成孔,灌入细白灰,桩位可持久可靠。

2. 施工后桩位及标高检测

桩基施工完成后,由控制桩恢复轴线,用钢尺实量各桩位中心相对于轴线的纵、横偏差,标注在桩位平面图上,对于偏差较大的桩位(特别是偏离轴线的横向误差),应在正确位置上补桩。用水准仪测设各桩顶标高与设计值比较,其差值也标注在图上。各项差值符合施工要求后才能进行下一步施工。

三、基槽验线记录

基槽验线记录见表 10-7。

表 10-7　基槽验线记录

基槽验线记录		编号	
工程名称		日期	

验线依据及内容：

基槽平面、剖面简图：

检查意见：

签字栏	建设（监理） 单位名称	施工测量单位		
		专业技术负责人	专业质检人	施测人

项目三　主体结构施工测量

问题提出

民用建筑物主体结构施工过程中要进行哪些测量工作？如何操作？一般民用建筑物与高层建筑物施工有何区别？

知识链接

任务一　墙体施工测量

一、墙体工程施工测量

墙体施工中的测量工作包括墙体定位弹线及墙体各部位标高控制。

（一）墙体定位弹线

用经纬仪或拉细线挂垂球，将经检查无误的轴线控制桩或龙门板上的轴线和墙边线标志投测到基础面上，用墨线弹出墙体中线与边线。用经纬仪检查外墙轴线交角及间距，符合规范要求后，将轴线延伸到基础墙外侧，用红油漆做出明显标志，如图 10-27 所示。该标志作为向上投测轴线的依据，应切实保护好。

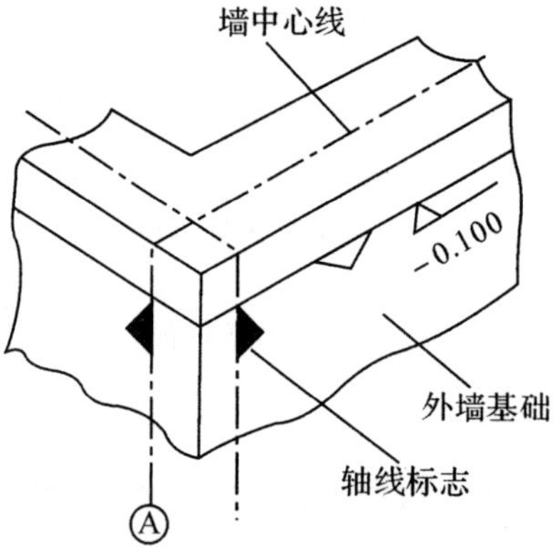

图 10-27　墙体定位

另外，在基础墙外侧画出门、窗和其他预留洞的边线。

（二）墙体各部位标高控制

在砖墙体砌筑时，墙体各部位标高通常也采用皮数杆来控制，如图 10-28 所示。其画法与钉设与基础皮数杆的相同。若采用内脚手架施工，皮数杆应立在外侧；反之，皮数杆应立在内侧。

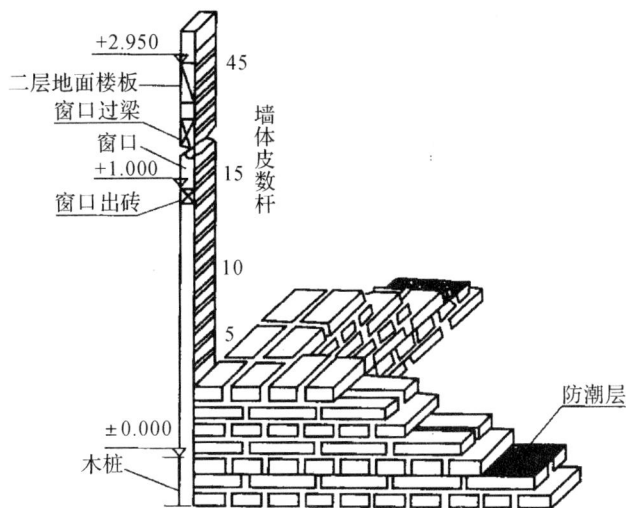

图 10-28　墙体皮数杆

图 10-29　托线板

当墙体砌到窗台时,用水准仪在室内墙体上测设一条+0.50m 的标高线并弹出墨线,作为该层安装楼板、地面施工及室内装修的标高依据。

墙的垂直度是用如图 10-29 所示的托线板来进行检查的。把托线板紧靠墙面,如果垂球线与板上的墨线不重合,就要对砌砖的位置进行校正。

在楼板安装好后,将底层墙体轴线引测到楼面上,并定出墙边线。用水准仪测出楼面四角标高并取平均值作为地坪标高。当精度要求较高时,用钢尺从+0.50m 线向上直接丈量到该层楼板外侧,作为重新立皮数杆的标高标志。框架或钢筋混凝土柱、间墙施工时,在每层的柱、墙上测设+0.50m 标高线代替皮数杆,作为标高控制的依据。

二、多层建筑物轴线投测与标高引测

在多层建筑物的砌筑过程中,为了保证轴线位置的正确传递,常采用吊垂球或经纬仪将底层轴线投测到各层楼面上,作为各层施工的依据。

(一)轴线投测

在砖墙体砌筑过程中,经常采用垂球检验纠正墙角(或轴线),使墙角(或轴线)在一铅垂线上,这样就把轴线逐层传递上去了。在框架结构施工中将较重垂球悬吊在楼板边缘,当垂球尖对准基础上定位轴线,垂球线在楼板边缘的位置即为楼层轴线端点位置,画一标志,同样投测该轴线的另一端点,两端的连线即为定位轴线。同法投测其他轴线,用钢尺校核各轴线间距,无误后方可进行施工,以此就可把轴线逐层自下而上传递。为了保证投测精度,每隔三、四层用经纬仪把地面上的轴线投测到楼板上进行检核,如图 10-30 所示。

(二)标高传递

一般建筑物可用皮数杆传递标高,对于标高传递精度要求较高的建筑,采用钢尺直接从+0.50m 线向上丈量(见图 10-31)。可选择结构外墙、边柱或楼梯间等处向上竖直丈量,每层至少丈量 3 处,以便检核。

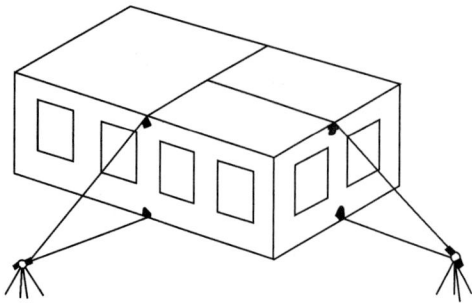

图 10-30　经纬仪轴线投测

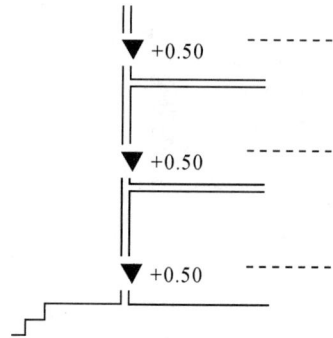

图 10-31　钢尺直接丈量传递标高

三、预制柱的安装测量

（一）柱子定位与校直

根据楼面上的轴线定出相距一定距离的平行线,作为柱子定位与校直的依据。如图 10-32 所示,安装⑥、Ⓑ轴交点柱子时,分别在与⑥轴、Ⓑ轴相距 60cm 的平行线上安置两台经纬仪,以此线的延长线定向,制动照准部。吊装柱子大致就位后,用小钢尺找出柱子两侧的中点,将尺板(见图 10-33)中点与之对准,分别安装在柱子两侧的上、下两部分,作为精确定位及校直的标志。另外,在下部尺板的对面安装一个同规格的尺板,以防止柱身扭转,如图 10-34 所示。分别用经纬仪观测各自方向上的所有尺板标志,调整柱位,当所有标志位于各自经纬仪视线上时,焊接固定柱子。即柱子就位于相应轴线上,且上下竖直、相互平行。同法安装其余柱子。为了观测方便,柱子安装最好依轴线进行。

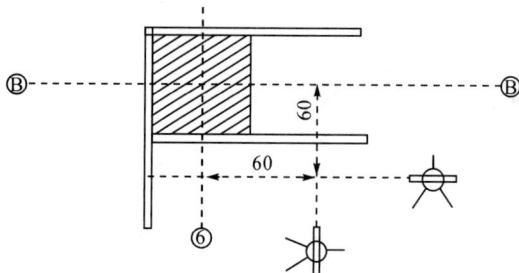

图 10-32　预制柱定位

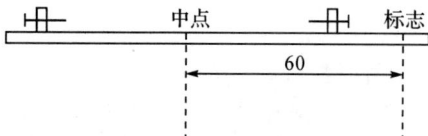

图 10-33　尺板安装

图 10-34　柱子精确定位与校直

（二）标高控制

在安装好的柱子四侧，用水准仪测设该层的＋0.50m标高线，作为标高控制的依据。

任务二　高层建筑施工测量

随着社会的发展和建筑技术的不断进步，我国的高层建筑物越来越多。由于高层建筑物层数多、高度高、体型巨大、结构复杂、平面与立面变化多样、设备和装修标准较高，因此在施工过程中对建筑物各部位的水平位置、轴线尺寸、垂准度和标高的要求都十分严格，对施工测量的精度要求也高。《高层建筑混凝土结构设计技术规程》(JGJ 3—2012)中不同结构形式在施工中轴线与标高的容许偏差值如表 10-8 所示。

表 10-8　高层建筑施工容许偏差

结构类型	竖向偏差限值/mm		高差偏差限值/mm	
	每层	全高(H)	每层	全高(H)
现浇混凝土	8	$H/1000$(最大 30)	± 10	± 30
装配式框架	5	$H/1000$(最大 20)	± 5	± 30
大模板施工	5	$H/1000$(最大 30)	± 10	± 30
滑模施工	5	$H/1000$(最大 50)	± 10	± 30

对施工测量的精度要求：每层间竖向偏差限值与高差偏差限值范围均为± 3mm，建筑物全高(H)测量偏差和竖向测量偏差不应超过 3/10000，且应满足下列条件：①当 30m<$H\leqslant$60m 时，全高(H)测量偏差和竖向测量偏差范围为± 10mm；②当 60m<$H\leqslant$90m 时，全高(H)测量偏差和竖向测量偏差范围为± 15mm；③当 H>90m 时，全高(H)测量偏差和竖向测量偏差范围为± 20mm。

为保证工程的整体与局部施工的精度，在进行施工测量前，必须制订出严谨合理的测量方案，建立牢固的测量控制点，严格检校仪器工具，健全检核措施，确保测设的精度。

高层建筑的定位、放线与多层建筑物基本相同。高层建筑施工测量的主要问题是如何将轴线精确地向上引测和怎样进行高程传递。

一、高层建筑轴线投测

（一）轴线投测的概念

轴线投测就是把底层的轴线通过一定的测量方法引测到施工面上。高层建筑的轴线投测是选择若干条主要轴线的平行线(或称为轴线控制线，间距一般为 0.5～1.0m)，组成一定的几何图形(见图 10-35)，以便检核。各控制线交点称为轴线控制点，每层相邻控制点及各层相同控制点间应相互通视。把这些控制点投测到施工面上，由此放样出全部轴线。

图 10-35(a)为十字线，适用于面积较小的塔式建筑；图 10-35(b)为双十字线，适用于条形建筑；图 10-35(c)为正方形，适用于面积较大的方形建筑；图 10-35(d)为三角形，适用于扇形建筑。

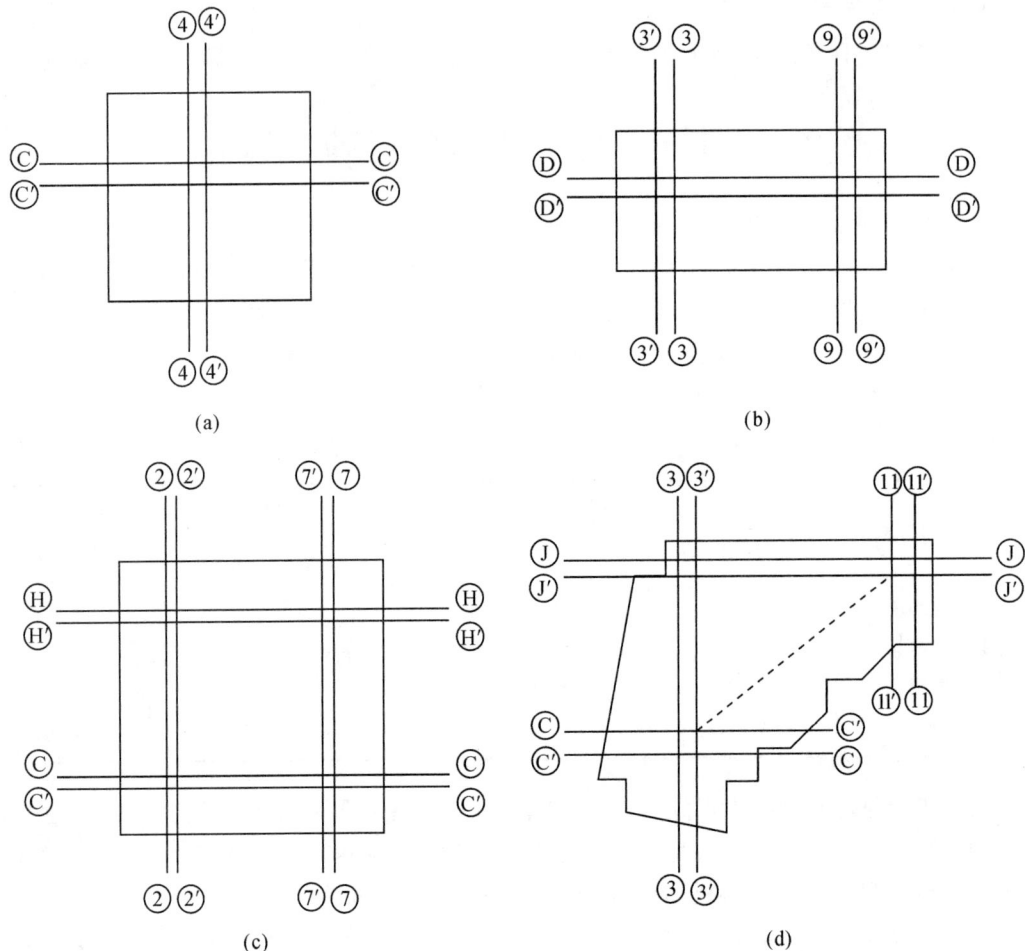

图 10-35 轴线控制线布设

由于施工场地、结构形式、施工方法等不同,轴线投测可采用外控法、内控法及三维坐标定位等。

(二) 轴线投测的方法

1. 外控法

当施工场地比较宽阔时,可将经纬仪安置在建筑物的附近进行轴线(竖向)投测。

(1) 延长轴线投测。

如图 10-36(a) 所示,在地面控制桩 b'、b_1'、c'、c_1' 安置经纬仪,将中心线投测于施工面上得 $b_中$、$b_{1中}$、$c_中$、$c_{1中}$。随着施工的进行,楼层不断增加,投测时仰角就会越来越大,投测精度随之降低,因此须将原控制桩引测到离建筑物较远的延长线上或附近已有建筑物的楼顶上,以减小仰角。如图 10-36(b) 所示,把控制桩 c' 引测到 cc' 延长线的 c'' 点。在 $c_{1中}$ 安置经纬仪,照准 c_1',正、倒镜取中点,将 c_1' 引测到楼顶 c_1'' 点,做标志固定点位,在上部楼层施工时,即可将经纬仪安置在新的控制桩 c'' 和 c_1'' 上,照准 c、c_1 进行投测。同理,可引测 b'、b_1'、b''、b_1'' 点。

(2) 侧向借线法。

①侧向平行借线法。如图 10-37 所示,建筑场地窄小,外廓轴线 A 无法延长,可将轴线

向建筑物外侧平行移出 d(d 不超过 2m),得到 A_W 及 A_E 点。投测时,在 A_W 点安置经纬仪照准 A_E 点,抬高望远镜照准横放在该端施工面上的木尺,指挥其左右移动,当视线读数为 d 时,在尺底端做一标志。同理,在 A_E 点安置经纬仪,照准 A_W 点,就可在该端施工面上得到另一标志,连接这两个标志,即为 A 轴。随着楼层的增加,可延长 $A_W A_E$ 到 $A_W' A_E'$ 以减小仰角。

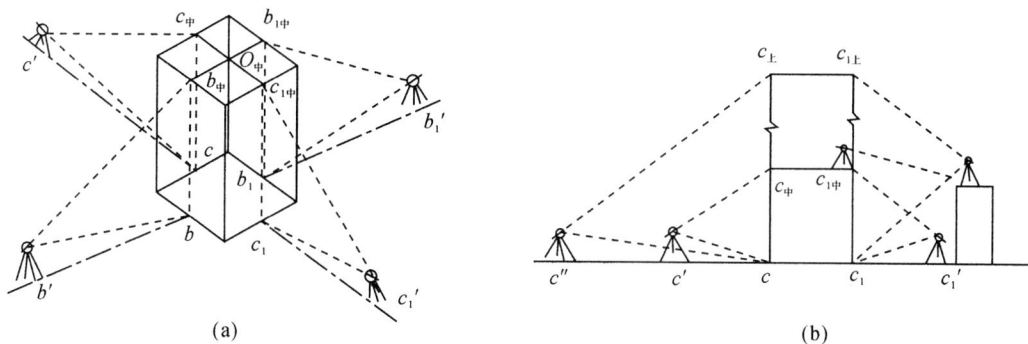

图 10-36　延长轴线投测法

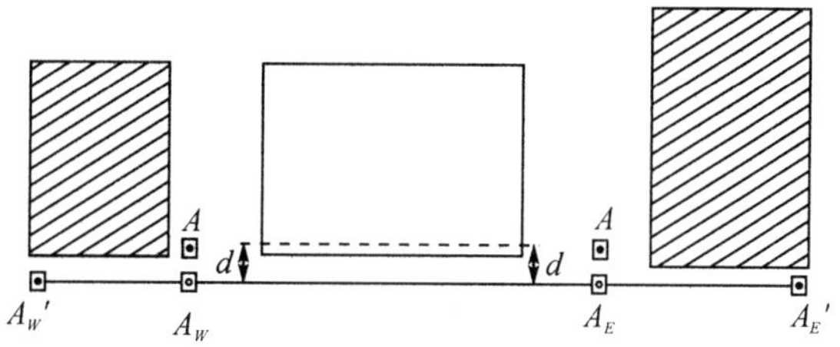

图 10-37　侧向平行借线投测法

　　②侧向垂直借线法。如图 10-38(a)所示,在施工面上已测设出 A 轴线,而①轴北侧延长线上 L_N 点不能安置仪器,将仪器安置在施工面 A 轴与①轴交点附近,如图 10-38(b)中 A_1' 点。照准 A_E,逆时针测设 90°,在 L_N 处定出 L_N' 点。在 A 轴上根据 L_N、L_N' 的间距由 A_1' 定出 A_1 点。在 A_1 点上安置经纬仪检查 $A_1 L_N$ 与 $A_1 A_E$ 是否垂直,符合要求后,就可在施工面上定出①轴。

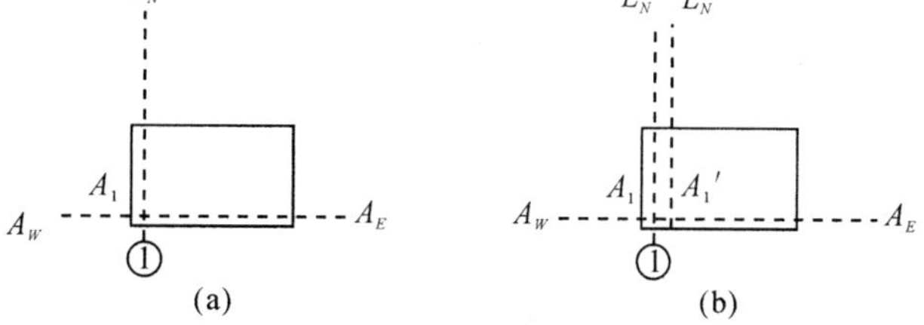

图 10-38　侧向垂直借线投测法

　　无论采用哪种方法投测,为保证精度要注意以下几点:

　　①轴线(控制线)的延长桩点要准确,标志明显,并妥善保护桩点。每次投测时,应尽量以底层轴线标志为准,以避免逐层上投误差的累积。

②投测前严格检校仪器,投测时精确调平照准部水准管,以减少竖直轴不铅垂的误差,每次按照正、倒镜投测取中点的方法进行。

2.内控法

在建筑物密集的地区,由于施工场地狭小,无法在建筑物附近延长轴线进行投测,多采用在建筑物底层测设室内轴线控制点。用垂准线原理将各控制点竖直投测到各层施工楼面上,作为该层轴线测设的依据,此法称为内控法或垂准线投测法。

室内轴线控制点(内控点)的布设,根据建筑平面的形状可采用图 10-35(b)、(c)、(d)等形式,相邻控制点之间应互相通视。当基础施工完成后,由校测后的场地轴线控制桩,将室内轴线控制点测设到底层地面上,并埋设标志,作为向上投测轴线的依据。在各内控点的垂直方向上的每层楼板上预留约 30cm×30cm 的传递孔。为了防止传递孔掉石块、砂浆等,应有防护措施。依据投测仪器不同,可按下面两种方法投测。

(1)吊垂球法。

吊垂球法若使用得当,既经济简单,又直观准确,如图 10-39所示。但应注意以下问题:垂球的几何形体要规正,质量要适当(3～5kg)。吊线不得有扭曲,上端固定牢靠,中间没障碍、扛线。下端投测人视线必须垂直于结构面,并防止震动、风吹等。若用塑料套管套吊线,下端专用设备观测精度会更高,每隔 3～5 层用大垂球由下直接向上放一次通线校测。投测时以底层轴线控制点为准,通过预留孔直接向各施工面投测轴线。每点应进行两次投测,两次投测偏差在±4mm 范围之内时取平均位置作标志并固定,然后检查各点间的距离和角度,与底层相应数据比较,满足要求后,就可由此测设出其他轴线。

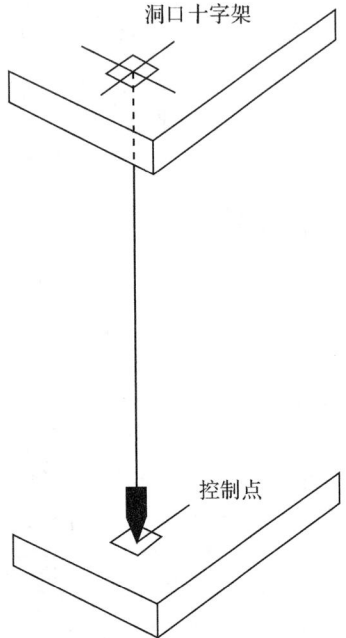

图 10-39 吊垂球法投测轴线

(2)激光垂直仪投测法。

激光垂直仪是一种供铅垂定位的专用仪器,适应于高层建筑、水塔、烟囱等工程施工中的铅垂定位测量,主要进行铅垂线的轴线点位传递。仪器使用方便、铅垂定位精度高、速度快。仪器上装有上、下两只半导体激光器,可用来上、下对点进行点位传递。其中,下激光器利用下对点系统用激光束对准底层控制点,快速直观,然后利用上激光器通过望眼镜发射激光以向上投点,完成点位的向上传递。采用激光垂直仪投测时(见图 10-40),在底层控制点上安置仪器,进行严格的对中、整平,在施工面预留孔上安置有机玻璃制成的接收靶。接通电源,启辉激光器,物镜调焦使接收靶上的光斑直径最小。转动仪器,若光斑不动,说明该点即为所投测的轴线控制点;若光斑画圆,移动接收靶使其沿着某个圆转动,该圆心即为所投测的轴线控制点,固定接收靶;拉两根细麻线,使其交点与投测点重合,在传递孔旁的楼板面上墨线标志,以后使用投测点时,便可根据墨线标志拉线回复其位置。由此就可在施工面上投测出 A、B、C 三点。经过角度和距离检核后,按底层三点与柱列轴线的相对关系,用经纬仪将各轴线测设于该层楼面,做好标志,供施工放样使用。

投测时要注意安全,经常检校激光束。最好选择阴天无风的时候观测,以保证精度。

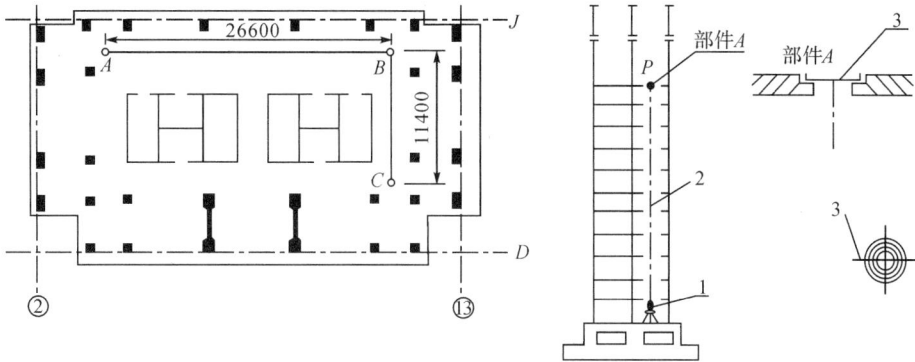

图 10-40　激光垂直仪投测法投测轴线

1—激光垂直仪　2—激光束　3—激光接收靶

　　无论采用哪种投测方法,都必须注意校测,可采用吊垂球或外方向经纬仪测角等,还必须注意因阳光照射、焊接等原因而使建筑物产生的变形。投测时应摸索规律,采取措施,以减少影响。

二、高层建筑的高程传递

(一)水准仪配合钢尺法

高层建筑底层+0.50m 的标高线由场地上的水准点来测设。其余各层的+0.05m 线由底层标高线用钢尺沿结构外墙、边柱或楼梯间向上直接量取,即可把高程传递到施工面上。一般每层选择 3 处向上量取标高,以便检核及适应分段施工的需要。用水准仪检查各标高点是否在同一水平面上时,其误差范围为±3mm,再由各点测设出该层的+0.50m 标高线。

(二)全站仪法

对于超高层建筑,用钢尺测量有困难时,可以在投测点或电梯井安置全站仪,采用对天顶方向测距的方法进行高程传递,如图 10-41 所示。操作方法和过程如下。

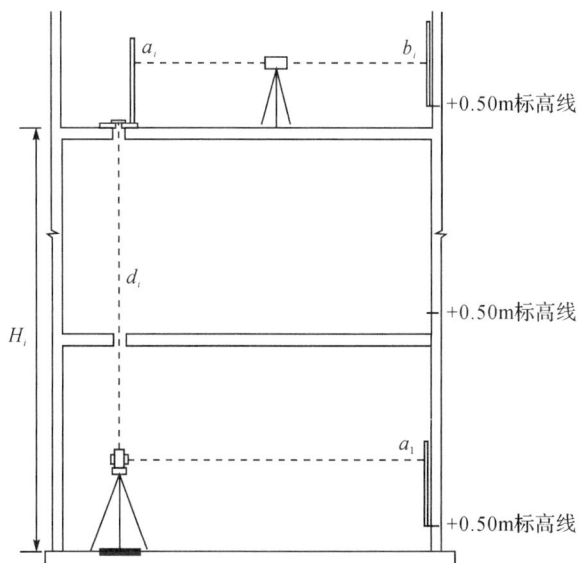

图 10-41　全站仪法高程传递

(1)在投测点上安置全站仪,使望远镜视线水平(置竖盘读数为 90°),读取竖立在首层+0.50m 标高线上水准尺上的读数为 a_1。即为全站仪横轴到+0.50m 标高线的仪器高。

(2)将望远镜视线指向天顶(置竖盘读数为 0°),在需要测设高程的第 i 层楼投测洞口上,水平安放一块 400mm×400mm×5mm、中间有一个 $\phi30$mm 圆孔的钢板。听从仪器观测员指挥,使圆孔中心对准望远镜视线,将测距反射片扣在圆孔上,进行测距为 d_i。

(3)在第 i 层楼上安置水准仪,在钢板上立一水准尺并读取后视读数 a_i,在欲测设+0.50m 标高线处立另一水准尺,设该尺读数为 b_i 则第 i 层楼面的设计高程 H_i 为

$$H_i = a_1 + d_i + (a_i - b_i) \tag{10-2}$$

(4)由式(10-2)可解出应读前视为

$$b_i = a_1 + d_i + (a_i - H_i) \tag{10-3}$$

(5)上下移动水准尺,使其读数为 b_i,沿尺底在墙面上画线,即为第 i 层楼的+0.50m 标高线。

习 题

1. 施工测量包括哪些内容?

2. 进行施工测量之前应做好哪些准备工作?

3. 施工控制网的形式有几种?其各自的适用范围怎样?

4. 为什么要建立施工控制网?建筑基线的形式有几种?

5. 高层建筑施工测量与多层建筑施工测量的不同之处有哪些?

6. 为什么要设置龙门板和龙门桩?

7. 某建筑物±0.000 标高相当于黄海高程的高程值为 53.981m,施工现场的水准点已知高程为 53.680m,叙述怎样才能把建筑物±0.000 标定在施工现场作为施工标高控制的依据。

模块十一　工业建筑施工测量

背景资料

　　工业建筑是指供人民从事各类生产活动的建筑物和构筑物。工业建筑在18世纪后期最先出现于英国,后来在美国及欧洲一些国家,也兴建了各种工业建筑。苏联在20世纪20—30年代,开始进行大规模工业建设。中国在20世纪50年代开始大量建造各种类型的工业建筑。

　　工业建筑种类繁多,例如可分为钢铁厂建筑、机械制造厂建筑、精密仪表厂建筑、航空工厂建筑、造船厂建筑、水泥厂建筑、化工厂建筑、纺织厂建筑、火力发电厂建筑、水电站建筑和核电站建筑等。工业厂房按用途可分为生产厂房、辅助生产厂房、仓库、动力站,以及各种用途的建筑物和构筑物,如滑道、烟囱、料斗、水塔等;按生产特征可分为热加工厂房、冷加工厂房和洁净厂房等;按建筑空间形式可分为单层厂房和多层厂房两类;按材料可分为钢结构和钢筋混凝土结构;按施工方法可以分为现浇和预制装配式。

　　工业建筑中以厂房为主体,一般工业厂房多采用预制构件,在现场装配的方法施工。厂房的预制构件有柱子、吊车梁和屋架等。因此,工业建筑施工测量的工作主要是保证这些预制构件准确安装到位。具体任务为:厂房控制网建立、柱列轴线及柱基的测设、厂房构件的安装测量等。这是本章所讨论的重点,学习中要掌握测设的方法,并联系工程实际应用来加深理解。此外还简要介绍了烟囱水塔的施工测量及工业管道的施工测量。

项目一 一般工业厂房施工测量

任务一 厂房控制网的建立

工业厂房一般都应建立厂房矩形控制网,作为厂房施工测设的依据。下面介绍根据建筑方格网,采用直角坐标法测设厂房矩形控制网的方法。

如图 11-1 所示,H、I、J、K 四点是厂房的房角点,从设计图中已知 H、J 两点的坐标。S、P、Q、R 为布置在基础开挖边线以外的厂房矩形控制网的四个角点,称为厂房控制桩。厂房矩形控制网的边线到厂房轴线的距离为 4m,厂房控制桩 S、P、Q、R 的坐标,可按厂房角点的设计坐标,加减 4m 算得。测设方法如下。

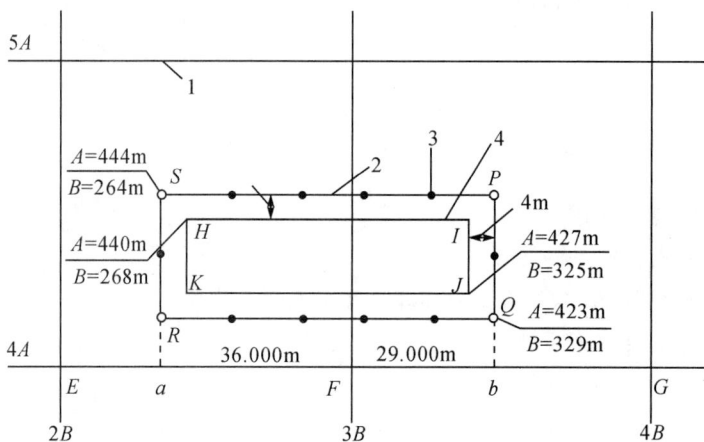

图 11-1 厂房矩形控制网的测设

1—建筑方格网 2—厂房矩形控制网 3—距离指标桩 4—厂房轴线

一、计算测设数据

根据厂房控制桩 S、P、Q、R 的坐标,计算利用直角坐标法进行测设时,所需测设数据,计算结果标注在图 11-1 中。

二、厂房控制点的测设

(1)从 F 点起沿 FE 方向量取 36m,定出 a 点;沿 FG 方向量取 29m,定出 b 点。

(2)在 a 与 b 上安置经纬仪,分别瞄准 E 与 F 点,顺时针方向测设 90°,得两条视线方向,沿视线方向量取 23m,定出 R、Q 点。再向前量取 21m,定出 S、P 点。

(3)为了便于进行细部的测设,在测设厂房矩形控制网的同时,还应沿控制网测设距离指标桩,如图 11-1 所示,距离指标桩的间距一般等于柱子间距的整倍数。

三、检查

(1)检查∠S、∠P 是否等于 90″,其误差不得超过±10″。

(2)检查 SP 是否等于设计长度,其误差不得超过 1/10000。

以上这种方法适用于中小型厂房,对于大型或设备复杂的厂房,应先测设厂房控制网的主轴线,再根据主轴线测设厂房矩形控制网。

任务二　柱列轴线和柱基的测设

一、厂房柱列轴线测设

根据厂房平面图上所注的柱间距和跨距尺寸,用钢尺沿矩形控制网各边量出各柱列轴线控制桩的位置,如图 11-2 中所示的 1′、2′、…,并打入大木桩,桩顶用小钉标出点位,作为柱基测设和施工安装的依据。丈量时应以相邻的两个距离指标桩为起点分别进行,以便检核。

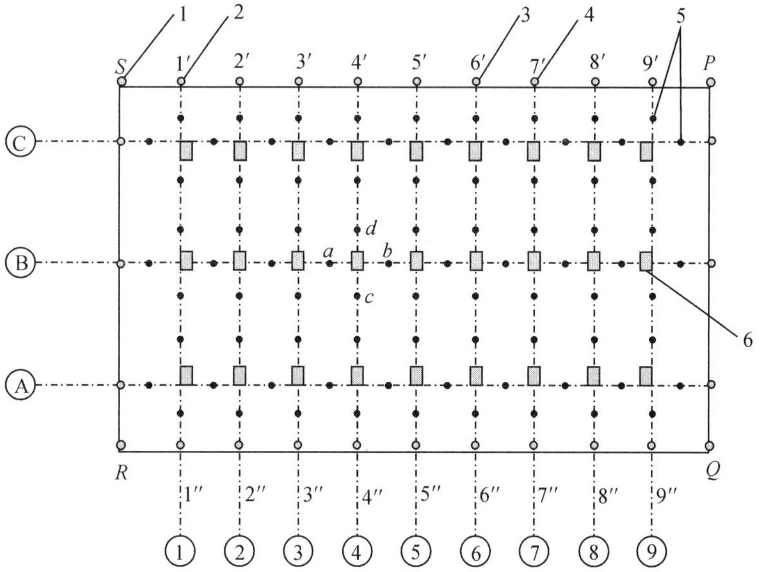

图 11-2　厂房柱列轴线和柱基测量

1—厂房控制桩　2—厂房矩形控制网　3—柱列轴线控制桩

4—距离指标桩　5—定位小木桩　6—柱基础

二、柱基定位和放线

(一)柱基定位

用两台经纬仪安置在两条相互垂直的柱列轴线控制桩上,沿轴线方向交会出桩基定位点(定位轴线交点),再根据定位点和定位轴线,按基础详图(见图 11-3)上的设计尺寸和基坑放坡宽度,用特制角尺放出基坑开挖边线,并撒上白灰;同时在基坑外的轴线上,离开挖边线的 2m 处,各打入一个基坑定位桩,桩顶钉小钉作为修坑和立模的依据,如图 11-3 所示。

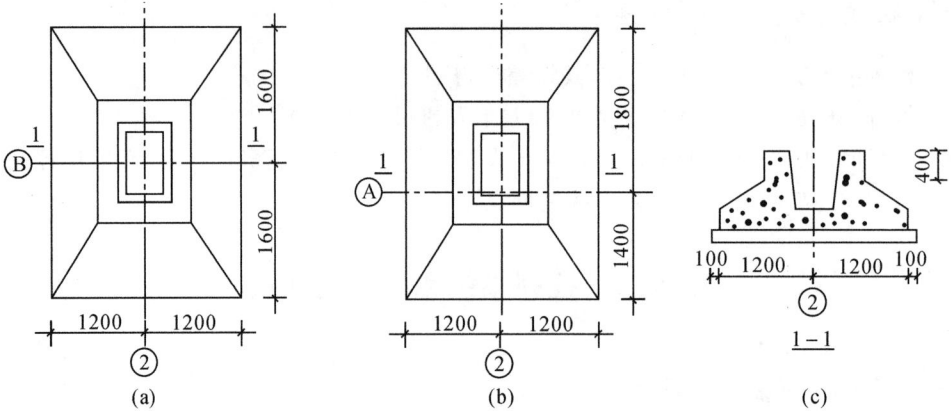

图 11-3　柱杯形基础

(二) 柱基施工测量

1.基坑标高控制

将标高引测到厂房控制桩上,当基坑挖到一定的深度后,用水准仪在坑壁的四周离坑底设计标高 0.5m 处测设几个水平桩(图 11-4(a)),作为检查坑底标高和打垫层的依据。

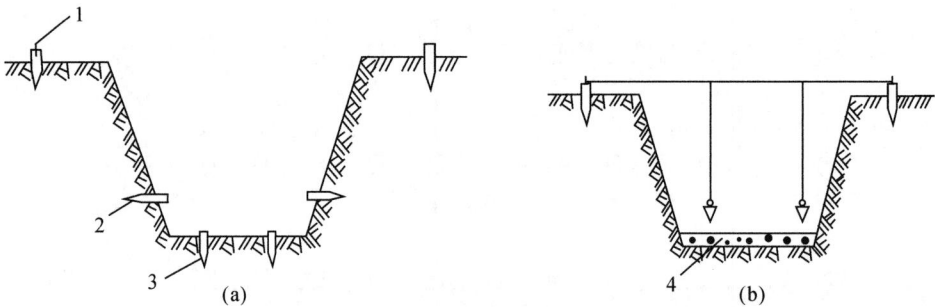

图 11-4　基坑轴线、标高控制
1—基坑定位桩　2—水平桩　3—垫层标高桩　4—垫层

垫层打好后,根据基坑定位桩在垫层上放出基础中心线,并弹墨线标明,作为支模板的依据。模板支好后,应用拉线、吊垂线等方法检查上口的位置(图 11-4(b))。然后用水准仪在模板内壁测出基础面设计标高线。在支杯底模板时,应注意使实际浇灌出的杯底面略低于设计标高 3～5cm,以便以后杯底找平。

2.杯形基础立模测量

杯形基础立模测量有以下 3 项工作:

(1)基础垫层打好后,根据基坑周边定位小木桩,用拉线吊垂球的方法,把柱基定位线投测到垫层上,弹出墨线,用红漆画出标志,作为柱基立模板和布置基础钢筋的依据。

(2)立模时,将模板底线对准垫层上的定位线,并用垂球检查模板是否垂直。

(3)将柱基顶面设计标高测设在模板内壁,作为浇灌混凝土的高度依据。

任务三 工业厂房构件的安装测量

一、柱子安装测量

（一）柱子安装应满足的基本要求

柱子中心线应与相应的柱列轴线一致,其允许偏差为±5mm。牛腿顶面和柱顶面的实际标高应与设计标高一致,其允许误差为±5～±8mm,柱高大于5m时为±8mm。柱身垂直允许误差为当柱高≤5m时为±5mm;当柱高5～10m时,为±10mm;当柱高超过10m时,则为柱高的1/1000,但不得大于20mm。

（二）柱子安装前的准备工作

柱子安装前的准备工作有以下几项:

1.在柱基顶面投测柱列轴线

柱基拆模后,用经纬仪根据柱列轴线控制桩,将柱列轴线投测到杯口顶面上,如图11-5所示,并弹出墨线,用红漆画出"▶"标志,作为安装柱子时确定轴线的依据。如果柱列轴线不通过柱子的中心线,应在杯形基础顶面上加弹柱中心线。

用水准仪,在杯口内壁,测设一条一般为－0.600m的标高线(一般杯口顶面的标高为－0.500m),并画出"▼"标志,如图11-5所示,作为杯底找平的依据。

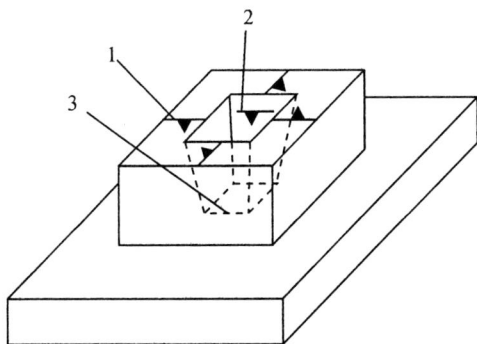

图 11-5 杯形基础

1－柱中心线 2－0.600m标高线 3－杯底

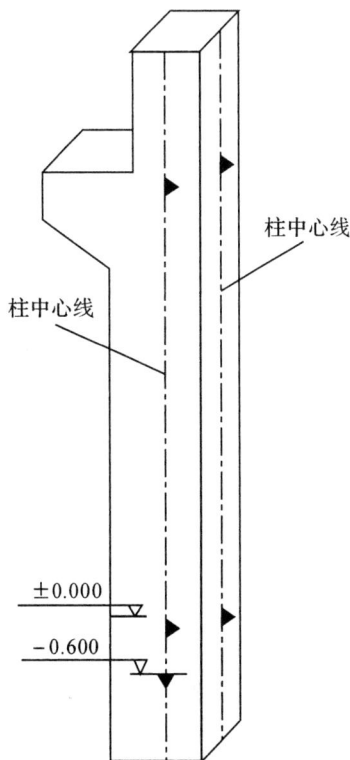

图 11-6 柱身弹线

2.柱身弹线

柱子安装前,应将每根柱子按轴线位置进行编号。如图 11-6 所示,在每根柱子的三个侧面弹出柱中心线,并在每条线的上端和下端近杯口处画出"▶"标志。根据牛腿面的设计标高,从牛腿面向下用钢尺量出－0.600m 的标高线,并画出"▼"标志。

3.杯底找平

先量出柱子的－0.600m 标高线至柱底面的长度,再在相应的柱基杯口内,量出－0.600m标高线至杯底的高度,并进行比较,以确定杯底找平厚度,用水泥沙浆根据找平厚度,在杯底进行找平,使牛腿面符合设计高程。

(三)柱子的安装测量

柱子安装测量的目的是保证柱子平面和高程符合设计要求,柱身铅直。

(1)预制的钢筋混凝土柱子插入杯口后,应使柱子三面的中心线与杯口中心线对齐,如图 11-7(a)所示,用木楔或钢楔临时固定。

(2)柱子立稳后,立即用水准仪检测柱身上的±0.000m 标高线,其容许误差为±3mm。

(3)如图 11-7(a)所示,用两台经纬仪,分别安置在柱基纵、横轴线上,离柱子的距离不小于柱高的 1.5 倍,先用望远镜瞄准柱底的中心线标志,固定照准部后,再缓慢抬高望远镜观察柱子偏离十字丝竖丝的方向,指挥用钢丝绳拉直柱子,直至从两台经纬仪中,观测到的柱子中心线都与十字丝竖丝重合为止。

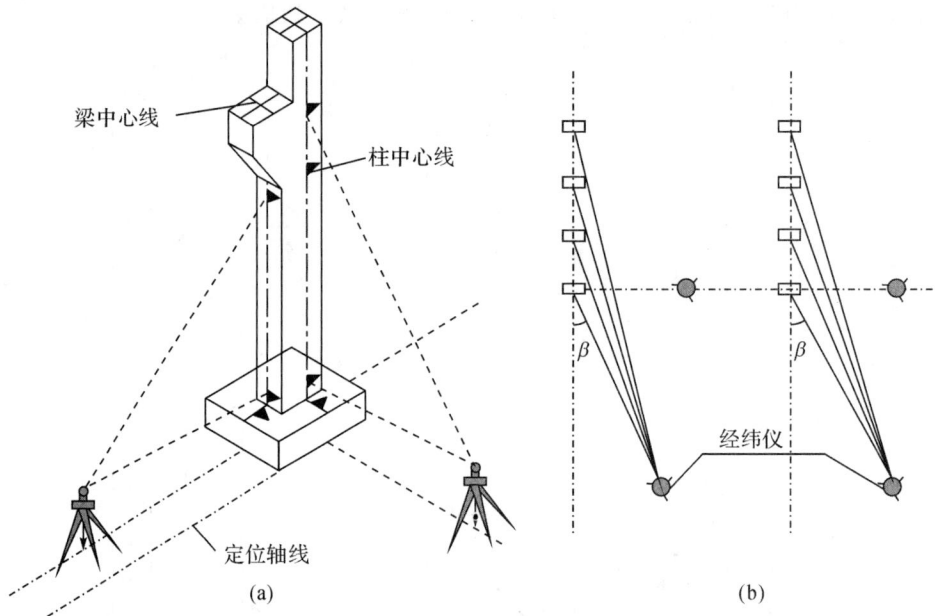

图 11-7 柱子垂直度校正

(4)在杯口与柱子的缝隙中浇入混凝土,以固定柱子的位置。

(5)在实际安装时,一般是一次把许多柱子都竖起来,然后进行垂直校正。这时,可把两台经纬仪分别安置在纵横轴线的一侧,一次可校正几根柱子,如图 11-7(b)所示,但仪器偏离轴线的角度应在 15°以内。

（四）柱子安装测量的注意事项

所使用的经纬仪必须严格校正,操作时,应使照准部水准管气泡严格居中。校正时,除注意柱子垂直外,还应随时检查柱子中心线是否对准杯口柱列轴线标志,以防柱子安装就位后,产生水平位移。在校正变截面的柱子时,经纬仪必须安置在柱列轴线上,以免产生差错。在日照下校正柱子的垂直度时,应考虑日照使柱顶向阴面弯曲的影响,为避免此种影响,宜在早晨或阴天校正。

二、吊车梁安装测量

吊车梁安装测量主要是保证吊车梁中线位置和吊车梁的标高满足设计要求。

（一）安装前的准备工作

吊车梁安装前的准备工作有以下几项。

1.在柱面上量出吊车梁顶面标高

根据柱子上的±0.000m 标高线,用钢尺沿柱面向上量出吊车梁顶面设计标高线,作为调整吊车梁面标高的依据。

2.在吊车梁上弹出梁的中心线

如图 11-8 所示,在吊车梁的顶面和两端面上,用墨线弹出梁的中心线,作为安装定位的依据。

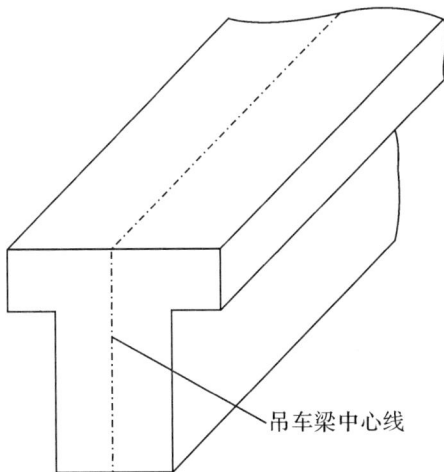

图 11-8 在吊车梁上弹出梁的中心线

3.在牛腿面上弹出梁的中心线

根据厂房中心线,在牛腿面上投测出吊车梁的中心线,投测方法如下:

如图 11-9(a)所示,利用厂房中心线 A_1A_1,根据设计轨道间距,在地面上测设出吊车梁中心线(也是吊车轨道中心线)$A'A'$ 和 $B'B'$。在吊车梁中心线的一个端点 A'(或 B')上安置经纬仪,瞄准另一个端点 A'(或 B'),固定照准部,抬高望远镜,即可将吊车梁中心线投测到每根柱子的牛腿面上,并墨线弹出梁的中心线。

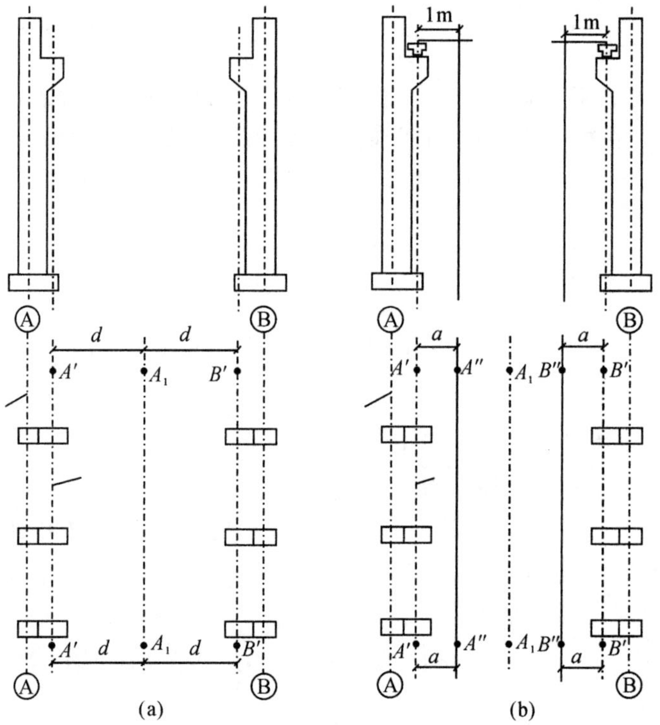

图 11-9 吊车梁的安装测量

（二）吊车梁安装测量

安装时，使吊车梁两端的梁中心线与牛腿面梁中心线重合，使吊车梁初步定位。采用平行线法，对吊车梁的中心线进行检测校正，校正方法如下：

（1）如图 11-9(b)所示，在地面上，从吊车梁中心线，向厂房中心线方向量出长度a(1m)，得到平行线 $A''A''$ 和 $B''B''$。

（2）在平行线一端点 A''（或 B''）上安置经纬仪，瞄准另一端点 A''（或 B''），固定照准部，抬高望远镜进行测量。

（3）此时，另外一人在梁上移动横放的木尺，当视线正对准尺上 1m 刻划线时，尺的零点应与梁面上的中心线重合。若不重合，可用撬杠移动吊车梁，使吊车梁中心线到 $A''A''$（或 $B''B''$）的间距等于 1m 为止。

吊车梁安装就位后，先按柱面上定出的吊车梁设计标高线对吊车梁面进行调整，然后将水准仪安置在吊车梁上，每隔 3m 测一点高程，并与设计高程比较，误差应在 3mm 以内。

三、屋架安装测量

（一）安装前的准备工作

屋架吊装前，用经纬仪或其他方法在柱顶面上，测设出屋架定位轴线。在屋架两端弹出屋架中心线，以便进行定位。

（二）屋架的安装测量

屋架吊装就位时，应使屋架的中心线与柱顶面上的定位轴线对准，允许误差为 5mm。屋架的垂直度可用垂球或经纬仪进行检查。用经纬仪检校方法如下：

(1)在屋架上安装三把卡尺，一把卡尺安装在屋架上弦中点附近，另外两把分别安装在屋架的两端(图 11-10)。自屋架几何中心沿卡尺向外量出一定距离，一般为 0.5m，做出标记。

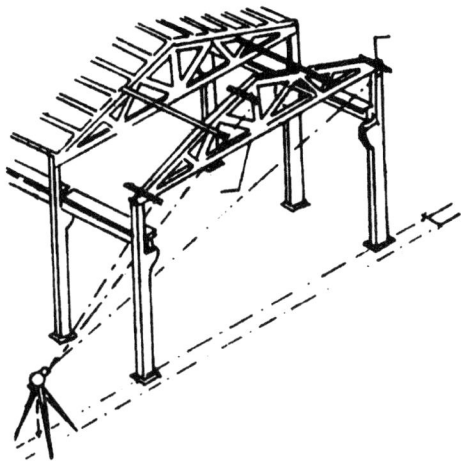

图 11-10　屋架安装测量

(2)在地面上，距屋架中线同样距离处，安置经纬仪，观测三把卡尺的标志是否在同一竖直面内，如果屋架竖向偏差较大，则用机具校正，最后将屋架固定。

项目二　烟囱、水塔施工测量

烟囱是截圆锥形的高耸构筑物，其特点是基础小、筒身长、重心高、稳定性差。因此，施工测量的主要工作是严格控制筒身中心线的竖直与外壁的设计坡度，以保证烟囱的稳定性。水塔的施工与烟囱类似，这里主要介绍烟囱施工测量。

一、烟囱的定位、放线

（一）烟囱的定位

烟囱的定位主要是定出基础中心的位置。定位方法如下：

(1)按设计要求，利用与施工场地已有控制点或建筑物的尺寸关系，在地面上测设出烟囱的中心位置 O(即中心桩)。

(2)如图 11-11 所示，在 O 点安置经纬仪，任选一点 A 作后视点，并在视线方向上定出 a 点，倒转望远镜，通过盘左、盘右分中投点法定出 b 和 B；然后，顺时针测设 $90°$，定出 d 和 D，倒转望远镜，定出 c 和 C，得到两条互相垂直的定位轴线 AB 和 CD。

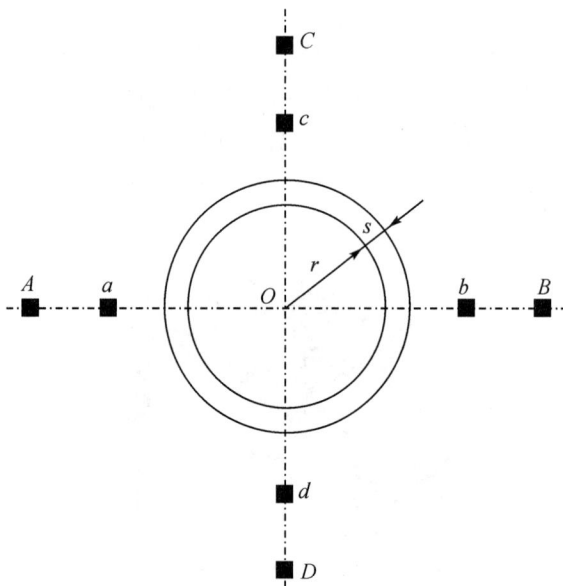

图 1-11　烟囱的定位、放线

(3) A、B、C、D 四点至 O 点的距离为烟囱高度的 1～1.5 倍。a、b、c、d 是施工定位桩,用于修坡和确定基础中心,应设置在尽量靠近烟囱而不影响桩位稳固的地方。

（二）烟囱的放线

以 O 点为圆心,以烟囱底部半径 r 加上基坑放坡宽度 s 为半径,在地面上用皮尺画圆,并撒出灰线,作为基础开挖的边线。

二、烟囱的基础施工测量

(1) 当基坑开挖接近设计标高时,在基坑内壁测设水平桩,作为检查基坑底标高和打垫层的依据。

(2) 坑底夯实后,从定位桩拉两根细线,用垂球把烟囱中心投测到坑底,钉上木桩,作为垫层的中心控制点。

(3) 浇灌混凝土基础时,应在基础中心埋设钢筋作为标志,根据定位轴线,用经纬仪把烟囱中心投测到标志上,并刻上"＋"字,作为施工过程中,控制筒身中心位置的依据。

三、烟囱筒身施工测量

（一）引测烟囱中心线

在烟囱施工中,应随时将中心点引测到施工的作业面上。

(1) 在烟囱施工中,一般每砌一步架或每升模板一次,就应引测一次中心线,以检核该施工作业面的中心与基础中心是否在同一铅垂线上。引测方法如下:

在施工作业面上固定一根枋子,在枋子中心处悬挂 8～12kg 的垂球,逐渐移动枋子,直到垂球对准基础中心为止。此时,枋子中心就是该作业面的中心位置。

(2) 另外,烟囱每砌筑完 10m,必须用经纬仪引测一次中心线。引测方法如下:

如图 11-11 所示，分别在控制桩 A、B、C、D 上安置经纬仪，瞄准相应的控制点 a、b、c、d，将轴线点投测到作业面上，并做出标志。然后，按标志拉两条细绳，其交点即为烟囱的中心位置，并与垂球引测的中心位置比较，以作校核。烟囱的中心偏差一般不应超过砌筑高度的 $1/1000$。

（3）对于高大的钢筋混凝土烟囱，烟囱模板每滑升一次，就应采用激光铅垂仪进行一次烟囱的铅直定位，定位方法如下：

在烟囱底部的中心标志上，安置激光铅垂仪，在作业面中央安置接收靶。在接收靶上，显示的激光光斑中心即为烟囱的中心位置。

（4）在检查中心线的同时，以引测的中心位置为圆心，以施工作业面上烟囱的设计半径为半径，用木尺画圆，如图 11-12 所示，以检查烟囱壁的位置。

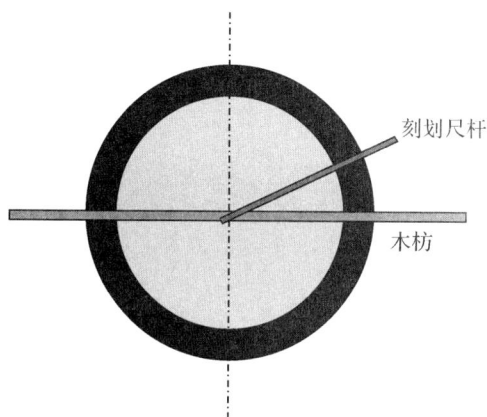

图 11-12　烟囱壁位置的检查

（二）烟囱外筒壁收坡控制

烟囱筒壁的收坡，是用靠尺板来控制的。靠尺板的形状如图 11-13所示，靠尺板两侧的斜边应严格按设计的筒壁斜度制作。使用时，把斜边贴靠在筒体外壁上，若垂球线恰好通过下端缺口，说明筒壁的收坡符合设计要求。

（三）烟囱筒体标高的控制

一般是先用水准仪，在烟囱底部的外壁上，测设出 $+0.500m$（或任一整分米数）的标高线。以此标高线为准，用钢尺直接向上量取高度。

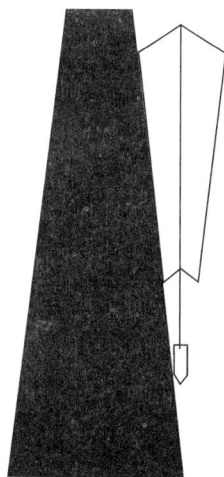

图 11-13　坡度靠尺板

习 题

1.在工业建筑的定位放线中,现场已经有建筑方格网作控制,为何还要测设矩形控制网?

2.杯形基础定位放线有哪些要求? 如何检验是否满足要求?

3.试述柱基的放样方法。

4.如何进行柱子的垂直度校正? 在校正中应注意哪些问题?

5.试述吊车梁的吊装测量工作。吊车梁吊装后,需要进行哪些项目的检验?

6.烟囱施工测量有何特点? 怎样制订施测方案?

7.比较工业建筑施工测量与民用建筑施工测量在内容、要求、方法等方面的异同点。

模块十二　测量误差基本知识

能力目标

1. 学会衡量精度的标准、等精度直接观测平差的原理；
2. 测量误差的概念、分类及特性；
3. 了解误差的传播定律、非等精度观测值的权及中误差。

知识目标

1. 掌握中误差、容许误差、相对误差的概念及计算方法；
2. 掌握最或是值的计算方法、用观测值的改正计算中误差、计算算术平均值的中误差；
3. 理解测量误差产生的原因、测量误差的概念、分类及特性；
4. 了解误差的传播定律及应用和非等精度观测值的权及中误差。

背景资料

2005 年中国公布的珠穆朗玛峰峰顶岩石面海拔高程 8844.43m，其中珠穆朗玛峰峰顶岩石面高程测量精度为 ±0.21m，峰顶冰雪深度为 3.50m。

又例如，用钢尺丈量两段距离，第一段长度为 50m，精度为 ±1cm；第二段为 300m，精度为 ±3cm，请问哪一段距离精确？判断的理由又是什么呢？

在实际测量工作中，由于测量人员、测量仪器和外部条件等各种因素的不同，会导致对同一对象的测量结果存在差异。此时，就需要我们根据测量误差理论判断测量结果的正确性，同时通过数据处理减少误差的影响，最终得到合理的测量值。

本部分讨论的是测量误差的基本知识，包括测量误差的基本概念、测量精度的衡量标准、误差传播定律及应用等内容。学习中要理解测量误差的基本概念和掌握各类误差的计算方法，并联系工程实际应用去加深理解。

项目一　测量误差概述

测量工作的实践表明，当对某一量，如一段距离、一个角度或两点之间的高差等进行多次重复观测时,不论测量仪器多么精密,观测多么认真仔细,观测结果之间往往存在着差异,其原因是观测结果中不可能避免地存在着测量误差。

一、测量误差产生的原因

测量误差产生的原因主要有以下几个方面。

(一)仪器的原因

由于仪器制造受到一定局限,不可能十分完善;检验和校正后也还会存在着残余误差,因此不可避免地会给观测结果带来影响。

(二)人的原因

由于观测者的感觉器官和辨别能力有一定的局限性,无论操作如何认真细致,在仪器安置、照准、读数等方面都会产生误差,同时,观测者的技术水平、工作态度及状态都会对观测结果产生不同的影响。

(三)外界条件原因

由于观测时所处的外界条件,如温度、湿度、风力、大气折光等因素随时发生变化,必然给观测结果带来影响。

上述三个方面的原因是引起观测误差的主要来源,通常把这三个因素综合起来称为观测条件。观测条件相同的各次观测,称为等精度观测;观测条件不同的各次观测,称为不等精度观测。观测结果的精度与观测条件有着密切的关系,观测条件好,则观测结果的精度高;观测条件不好,则观测结果的精度低。

在观测过程中,有时还会出现错误,例如出现照错目标、读错数字、记录错误、计算错误等,统称为粗差。粗差和测量误差有着本质的区别,在测量过程中粗差是不允许的。

二、测量误差的分类

测量误差按其对观测结果的影响性质,分为系统误差和偶然误差两大类。

(一)系统误差

在相同的观测条件下,对某量进行一系列观测,若误差的大小及符号均相同或按一定的规律变化,这类误差称为系统误差。产生系统误差的主要原因是测量仪器和工具的构造不完善而造成的。

例如,用一把名义长度为50m、实际长度为50.002m的钢尺丈量距离,每量一尺就比实际少量了0.002m,该0.002m的误差在数值上和符号上都是固定的,该尺全长要比实际长度短0.002m。总误差的大小与所量的距离的多少成正比,距离越长,误差积累越多。

系统误差呈积累性,对测量结果影响很大,但是系统误差符号和大小具有一定的规律,所以系统误差可采取一定的措施加以减弱和消除。

(二)偶然误差

在相同的观测条件下,对某量进行一系列观测,从单个误差来看大小及符号均没有一定的规律变化而表现出偶然性,这类误差称为偶然误差。

从大量的偶然误差总体来看具有一定的统计规律。偶然误差是由人、仪器和外界条件等多方面因素引起的,例如测水平角瞄准误差、望远镜放大倍数的限制、人眼的辨别能力及读数误差都会给测量结果带来偶然误差。

三、偶然误差的特性

从单个误差来看大小及符号均没有一定的规律变化而表现出偶然性,从大量的偶然误差总体来看具有一定的统计规律,并且随着观测次数的增多,这种规律表现得愈明显。

例如,在相同的观测条件下,对 217 个三角形内角进行一系列观测,由于观测存在偶然误差,所以测得每个三角形内角和 L 都不等于真值 $180°$,L 与真值 $180°$ 之差称为真误差(即偶然误差),用 Δ 表示,即

$$\Delta = L - 180°\tag{12-1}$$

由上式算出 217 个三角形内角和的真误差,其按数值大小和正负号及一定的误差区间间隔(本例为 3″)进行统计,列入表 12-1 中。

表 12-1　三角形内角和真误差分布统计

误差大小区间	正误差		负误差		总　计	
	个数 n	百分比	个数 n	百分比	个数 n	百分比
$0″\sim 3″$	30	14%	29	13%	59	27%
$3″\sim 6″$	21	10%	20	9%	41	19%
$6″\sim 9″$	15	7%	18	8%	33	15%
$9″\sim 12″$	14	6%	16	7%	30	14%
$12″\sim 15″$	12	6%	10	5%	22	10%
$15″\sim 18″$	8	4%	8	4%	16	8%
$18″\sim 21″$	5	2%	6	3%	11	5%
$21″\sim 24″$	2	1%	2	1%	4	2%
$24″\sim 27″$	1	0%	1	0%	2	0%
$27″$以上	0	0%	0	0%	0	0%
合　计	108	50%	109	50%	217	100%

由表 12-1 可以看出:绝对值较小的误差比绝对值较大的误差出现的个数多;绝对值相同的正误差和负误差的个数大致相等;最大误差不超过 27″。通过对大量的观测数据进行统计分析,其结果显示同样的规律。由此可见,观测条件下,具有如下特性:

(1)在一定观测条件下,偶然误差的绝对值不会超过一定的限值。

(2)绝对值较小的误差比绝对值较大的误差出现的机会多。

(3)绝对值相等的正误差和负误差出现的机会相同。

(4)同一量的等精度观测,其偶然误差的算术平均值,随着观测次数 n 的无限增加而趋于零,即

$$\lim_{n \to \infty} \frac{[\Delta]}{n} = 0\tag{12-2}$$

式中：$[\Delta]=\Delta_1+\Delta_2+\cdots+\Delta_i$

偶然误差的特性（1）说明误差出现的范围，偶然误差的特性（2）说明误差绝对值的大小出现的规律；偶然误差的特性（3）说明误差符号出现的规律；偶然误差的特性（4）说明误差具有抵偿性。

项目二　衡量精度的标准

为了评定观测成果的精度，以便确定其是否符合要求，需要有一衡量精度的统一标准。前面已提到，观测结果的精度与观测条件有着密切的关系，观测条件好，则观测结果的精度高；观测条件不好，则观测结果的精度低。在一定观测条件下进行的一组观测对应着一组确定的误差分布，若误差较集中于零附近，就是误差离散度小，反之误差离散度大。根据正态分布原理，离散度小，表明该组观测质量好，精度高；离散度大，表明该组观测质量差，精度低。精度的衡量可以用列表法或作图法来衡量，但比较麻烦，所以常用一个具体数字来反映离散程度的大小，称为衡量精度的指标或标准。

常用的标准有以下几种。

一、中误差

设在相同的观测条件下对某未知量 x 进行了 n 次的观测，得一组观测值为 l_1、l_2、$\cdots$、l_n，其真误差为 Δ_1、Δ_2、$\cdots$、Δ_n，以各个真误差的平方和的均值再开方作为评定该组每一项观测值精度的标准，即

$$m=\pm\sqrt{\frac{\Delta\Delta}{n}} \tag{12-3}$$

式中：m 为观测值的中误差；$[\Delta\Delta]=\Delta_{12}+\Delta_{22}+\cdots+\Delta_{n2}$；$n$ 为观测次数。

上式表明了中误差与真误差的关系。中误差并不等于真误差，它仅仅是一组真误差的代表值，中误差 m 值的大小反映了这组观测值真误差的离散程度大小，中误差 m 值越大，真误差离散程度愈大，精度越低；中误差 m 值越小，真误差离散程度愈小，精度越高。因此，一般都采用中误差 m 作为评定观测质量的标准。

【例1】　对某一三角形之内角用不同精度进行两组观测，每组分别观测 10 次，两组分别求得每次观测所得三角形内角和真误差为

第一组：$-3''$，$+2''$，$+1''$，$-2''$，$0''$，$+4''$，$+3''$，$-2''$，$+1''$，$-1''$；

第二组：$0''$，$+2''$，$-7''$，$-2''$，$-1''$，$+6''$，$+8''$，$-5''$，$+1''$，$+1''$。

求它们的中误差。

【解】　两组观测值的中误差为

$$m_1=\pm\sqrt{\frac{(-3^2)+2^2+1^2+(-2^2)+0^2+4^2+3^2+(-2^2)+1^2+(-1^2)}{10}}=\pm2.3''$$

$$m_2=\pm\sqrt{\frac{0^2+2^2+(-7^2)+(-2^2)+(-1^2)+6^2+8^2+(-5^2)+1^2+1^2}{10}}=\pm4.3''$$

显然，第一组的中误差比第二组的数值要小，第一组的精度高于第二组。

二、容许误差

容许误差又称极限误差,用来作为衡量观测值是否达到精度要求的标准,也可用于判别观测值是否存在错误。

由偶然误差的特性(1)可知,在一定条件下,偶然误差的绝对值不会超过一定的限值。这个限值就是极限误差。根据数理统计证明:在大量等精度观测的一组误差中,绝对值大于1倍中误差的偶然误差,出现的机会为32%;绝对值大于2倍中误差的偶然误差,出现的机会为5%;绝对值大于3倍中误差的偶然误差,出现的机会仅占0.3%;即大约300次观测中,才可能出现一次大于3倍中误差的偶然误差。在实际工作中,观测次数是有限的,因此通常采用3倍中误差作为偶然误差的容许误差,即

$$\Delta_容 = 3m$$

在测量规范中,对误差的要求更为严格,采用2倍中误差作为偶然误差的极限误差,即

$$\Delta_容 = 2m$$

如果观测值中出现大于容许误差的偶然误差,可认为该观测值不可靠(或存在错误),应舍去不用(或重测)。

三、相对误差

真误差、中误差、容许误差都是表示误差本身的大小,称为绝对误差。对于衡量精度来说,有时用绝对误差很难判断观测结果精度的高低。

如引例所述,用钢尺丈量两段距离,第一段长度为50m,中误差为±1cm;第二段为300m,中误差为±3cm。如果单纯用中误差的大小评定其精度,就会得出前者比后者高的结论。这是因为长度丈量的误差与所丈量的长度成正比,距离愈长,误差积累愈大。为了客观地衡量精度,则必须用相对误差来判断观测值的精度。

相对误差 K 是距离丈量的中误差绝对值与该段距离之比,且化为分子是1的形式,用 $\frac{1}{M}$ 表示。分母 M 值越大,则说明这段距离的丈量精度越高。

$$K = \frac{|m|}{D} = \frac{1}{\frac{D}{|m|}} = \frac{1}{M} \tag{12-4}$$

由此计算引例中各段的相对误差:

$$K_1 = \frac{0.01}{50} = \frac{1}{5000}$$

$$K_2 = \frac{0.03}{300} = \frac{1}{10000}$$

从计算结果可以看出,虽然中误差第一段要比第二段小,但第二段距离较长,所以精度就高。

项目三　误差传播定律及其应用

一、误差传播定律

式(12-3)是说明根据同精度观测值的真误差来评定观测值的精度。但是在实际工作中某些未知量不可能或不便于直接进行观测,而需要由一些量的直接观测值根据一定的函数关系计算出来。在水准测量中,两点间的高差不是直接测得,而是由后视读数减前视读数而得,即

$$h=a-b$$

这里高差 h 是直接观测值 a、b 的函数。显然,当 a、b 存在误差时,h 也受其影响而产生误差,这种关系称为误差传播。阐述观测值中误差与观测值函数中误差之间的关系定律称为误差传播定律。

（一）一般线性函数

设有线性函数

$$z=k_1 x_1 \pm k_2 x_2 \pm \cdots \pm k_n x_n$$

式中:x_1、x_2、$\cdots$、x_n 为互相独立的观测值,k_1、k_2、$\cdots$、k_n 为常数,观测值相应的中误差分别为 m_1、m_2、$\cdots$、m_n,则中误差定义得函数 z 的中误差为

$$m_z^2=(k_1 m_1)^2+(k_2 m_2)^2+\cdots+(k_n m_n)^2 \tag{12-5}$$

倍数函数、和差函数是建筑工程测量中常用的两种函数形式,也是线性函数的特例,由式(12-5),可得到两者的误差传播定律公式,分别为以下两种函数。

1. 倍数函数

在式(12-5)中,当 $k_1=k_2=\cdots=k_n=0$ 时,即成为倍数函数 $z=kx$,则有

$$m_z=km_x \tag{12-6}$$

即倍数函数 z 的中误差等于观测值函数中误差乘以常数。

2. 和差函数

在式(12-5)中,当 $k_1=k_2=\cdots=k_n=1$ 时,即成为和差函数 $z=x_1 \pm x_2 \pm \cdots \pm x_n$,则有

$$m_z^2=m_{x_1}^2+m_{x_2}^2+\cdots+m_{x_n}^2 \tag{12-7}$$

即和差函数 z 的中误差平方等于 n 个观测值中误差平方之和。

当未知量 x_i 的观测值为同精度观测时,即 $m_{x_1}=m_{x_2}=m_{x_3}=\cdots=m_{x_n}=m$,则有

$$m_z=m\sqrt{n}$$

即在同精度观测时,观测值代数和差函数的中误差与观测值个数 n 的平方根成正比。

（二）一般函数

设有一般函数

$$z=f(x_1,x_2,\cdots,x_n)$$

式中:x_1、x_2、$\cdots$、x_n 为可直接观测且互相独立的未知量,其中相应的中误差为 m_1、m_2、$\cdots$、m_n,求 z 的中误差 m_z。

当 x_i 的观测值有真误差 Δ_{x_i} 时,函数 z 相应地也产生真误差 Δ_z,这些真误差都是很小的值。由数学分析可知,变量的误差与函数的误差之间的关系,可近似地用函数的全微分来表达,为此,求函数的全微分得

$$\mathrm{d}z = \frac{\partial f}{\partial x_1}\mathrm{d}x_1 + \frac{\partial f}{\partial x_2}\mathrm{d}x_2 + \cdots + \frac{\partial f}{\partial x_n}\mathrm{d}x_n$$

因误差 Δ_{xi} 及 Δ_z 都很小,故在上式中,可近似用 Δ_{xi} 及 Δ_z 取代 $\mathrm{d}x_i$ 及 $\mathrm{d}z$,即以真误差符号"Δ"替代微分符号"d",得

$$\Delta_z = \frac{\partial f}{\partial x_1}\Delta_{x_1} + \frac{\partial f}{\partial x_2}\Delta_{x_2} + \cdots + \frac{\partial f}{\partial x_n}\Delta_{x_n}$$

式中:$\frac{\partial f}{\partial x_i}(i=1,2,\cdots,n)$ 是函数对各个变量的偏导数,以观测值代入所算出的数值,它们是常数,因此上式是线性函数,根据数学推导及偶然误差的特性(4)可得

$$m_z^2 = \left(\frac{\partial f}{\partial x_1}\right)^2 m_1^2 + \left(\frac{\partial f}{\partial x_2}\right)^2 m_2^2 + \cdots + \left(\frac{\partial f}{\partial x_n}\right)^2 m_n^2 \tag{12-8}$$

上式是误差传播定律的一般公式。而前述式(12-5)、(12-6)、(12-7)都可看作是上式的特例。

二、误差传播定律的应用

【例2】 在 $1:1000$ 的地形图上量两点之间的距离。测得图上两点的实际距离 $d=62.3\text{mm}$,在地形图上量距中误差 $m_d=\pm0.3\text{mm}$,求两点的实地距离 D 及中误差 m_D。

【解】 因 $D=M\times d$(M 为地形图的比例尺分母)所以:

$$D = 1000\times d$$
$$= 1000\times62.3\text{mm}$$
$$= 62300\text{mm} = 62.3\text{m}$$

由公式(12-6)得实地距离的中误差

$$m_D = M\cdot m_d = 1000\times(\pm0.3)\text{mm}$$
$$= \pm300\text{mm} = \pm0.3\text{m}$$

所以两点的实地距离为 $D=62.3\text{m}\pm0.3\text{m}$。

【例3】 在水准测量中每测站的高差 $h=a-b$,假定采用 DS3 型水准仪在水准尺上的读数误差为 $\pm3\text{mm}$,即 $m_a=m_b=\pm3\text{mm}$,求每测站高差中误差 m_h。

【解】 由公式(12-7)可得

$$m_h^2 = m_a^2 + m_b^2$$

即 $m_h = \sqrt{m_a^2 + m_b^2} = \sqrt{3^2+3^2} = \pm4.2\text{mm} \approx \pm5\text{mm}$

【例4】 如图 12-1 所示,已知在地面上有矩形 $ABCD$,$a=46.38\text{m}$,$b=36.56\text{m}$,且已知 $m_a=\pm0.03\text{m}$,$m_b=\pm0.02\text{m}$,求矩形面积 S 及其中误差 m_S。

【解】 面积 $S=a\cdot b=46.38\text{m}\times36.56\text{m}\approx16912.65\text{m}^2$

由公式(12-8)可得面积 S 的中误差

$$m_s^2 = b^2 m_a^2 + a^2 m_b^2$$

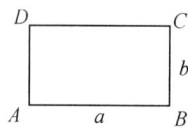

图 12-1

则

$$m_s = \pm \sqrt{b^2 m_a^2 + a^2 m_b^2}$$
$$= \pm \sqrt{(36.56)^2 \times (0.03)^2 + (46.38)^2 \times (0.02)^2}$$
$$\approx \pm 1.44 (\text{m}^2)$$

所以矩形面积为 $S = 16912.65\text{m}^2 \pm 1.44\text{m}^2$。

综上所述,运用误差传播定律求观测值函数中误差的一般步骤为:

(1)列出观测值函数的表达式:

$$z = f(x_1, x_2, \cdots, x_n)$$

(2)对函数式全微分,得出函数的真误差与观测值真误差之间的关系式:

$$\mathrm{d}z = \frac{\partial f}{\partial x_1}\mathrm{d}x_1 + \frac{\partial f}{\partial x_2}\mathrm{d}x_2 + \cdots + \frac{\partial f}{\partial x_n}\mathrm{d}x_n$$

(3)根据误差传播率计算观测值函数中误差:

$$m_z^2 = \left(\frac{\partial f}{\partial x_1}\right)^2 m_1^2 + \left(\frac{\partial f}{\partial x_2}\right)^2 m_2^2 + \cdots + \left(\frac{\partial f}{\partial x_n}\right)^2 m_n^2$$

误差传播定律的几个重要公式,见表 12-2。

表 12-2 误差传播定律的重要公式

函数名称	函数式	函数的中误差
倍数函数	$z = kx$	$m_z = km_x$
和差函数	$z = x_1 \pm x_2 \pm \cdots \pm x_n$	$m_z = \pm \sqrt{m_1^2 + m_2^2 + \cdots + m_n^2}$
线性函数	$z = k_1 x_1 \pm k_2 x_2 \pm \cdots \pm k_n x_n$	$m_z = \pm \sqrt{k_1^2 m_1^2 + k_2^2 m_2^2 + \cdots + k_n^2 m_n^2}$
一般函数	$z = f(x_1, x_2, \cdots, x_n)$	$m_z = \pm \sqrt{\left(\frac{\partial f}{\partial x_1}\right)^2 m_1^2 + \left(\frac{\partial f}{\partial x_2}\right)^2 m_2^2 + \cdots + \left(\frac{\partial f}{\partial x_n}\right)^2 m_n^2}$

项目四 等精度直接观测平差

一、求最或是值

设在相同的观测条件下对未知量 x 观测了 n 次,观测值分别为 l_1、l_2、$\cdots$、l_n,则其算术平均值 L 为

$$L = \frac{l_1 + l_2 + \cdots + l_n}{n} = \frac{[l]}{n} = x \tag{12-9}$$

其推导过程如下:

设未知量的真值为 x,可写出观测值的真误差公式为

$$\Delta_i = l_i - x \quad (i = 1, 2, \cdots, n)$$

将上式等号两边分别相加得

$$\Delta_1 + \Delta_2 + \cdots + \Delta_n = (l_1 + l_2 + \cdots + l_n) - nx$$

或 $\qquad [\Delta] = [l] - nx$

故 $$\frac{[\Delta]}{n} = \frac{[l]}{n} - x$$

由偶然误差的第四特性公式(12-2)得

$$\lim_{n \to \infty} \frac{[\Delta]}{n} = 0$$

$$n \to \infty, \ x = \frac{[l]}{n} = L(算术平均值)$$

即说明,n 趋近无穷大时,算术平均值即为真值。

但在实际测量工作中,未知量的观测次数 n 总是有限的,故一般情况下算术平均值并不等于真值,而仅仅是最接近真值。在计算时,不论观测次数的多少均以算术平均值 L 作为未知量的最或是值,这是误差理论中的一个公理。这种只有一个未知量的平差问题,在传统的平差计算中称为直接平差。

二、用观测值的改正数计算中误差

由公式(12-3)知,同精度观测值中误差的计算公式为

$$m = \pm \sqrt{\frac{\Delta\Delta}{n}}$$

而

$$\Delta_i = l_i - x \qquad (i = 1, 2, \cdots, n)$$

即公式(12-3)是利用观测值真误差求观测值中误差的定义公式,其中,x 为观测量的真值。但由于观测量的真值 x 往往是未知的,其真误差 Δ_i 也就无法求得,所以一般不能用上式直接求观测值的中误差。

在实际工作中,是先求出观测量的算术平均值,由公式(12-1)可知,观测量的算术平均值为

$$L = \frac{[l]}{n}$$

从而求出各观测值的改正数 v_i,即:

$$v_i = L - l_i \qquad (i = 1, 2, \cdots, n)$$

将改正数 v_i 代入下式计算观测值中误差,即

$$m = \pm \sqrt{\frac{[vv]}{n-1}} \qquad\qquad (12\text{-}10)$$

(12-10)式即为利用观测值的改正数 v_i 计算观测值中误差的公式,称为贝塞尔公式。

三、算术平均值的中误差

由前所述,算术平均值为

$$L = \frac{[l]}{n} = \frac{1}{n}l_1 + \frac{1}{n}l_2 + \cdots + \frac{1}{n}l_n$$

因为是等精度观测,各观测值的中误差相同,即 $m_1 = m_2 = \cdots = m_n = m$,根据公式(12-8),算术平均值的中误差为

$$m_l^2 = \left(\frac{1}{n}m_1\right)^2 + \left(\frac{1}{n}m_2\right)^2 + \cdots + \left(\frac{1}{n}m_n\right)^2 = \frac{1}{n}m^2$$

所以

$$m_l = \frac{m}{\sqrt{n}} \qquad (12\text{-}11)$$

(12-11)式说明,算术平均值的中误差 m_l 的大小为各独立观测值中误差的 $1/\sqrt{n}$ 倍,或者说,精度提高了 $\sqrt{n}$ 倍。

将式(12-10)代入式(12-11)得算术平均值的中误差为

$$m_l = \pm\sqrt{\frac{[vv]}{n(n-1)}} \qquad (12\text{-}12)$$

【例5】 对某角进行了6次等精度的观测,各次观测值列于表12-3中,试计算观测值中误差、算术平均值及其中误差。

表12-3 6次等精度的观测数据

观测次数	观测值/(° ′ ″)	$V/″$	vv
1	45 36 24	+15	225
2	45 36 42	−3	9
3	45 36 54	−15	225
4	45 36 36	+3	9
5	45 36 30	+9	81
6	45 36 48	−9	81
$\sum$		0	630

【解】 算术平均值:

$$L = \frac{[l]}{n} = 45°36′39″$$

观测值中误差

$$m = \pm\sqrt{\frac{[vv]}{n-1}} = \pm\sqrt{\frac{630}{6-1}} = \pm11.2″$$

由公式(12.11)得算术平均值中误差

$$m_l = \pm\sqrt{\frac{[vv]}{n(n-1)}} = \pm\sqrt{\frac{630}{6(6-1)}} = \pm4.6″$$

故该角值可表示为:$45°36′39″ \pm 4.6″$

项目五 非等精度观测值的权及中误差

一、权与单位权

设观测量 l_i 的中误差为 m_i,其权 W_i 的计算公式为

$$W_i = \frac{m_0{}^2}{m_i{}^2} \tag{12-13}$$

式中：$m_0{}^2$ 为任意正实数。

由式(12-13)可知，观测量的权 W_i 与其方差 $m_i{}^2$ 成反比，l_i 的方差 $m_i{}^2$ 越大，其权就越小，精度越低；反之，l_i 的方差 $m_i{}^2$ 越小，其权就越大，精度越高。

如果令 $W_i = 1$，则有 $m_0{}^2 = m_i{}^2$，也即 $m_0{}^2$ 为权等于 1 的观测量的方差，故称 $m_0{}^2$ 为单位权方差，而 m_0 就称为单位权中误差。

定权时，虽然单位权中误差 m_0 可以取任意正实数，但选定了一个 m_0 后，所有观测量的权都应使用这个 m_0 来计算。

二、加权平均值的中误差

定义了权后，加权平均值的计算公式为

$$\overline{H_{PW}} = \frac{X_1 H_{P1} + W_2 H_{P2} + \cdots + W_n H_{Pn}}{W_1 + W_2 + \cdots + W_n} = \frac{[WH_P]}{[W]} \tag{12-14}$$

式中：$\overline{H_{PW}}$ 为加权平均值。

应用误差传播定律，由式(12-13)求加权平均值中误差的计算公式为

$$
\begin{aligned}
m_{\overline{H_{PW}}} &= \pm \sqrt{\frac{W_1^2}{[W]^2}m_1^2 + \frac{W_2^2}{[W]^2}m_2^2 + \cdots + \frac{W_n^2}{[W]^2}m_n^2} \\
&= \pm \frac{1}{[W]}\sqrt{W_1^2 m_1^2 + W_1^2 m_1^2 + \cdots + W_n^2 m_n^2} \\
&= \pm \frac{1}{[W]}\sqrt{W_1 \frac{m_{站}^2}{m_1^2}m_1^2 + W_2 \frac{m_{站}^2}{m_2^2}m_1^2 + \cdots + W_n \frac{m_{站}^2}{m_n^2}m_n^2} \\
&= \pm \frac{m_{站}}{[W]}\sqrt{W_1 + W_2 + \cdots + W_n} = \pm \frac{m_{站}}{\sqrt{[W]}}
\end{aligned} \tag{12-15}
$$

三、单位权中误差的计算

一般地，对权分别为 W_i 的不等精度独立观测量，构造虚拟观测量 l_1'、l_2'、$\cdots$、l_n'，其中

$$l_i' = \sqrt{W_i}l_i \qquad (i=1,2,\cdots,n) \tag{12-16}$$

应用误差传播定律可得

$$m_{l_i'}{}^2 = W_i m_i{}^2 = \frac{m_0{}^2}{m_i{}^2}m_i{}^2 = m_0{}^2 \tag{12-17}$$

式(12-17)可以看出，虚拟观测量 l_1'、l_2'、$\cdots$、l_n' 是等精度独立观测量，其每个观测量的中误差相等，根据贝塞尔公式可得

$$m_0 = \pm\sqrt{\frac{[v'v']}{n-1}}$$

对式(12-16)取微分，并令 $v_i' = \sqrt{W_i}v_i$，将其代入上式，得

$$m_0 = \pm\sqrt{\frac{[Wvv]}{n-1}} \tag{12-18}$$

则有单位权中误差计算公式

$$m_{l_W} = \pm \sqrt{\frac{[Wvv]}{[W](n-1)}}$$

(12-19)

习 题

1. 说明测量误差的来源,在测量中如何对待错误和误差。

2. 什么是系统误差?什么是偶然误差?偶然误差有什么重要的特性?

3. 什么是中误差、极限误差和相对误差?

4. 为什么等精度观测的算术平均值是最可靠值?

12. 用钢尺丈量 A、B 两点间距离,共量 6 次,观测值分别为 187.337m、187.342m、187.332m、187.339m、187.344m 及 187.338m,求算术平均值 D、观测值中误差 m,算术平均值中误差 m_D 及相对中误差 K。

6. 在三角形 ABC 中,C 点不易到达,测量 $\angle A = 74°32'15'' \pm 20''$,$\angle B = 42°38'50'' \pm 30''$,求 $\angle C$ 值及中误差。

7. 在一直线上依次有 A、B、C 三点,用钢尺丈量得 $AB = 87.245m \pm 10mm$,$BC = 1212.347m \pm 15mm$,求 AC 的长度及中误差。在这三段距离中哪一段的精度高?

8. DJ6 型光学经纬仪一测回的方向中算术平均值的中误差 M 角 $= \pm 6''$,求用该仪器观测角度,一测回的测角中误差是多少?如果要求某角度的算术平均值的中误差 M 角 $= \pm 5''$,用这种仪器需要观测几个测回?

9. 沿一倾斜平面量得 A、B 两点的倾斜距离 $L = 212.00m$,中误差 $m_L = \pm 5mm$,A、B 两点间的高差 $h = 2.42m$,中误差 $m_h = \pm 6mm$,试求 A、B 两点间的水平距离 D 及其中误差 m_D。

10. 如图 12-2 所示,在三角形 ABC 中,已知 $c = 148.278m \pm 20mm$,$\angle A = 58°40'52'' \pm 20''$,$\angle B = 53°33'20'' \pm 20''$,求 a、b 的边长及其中误差 m_a、m_b。

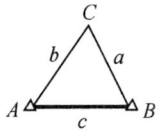

图 12-2

模块十三　线路工程测量

能力目标

能够独立开展道路工程、桥梁工程、管线工程等的施工测量。

知识目标

1. 掌握中线上各主点桩的测设方法；
2. 掌握圆曲线的测设；
3. 熟悉路基、路面施工测量；
4. 熟悉桥梁工程施工测量；
5. 熟悉管道工程施工测量。

背景资料

某水库 2 号桥是一座中线半径 400m 的预应力混凝土连续弯箱梁桥，分成主线桥（两幅）和 C、D 匝道共四幅桥，主线桥中线为跨径 27m＋36m＋27m 三跨连续箱梁桥，C、D 匝道分别为跨径 26.291m＋35.055m＋26.291m、27.709m＋36.945m＋27.709m 三跨连续箱梁桥；两幅主线桥采用单箱单室箱梁，箱梁宽均为 10m，C、D 匝道采用单箱双室箱梁，箱梁宽均为 14m；各幅桥箱梁高 1.4m，箱梁跨中底板厚度 25cm，顶板厚度 25cm；两桥台处箱梁横隔梁宽 1.5m，两桥墩支撑处横隔梁宽 2m，箱梁采用 C50 混凝土；桥面铺装层采用 8cm SMA 沥青混凝土；桥梁设计荷载等级：城—B 级（汽车—20，挂车—100），人群荷载 3.5kN/m²。桥梁竣工于 2005 年 5 月。

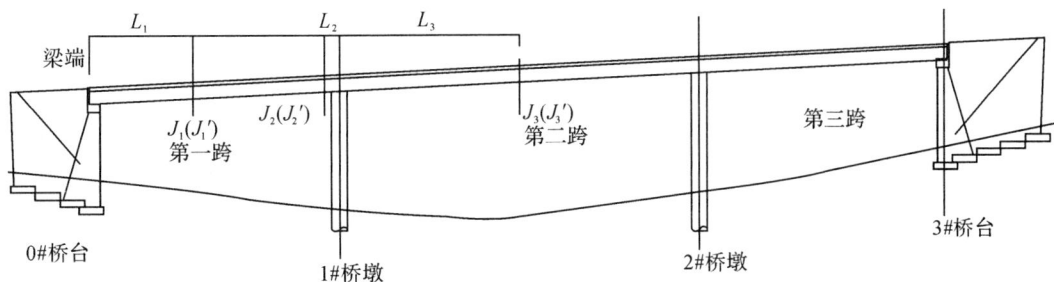

图 13-1

按桥面中线测量方法,采用数字水准仪,通过对桥面中线高程的测量,以达到以下目的:

(1)检验桥梁结构的承载能力、结构变形及正常使用状态是否满足设计要求;

(2)为桥梁的鉴定和竣工验收提供依据;

(3)通过运营后桥面线型和设计线型的变化,考察桥梁结构的整体变形规律,评价结构的实际受力状态和工作状况,为桥梁日后的运营、养护和管理提供科学依据。

项目一　道路中线测量

问题提出

道路是陆上交通的主要设施。它是由路、桥、涵、隧洞、安全设施、交通标志及其附属工程组成的。在道路建设中我们力求在满足使用功能的前提条件下,使道路所经的路线最短、建设费用最省、质量最优,为此就要从路线的勘察、设计阶段进行多方面的比较,选出最优方案。因此,需要有具体、全面的地形、地质、水文、建筑材料、经济和建设等资料,作为分析比较选优方案的依据。对测量来说,在设计之前要对拟建路线所在地测绘带状地形图。选线之后,要进行中线的纵断面测量和横断面测量。在施工当中进行曲线的测设、路基的放线及路面高程的控制测量,对于桥、涵和隧道在施工之前还要做地面的控制测量。

我们如何进行道路、桥梁、隧道进行施工呢?

提示与分析

知识链接

一、中线测量

道路工程一般由路基、路面、桥涵、隧道以及各种附属设施等构成。从理论上讲,道路的路线以平、直最为理想。但实际上,由于受到地形、水文、地质及其他因素的限制,路线的平面线形必然有转折,即路线的前进方向发生改变。为了保证行车的安全、舒适,并使路线具有合理的线形,在直线转折处必须用曲线连接起来,这种曲线称为平曲线。平曲线包括圆曲线和缓和曲线两种。圆曲线是具有一定半径的圆的一部分,即一段圆弧,又可分为单曲线、复曲线、回头曲线等。缓和曲线是在直线和圆曲线之间加设的一段特殊曲线,其曲率半径由无穷大逐渐变化为圆曲线半径或者由圆曲线半径逐渐变化为无穷大。

由上述可知,路线中线是由直线和平曲线两部分组成。中线测量就是通过直线段与曲线段的测设,将道路中心线的平面位置用木桩在现场标定出来,同时测定路线的实际里程。

中线测量根据其特点可以分为两个部分:测角部分的主要工作是测定路线的交点、转点及转角;中桩部分的主要工作是在线路直线段或曲线段测设时,在现场用木桩标定出路线中心线的具体位置,然后进行各中桩里程的测量与换算。

路线中线测量是道路工程测量中的关键工作,是测绘纵断面图、横断面图及平面图的基础,也是道路设计、施工和后续工作顺利开展的依据。

（一）定线测量

要进行中线测量,必须先进行定线测量,即在现场标定交点和转点。交点是指路线改变方向时,两相邻直线段延长线相交之点,通常用 JD$_i$ 表示(取"交点"两字汉语拼音的第一个字母,i 为交点编号),它是中线测量的控制点。转点是指当相邻两交点之间距离较长或互不通视时,在交点之间或者延长线上定出一个或多个点,以供测量外业观测之用,并起到传递方向的作用,这种点称为转点,通常用 ZD$_i$ 表示(取"转点"两字汉语拼音的第一个字母,i 为转点编号)。

定线测量主要内容包括:测设交点与转点、测定路线转角、设置中线里程桩。

（二）交点和转点的测设

1. 交点的测设

路线交点是指道路中线改变方向时,两相邻直线段延长后相交的点,通常用符号 JD 表示,它是中线测量的控制点。对于一阶段勘测,路线交点在选线阶段的实地位置标定;对于两阶段勘测,先是在地形图上定点,在根据图上点位于实地进行标定。根据定位条件和现场地形的不同,测设方法有放点穿线法和拨角放线法。

(1)放点穿线法。

以初测时测绘的带状地形图上的导线点为依据,按地形图上设计的道理中线和导线之间的距离和角度的关系,在实地将道路中线的直线段测定出来,然后将相邻两直线段延长相交得到路线交点,具体测设步骤如下:

①放点。常用的方法有支距法和极坐标法两种。

如图 13-2 所示,欲将图纸上定出的两段直线:JD$_3$~JD$_4$ 和 JD$_4$~JD$_5$ 测设于实地,只需在地面定出直线上 1、2、3、4、5、6 等临时点即可,这些临时点可以用支距点,即以初测导线点为垂足并垂直于导线边的垂线与路线中线相交的点,如图 13-2 中所示的 1、2、4、6 点;也可选择初测导线边与纸上所定路线的直线相交的点,如图 13-2 中所示的 3 点;或者选择能够控制中线位置的任意点,如图 13-2 中所示的 5 点。为了便于检查核对,一条直线上一般应选择三个以上的临时点。这些临时点尽可能选在地势较高、通视良好、便于测设的地方。临时点选定后,即可在地形图上用量角器和比例尺分别量取所需的角度和距离,如图 13-2 中所示的角度 β 和 l_1~l_6,然后绘制放点示意图,标明点位和数据,作为放点的依据。

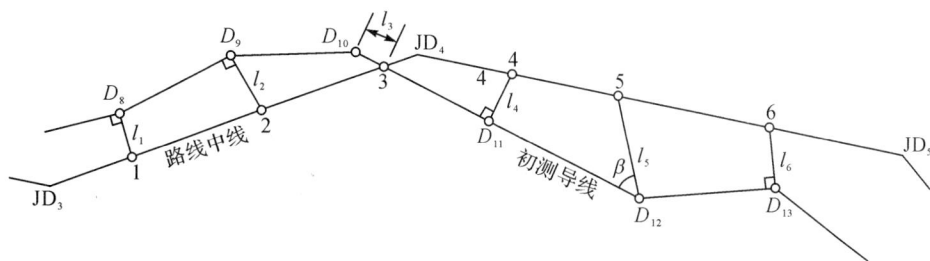

图 13-2　放点

放点时,先在现场找到相应的初测导线点,再根据具体情况用支距法或极坐标法惊喜放点。临时点如果是支距点,可用支距法放点,步骤为:用经纬仪或者方向架定出垂线方向,再用皮尺量出支距 l_i 定出点位;如果是任意点,则可用极坐标法放点,步骤为:将经纬仪安置在导线点上,根据角度 β 定出临时点的方向,再用皮尺量出距离 l_i 定出点位。

②穿线。如图 13-3 所示,由于图解数据和测量误差及地形的影响,在图上同一条直线上的各点放到地面后,一般不在同一条直线上,放到实地上没有共线。这时可根据实际情况,采用目估法和经纬仪法穿线,通过比较和选择。定出一条尽可能多地穿过靠近临时点的直线 AB。在 A、B 或其方向上打下两个或两个以上的方向桩,随即取消临时点,此种确定直线位置的工作称为穿线。

图 13-3 穿线

③定交点。如图 13-4 所示,当相邻两条直线 AB、CD 在地面上确定后,即可延长直线进行交会定出交点。首先将经纬仪安置于 B 点,盘左位置瞄准 A 点,倒镜后在交点 JD 的前后位置打下两个木桩,该桩称为骑马桩,在两个木桩桩顶用红蓝铅笔沿 A、B 视线方向上标出两点 a_1 和 b_1。转动水平度盘,在盘右位置瞄准并钉设小钉得 a 和 b,并挂上细线,这种方法称为正倒镜分中法。将仪器迁至 C 点,瞄准 D 点,同法测出 c 和 d,挂上细线,在两条细线相交处打下木桩,并钉设小钉得到交点 JD。

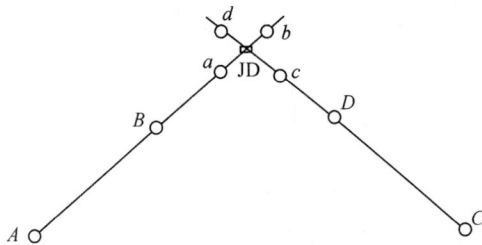

图 13-4 定交点

(2)拨角放线法。

首先根据地形图量出纸上定线的交点坐标,再根据坐标反算计算相邻交点间的距离和坐标方位角,之后由坐标方位角算出转角。在实地将经纬仪安置于路线中线起点和交点上,拨转角,量距,测设各交点位置。如图 13-5 所示,D_1、D_2、… 为初测导线点,在 D_1 安置经纬仪(D_1 为路线中线起点)后视并瞄准 D_2,拨角 β_1,量距 S_2,定出 JD_1。在安置经纬仪,拨角 β_2,量距 S_2,定出 JD_2。同法依次定出其余交点。

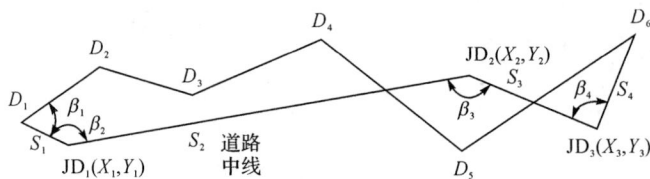

图 13-5 拨角放线法

2.转点的测设

由于受到路线经过处地形条件的限制或者两相邻交点之间距离较长时,往往需要设置转点。

(1)在两交点之间设转点。

如图 13-6 所示,设 JD_5 与 JD_6 为互不通视的相邻两交点,ZD' 为目估定出的转点位置,将经纬仪安置在 ZD',用正倒镜分中法延长直线 $JD_5 - ZD'$ 至 JD_6'。

当 JD_6' 与 JD_6 重合或偏差 f 在路线容许移动的范围内时,则转点位置即为 ZD'。此时,可将 JD_6 移至 JD_6',并在桩顶上钉上小钉子表示交点位置。

当偏差 f 超过容许范围或者 JD_6 不许移动时,则需横向移动 ZD' 重新设置转点。横向移动的距离 e 可按式(13-1)计算。

$$e = \frac{a}{a+b}f \tag{13-1}$$

式中: f 为交点 JD_6 的偏距。

将 ZD' 横向移动距离 e 到 ZD,并在 ZD 安置经纬仪,再检查 JD_6 是否在 $JD_5 - ZD$ 直线上或是否在偏差容许范围之内。如不满足,按上述方法继续移动,直至符合要求为止。

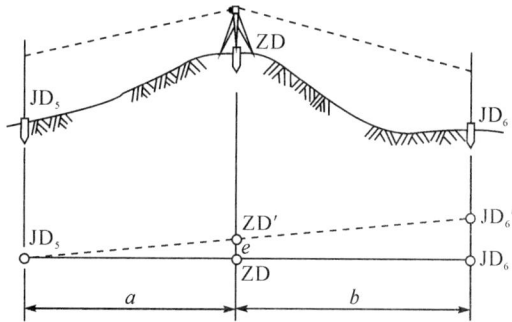

图 13-6 互不通视两交点间设置转点

(2)在两交点的延长线上设交点。

如图 13-7 所示,设 JD_8 与 JD_9 为互不通视的相邻两交点,ZD' 为延长线上目估的转点位置,在 ZD' 安置经纬仪,同样用盘左盘右方法得 JD_9'。

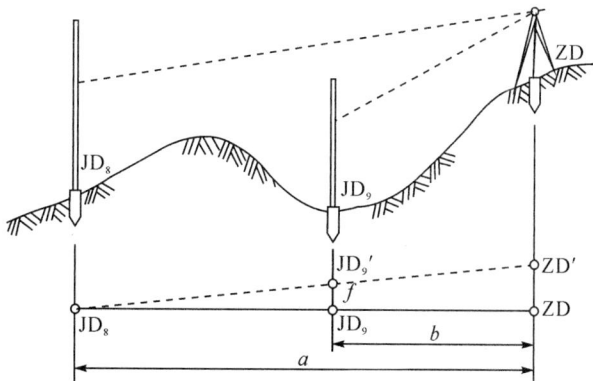

图 13-7 互不通视两交点延长线上设置转点

若 JD₉′与 JD₉ 重合或偏差 f 在容许范围内，即可将 JD₉′代替 JD₉ 作为交点，ZD′即作为转点。若偏差 f 超出容许范围，则应调整 ZD′的位置，直至偏差 f 在容许范围内为止。

（三）转角测定

1.转角

转角是线路由一个方向偏转至另一个方向时，偏转前后方向间的夹角，如图 13-8 所示。

2.左、右转角

转角有左转、右转之分，按路线前进方向，偏转后的方向在原方向的左侧称为左转角，用 $I_左$ 表示，如图 13-8 中所示的 I_3 角；偏转后的方向在原方向的右侧称为右转角，用 $I_右$ 表示，如图 13-8中所示的 I_2 角。

3.转角的计算

如果观测路线的右角，可按下式计算其转角 I：

$$\left.\begin{array}{l} 当\ \beta_右<180°时，I_右=180°-\beta_右 \\ 当\ \beta_右>180°时，I_左=\beta_右-180° \end{array}\right\} \tag{13-2}$$

如果观测路线的左角，可按下式计算其转角 I：

$$\left.\begin{array}{l} 当\ \beta_左<180°时，I_左=180°-\beta_左 \\ 当\ \beta_左>180°时，I_右=\beta_左-180° \end{array}\right\} \tag{13-3}$$

在测量中，前后视方向应尽量照准相邻交点。若交点间不能直接通视，可利用转点；若交点不便设测站，可利用间接观测法得到转角值。如图 13-8 中所示的转角 I_3，交点 JD₃ 不能设测站，可不测 β_3，而通过在 A、B 转点设测站，测得 α_1、α_2，则 $I_3=\alpha_1+\alpha_2$。

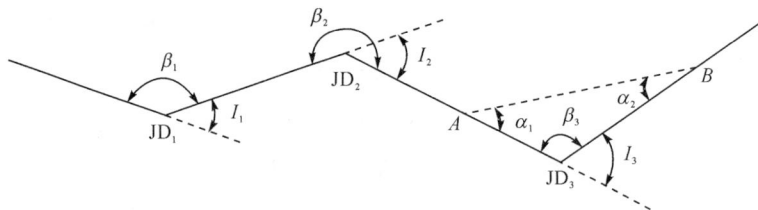

图 13-8　转角示意

（四）中线里程桩的测设

在路线的交点、转点及转角测定后，路线大致位置就已确定，可以进行实地量距。为了准确确定路线的长度，同时满足纵、横断面测量的需要及以后施工中的路线施工放样打下基础，则由路线的起点开始每隔一段距离钉立木桩标志，称为里程桩，也称为中桩，桩点表示路线中线的具体位置。桩的正面写有桩号，字面朝向路线的起始方向，表示该点到路线起点的水平距离。＋号前面的数字是以千米为单位，后面是如图 13-9 所示。例如某桩距离路线起点的水平距离为 8116.32m，则桩号记为 K8＋116.32。桩的背面写有编号反映里程桩之间的排列顺序，用 1～10 为一组循环进行。

里程桩分整桩和加桩两种。

1.整桩

在线路的直线和曲线段上，桩距按表 13-1 中所要求而设置的桩称为整桩，其里程桩号均为整数且为所要求的桩距的整数倍。

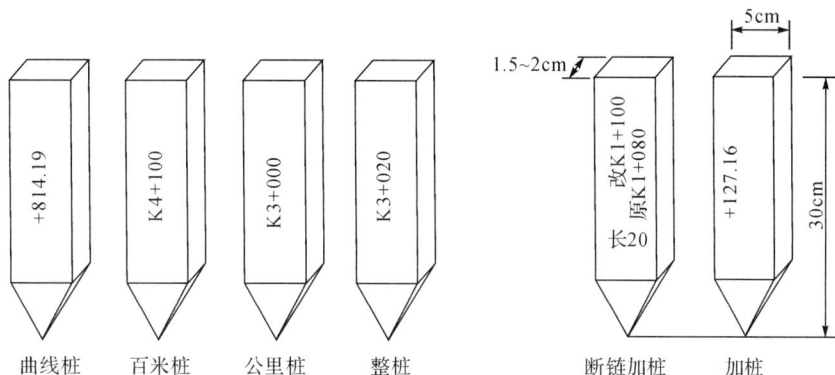

图 13-9　里程桩

表 13-1　中桩间距

直线/m		曲线/m			
平原微丘区	山岭重丘区	不设超高的曲线	$R>60$	$60>R>30$	$R<30$
≤50	≤25	25	20	10	5

注:表中 R 为平曲线的半径,以米为单位。

2.加桩

加桩可分为地形加桩、地物加桩、曲线加桩、地质加桩、断链加桩和行政区域加桩等。

(1)地形加桩。

沿路线中线在地面起伏突变处、横向坡度变化处及天然河沟穿越区域等处均应增设的里程桩。

(2)地物加桩。

沿路线中线在有人工构筑物(拟设涵洞、桥梁、隧道、挡土墙等)或者路线与其他公路、铁路、渠道、高压线、地下管道等的交叉处及占用耕地或经济作物用地的起点、终点和拟拆迁的建筑物处等均应设置的里程桩。

(3)曲线加桩。

沿路线中线在平曲线的起点、曲中点、终点等曲线的关键点设置的里程桩。

(4)地质加桩。

沿路线中线在土质发生变化处和地质不良或地质灾害易发地段的起点、终点处要设置里程桩。

(5)断链加桩。

由于局部发生改线或者分段测量事后发现距离错误等,导致路线的里程桩不连续,桩号与路线的实际水平距离(里程)不一致,为了说明情况而设置的桩。桩号重叠时称为长链,桩号间断时称为短链。

(6)行政区域加桩。

在省、地(市)、县级行政区划的分界处所设置的界桩。

二、曲线测设

(一)圆曲线上主点的测设

单圆曲线是由一定半径的圆弧构成的。圆弧线的半径应满足各级公路规定的最小半径要求。我国《公路工程技术标准》规定的最小半径见表 13-2。

表 13-2　圆曲线最小半径参考表

公路等级	一	二		三		四	
		平原微丘	山岭重丘	平原微丘	山岭重丘	平原微丘	山岭重丘
不设超高平面曲线半径/m	2000	1000	250	500	150	250	100
最小平面曲线半径/m	600	250	50	125	25	50	15

圆曲线是路线交点处使路线从一个方向转到另一个方向最常用的曲线。圆曲线各部分的名称和常用的符号,见表 13-3。

表 13-3　路线主要关系桩名

标志桩名称	简称	汉语拼音缩写	英文缩写	标志桩名称	简称	汉语拼音缩写	英文缩写
转角点	交点	JD	IP	共切点	—	GQ	CP
转点	—	ZD	TP	第一缓和曲线起点	直缓点	ZH	TS
圆曲线起点	直圆点	ZY	BC	第一缓和曲线终点	缓圆点	HY	SC
圆曲线中点	曲中点	QZ	MC	第二缓和曲线起点	圆缓点	YH	CS
圆曲线终点	圆直点	YZ	EC	第二缓和曲线终点	缓直点	HZ	ST

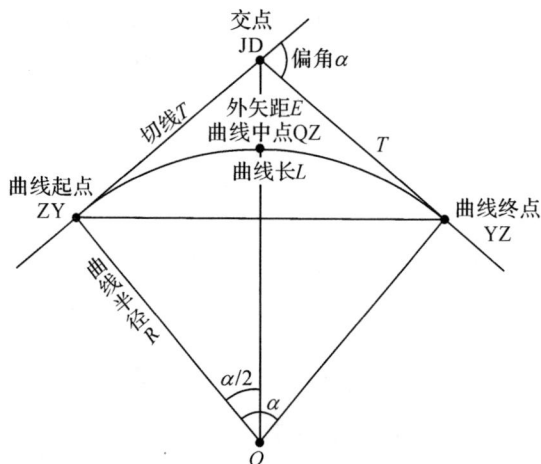

图 13-10　圆曲线主点测设

1.圆曲线测设元素的计算

如图 13-10 所示,设交点(JD)的转角为 α,圆曲线半径为 R,则曲线的测设元素切线长、曲线长、外矢距和切曲差可按下列公式计算:

$$\left.\begin{array}{l} 切线长: T = R\tan\dfrac{\alpha}{2} \\[3mm] 曲线长: L = R\alpha\dfrac{\pi}{180°} \\[3mm] 外矢距: E = R\left(\sec\dfrac{\alpha}{2}-1\right) \\[3mm] 切曲差: D = 2T - L \end{array}\right\} \quad (13\text{-}4)$$

2. 圆曲线主点里程的计算

根据交点里程和计算的曲线测设元素, 即可按下列公式计算出各主点的里程:

$$\left.\begin{array}{l} ZY_{里程} = JD_{里程} - T \\[3mm] YZ_{里程} = ZY_{里程} + L \\[3mm] QZ_{里程} = YZ_{里程} - \dfrac{L}{2} \\[3mm] JD_{里程} = QZ_{里程} + \dfrac{D}{2}(校核用) \end{array}\right\} \quad (13\text{-}5)$$

3. 圆曲线主点测设

圆曲线的测设元素和主点里程计算出来后, 便可按下述步骤进行主点测设:

(1) 曲线起点 (ZY) 的测设。测设曲线起点时, 将经纬仪安置在交点 JD_i 上, 望远镜照准后一个交点 JD_{i-1} 或此方向的转点, 自交点 JD 沿着望远镜视线方向量取切线长 T, 得曲线起点 ZY, 插一测钎做临时标志。然后用钢尺丈量 ZY 点至邻近一个转点的距离进行检查, 如果在容许范围之内, 即可在测钎位置打下 ZY 点的桩。如果超出容许范围, 则应查明原因, 重新测设, 以保证所测桩位的正确。

(2) 曲线终点 (YZ) 的测设。在曲线起点 (ZY) 点测设完成后, 转动望远镜照准前一交点 JD_{i+1} 或此方向上的转点, 自交点 JD 沿着望远镜视线方向量取切线长 T, 得曲线终点 (YZ), 检查无误后打下 YZ 点的桩即可。

(3) 曲线中点 (QZ) 的测设。在曲线起点 (YZ) 点测设完成后, 盘左照准 JD_{i+1} 或此方向上的转点, 水平度盘置数 $0°00'00''$, 顺时针方向旋转 $90° - \dfrac{\alpha}{2}$, 自交点 JD 沿着望远镜视线方向量取外矢距 E, 即得到曲线中点 (QZ), 打下 QZ 点的桩即可。

【例 1】 已知圆曲线交点 JD 的里程桩号为 K6+183.56, 测得转角 $\alpha = 42°36'00''$ (右角), 圆曲线半径 $R = 150\text{m}$, 试计算曲线主点测设元素及主点里程桩号。

【解】 (1) 曲线主点测设元素的计算:

由公式 (13-4) 得

切线长: $T = R\tan\dfrac{\alpha}{2} = 150 \times \tan\dfrac{42°36'00''}{2} = 58.48(\text{m})$

曲线长: $L = R\alpha\dfrac{\pi}{180°} = 150 \times 42°36'00'' \times \dfrac{\pi}{180°} = 111.53(\text{m})$

外矢距: $E = R\left(\sec\dfrac{\alpha}{2}-1\right) = 150 \times \left(\sec\dfrac{42°36'00''}{2}-1\right) = 11.00(\text{m})$

切曲差: $D = 2T - L = 2 \times 58.48 - 111.53 = 5.43(\text{m})$

（2）主点里程计算：

根据以上计算的结果，代入公式(13.5)可得

$ZY_{里程}=JD_{里程}-T=K6+183.56-54.48=K6+125.08$

$YZ_{里程}=ZY_{里程}+L=K6+125.08+111.53=K6+236.61$

$QZ_{里程}=YZ_{里程}-\dfrac{L}{2}=K6+236.61-\dfrac{111.53}{2}=K6+180.84$

$JD_{里程}=QZ_{里程}+\dfrac{D}{2}=K6+180.84+\dfrac{5.43}{2}=K6+183.56$

通过对交点 JD 的里程校核，说明计算无误。

（二）圆曲线详细测设

在圆曲线的主点测设完成后，圆曲线基本位置已经确定，但一条曲线只有主点是难以施工的，所以在一般情况下，还需要进行详细测设，在曲线上每隔一定间距测设更多的桩进行加密。详细测设所采用的桩距 l_0 与曲线半径 R 有关，一般按表 13-1 的规定采用。

按桩距 l_0 在曲线上加密点位，通常有整桩号法和整桩距法。

整桩号法：将曲线上靠近起点(ZY)的第一个桩的桩号凑整成为 l_0 倍数的整桩号，且与(ZY)点的桩距小于 l_0，然后按桩距 l_0 连续向曲线终点(YZ)测设，这样设置桩号的优点在于每个桩号均为整数。

整桩距法：从曲线起点(ZY)和终点(YZ)开始，分别以桩距 l_0 连续向曲线中点(QZ)设桩，由于这样设桩的桩号一般为破碎桩号，因此，在实际应用中要注意加设百米桩和公里桩。

目前公路中线测量中一般均采用整桩号法。

圆曲线详细测设的方法很多，现将常用的偏角法和切线支距法介绍如下。

1.偏角法

偏角法是以曲线起点(ZY)或终点(YZ)至曲线上待测设点 P_i 的弦线与切线之间的弦切角(这里称为偏角)δ 和弦长 d 来确定 P 点的位置。

（1）测设数据的计算。

如图 13-11 所示，根据几何知识，偏角 δ_i 等于相应弧长所对圆心角 φ_i 的一半，即

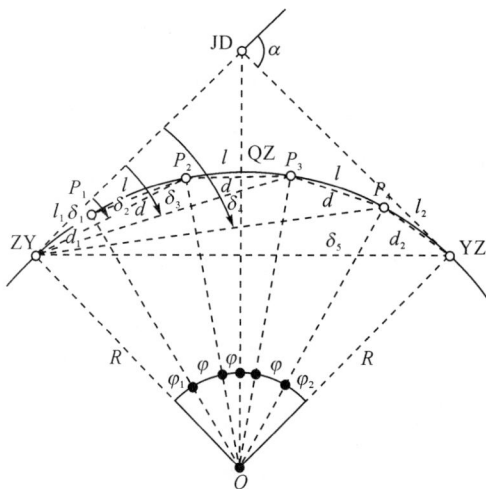

图 13-11　偏角法详细测设圆曲线

$$\delta_i = \frac{\varphi_i}{2} \tag{13-6}$$

按照整桩测设的要求,里程桩整桩的桩距(弧长)为 l,首尾两段零头弧长分别为 l_1、l_2,l_1、l_2、l 所对的圆心角分别为 φ_1、φ_2、φ,可按以下公式计算:

$$\left.\begin{aligned}\varphi_1 &= \frac{180°}{\pi} \cdot \frac{l_1}{R} \\ \varphi_2 &= \frac{180°}{\pi} \cdot \frac{l_2}{R} \\ \varphi &= \frac{180°}{\pi} \cdot \frac{l}{R}\end{aligned}\right\} \tag{13-7}$$

弧长 l_1、l_2、l 所对应的弦长分别为 d_1、d_2、d,可按以下公式计算:

$$\left.\begin{aligned}d_1 &= 2R \cdot \sin\frac{\varphi_1}{2} \\ d_2 &= 2R \cdot \sin\frac{\varphi_2}{2} \\ d &= 2R \cdot \sin\frac{\varphi}{2}\end{aligned}\right\} \tag{13-8}$$

曲线上各点的偏角等于相应圆心角的一半,即

$$\left.\begin{aligned}&\text{第 1 点 } P_1 \text{ 的偏角}: \delta_1 = \frac{\varphi_1}{2} \\ &\text{第 2 点 } P_2 \text{ 的偏角}: \delta_2 = \frac{\varphi_1}{2} + \frac{\varphi}{2} \\ &\cdots\cdots \\ &\text{第 } i \text{ 点 } P_i \text{ 的偏角}: \delta_i = \frac{\varphi_1}{2} + (i-1)\frac{\varphi}{2} \\ &\text{终点 YZ 点的偏角}: \delta_n = \frac{\alpha}{2}\end{aligned}\right\} \tag{13-9}$$

【例 2】 以例 1 为例,采用偏角法按整桩号设桩,桩距 $l = 20\text{m}$,试计算详细测设数据。

【解】 (1)由例 1 计算可知,ZY 点的里程桩号为 K6+125.08,其前面最近的整桩里程应为 K6+140,则首段零头弧长 l_1 为

$$l_1 = (140 - 125.08) = 14.92(\text{m})$$

YZ 点的里程为 K6+236.31,其后面最近的整桩里程为 K6+220,则尾段零头弧长 l_2 为

$$l_2 = (236.31 - 220) = 16.31(\text{m})$$

(2)由式(13-7)可计算各段弧所对应的圆心角:

$$\varphi_1 = \frac{180°}{\pi} \cdot \frac{l_1}{R} = \frac{180°}{\pi} \cdot \frac{14.92}{150} = 5°41'56''$$

$$\varphi_2 = \frac{180°}{\pi} \cdot \frac{l_2}{R} = \frac{180°}{\pi} \cdot \frac{16.61}{150} = 6°20'40''$$

$$\varphi = \frac{180°}{\pi} \cdot \frac{l}{R} = \frac{180°}{\pi} \cdot \frac{20}{150} = 7°38'22''$$

（3）由(13-8)计算各段弧所对应的弦长：

$$d_1 = 2R \cdot \sin \frac{\varphi_1}{2} = 2 \times 150 \times \sin \frac{5°41'56''}{2} = 14.91 (\text{m})$$

$$d_2 = 2R \cdot \sin \frac{\varphi_2}{2} = 2 \times 150 \times \sin \frac{6°20'40''}{2} = 16.60 (\text{m})$$

$$d = 2R \cdot \sin \frac{\varphi}{2} = 2 \times 150 \times \sin \frac{7°38'22''}{2} = 19.99 (\text{m})$$

（4）由(13-9)计算偏角，结果见表13-4。

表 13-4　偏角法详细测设圆曲线放样数据

桩号	桩点至 ZY 点弧长 l_i m	偏角 ° ′ ″	相邻桩点间弧长 m	相邻桩点间弦长 m
ZY　K6+125.08	0	0 00 00		
K6+140	14.92	2 50 58	14.92	14.91
K6+160	34.92	6 40 09	20	19.99
K6+180	54.92	10 29 20	20	19.99
QZ　K6+180.84	55.76	10 38 58	0.84	0.84
K6+200	74.92	14 18 31	19.16	19.15
K6+220	94.92	18 07 42	20	19.99
YZ　K6+236.61	111.53	21 18 02	16.61	16.60

（4）测设步骤。

①将经纬仪安置（对中整平）于 ZY 上，在盘左位置水平度盘置数为 0°00′00″，并照准 JD，此时的视线方向为切线方向。

②转动照准部，使度盘读数对准 $\delta_1 = 2°50'58''$ 得桩号为 K6+140 点的方向，在该方向上将尺零点对准 ZY 点并量 $d_1 = 14.91$(m)，即得桩号为 K6+140 的点。

③继续转动照准部，使得度盘读数为 $\delta_2 = 6°40'09''$，得桩号为 K6+160 点的方向，把钢尺零点对准桩号为 K6+140 的点，量 $d = 19.99$(m)，得桩号为 K6+160 的点。

④依此方法测设其他各个里程桩的点位。尤其需要注意的是，在桩号为 K6+220 的点位测设好后，要检查一下，其于曲线终点（YZ）之间的距离是否为 $d_2 = 16.60$(m)，其闭合差应符合表13-5 的规定。

表 13-5　距离偏角测量闭合差

公路等级	纵向相对闭合差		横向闭合差/cm		角度闭合差/″
	平原、微丘	重丘、山岭	平原、微丘	重丘、山岭	
高速公路，一、二级公路	1/2000	1/1000	10	10	60
三级及三级以下公路	1/1000	1/500	10	15	120

2.切线支距法

切线支距法也叫直角坐标法,是以曲线起点(ZY)或终点(YZ)为坐标原点,以切线为 X 轴,以过原点的半径为 Y 轴,按曲线上各点坐标(x,y)测设各点位置。

(1)测设数据计算。

如图 13-12 所示,设 P_i 为曲线上待测设的点位,该点至 ZY 点或 YZ 点的弧长为 l_i,φ_i 为 l_i 所对的圆心角,R 为圆曲线的半径,则 P_i 点的坐标可按下式计算:

$$\left. \begin{array}{l} x_i = R\sin\varphi_i \\ y_i = R(1-\cos\varphi_i) \end{array} \right\} \tag{13-10}$$

式中:

$$\varphi_i = \frac{l_i}{R} \cdot \frac{180°}{\pi} \tag{13-11}$$

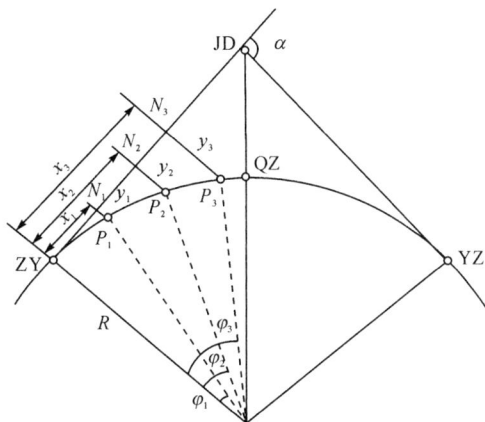

图 13-12　切线支距法

【例 3】　在例 1 中,若采用切线支距法进行详细测设,并按整桩号设桩,桩距 $l=20\mathrm{m}$,试计算详细测设数据。

【解】　例 1 中已经计算了主点里程,在此基础上按整桩号法列出详细测设桩号,按照公式(13-10)和(13-11)计算弧长和圆心角,并计算各点坐标,见表 13-6。

表 13-6　切线支距法坐标计算

桩号	弧长 l_i/m	圆心角 ° ′ ″	坐标	
			x	y
ZY　K6+125.08	0.00	0 00 00	0.00	0.00
K6+140	14.92	5 41 56	14.90	0.74
K6+160	34.92	13 20 18	34.60	4.05
K6+180	54.92	20 58 40	53.70	9.94
QZ K6+180.84	55.76	21 17 56	54.48	10.24
K6+200	36.61	13 59 02	36.25	4.44
K6+220	16.61	6 20 40	16.58	0.92
YZ K6+236.61	0.00	0 00 00	0.00	0.00

（2）测设步骤。

为了避免支距过长，用切线支距法详细测设圆曲线时，一般由 ZY 点和 YZ 点分别向 QZ 点进行，测设具体步骤如下：

①自 ZY 点（或 YZ 点）用钢尺沿切线方向量取 P_i 点的横坐标 x_i，得出垂足 N_i。

②在各垂足点 N_i 上，用方向架或经纬仪定出切线的垂直方向，沿垂线方向量出纵坐标值 y_i，即得到待测设的点 P_i。

③曲线上各点测设完毕后，应量取各相邻桩之间的距离，并与相应的桩号之差作比较，若在限差之内，则曲线测设合格；否则应查明原因，予以纠正。

这种方法适用于平坦开阔地区，且各点位之间误差不累积。

（三）缓和曲线的测设

车辆从直线驶入曲线后，在保持一定行车速度时，会突然产生离心力，影响车辆行驶的安全和乘车人的舒适感。为了保证车辆行驶安全和发送乘车人的舒适感，在直线和圆曲线间要设置一段半径无穷大逐渐变到等于圆曲线半径的曲线，这种曲线称为缓和曲线。若公路等级较高，特别是高速公路，在路线转向时，必须要求设置缓和曲线。

1.缓和曲线的线型

（1）基本型。

由直线、缓和曲线、圆曲线、缓和曲线、直线依次组合而成的线型称为基本型。在基本型中的缓和曲线的参数如果相等，则称为对称基本型；一般情况下参数不相等，可依据具体地形情况而确定，为不对称基本型。

（2）S 型。

如图 13-13(a)所示，把两个反向圆曲线中间用两个缓和曲线连接而成的线型，称为 S 型，该缓和曲线的参数可以相等或不等，而且在连接点上允许局部曲率可以不连续变化。

（3）卵型。

如图 13-13(b)所示，用一个缓和曲线将两个圆曲线连接起来的线型称为卵型。要求两个圆曲线不共圆心，而且将圆曲线延长后，大的圆曲线可以完全包着小的圆曲线；缓和曲线也不是从原点开始，而是曲率半径分别为两个圆半径的其中一段。

（4）凸型。

如图 13-13(c)所示，将两条缓和曲线在半径小的点上相互连接而成的线型为凸型。可以是参数相等的对称型或不等的非对称型。该线型的路面边缘为折线，驾驶员容易产生不舒适，但是当路线绕山嘴前进且转角较大时效果理想。目前国内外公路和铁路的路线设计中，多采用回旋曲线作为缓和曲线。我国交通部颁发的《公路工程技术标准》(JTG B01—2014)中规定：缓和曲线采用回旋曲线，缓和曲线的长度应等于或大于表 13-7 中的规定值。

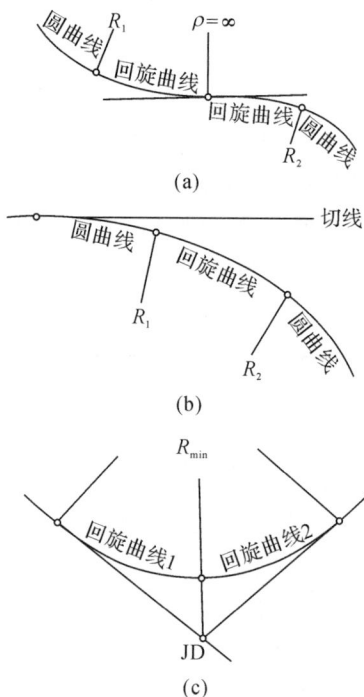

图 13-13 缓和曲线常见线型

表 13-7　缓和曲线长度参考表

公路等级	高速公路		一		二		三		四	
地形	平原微丘	山岭重丘	平原微丘	山岭重丘	平原微丘	山岭重丘	平原微丘	山岭重丘	平原微丘	山岭重丘
缓和曲线长度/m	100	70	85	50	70	35	50	25	35	20

2.缓和曲线基本公式

(1)参数公式。

回旋曲线具有的特性:曲线上任意一点的曲率半径 R' 与该点至起点的曲线长 l 成反比,即

$$R' = \frac{c}{l} \quad 或 \quad c = R'l \tag{13-12}$$

在图 13-14 中, $l = l_0$ 时, $R' = R$,则

$$c = R' \cdot l = R \cdot l_0 \tag{13-13}$$

式中: c 为回旋曲线参数,亦称为曲线半径变化率; l_0 为缓和曲线全长。

(2)切线角公式。

如图 13-14 所示,曲线上任意点 P 处的切线与起点切线的交角

$$\beta = \frac{l^2}{2c} \tag{13-14}$$

称为切线角。

当 $l = l_0$ 时, $c = R \cdot l_0$ 则

$$\beta_0 = \frac{l_0}{2R} \cdot \frac{180°}{\pi} \tag{13-15}$$

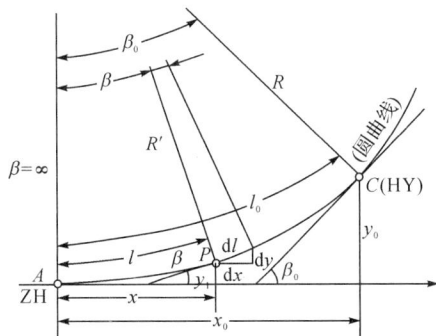

图 13-14　切线角

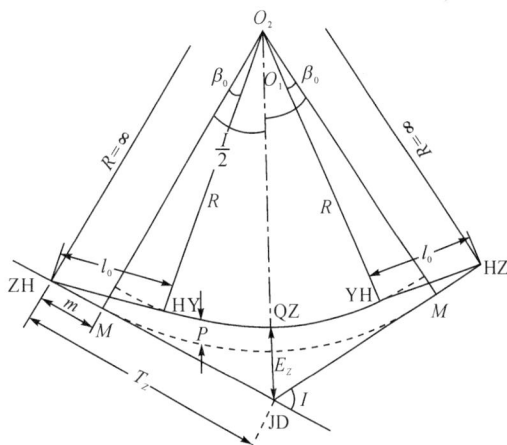

图 13-15　综合曲线

(3)参数方程式。

如图 13-15 中,任意点 P 的坐标 (x, y) 为

$$\left. \begin{array}{l} x = l - \dfrac{l^5}{40R^2 l_0^2} \\[2mm] y = \dfrac{l^3}{6Rl_0} \end{array} \right\} \tag{13-16}$$

当 $l=l_0$ 时,式(13-16)变为

$$\left.\begin{array}{l} x_0 = l_0 - \dfrac{l_0^3}{40R^2} \\[3mm] y_0 = \dfrac{l_0^2}{6R} \end{array}\right\} \tag{13-17}$$

3.综合曲线主点的测设

我们把带有缓和的曲线的圆曲线称为综合曲线。

如图 13-15 所示,在直线与圆曲线间增加了缓和曲线后,圆曲线应内移一段距离 P,方能使缓和曲线与直线相接,这时切线增长 m。

综合曲线的主点有:ZH(直缓点,亦为曲线起点)、HY(缓圆点)、QZ(曲中点)、YH(圆缓点)、HZ(缓直点,亦为曲线终点)。

(1)综合曲线要素可用下列公式求得

切线长: $\quad T_z = m + (R+P)\tan\dfrac{I}{2}$ \hfill (13-18)

曲线长: $\quad L_z = 2L_0 + R(I-2\beta_0) \cdot \dfrac{\pi}{180°}$ \hfill (13-19)

外矢距: $\quad E_z = (R+P)\sec\dfrac{I}{2} - R$ \hfill (13-20)

切曲差: $\quad D_z = 2T_z - L_z$ \hfill (13-21)

圆曲线长: $\quad L_Y = R(I-2\beta_0) \cdot \dfrac{\pi}{180°}$ \hfill (13-22)

式中:P 为缓和曲线内移值,$P = \dfrac{l_0^2}{24R}$;m 为缓和曲线增长值,$m = \dfrac{l_0}{2} - \dfrac{l_0^3}{240R^2}$。

【例4】 设圆曲线半径 $R=600$m,偏角 $I_{右}=46°26'$,缓和曲线长度 $l_0=116$m,交点桩号为 K2+138.21,简述测设综合曲线主点的过程。

【解】 (1)测设数据的计算:

根据公式得

$$\beta_0 = \frac{l_0}{2R} \cdot \frac{180°}{\pi} = \frac{116}{2\times600} \cdot \frac{180°}{\pi} = 5°32'19''$$

$$x_0 = l_0 - \frac{l_0^3}{40R^2} = 116 - \frac{116^3}{40\times600^2} = 115.892(\text{m})$$

$$y_0 = \frac{l_0^2}{6R} = \frac{116^2}{6\times600} = 3.738(\text{m})$$

$$P = \frac{l_0^2}{24R} = \frac{116^2}{24\times600} = 0.934(\text{m})$$

$$m = \frac{l_0}{2} - \frac{l_0^3}{240R^2} = \frac{116}{2} - \frac{116^3}{240\times600^2} = 57.982(\text{m})$$

$$T_z = m + (R+P)\tan\frac{I}{2} = 58 + (600+0.93)\tan23°13' = 316.76(\text{m})$$

$$L_z = 2l_0 + R(I-2\beta_0)\frac{\pi}{180°} = 2\times116 + 600\times(46°26'-2\times5°32'19'')\times\frac{\pi}{180°} = 600.74(\text{m})$$

$$E_z = (R+P)\sec\frac{I}{2} - R = (600+0.93)\sec23°13' - 600 = 53.88(\text{m})$$

$$L_Y = R(I - 2\beta_0)\frac{\pi}{180°} = 600 \times (46°26' - 2 \times 5°32'19'') \times \frac{\pi}{180°} = 368.74(\text{m})$$

根据公式：

直缓点　ZH＝JD－T_Z
缓圆点　HY＝ZH＋l_0
圆缓点　YH＝HY＋L_Y
缓直点　HZ＝YH＋l_0
曲中点　QZ＝HZ－$\dfrac{L_Z}{2}$
交点　　JD＝QZ＋$\dfrac{D_Z}{2}$（校核）

(13-23)

各主点里程推算如下：

JD 里程	K2＋138.21
$-T_Z$	－315.76
ZH 里程	K1＋822.45
$+l_0$	＋116
HY 里程	K1＋938.45
$+L_Y$	＋368.74
YH 里程	K2＋307.19
$+l_0$	＋116
HZ 里程	K2＋423.19
$-L_Z/2$	－600.74/2
QZ 里程	K2＋122.82
$+D_Z/2$	＋30.78/2
JD 里程	K2＋138.21

计算校核 JD 里程等于给定值。

（2）测设步骤（图 13-16 所示）。

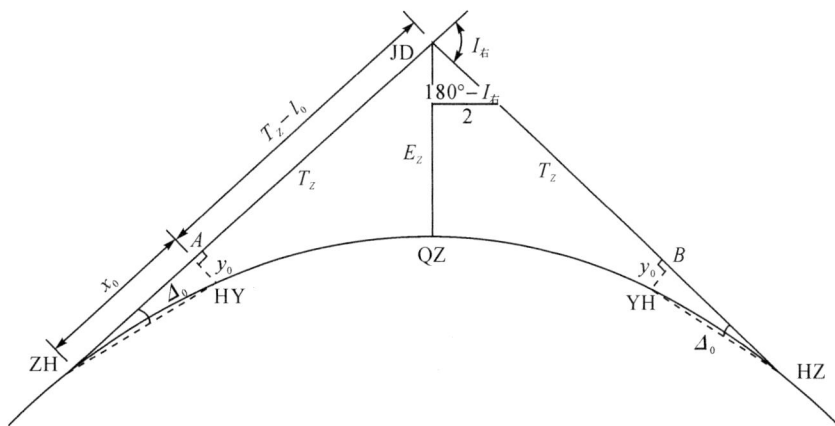

图 13-16　综合曲线主点

①将经纬仪安置于交点上定出切线方向,由沿两切线方向分别量出切线长 T_z=315.76m,即得 ZH 及 HZ。

②拨角$(180°-I)/2$=66°47′(此数为两切线夹角的平分线与切线的夹角),并从 JD 沿视线量取外矢距 E_z=53.88m,即得曲线的中点 QZ。

③在两切线上,自 JD 起分别向 ZH、HZ 量取 T_Z-l_0=199.76m,得两点 A、B,然后沿其垂直方向量 y_0=3.738m,即得 HY、YH,如图 13-16 所示。

(2)综合曲线的详细测设。

①缓和曲线上各点偏角值的计算。

如图 13-17 所示,曲线上任意一点 P 的坐标为(x_i,y_i),该点到曲线起点 ZH 的曲线长为 l_i,偏角为 Δ_i,因 Δ_i 很小,故有

$$\sin\Delta_i \approx y_i/l_i \quad (C_i \approx l_i, \text{对对应的弦长})$$

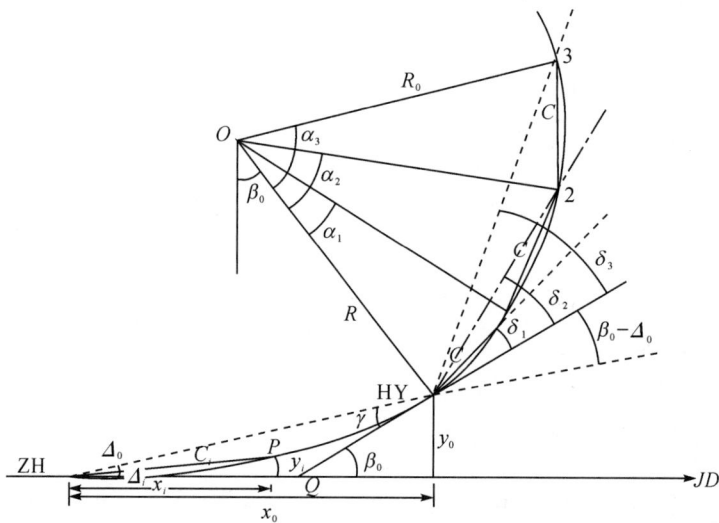

图 13-17　缓和曲线偏角

把式(13-16)代入上式得

$$\Delta_i = \frac{l_i^2}{6Rl_0} \cdot \frac{180°}{\pi} \tag{13-24}$$

在 HY 上,由于 $l_i=l_0$,$\Delta_i=\Delta_0$,将其代入上式得

$$\Delta_0 = \frac{L_0}{6R} \cdot \frac{180°}{\pi} \tag{13-25}$$

根据式(11-25)与(13-15)比较即可知

$$\Delta_0 = \frac{\beta_0}{3} \tag{13-26}$$

此式既可用来求偏角(测设曲线主点时已求出 β_0),还可用来检查主点测设的正确与否。

②圆曲线上各点偏角值的计算。

圆曲线上各点偏角 δ_i 是以 HY 上的切线为起始边$(0°)$来计算的,δ_i 的值与前面圆曲线偏角值的求法一致。

如图 13-17 所示,HY 的切线与 HY 至 ZH 的连线间的夹角 γ 为

$$\beta_0 = \Delta_0 + \gamma \ \text{或} \ \gamma = \beta_0 - \Delta_0$$

把式(13-26)即 $\Delta_0 = \dfrac{\beta_0}{3}$ 代入上式得

$$\gamma = 2\Delta_0 \tag{13-27}$$

此式用于在 HY 上确定 HY 的切线方向。

知识实训

实训任务　圆曲线测设

一、实训的仪器和设备

经纬仪 1 台、钢尺 1 把、标杆 2 支、测钎 10 支、记录板 1 块、木桩 3 根、铁锤 1 把。

二、圆曲线的设计数据验算

某道路工程,中线交点 JD 的里程桩号为 K35+613.33,其偏角 $\alpha = 60°00'$,圆曲线设计半径 $R = 30\text{m}$,$l_0 = 10\text{m}$。

表中提供圆曲线各种测设参数,测设前先进行验算。

已知参数	偏角:$\alpha = 60°00'$		设计半径:$R = 30\text{m}$	
	交点里程:$\text{JD}_{里程} = \text{K35}+613.33$		整桩间距:$l_0 = 10\text{m}$	
特征参数	切线长:$T = 17.32\text{m}$		弧长:$L = 31.42\text{m}$	
	外矢距:$E = 4.64\text{m}$		切曲差:$D = 3.22\text{m}$	
主点里程	ZY 点里程:K35+596.01		YZ 点里程:K35+627.43	
	QZ 点里程:K35+611.72		JD 点里程:K35+613.33(验算)	

详细测设参数			切线支距法 原点:ZY X轴:ZY—JD		偏角法 测站:ZY 起始方向:ZY—JD	
名点	里程桩号	累积弧长 m	X/m	Y/m	θ ° ′ ″	c m
ZY	K35+596.01	0	0	0		
1	K35+600.00	3.99	3.98	0.26	3 48 37	3.99
2	K35+610.00	13.99	13.49	3.20	13 21 34	13.86
QZ	K35+611.72	15.71	15.00	4.01	15 00 07	15.53
3	K35+620.00	23.99	21.51	9.09	22 54 31	23.35
YZ	K35+627.43	31.42	25.98	15.00	30 00 14	30.00

三、 圆曲线的测设

1.主点的测设(图 3-18)

(1)在场地上选取 JD 点,设定 ZY(或 YZ)的方向。

(2)在 JD 点安置经纬仪,完成对中整平。

(3)望远镜瞄准 ZY 点方向,用钢尺丈量水平距离 T,标定 ZY 点。

(4)按 α 角的关系定出 YZ 方向,按(3)方法标定 YZ 点。

(5)用望远镜对准转折角 $\beta = 180° - \alpha$ 的角平分线方向,丈量水平距离 E,标定 QZ 点。

2.圆曲线的详细测设

以偏角法为例说明测设步骤:

(1)经纬仪安置于 ZY 点,对中整平,后视 JD 点,使水平度盘读数为 $0°00'00''$。

图 13-18 圆曲线测试

(2)转动照准部,使水平度盘读数为 θ_1,自 ZY 点起,在视线方向上丈量水平长度 c_1,定出 1 点,插下测钎。

(3)转动照准部,使水平度盘读数为 $\theta_1 + \theta_0$,钢尺自 ZY 点起沿视线丈量 c_2,定出 2 点,插下测钎。以此类推,测设其余各点

(4)测设终点 YZ,检查闭合差。以偏角 $\theta_{YZ} = \alpha/2$,弦长 c_{YZ} 测设 YZ 点,其闭合差限差为:半径方向 $\pm 0.1m$,切线方向 $\pm L/1000$。

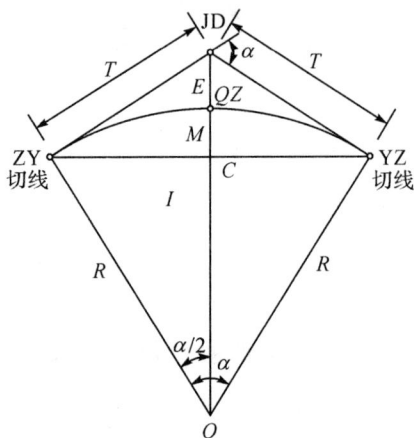

四、 实训的要求

1.掌握圆曲线的测设方法。

2.实验结束时,每人提交一份测设数据。

项目二　道路施工测量

道路施工测量的主要任务是根据工程进度的要求,及时恢复路中线和测设高程标志等,作为施工人员掌握中线位置和调和的依据,以保证按图施工。

一、开工前的测量工作

(一)熟悉图纸和现场情况

接到施工测量的任务后,首先要熟悉设计图纸和施工现场的情况。设计图纸主要有路线平面图、纵横断面图、标准横断面图和附属构筑物图等。通过阅读图纸,在了解设计意图及对测量的精度要求的基础上,应掌握道路中线位置(包括交点桩、转点桩的位置和曲线情况等)和各种附属构筑物的位置等,并找出各种施测数据和它们的相互关系。同时还要认真

校核各部尺寸关系,以便发现问题及时处理,避免给工程造成不必要的损失。勘察施工现场时,除了解工程及地形的一般情况外,应在实地找出各交点桩、转点桩、里程和水准点的位置,必要时应实测校核,以便及时发现被碰动破坏的桩点,并避免用错点位。

(二)恢复中线

在路线勘测后,至开始施工这段时间里,往往有一部分里程桩会被碰动或丢失,为了保证道路中线位置准确可靠,施工前应根据原定线条件复核,并将丢失和碰动过的 JD 桩,里程桩等恢复和校正好。在复核或补钉 JD 桩位时,常需要在现场计算 JD 间距,由图 13-17 中可看出计算 JD_9 脚标和 JD_{9-10} 的公式和计算校核公式是

$$\left.\begin{array}{l} D_{9-10} = (JD_{10}桩号 - YZ_9 桩号) + T_9 \\ D_{9-10} = (JD_{10}桩号 - JD_9 桩号) + D_9 \end{array}\right\} \quad (13\text{-}28)$$

式中:D_9 为切曲差。

对于部分改线地段,则应重新定线并测绘相应的纵、横断面图。恢复中线时,一般将附属构筑物(如涵洞、挡土墙等)的位置一并定出。

(三)测设施工控制桩

由于中线上所钉各桩,在施工中都要被挖掉或掩盖,为了在施工中控制位置,就需在不受施工干扰、便于引用、易于保存桩位的地方测设施工控制桩。测设方法有以下两种。

1.平行线法

此法是在路基以外,距中线等距的地方测设两排平行中线的控制桩,如图 13-19 所示。平行线法多用在地势平坦、直线段较长的城郊街道。为了便于施工,控制桩的间距多取 10～30m 为宜。用它既控制中线位置,又控制高程(桩上测有路顶高程线)。此法是在中线和 QZ 至 JD 的延长线上钉施工控制桩,如图 13-20 所示。

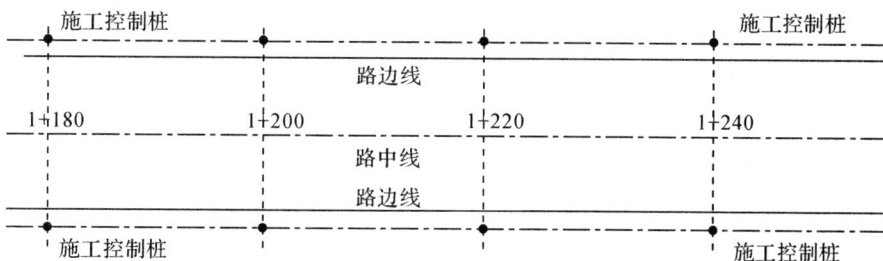

图 13-19　测设中线的控制桩

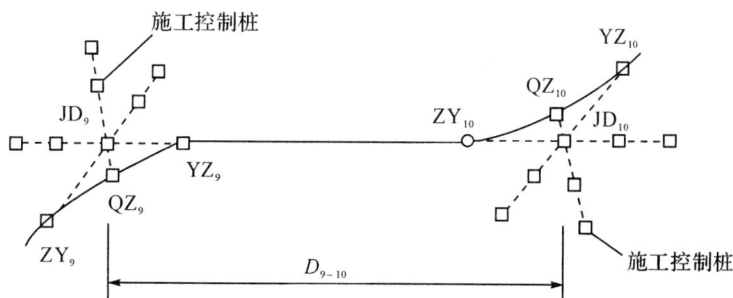

图 13-20　测设中线的控制桩

2.延长线法

多用在地势起伏较大/直线段较短的山区公路。主要控制 JD 点的位置和控制桩距 JD 点的距离。

以上两种方法无论在城区、郊区或山区的道路施工中,都应根据实际情况互相配合使用。

(四)加密水准点

为在施工中引测高程的方便,施工前应在原有水准点之间再加设临时水准点,为每300m 左右一个。加密的水准点应尽量设在小桥涵和其他构筑物附近使用方便的地方。

(五)路基边桩的测设

路基形式基本上可分为路堤和路堑两种,填方路基称为路堤,如图 13-21 所示,挖方路基称为路堑,如图 13-22 所示。路基放线是根据设计横断面图和各桩的填、挖深度(H)沿坡脚、坡顶和路中心等点构成路基的轮廓。路基边桩的测设就是将每一个横断面的路基两侧的边坡线与地面的交点,用木桩标定在实地上作为路基施工的依据。常用的方法有以下几种。

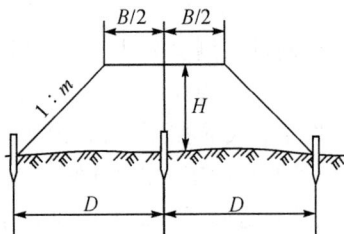

图 13-21　路堤放线　　　　图 13-22　路堑放线

1.图解法

图解法是直接在路基设计的横断面图上,按比例量取中桩至边桩的距离,然后到实地上用皮尺量得其位置。在填挖不大时常采用此法。

2.解析法

解析法是根据路基填挖高度、路基宽度、边坡率计算路基中桩至边桩的距离。根据地形的具体情况可分为平坦地面和倾斜地面两种。

(1)平坦地面。

由图 13-21、图 13-22 可看出

路堤:
$$D=\frac{B}{2}+m\times H \tag{13-29}$$

路堑:
$$D=\frac{B}{2}+S+m\times H \tag{13-30}$$

式中:D 为路基中桩至边桩的距离;B 为路基宽度;1 : m 为路基边坡坡度(m 为坡度率);S 为路堑边沟宽度;H 为填土高度或挖土深度。

上式为地面平坦、断面位于直线段时计算边桩至中桩距离的方法。如果该断面位于曲线段时,则路基外侧的宽度应包括在路基宽度内。

（2）倾斜地面。

由图 13-23、图 13-24 可看出：$D_上 \neq D_下$，则

路堤：

$$
\left.\begin{array}{l}
D_上 = \dfrac{B}{2} + m(H - h_上) \\[2mm]
D_下 = \dfrac{B}{2} + m(H + h_下)
\end{array}\right\} \tag{13-31}
$$

路堑：

$$
\left.\begin{array}{l}
D_上 = \dfrac{B}{2} + S + m(H + h_上) \\[2mm]
D_下 = \dfrac{B}{2} + S + m(H - h_下)
\end{array}\right\} \tag{13-32}
$$

式中：B、H、m、S 均为设计数据，所以 $D_上$、$D_下$ 随 $h_上$、$h_下$ 而变化，$h_上$ 和 $h_下$ 各为左、右边桩与中桩的地面高差，且都为未知数值，所以 $D_上$、$D_下$ 也无法算得。在实际测设中先定出断面方向后采用逐点趋近法测设边桩。

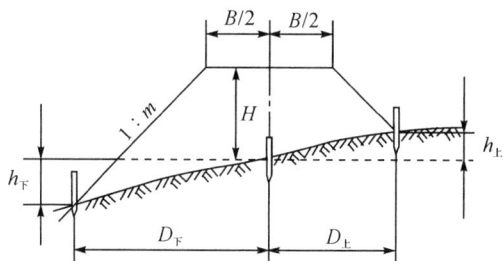

图 13-23　倾斜地面路堤放线　　　　　图 13-24　倾斜地面路堑放线

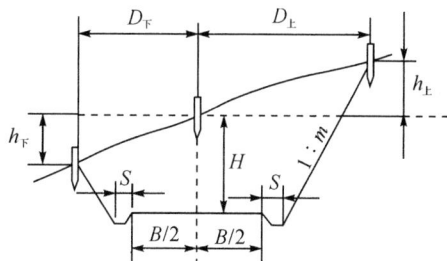

【例 5】　如图 13-25 所示，设路基左侧与边沟顶宽之和为 4.7m；右侧需增加曲线的宽度，其和为 5.3m；中心挖深 5.0m；边坡坡度为 1：1。现以左侧为例说明用逐点趋近法测设边桩的步骤：

①估计边桩位置。

若地面水平，则左边桩与中桩之距离为

$$D_左 = 4.7 + 5.0 = 9.7(\text{m})$$

实际情况是左侧地面较中桩低，估计左边桩处比中桩处地面低 1m，$h_左 = 5 - 1 = 4\text{m}$。则左边桩与中桩之距离为

$$D_左 = 4.7 + 4.0 = 8.7(\text{m})$$

在地面上与中桩处左侧量 8.7m 得 a' 点。

②实测高差。

实测高差得 a' 点与中桩地面的高差为 1.3m，则 a' 点与中桩的距离应为

$$D_左 = 4.7 + (5.0 - 1.3) = 8.4(\text{m})$$

此值比原估计值 8.7m 要小 0.3m，所以正确的位置应在 a' 点内侧。

③重估边桩位置。

正确的边桩位置应在 8.4～8.7m 之间，重估距中桩 8.5m 处在地面上定出 a 点。

④重测高差。

测 a 点与中桩的高差为 1.2m，则 a 点与中桩的距离为

$$D_左 = 4.7 + (5.0 - 1.3) = 8.5(\text{m})$$

此值与估计值相符，所以 a 点及为左侧的边桩位置。

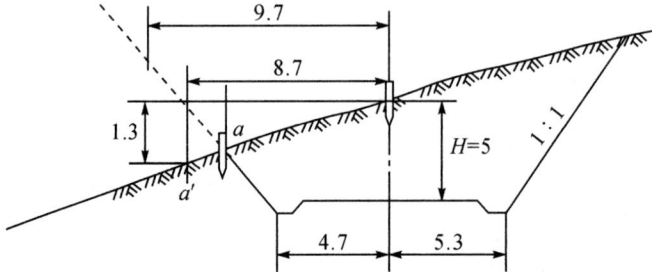

图 13-25　倾斜地段用逐点法测设边桩

路堤的边桩测设的方法与路堑大致相同，只是估计边桩位置与路堑正好相反，测设时考虑路堤的下沉及路面施工等因素。

3.逐点趋近法

通过上例可知，逐点趋近法测设边桩的步骤：①先根据地面实际情况，参照路基横断面图估计边桩位置；②测出估计边桩位置与中桩地面的高差；③按公式(13-31)或(13-32)计算出与之对应的边桩位置，若计算值与估计值相符，则此位置即为边桩位置。否则，再按实际情况进行估计，重复上述工作，逐点趋近，直至计算值与估计值相符或十分接近为止。

（六）路基边坡的测设

路基边桩的测设之后，为了保证施工的正确性达到设计要求，还应将设计边坡在实地上标定出来。

1.用细竹竿、绳索测设边坡

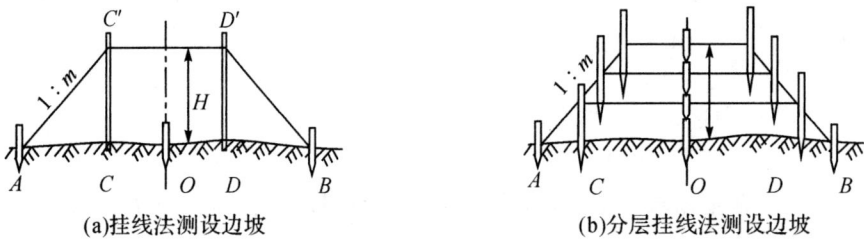

(a)挂线法测设边坡　　　　(b)分层挂线法测设边坡

图 13-26　路基边坡的测设

如图 13-26(a)所示，O 为中桩，A、B 为边桩，C、D 的水平距离为路基宽度。测设时在 C、D 处竖立竹竿，在竹竿上等于填土高度 H 处作 C'、D' 的记号，然后用绳索连接 A、C'、D'、B，即得出设计边坡。当路堤填土较高时可采用图 13-26(b)所示的分层挂线法施工测设边坡。

2.用边坡板测设边坡

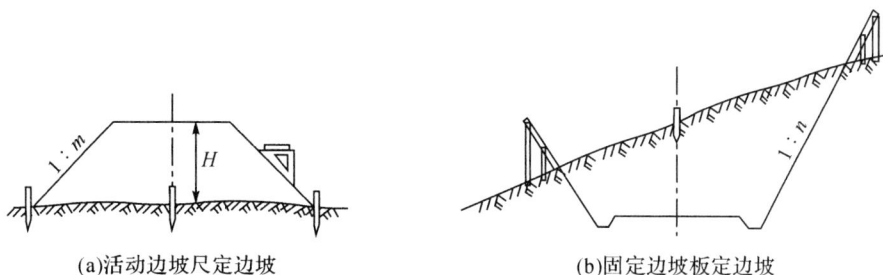

(a)活动边坡尺定边坡　　　　　(b)固定边坡板定边坡

图 13-27　路基边坡的测设

(1)活动边坡尺测设路堤边坡。

如图 13-27(a)所示,当尺上水准气泡居中时,边坡尺斜边所指示的坡度即为设计的边坡度。或用图 13-28 所示的活动坡度尺,当转动坡度尺使直立边平行于垂球线时,其斜边即为设计坡度。

(2)横断面图解法测设路堤边坡。

横断面图解法是先在透明纸上绘设计横断面图(比例尺与现状横断面图相同),然后将透明纸按各桩填方高度蒙在相应的现状横断面图上,则设计横断面的边坡与现状地

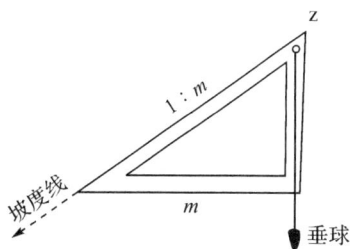

图 13-28　坡度尺

面的交点即为坡脚,用比例尺由图上量得坡脚距中心桩的水平距离,即可在实地相应的断面上测设出坡脚位置。

(3)固定边坡样板测设边坡。

施工前按照设计的边坡坡度做好固定边坡坡度板,如图 13-27(b)所示。在开挖路堑前,于坡顶桩外侧按设计边坡设立固定样板,施工时可随时检核开挖和修整情况。

二、施工过程中的测量工作

(一)测设路面高程桩

当路基工程完成后,为控制路面高程多在路肩上测设平行中线的路面高程桩,间距多采用 10~30m,用它既控制路面高程又控制中线位置,俗称施工边桩。其位置根据中线施工控制桩测定(若已有平行中线的施工控制桩时,均一桩两用,不用另行测设)。桩位测定后,可在桩的侧面测设出该桩的路面中心设计高程线(可钉高程钉或红铅笔画线作为标志)。

其测设程序如下:

(1)后视水准点或中线上的里程桩,根据其已知高程和读数,求出视线高程。

(2)前视边桩,根据读数求出其桩顶高程。

(3)计算边桩与其所在断面的设计高程之差,并注在桩的侧面上。如边桩低于设计高程,前面应冠以"+"号,表示需要填高;如边桩高于设计高程,则应冠以"-"号,表示需要挖深。但它所表示的填挖量,是以边桩桩顶为准的。因为在施工过程中是利用边桩来检查的。

（二）测设竖曲线

为了保证行车安全,在路线坡度变化处,按规范规定,应以圆曲线连接起来,这种曲线叫竖曲线。竖曲线有凹形和凸形两种,如图13-29所示。

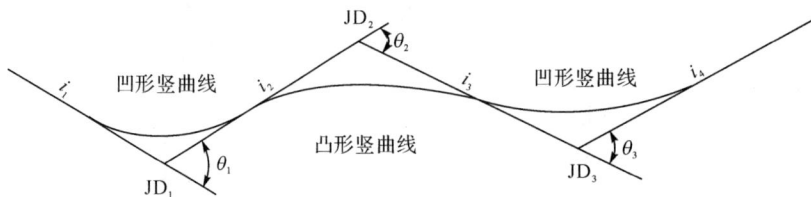

图13-29　竖曲线与坡度角

测设竖曲线是根据路线纵断面设计中给定的半径 R 和变坡点前后的两坡度 i_1 和 i_2 进行的。测设参数包括曲线长 L、切线长 T 和外矢距 E,其计算公式同平面圆曲线。但由于竖向转折角 θ 值很小,故用两坡度值 i_i 和 i_j 的绝对值之和代替,即 $\theta = |i_i| + |i_j|$,则曲线长 L 的计算公式为

$$L = R\theta_i = R(|i_i| + |i_j|) \tag{13-33}$$

由于 i 值很小,切线长可用曲线长的一半代替;外矢距 E 可用中央纵距 M 代替,则切线长和外矢距的计算公式为

$$T = \frac{L}{2} = \frac{R(|i_i| + |i_j|)}{2} \tag{13-34}$$

$$E = M = \frac{C^2}{8R} \tag{13-35}$$

式中:C 为圆曲线对应的弦长,其他符号同前。

1. 主点测设

根据公式(13-34)计算 T 值,由设计的变坡点里程及 T 值,即可求出图曲线起点 ZY 至终点 YZ 的里程,并可据以测设于地面,如图13-30所示。

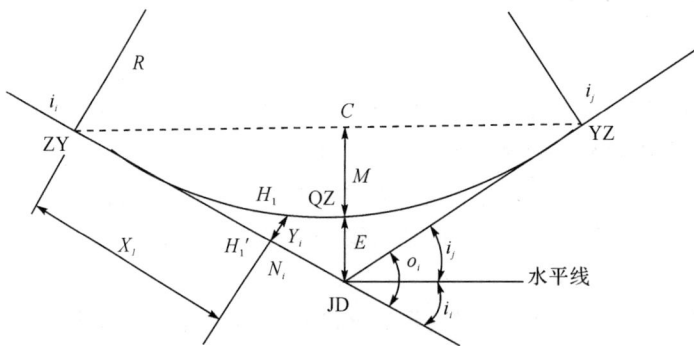

图13-30　竖曲线

2. 辅点测设

用切线支距法原理,以起点或终点为坐标原点,沿切线方向为 X 轴,切线上的支距为 Y 轴。测设辅点时,X 轴坐标为设计值,一般每隔10m选一个辅点,当 X_i 为已知时,对应的支距 Y_i 的计算公式为

$$Y_i = \frac{X_i^2}{2R} \tag{13-36}$$

式中: Y_i 在凹形竖曲线中为"+"号,在凸形竖曲线中为"-"号。

将各点的支距(亦称标高改正数) Y_i 求出后,与坡道各点的对应高程 H_i' 相加取代数和,即得到竖曲线上各点的设计高程 H_i ,其计算公式为

$$H_i = H_i' + Y_i \tag{13-37}$$

竖曲线上各辅点的设计高程求出之后,用水准仪将其高程测设出来,即为竖曲线各辅点的位置。

(三)路面放线

路面放线的任务是根据路肩上测设的路面高程桩和路拱曲线大样图(图 13-31),路面结构大样图(图 13-32),测设侧石(道牙)位置并绘出控制路拱的标志。

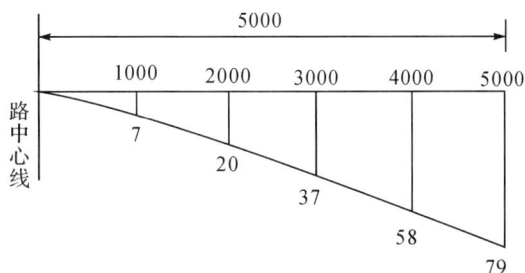

图 13-31 路面高程桩、路拱曲线(单位:mm) 　　图 13-32 结构大样(单位:mm)

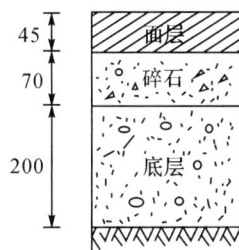

由两侧高程桩向中线量出至侧石的距离,钉小木桩并将相邻木桩用小线连起,即为侧石的内侧边线。侧石的高程可在高程桩上按路中心高程拉上小线后,自小线下反路拱高度(即路面半宽×横坡)得到,如图 13-31 中为 79mm。

(四)施工过程中的检查验收测量

施工过程中,某一工序(如土方工程、路基工程、路面工程等)完成时,应及时进行检查验收测量。检查验收测量的任务是检查已完工程的各部尺寸、位置和高程是否合乎设计要求。为了确保工程质量,只有在检查合格验收后,才能进行下一工序的施工。检查方法要求精度要求可以以原有测量标志为准进行,但路基、路面、桥涵基础等要求工程的验收,必须使用仪器直接观测检查并做正式验收记录。

项目三　桥涵施工测量

桥涵施工测量的基本任务是测设桥涵的中线位置及各部位高程标志,作为施工的依据。施测的具体内容和方法因桥涵大小及结构形式不同而有所差异,但无论何桥涵,其基础位置的测设是全部测设工作中的关键环节,应当特别注意。

一、涵洞施工测量

涵洞施工测量的主要内容是控制涵洞的中心位置及涵底的高程与坡度。

（一）测设涵洞中心桩及中心线

涵洞中心桩一般均根据设计给定的涵洞位置（桩号），以其邻近的交点 JD 桩或转点 ZD 桩为准测设。

（1）在直线上设置涵洞，是用经纬仪直接照准路中线方向，根据涵洞与其邻近的里程桩的关系，用钢尺测设相应的距离，即可钉出涵洞中心桩。将经纬仪安置在中心桩上，以路中线为后视方向，测设 90°角（斜涵应按设计角度测设），即得涵洞的中心线方向。

（2）在曲线上设置的涵洞，测设涵洞中心线的方法与测设曲线段上横断面方法相同。如果涵洞位于圆曲线段上，也可以在涵洞中心桩两侧曲线上取等距点为圆心，以一定长为半径画弧，两弧在曲线两侧各有一交点，两点连线，即为涵洞的中心线。

（二）测设施工控制桩

涵洞中线桩和涵洞中心线确定以后，可根据施工要求，在涵洞中线上，两端横断面上及端墙翼等位置，测设控制桩，以控制涵洞各部位的位置和高程。

（三）测设涵洞坡度

由于涵洞长度较小，坡度精度要求较低，所以坡度控制较容易。可根据设计数据采用既简单又实用的灵活方法进行坡度测设，如拉线法、埋桩法等。

二、桥梁施工测量

桥梁的大小按其轴线长度一般分为特大（＞500m）、大（100～500m）、中（30～100m）和小（8～30m）四类，其施工测量的方法根据桥的轴线长度不同和所处的河道情况不同而不同。桥梁施工测量的主要内容有：桥位的施工控制测量、墩台定位、墩台基础及其顶部测设等。

桥梁因结构较复杂，施工测量中精度要求一般较高，在跨度较大或有水作业的桥梁工程中尤其如此。桥梁施工测量的内容与方法因桥梁跨度、河道情况等不同有所差异，现就中、小型桥梁施工测量的主要内容介绍如下。

（一）能直接丈量桥长的小型桥梁施工测量

以图 13-33 中的两跨装配式钢筋混凝土 T 型桥为例。

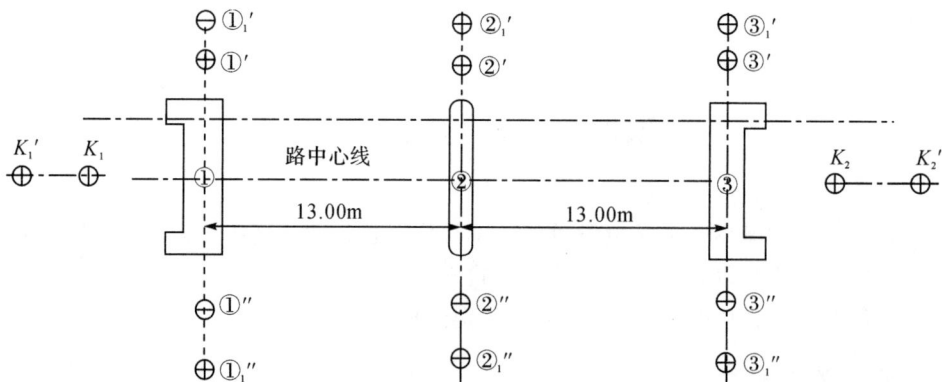

图 13-33　测设 T 型桥中心线、控制桩

1. 测设桥梁中心线和控制桩

根据桥位桩号在路中线上准确地测设出桥台和桥墩的中心桩①、②、③,并在河道两岸测设桥位控制桩 K_1、K_1'、K_2、K_2'。然后分别安置经纬仪于①、②、③点上,测设桥台和桥墩控制桩①′、①$\frac{1}{5000}$、①″①$\frac{1}{5000}$、…、③″、③$\frac{1}{5000}$(为防止丢失或施工障碍,每侧至少两个控制桩)。测设距离尤其在测设跨度时,应用测距仪或检定过的钢尺,丈量精度应高于$\frac{1}{5000}$,以保证上部结构安装时能正确就位。

2. 基础施工测量

根据桥台和桥墩的中心线测设基坑开挖边界线。基坑上口尺寸应根据坑深、坡度、土质情况及施工方法确定。施测方法与路堑放线基本相同。基坑挖至一定深度后,应根据水准点高程在壁上测设距基底设计面为一定高差(如1m)的水平桩,作为控制挖基及基础施工中掌握高程的依据。基础完工后,应根据桥位控制桩 K_1、K_2 和墩、台控制桩①、①$\frac{1}{5000}$、①″①$\frac{1}{5000}$、…、③″、③$\frac{1}{5000}$,用经纬仪在基础面上测设出桥台、桥墩中心线和道路中心线,并弹墨线作为砌筑桥台、桥墩的依据。

3. 墩、台顶部的施工测量

桥墩、桥台砌筑至一定高度时,应根据水准点的墩身、台身每侧测设一条距顶部为一定高差(如1m)的水平线,以控制砌筑高度。墩帽、台帽施工时,应根据水准点用水准仪控制其高程(误差应在−10mm 以内),根据中线桩用经纬仪控制两个方向的中线位置(偏差应在±10mm 以内),墩台间距(即跨度)要复测,精度应高于$\frac{1}{5000}$。

测出墩、台上两个方向的中心线并经校对合格后,即可根据墩台中心线在墩台上定出 T型梁支座钢垫板的位置。如图 13-34 所示。测设时先根据桥墩中心线②′、②″定出两排钢垫板中心线 $B'B''$、$C'C''$,再根据路中线 K_1K_2 和 $B'B''$、$C'C''$线,定出路中线上的两块钢垫板

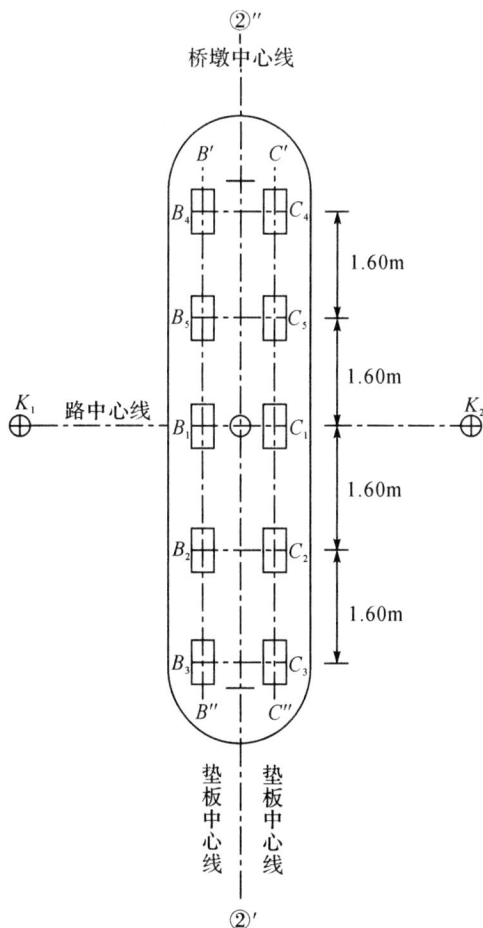

图 13-34 桥墩测设

的中心位置 B_1 和 C_1 然后根据设计图上的相应尺寸用钢尺分别自 B_1 和 C_1 点沿 $B'B''$ 和 $C'C''$方向量出 T型梁间距,即得到 B_2、B_3、B_4、B_5 和 C_2、C_3、C_4、C_5 等垫板中心位置。桥台上钢垫板位置可依同法测出。最后用检定过的钢尺较对钢垫板的间距,精度应高于$\frac{1}{5000}$;

用水准仪校对钢垫板的高程,误差应在－5mm 以内(即钢垫板可略低于设计高程,安装 T型梁时可加垫薄钢板找平)。钢垫板位置及高程经校对合格后,即可浇注墩、台顶面混凝土。

4.上部结构的安装测量

上部结构安装前应对墩、台上支座钢垫板的位置重新校对一次,并对 T 型梁两端弹出中心线。对梁的全长和支座间距也应进行检查并记录量得的数值,作为竣工测量资料。

T 型梁就位时,其支座中心线应对准钢垫板中心线,初步就位后,用水准仪检查梁两端的高程,误差应在±5mm 以内。中线位置及高程经检查合格后,应及时打好保险垛并焊牢,以防 T 型梁位移。

T 型梁和防护栏全部安装后,即可用水准仪在护栏上测出桥面中心高程线,作为铺设桥面铺装层起拱的依据。

(二)间接丈量桥长的中型桥梁的施工测量

因中型桥梁一般河道宽阔,在施工测量中,桥长采取布设桥梁三角网的方法间接丈量,水中桥墩的位置则多采用角度交会法测设。

1.桥梁三角网测量

如图 13-35 所示,AB 是桥位中心线,为了丈量河宽并测设墩台位置,可布设三角形 ABC 和 ABE 组成桥梁三角网。当河流的一岸地势较平坦便于量距时,桥梁三角网应取图 13-35(a)的形式,用光电测距仪或用钢尺精确丈量基线边 AC 和 AE 的长度,并用经纬仪精确测出两三角形的内角,根据正弦定理即可算出 AB 间的距离。当在一岸不能选出两条便于丈量的基线时,可采用图 13-35(b)的形式,又叫大地四边形。

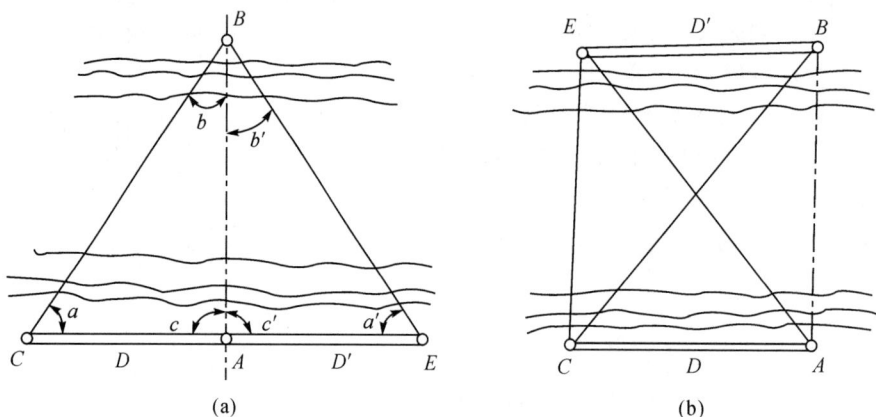

图 13-35 桥梁三角网测量

为了保证 AB 距离的精度高于 $\frac{1}{5000}$,基线边长不能小于 AB 的 70%,并用光电测距仪往

返丈量,其精度应高于 $\frac{1}{10000}$。三角形各内角可用 DJ$_6$ 型光学经纬仪观测两个测回,三角形角度闭合差小于±30″。

【例 6】 现以图 13-35(a)中的桥梁三角网为例,计算有关数据。

【解】 其计算步骤如下:

（1）计算基线边长。

起始边用光电测距仪直接测定，或用检定过的钢尺精密量距。现设经过改正的基线边长分别为

$$D = 138.560\text{m}$$
$$D' = 150.852\text{m}$$

（2）计算与调整角度闭合差。

三角形各内角外业观测的两个测回值差小于 $\pm 15''$ 时，应取其平均值作为观测成果。

（3）计算 AB 距离。

根据正弦定理得

$$D_{AB} = \frac{D\sin a}{\sin b} = \frac{138.560 \times \sin 53°32'12''}{\sin 39°56'35''} = 173.568(\text{m})$$

$$D_{AB}' = \frac{D'\sin a'}{\sin b'} = \frac{150.852 \times \sin 49°22'21''}{\sin 41°16'06''} = 173.579(\text{m})$$

较差　$\Delta D = |D_{AB} - D_{AB}'| = |173.568 - 173.579| = 0.011(\text{m})$

平均值　$AB = \frac{1}{2}(D_{AB} + D_{AB}') = 173.574(\text{m})$

$$K = \frac{|\Delta D|}{AB} = \frac{1}{\frac{AB}{|\Delta D|}} = \frac{1}{\frac{173.574}{0.011}} = \frac{1}{15700} < \frac{1}{10000} \quad （精度合格）$$

2. 角度交会法测设桥墩位置

桥位控制桩 AB 间距算出后，按设计尺寸分别自 A 点和 B 点量出相应的距离，即可测设出两岸桥台①和④的位置，如图 13-36 所示。水中桥墩的位置因直接量距困难，可用方向交会法测设，测设时将两台经纬仪分别安置在 C 点和 E 点，以 A 点为后视，分别测设 α_2 角（即 $\angle ②CA$）和 α_2' 角（即 $\angle ②EA$），则两视线方向与桥中心线的交点即为桥墩②的位置。交会角 α_2 和 α_2' 计算方法如下：

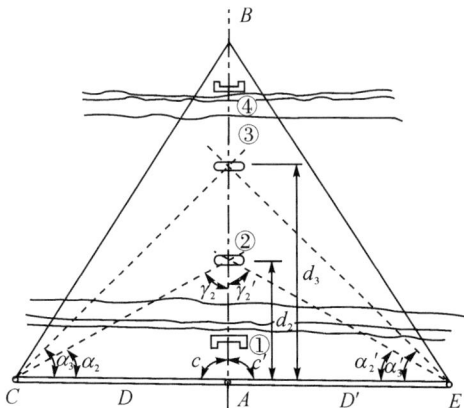

图 13-36　桥墩定位

在 $\triangle AC②$ 中，角 C 及边长 D、d_2 已知；在 $\triangle AE②$ 中，角 C' 和边长 D'、d_2 已知。根据正切定理得

$$\frac{\tan\dfrac{\alpha_2-\gamma_2}{2}}{\tan\dfrac{\alpha_2+\gamma_2}{2}}=\frac{d_2-D}{d_2+D}$$

移项　　　　$$\tan\frac{\alpha_2-\gamma_2}{2}=\frac{d_2-D}{d_2+D}\cot\frac{C}{2}$$

$$\frac{\alpha_2-\gamma_2}{2}=\arctan\left(\frac{d_2-D}{d_2+D}\cot\frac{C}{2}\right) \tag{13-38}$$

又

$$\frac{\alpha_2+\gamma_2}{2}=\frac{1}{2}(180°-C) \tag{13-39}$$

两式相加得　$$\alpha_2=\arctan\left(\frac{d_2-D}{d_2+D}\cot\frac{C}{2}\right)+\frac{1}{2}(180°-C) \tag{13-40}$$

同理得到　$$\alpha_2{}'=\arctan\left(\frac{d_2-D'}{d_2+D'}\cot\frac{C'}{2}\right)+\frac{1}{2}(180°-C') \tag{13-41}$$

【例 7】 上面算例中,若已知 $d_2=62.022m$, $d_3=112.022m$,计算交会角 α_2、$\alpha_2{}'$ 和 α_3、$\alpha_3{}'$。

【解】 将 $d_2=62.022m$ 代入公式(13-40)和公式(13-41)得

$$\alpha_2=\arctan\left(\frac{d_2-D}{d_2+D}\cot\frac{C}{2}\right)+\frac{1}{2}(180°-C)$$

$$=\arctan\left(\frac{62.022-138.560}{62.022+138.560}\times\cot\frac{86°31'13''}{2}\right)+\frac{1}{2}(180°-86°31'13'')$$

$$=24°40'05''$$

$$\alpha_2{}'=\arctan\left(\frac{d_2-D'}{d_2+D'}\cot\frac{C'}{2}\right)+\frac{1}{2}(180°-C')$$

$$=\arctan\left(\frac{62.022-150.852}{62.022+150.852}\times\cot\frac{89°21'33''}{2}\right)+\frac{1}{2}(180°-89°21'33'')$$

$$=22°26'30''$$

用正弦定理作计算校核:

$$d_2=\frac{D\sin\alpha_2}{\sin(180°-C-\alpha_2)}$$

$$=\frac{138.560\times\sin24°40'05''}{\sin(180°-86°31'13''-24°40'05'')}$$

$$=62.022(m)$$

与设计值相同,α_2 计算无误。

$$d_2{}'=\frac{D'\sin\alpha_2{}'}{\sin(180°-C'-\alpha_2{}')}$$

$$=\frac{150.852\times\sin22°26'30''}{\sin(180°-89°21'33''-22°26'30'')}$$

$$=62.022m$$

与设计值相同,$\alpha_2{}'$ 计算无误。

同法:将 $d_3=112.022m$ 代入公式(13-40)和公式(13-41)得

$$\alpha_3=40°19'08''$$

$$\alpha_3' = 36°49'29''$$

桥墩交会角 α_2、α_2' 和 α_3、α_3' 算出后,即可用两台经纬仪同时以测回法测设交会角,则两视线的交点即为桥墩的中心位置。为校核所得交点是否准确,还应在 A 点安置经纬仪,看交点是否在桥中心线上。若偏离尺寸在允许范围之内,可将交会点投影到桥中心线上,以减少误差影响。

桥墩施工中,每砌筑一定高度,均需重新交会定点,以保证墩位施工质量。结构安装前,应将桥墩中心位置测设于墩顶,并在其上安置经纬仪,实测 γ_2、γ_2',根据实测的 α_2、γ_2' 和 α_2'、γ_2 计算出 d_2,与相应的设计数值比较,并测出偏离桥中线的距离,作为竣工资料。

项目四　隧道施工测量

隧道施工测量的主要任务是建立洞内、洞外施工控制网,将地面坐标引入洞内。

一、隧道施工控制测量

隧道施工控制测量包括洞外控制测量、洞外和洞内之间的联系测量及洞内控制测量等。

(一)隧道洞外控制测量

隧道洞外控制测量是在洞外建立平面和高差控制网,按照规范要求的精度和测量这几方案施测,测定各控制点的平面坐标和高程,作为测设洞内中线和高程的依据。

洞外平面控制网的建立要结合隧道长度、平面形状、线路经过地区的地形和环境等条件,通常可采用精密导线、三角网及 GPS 控制网等形式。

洞外高程控制网通常采用水准测量方法建立。水准测量的等级取决于隧道长度、隧道地段的地形条件。当山势较为陡峻,采用水准测量的方法较难实施时,可以采用电磁波测距三角高程测量的方法进行。

(二)隧道洞外和洞内联系测量

1.进洞测量

洞外控制测量完成后,根据控制点和隧道内待测设的线路中线点的坐标,反算出隧道洞门、洞内中线点的测设数据,按照极坐标法或者其他合适的方法测设出进洞的开挖方向,并放样出洞门点及护桩,指导进洞和洞内控制网建立之前的开挖。

2.洞内方向、坐标和高程的传递

在隧道施工中,为了加快施工进度,一般从隧道两端洞口开挖,相向掘进,如图 13-37 所示,从 a、b 两端掘进;在长隧道施工中,往往除了两端掘进外,还从中间布设竖井来增加掘进面,加快施工进度,如图 13-37 中的 c 端;此外,还有通过斜井、平硐进行施工,如图 13-37 中的 d、e 端。

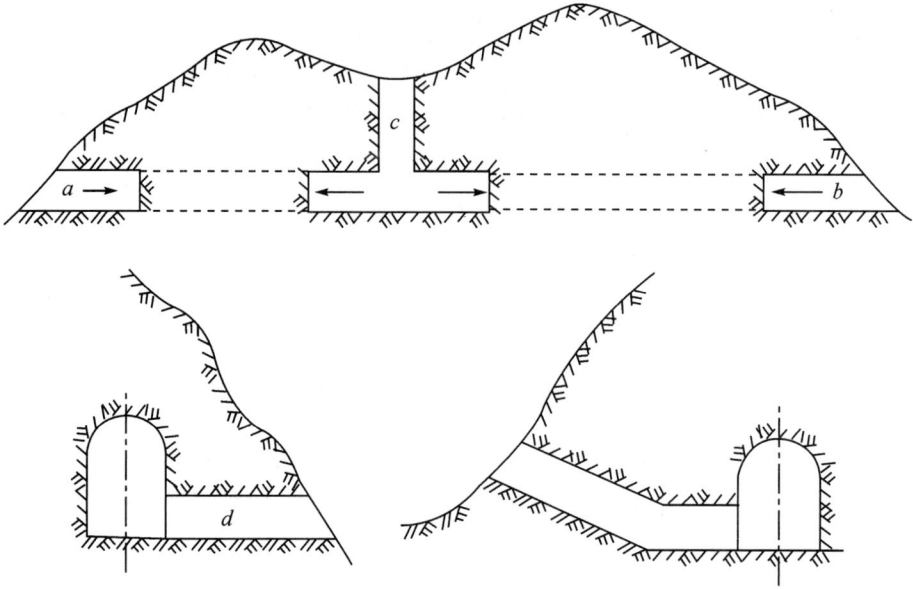

图 13-37　隧道开挖

为了保证各相向开挖的工作面能够正确贯通,必须将洞外控制网的平面和高程系统传递到洞内,使得洞内外形成统一的坐标系统。

(1)方向和坐标的传递。

通过斜井或平硐施工,可直接布设导线将洞外的坐标和高程引进洞内,如图 13-38 所示。由于联系导线往往受到条件限制,只能布设支导线形式,因此在测量工作中应格外仔细,严格按照规范要求施测。

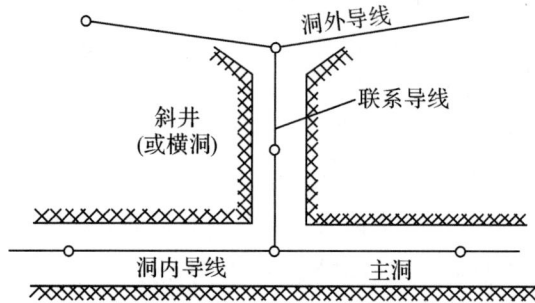

图 13-38　联系导线

如果通过竖井增加工作面进行施工,无法用导线将洞外的方向和坐标引进洞内,此时要采用定向方法进行,常用定向方法有一井定向、两井定向、陀螺仪定向等。图 13-39 所示为一井定向。

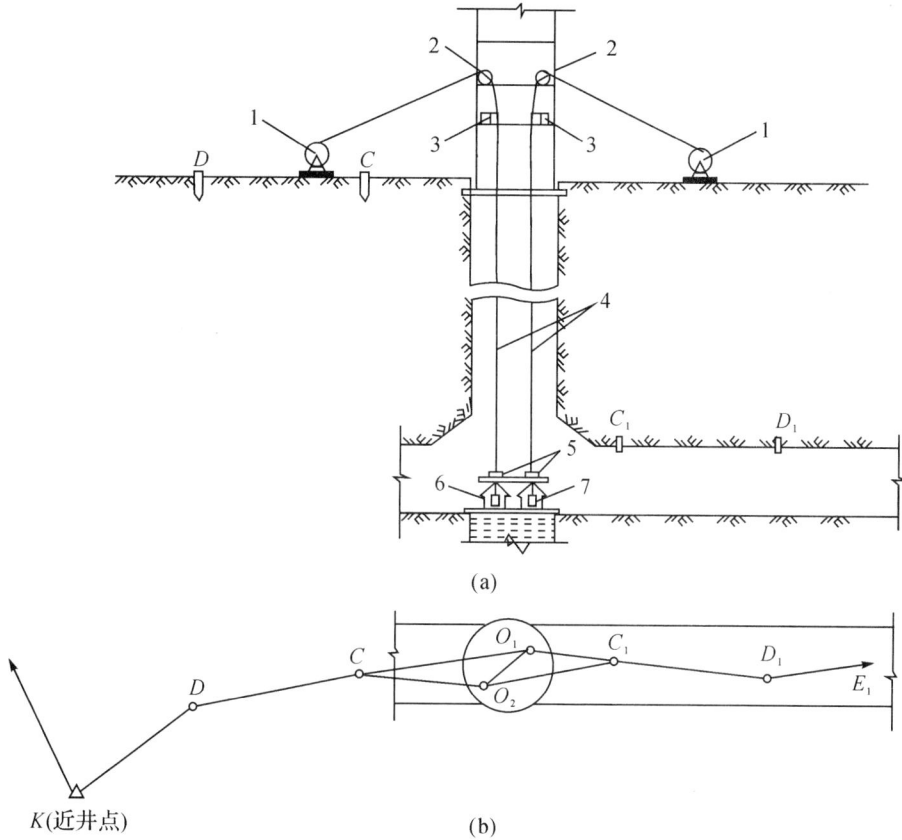

(a)

(b)

图 13-39 一井定向

1—绞车　2—滑轮　3—定点板　4—钢丝

5—定中盘　6—稳定液容器　7—垂球

（2）高程传递。

由斜井或者平硐传递高程，可采用水准测量或者光电测距三角高程测量方法进行。由竖井传递高程时，可用悬挂钢尺的方法传递，通常与竖井定向同步进行，如图 13-40 所示。

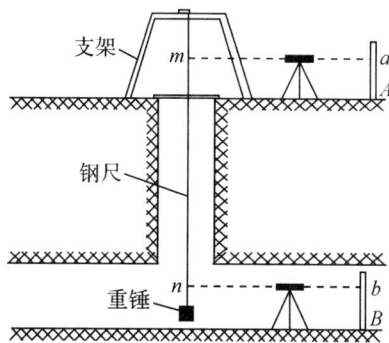

图 13-40　钢尺传递高程

项目五　管道施工测量

管道施工中管线的走向、管底标高位置的正确性是依据测量所设的标志确定,所以管道施工测量的主要任务是依据设计图纸,根据工程进度的要求,为施工测设各种标志,使施工人员随时掌握中线方向和高程满足设计要求。

一、管道中线测量

管道中线测量就是将管道中心线的位置在所施工的地面上标定出来,即每隔一定距离用木桩标定中线位置。根据管道中线各桩位置不同可分为主点桩和中桩。

（一）主点桩的测设

管道的起点、终点、转折点通常称为管道的主点,主点决定了管道中心线的起始位置及走向。在地面上把这些点的位置用木桩标定出来称为主点桩的测设。

主点的位置及管线走向是由设计而确定的,所以在主点测设时应根据管道总平面图来确定测设主点所需的依据及方法。

1.根据控制点测设主点

当管道总平面图给出控制点和主点的位置及坐标时,可采用极坐标法或方向交会法测设主点桩。首先根据坐标反算出测设数据（夹角及距离）,然后在实地按照极坐标法或方向交会测设出主点的位置。

如图 13-41 所示,4、5、6、7 点是现场已有的导线点,B、C、D、E 为拟测设的管线主点,在 4 点安置经纬仪,由测设数据 d_{4B}、β_{4B} 及 d_{4C}、β_{4C} 根据极坐标法就可测设出 B、C 两点,在 6、7 点上安置经纬仪,由 β_{6D}、β_{7D} 按方向交会法就可测设出 D 点。同理,可测设出其余各点。同时测量各主点间距离与设计值比较,以资检核。

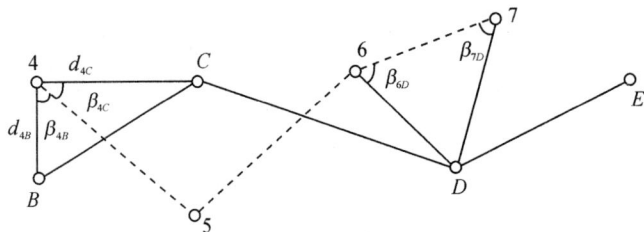

图 13-41　根据控制点测设主点

2.根据原有建筑物测设主点

当总平面图没有给出控制点而是给出了管道中心线主点与原有建筑物的位置关系时,可从图上直接量取测设数据,按直角坐标或距离交会法测设主点。

如图 13-42 所示,Ⅰ、Ⅱ是原有管道的检查井位置,A、B、C 是拟建管道的主点。欲在地面上测设出各主点,可根据比例尺在图上量取测设数据 S 及 a、b、c、d 和 e 的距离。然后沿原管道Ⅰ、Ⅱ方向,从Ⅰ点量出 S 即得 A 点;用直角坐标测设 B 点,用距离交会法测设 C 点,测设长度全小于一整尺。

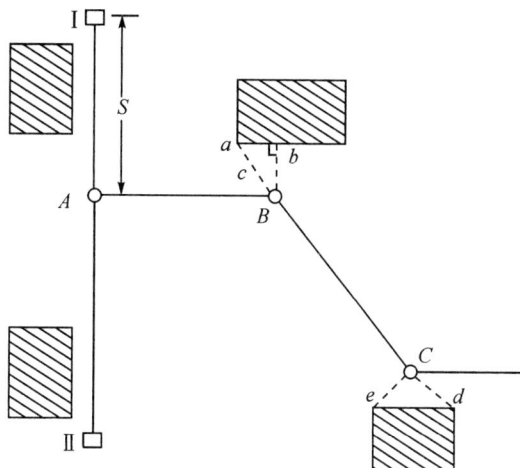

图 13-42 根据原有建筑物测设主点

检核无误后,用木桩标定点位,并做好点之记。

(二)转折角测量

转折角是管线转变方向时,转变后的方向与原有方向的延长线之间的夹角,亦称偏角。如图 13-43 所示。在管道施工中,对于中线方向发生改变处管道的连接要采用特殊的方法,尤其对于铸铁管件都有一定规格的弯管连接,所以要在管线转折处测出转折角值。

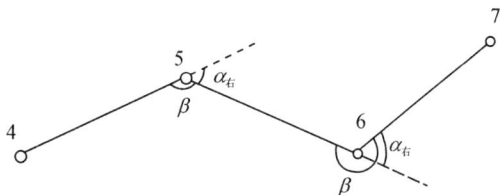

图 13-43 转折角测量

1.直接测偏角

由于管线的转向不同,转折角有左偏角、右偏角之分,分别以 $\alpha_{左}$ 和 $\alpha_{右}$ 表示。测量时,可直接测出转折角,如图 13-43 所示,需测点 5 的转折角。可将经纬仪安置于点 5,盘左先照准点 4,读取水平度盘读数,然后纵转望远镜,即原方向的延长线,接着旋转仪器照准点 6,再次读取水平度盘读数,两数之差即为转折角值。

2.测管线转折处水平角

转折角测量也可用经纬仪按测回法直接观测线路水平角 β;然后根据 β 计算偏角。当 $\beta<180°$ 时,$\alpha_{右}=180°-\beta$,如图 13-43 中的 5 点;当 $\beta>180°$ 时,$\alpha_{右}=\beta-180°$,如图 13-43 中的 6 点。

二、中桩测设

为了标定管线的中线位置,测定管线的长度和测绘纵、横断面图,从管道起点开始,沿管道中线方向根据地面变化情况在实地要设置整桩和加桩,这项工作称为中桩测设。从起点开始按规定某一整数(20～50m)设一桩,这个桩叫整桩。相邻整桩间如有重要地物(如铁路、公路及原有管道等)及穿越地面坡度变化处(高差大于0.3m)要增设木桩,这些桩叫加桩。

为了便于计算,中桩自起点开始按里程注明桩号,"+"号前面的数字表示千米,"+"号后面的三位数字分别表示百米、十米、米;并用红油漆写在木桩侧面,书写要整齐、美观,字面要朝向管线起始方向。如整桩桩号为0+080,即表示此桩离起点80m,如加桩桩号为0+087即表示离起点87m。管线中线上的整桩和加桩也叫里程桩。

为了保证精度要求,测设中桩时,中线定线应采用经纬仪定线,中线量距采用检定后的钢尺丈量2次。在精度要求不高时,也可用目估定线、皮尺量距的方法,量距时,要尽量保持尺身的平直。量距相对误差不低于1/2000。

中桩都是根据该桩到管线起点的距离来编定里程桩号的,管线不同,其起点也有不同规定。污水管道以下游出口处作为起点;给水管道以水源作为起点;煤气、热力管道以来气方向作为起点。

为了给设计和施工提供资料,中线定好后,应将中线展绘到线状地形图上。如图13-44所示,图上应反映出各主点的位置和桩号,各主点的点之记,管线与主要地物之间的关系,管线与地下管线交叉点的位置和桩号,各交点的坐标、转折角等。当没有线状地形图时,则需要测绘带状地形图。

三、施工前的准备工作

(一)熟悉图纸和现场情况

管道施工前必须对施工现场各主点桩、中桩的位置进行检查。作为管道施工测量人员首先要在施工前认真熟悉设计图纸,了解设计意图和对测量的精度要求,掌握管道中线位置、各种附属构筑物的位置和数量等,并找出有关测设数据及相互关系,并认真检查,以防出错。

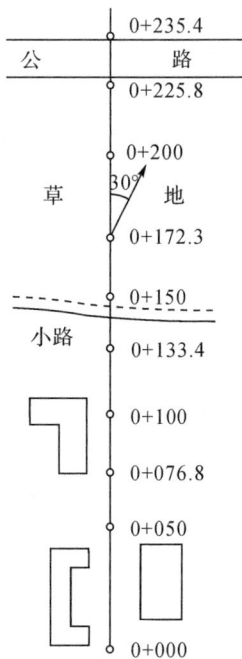

图 13-44　管道中线测设

(二)恢复中线并测设施工控制桩

管道施工开挖之前,要对所测设的主点桩、中桩进行数量位置的检查,位置有变动的或已遭破坏的桩要重新恢复,同时应把管线附属构筑物及支线位置定下来。

施工控制桩分为中线控制桩和附属构筑控制桩两种。

四、施工中的测量工作

(一)槽口放线

管道施工中槽口放线的任务是根据设计要求的埋深和土层情况、管径大小、是否需放坡等计算出开槽宽度,并在地面上定出槽边线的位置,作为施工依据。

(二)坡度控制标志的测设

管道施工中的关键是中线方向和坡度的控制,尤其对于无压的污水管道,坡度控制更为重要,如果实际施工的坡度不满足设计要求,有可能形成污水倒流。所以管道施工的测量工作,主要是控制管道的中线和高程位置。因此在开槽前应设置控制管道中线和高程位置的施工测量标志,以便按设计要求进行施工,常采用龙门板法和腰桩法。

1. 龙门板法

龙门板由坡度板和高程板组成,具体施测方法如下:

(1)埋设坡度板及投测中心钉。

坡度板是控制管道中线和构筑物位置的常用方法,一般均跨槽埋设,如图 13-45 所示。

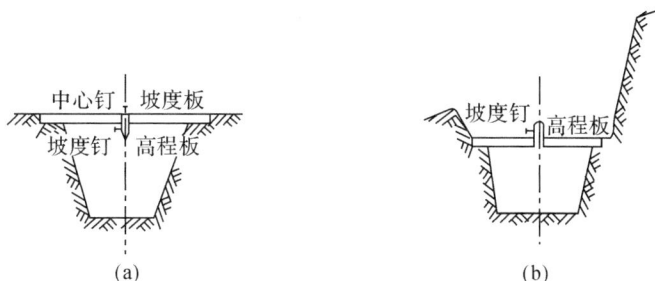

图 13-45 坡度控制标志

坡度板应根据工程进度要求及时埋设,当槽深在 2.5m 以内时,应于开槽前在槽口上每隔 10~20m 埋设一块坡度板,如遇检查井、支线等构筑物时,应加设坡度板。当槽深在 2.5m 以上时,应在槽挖到距底 2m 左右时再在槽内埋设坡度板,坡度板要埋设牢固,板面要保持水平。

坡度板埋设后,以中线控制桩为准,用经纬仪将管道中线投测到坡度板上,并用小钉标定其位置,各龙门板中心钉的连线就标明了管道的中线方向。在中线钉上持垂球,可将中线位置投测到管槽内,以控制管道中线方向。

(2)测设坡度钉。

为了控制管线开槽深度,应根据附近水准点,用水准仪测出坡度板顶面高程。板顶高程与根据管道坡度计算该处管道设计高程之差,即为由坡度板顶往下开挖的深度(实际管槽开挖深度还应加下管壁和垫层的厚度)。由于地面有起伏,因此各坡度板顶向下开挖深度都不一致,对施工中掌握管底高程和坡度都很不方便。为此,需在坡度板中线一侧设置坡度立板,称为高程板,在高程板侧面测设一坡度钉,使各高程板上坡度钉的边线平行于管道设计坡度线,并距离槽底设计高程为一整分米数 C,称为下返数,施工时利用这条线来检查和控制管道坡度和高程,既灵活又方便。

2. 腰桩法

管径较小、坡度又较大、精度要求比较低的管道,施工测量时,常用平行轴腰桩法来测设控制标志,以控制管道的中线和坡度。其步骤如下。

(1)测设平行轴线桩。

在开工前,先在中线一侧或两侧设定平行轴线桩,桩位应落在管槽边线之外,平行轴线桩与管道中心相距 a,各桩间距以 20m 为宜,如图 13-46 所示,各检查井位置也应相应地在平行轴线上设桩。

(2)钉腰桩。

为了准确地控制管道路线和高程,在槽坡上(距槽底约 1m 左右)再钉一排与平行轴线相对的平行轴线桩,使其与管道中线的间距为 b,这排桩称为腰桩,如图 13-47 所示。

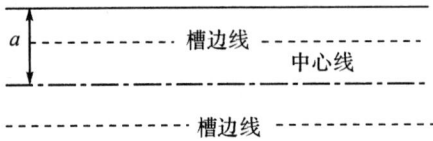

图 13-46 测设平行轴线桩

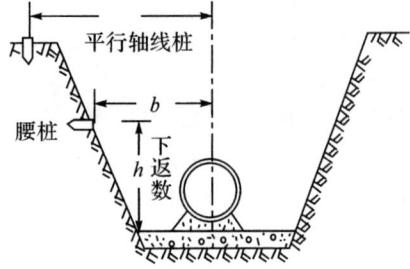

图 13-47 钉腰桩

(3)引测腰桩高程。

腰桩法施工和测量工作都比较麻烦,且下返数不一,容易出错,为此,施测时往往先确定到管底的下返数整数,在每个腰桩上沿垂直方向量该下返数与腰桩下返数 h 差,打一木桩,并以小钉标志点位,此时各小钉的连线与设计坡度线平行,并且钉的高程与管道高程相差为一常数,从小钉检查下返数比较方便。

五、顶管的施工

管线工程中,常常遇到管线穿越铁路、公路、河流和重要建筑物,为了保证正常的运输和避免施工中大量的拆返工作,往往不宜用开槽法施工,而采用顶管施工的方法。

采用顶管施工法时,应在管线两端先挖工作坑,在工作坑内安装导轨,将管材放在预定管线方向的导轨上,用千斤顶将管材按照管线方向顶进土中,然后将管内土方挖出,即成管道。顶管施工比开槽施工复杂,精度要求高,所以,在这项技术设计时常采用 1∶200 或 1∶500 的平面图为设计依据,这种图的测区面积一般不大,测绘时应注意以下几点。

(1)测图与管线施工时所用的坐标与高程应统一。

(2)管道中线与顶管的始点、终点位置及前后管道位置应在图上精确绘出。

(3)管道穿越处地面上的重要建筑物的位置、基础埋深、路面结构、原有地下管道埋深、电杆和大树等位置都应给出。

在顶管施工中测量的主要任务是掌握好管道的中线方向、高程和坡度。

(一)准备工作

1.中线桩的测设

中线桩是工作坑放线和测量管道中心线的依据。安置时应按照设计图纸上管线的要求,在工作坑前后钉立两个桩,称为中线控制桩(图 13-48),然后确定开挖边界。开挖到设计高程后,用经纬仪将中线引测到工作坑的前后臂并钉上木桩(在桩上钉一中心钉),此桩称为顶管中线桩,用来标定管中心线。中线桩要钉牢,需妥善保护以免碰动或被破坏。

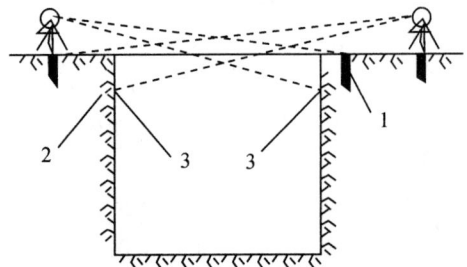

图 13-48 测设中线控制桩

1—中线控制桩 2—顶管中线桩 3—中心钉

2. 水准点的设置

为了控制管道按设计高程和坡度顶进,需在工作坑内设置临时水准点。一般要求两个,以便相互检核,为应用方便,设置时应使临时水准点的高程与顶管起点管底设计高程一致。

3. 导轨的安装

导轨有铁轨和木轨两种,目前多采用铁轨。导轨一般安装在垫木或混凝土垫层上,垫层面的高程及纵坡都应符合设计要求,根据导轨的宽度安装导轨,根据顶管中线桩和临时水准点检查中心线和高程,确认无误后将导轨固定。

导轨的作用是引导管道按设计的中心线和坡度顶入土中。导轨安装的准确与否对管道的顶进质量影响较大,因此安装导轨必须符合管道中心高程、坡度的要求,要在轨前、轨中、轨尾检查。容许偏差范围为$-2\sim+3$mm。

(二) 顶进过程中的测量工作

1. 中线测量

如图 13-49 所示,在中心钉连线上挂两个垂球的边线即管道中心线,这时在管前横放一个带有刻度的中心尺,尺长略小于或等于管径,使它恰好能平放在管内,中心尺的分划中央为零向两端增加。使小线与两根垂线相切,将后端固定并延长小线通过顶管前端的中心尺。

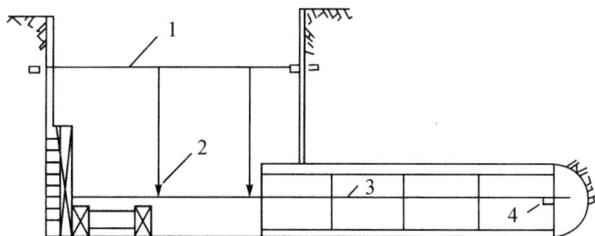

图 13-49　中线测量

1—中心线　2—垂球　3—小线　4—水平标尺

若小线与中心尺零刻划重合说明管位无偏差,若小线偏离中心线若干毫米,即产生若干毫米的偏差,需校正顶管的方向。

2. 高程测量

如图 13-50 所示,水准仪安置在工作坑内,以临时水准点为后视,以顶管内待测点为前视,使用一根小于管径的标尺,即可求得待测点的高程。将测得的高程与此点管底的设计高程相比较,基差值即为高程偏差。

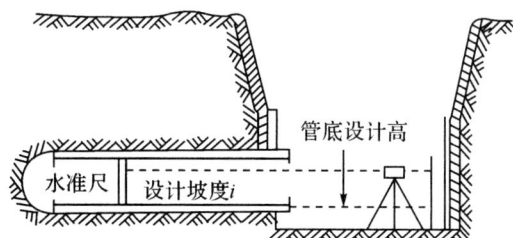

图 13-50　高程测量

为保证施工质量,一般要求每顶进 0.5m 需进行一次中线和高程测量,如果在限差之内,可继续顶进,若发现偏差超限,则需进行修正。

根据施工规范要求,中线容许偏差为±20mm,高程容许偏差为±10mm。

短距离顶管施工(小于50m)可按上述方法进行测设。当距离较长时,需分段施工,可以100m 设一个工作坑,采用对向顶管施工方法,在贯通时,管道错口不得超过30mm。

上述的测量方法精度低,且所需的时间长,影响顶进速度。近年来已有采用激光导向仪进行导向,使机械顶管方向测量和偏差较正实现了自动化。如图 13-51 所示。

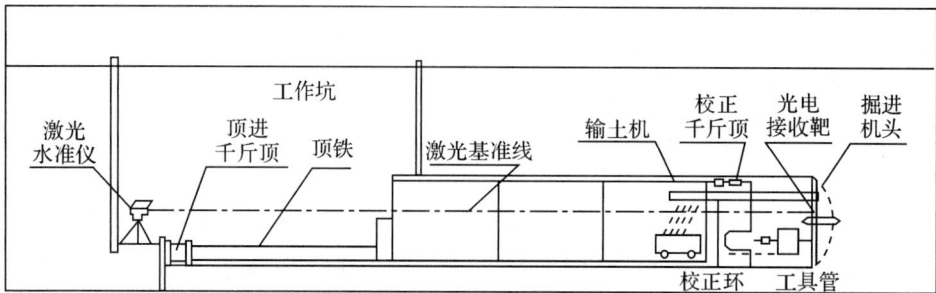

图 13-51 激光导向仪

首先将激光水准仪或激光经纬仪安置在工作坑内管道中线上,通过调整使激光束符合顶管轴向方向和设计坡度,以此作为导向的基准线。然后再调整装在掘进头上的光电接收靶和自动控制装置,使激光束与接收靶中心重合。当掘进方向出现偏差时,则光电接收靶接收到偏差信号,并通过液压纠偏装置自动调整机头方向,使机头沿着激光束方向继续前进。

习 题

1.试述用偏角法测设圆曲线的方法。

2.何谓缓和曲线?为什么要设缓和曲线?

3.何谓回头曲线?为什么要设回头曲线?

4.何谓复曲线?为什么要设复曲线?

5.路基放线分几种情况?怎样进行测设?

6.何谓竖曲线?有何用处?怎样进行测设?

7.涵洞施工测量的主要内容是什么?

8.试述小型桥梁施工测量的主要内容是什么。

9 已知 JD_3 的桩号为 $1+422.32$,测得转角 $I_3=10°49'$(右转),根据地形条件选定曲线半径 $R=1200m$,试求各测设元素并计算主点桩号。

模块十四　变形观测及竣工测量

背景资料

××市某工程项目位于×××区×××路×××号，该工程项目有一幢建筑物及其裙房，其中主体结构地上 19 层、裙房地上 6 层，地下 2 层。建筑主体采用框剪结构，基础结构采用筏形基础。该工程项目基坑呈矩形，大底板开挖深度 8.5m，局部深坑挖深达到 11.5m。基坑的围护采用钻孔灌注桩挡土＋三轴水泥土搅拌墙做止水帷幕＋两道钢筋混凝土支撑的设计形式。

工作任务

如果你受该公司的委托来完成此工程的变形监测工作和竣工总平面图的绘制，你该如何完成呢？

任务说明

变形监测工作在建筑工程项目的施工过程中、竣工后的营运期间都有非常重要的作用。建筑物在建造过程中或建成后，都会产生下沉的现象。如果建筑物在下沉的过程中没有均匀沉降,就会造成倾斜,从而危及建筑物和人们的安全。我们需要通过测量的手段对建筑物的变形情况进行测量并且掌握建筑的变形规律,更好地为我们的生活和生产服务。

竣工总平面图是工程竣工必须提交的资料之一。作为一名合格的测量员和施工员,竣工测量和竣工图的绘制是基本技能之一。

项目一　建筑物变形观测

问题提出

对于该模块背景资料中的例子,该工程项目进行沉降观测的基准点和观测点该如何设置呢? 观测时间和观测周期有什么样的要求? 根据观测结果如何绘制沉降量的曲线图?

知识链接

一般来说建筑物变形的原因是来自多方面的。一方面是由客观原因引起的包括地基地质构造的原因、土基的塑形原因、附近新建工程对地基的扰动、地下水位的升降对基础的侵蚀、建筑结构与形式、建筑荷载等。另一方面是由主观原因引起的,包括有过量抽取地下水使土壤固结、地面沉降;地质钻探失误,未发现废河道、墓穴;对地基土的特性认识不足,设计失误,结构计算差错;软基处理不当;施工过程的失误或者施工中对质量要求不够;等等。

由于各种因素的影响,建筑工程及其设备在建设过程及运营过程中,都会产生变形,如果这种变形量较小,在一定限度之内可以认为是正常的现象,但如果超过了规定的限度,变形就会影响建筑物的正常使用,严重时还会危及建筑物的安全。因此,在建筑物的施工和运营期间,必须对它进行变形观测,研究变形的原因与规律,对于高层建筑物、重要厂房及地质不良地段的建筑物有非常重要的意义。

建筑物变形观测可分为三大类,包括建筑物沉降观测、建筑物倾斜观测、建筑物裂缝与位移观测。

一、建筑物的沉降观测

(一)水准基点和沉降观测点的布设

1. 水准基点的布设

水准基点是确认固定不动且作为沉降观测的高程基准点。沉降观测的水准基点一般由3～4个点构成一组,形成一个近似正三角形或者正方形,为了保证其稳固性,应选埋在变形区以外的岩石上、深埋于原状土上或者选埋在稳固的建筑物、构筑物上;水准基点之间要定期进行联测,验证水准基点是否发生移位,只有保证水准基点的稳固前提下,对建筑物所做的变形监测工作才有意义。

2.沉降观测点的布设

为了能够反映出建(构)筑物的沉降情况,沉降观测点要埋设在最能反映沉降特征且便于观测的位置。一般要求建筑物上设置的沉降观测点纵横向要对称,均匀地分布在建筑物的周围,且相邻点之间间距以 15~30m 为宜。通常情况下,建筑物设计图纸上有专门的沉降观测点布置图。此外,埋设的沉降观测点要符合各施工阶段的观测要求,特别要考虑到装修装饰阶段,是否会因墙或柱饰面施工而破坏或掩盖住观测点,导致不能连续观测而失去观测意义。

观测点一般布设在建筑物四角、差异沉降量大的位置、地质条件有明显不同的区段及沉降裂缝的两侧。埋设时注意观测点与建筑物的连接要牢靠,使得观测点的变化能真正反映建筑物的变化情况,并根据建筑物的平面设计图纸绘制沉降观测点布点图,以确定沉降观测点的位置。在工作点与沉降观测点之间要建立固定的观测路线,并在架设仪器站点与转点处做好标志桩,保证各次观测均沿统一路线。

(三)沉降观测的方法

水准测量是沉降观测的常用方法,根据布设好的水准基点和沉降观察点,布设闭合或者附和水准路线,采用水准路线计算方法对高差闭合差进行分配,从而将计算结果进行检校,最终计算出水准路线上的每个观测点的高程,图 14-1 所示就是依据本模块中背景资料布设的一个水准基点和观测点及闭合水准路线。

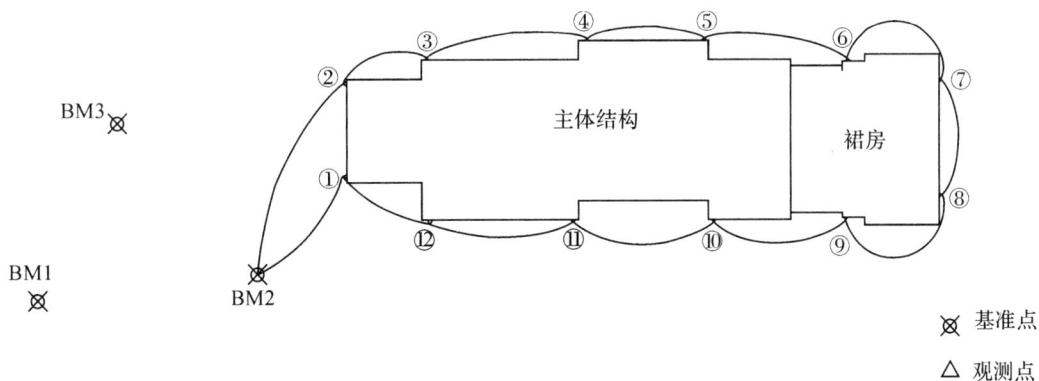

图 14-1 沉降变形观测水准路线图

一般对于高层建筑物的沉降观测应使用 DS1 精密水准仪,按国家二等水准测量方法和精度进行;对于多层建筑物的沉降观测应使用 DS3 水准仪,用普通水准测量的方法和精度进行。

(四)沉降观测的成果整理

1.整理原始记录

每次观测结束后,应检查记录的数据和计算是否正确,精度是否合格,然后,调整高差闭合差,推算出各沉降观测点的高程,并做好相应表格记录。

2.计算沉降量

根据原始数据整理的对沉降观测点的高程的记录,计算本次沉降观测量和累计沉降观测量,连同观测日期、荷载情况记录在"沉降观测记录表"中,见表 14-1。其中,沉降观测点的本次沉降量=本次观测所得的高程−上次观测所得的高程;累积沉降量=本次沉降量+上次累积沉降量。

表 14-1 沉降观测记录表

观测日期 年 月 日	荷载情况/层	1		2		3		4		···
		本次下沉	累计下沉	本次下沉	累计下沉	本次下沉	累计下沉	本次下沉	累计下沉	···
2012—04—02	1	0.00	0.00	0.00	0.00	0.00	0.00	0.00	0.00	···
2012—05—01	2	−1.99	−1.99	−1.83	−1.83	−1.63	−1.63	−1.11	−1.11	···
2012—05—27	3	−2.52	−4.51	−1.98	−3.80	−2.54	−4.17	−2.40	−3.51	···
2012—06—24	4	−2.77	−7.28	−2.66	−6.46	−2.41	−6.57	−2.84	−6.34	···
2012—07—21	6	−2.81	−10.09	−3.02	−9.48	−2.88	−9.45	−2.61	−8.95	···
2012—08—20	8	−2.66	−12.75	−2.28	−11.77	−2.86	−12.31	−2.41	−11.36	···
2012—09—16	10	−3.13	−15.87	−3.22	−14.98	−3.47	−15.78	−3.65	−15.01	···
2012—10—13	12	−4.94	−20.81	−5.03	−20.02	−4.89	−20.67	−4.05	−19.06	···
2012—11—11	14	−3.10	−23.91	−3.30	−23.31	−3.88	−24.55	−3.16	−22.22	···
2012—12—10	16	−2.55	−26.47	−3.05	−26.36	−3.21	−27.76	−3.31	−25.53	···
2013—01—11	17	−2.90	−29.37	−3.45	−29.81	−2.83	−30.59	−3.61	−29.15	···
2013—03—05	17	−3.65	−33.02	−3.20	−33.01	−3.06	−33.65	−3.52	−32.67	···
2013—05—01	17	−3.38	−36.40	−3.42	−36.43	−3.26	−36.91	−2.95	−35.62	···
2013—06—27	17	−2.62	−39.02	−2.79	−39.21	−2.18	−39.09	−2.57	−38.19	···
2013—08—23	17	−2.47	−41.49	−2.01	−41.22	−1.92	−41.02	−2.02	−40.21	···
2013—10—18	17	−2.24	−43.73	−1.93	−43.15	−2.34	−43.35	−2.00	−42.21	···
2013—12—14	17	−1.98	−45.72	−1.93	−45.09	−1.93	−45.29	−1.42	−43.63	···
2014—03—16	17	−1.38	−47.10	−1.29	−46.38	−1.17	−46.46	−1.23	−44.86	···
2014—06—13	17	−0.90	−48.00	−0.88	−47.25	−0.98	−47.44	−0.89	−45.75	···
2014—09—14	17	−0.82	−48.82	−0.66	−47.92	−0.61	−48.06	−0.66	−46.40	···
2014—12—14	17	−0.62	−49.44	−0.60	−48.51	−0.61	−48.66	−0.45	−46.86	···

3.绘制沉降观测曲线

沉降曲线图如图 14-2 所示,分为两部分,即时间与沉降量关系曲线和时间与荷载关系曲线。

(1)绘制时间与沉降量关系曲线。

首先,以沉降量 s 为纵轴,以时间 t 为横轴,组成直角坐标系。然后,以每次累积沉降量为纵坐标,以每次观测日期为横坐标,标出沉降观测点的位置。最后,用曲线将标出的各点连接起来,并在图例中注明沉降观测点号码,这样就绘制出了时间与沉降量关系曲线(图 14-2)。

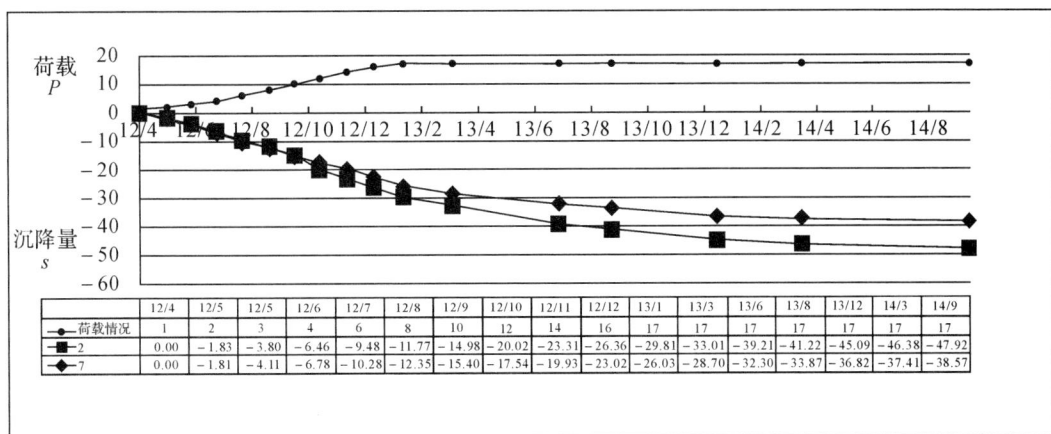

图 14-2　沉降曲线示意

（2）绘制时间与荷载关系曲线

首先，以荷载 P 为纵轴，以时间 t 为横轴，组成直角坐标系。再根据每次观测时间和相应的荷载标出各点，将各点连接起来，即可绘制出时间与荷载关系曲线（图 14-2）。

二、建筑物的倾斜观测

建筑物产生倾斜的原因主要是地基承载力的不均匀、建筑物体型复杂形成不同荷载及受外力风荷、地震等影响引起建筑物基础的不均匀沉降。测定建筑物倾斜度随时间而变化的工作叫倾斜观测。倾斜观测一般是用水准仪、经纬仪、垂球或其他专用仪器来测量建筑物的倾斜度。

水准仪观测法是采用精密水准仪进行沉降观测，是通过测量建筑物基础的沉降量来确定建筑物的倾斜度，是一种间接测量建筑物倾斜的方法。利用经纬仪可以直接测出建筑物的倾斜度，其原理是用经纬仪测量出建筑物顶部的倾斜位移值 ΔD，根据建筑物的高度 H，则可计算出建筑物的倾斜度，如图 14-3 所示。

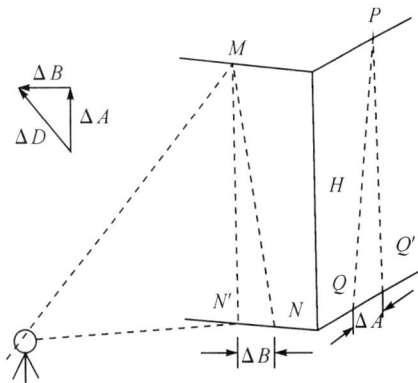

图 14-3　建筑物倾斜观测

建筑物主体的倾斜观测，应测定建筑物顶部观测点相对于底部观测点的偏移值，再根据建筑物的高度，计算建筑物主体的倾斜度，即

$$i = \tan\alpha \frac{\Delta D}{H} \tag{14-1}$$

式中：i 为建筑物主体的倾斜度；ΔD 为建筑物顶部观测点相对于底部观测点的偏移值，m；H 为建筑物的高度，m；α 为倾斜角，°。

用尺子，量出在 X、Y 墙面的偏移值 ΔA、ΔB，然后用矢量相加的方法，计算出该建筑物的总偏移值 ΔD，即

$$\Delta D = \sqrt{\Delta A^2 + \Delta B^2} \tag{14-2}$$

根据总偏移值 ΔD 和建筑物的高度 H 用式(14-1)即可计算出其倾斜度 i。

三、建筑物的裂缝与位移观测

(一)建筑物裂缝观测

当建筑物沉降不均匀时就会产生裂缝,出现裂缝之后,应及时进行裂缝观测。下面介绍常用的裂缝观测的两种方法。

1.石膏板标志

用厚 10mm、宽约 50~80mm 的石膏板,固定在裂缝的两侧,石膏板的长度是根据裂缝的大小来决定的。石膏板标志法裂缝观测的原理是,石膏板会随着裂缝的发展而逐渐开裂,通过观察石膏板的开裂情况从而观察裂缝的发展情况。

2.白铁皮标志

白铁皮标志法裂缝观测如图 14-4 所示,用一片 150mm×150mm 的正方形与 50mm×200mm 的矩形白铁皮按图示方式固定,在露出的白铁皮的表面,涂上红色油漆。如果裂缝继续发展,两块白铁皮将逐渐拉开,正方形白铁皮上没涂红漆的部分露出,其宽度即为裂缝加大的宽度。定期分别量取两组端线与边线之间的距离,取其平均值,即为裂缝扩大的宽度,连同观测时间一并记入手簿内。此外,还应观测裂缝的走向和长度等项目。

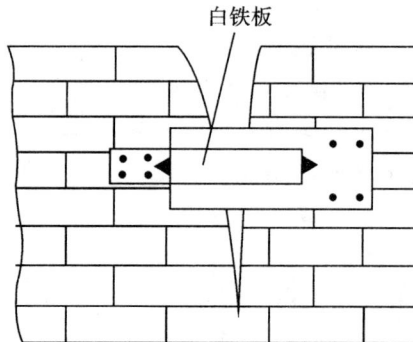

图 14-4　建筑物的裂缝观测

(二)建筑物位移观测

根据平面控制点测定建筑物的平面位置随时间而移动的工作,称为位移观测。位移观测首先要在建筑物附近埋设测量控制点,再在建筑物上设置位移观测点。

1.水平位移观测的测点布设

建筑物水平位移监测的测点宜按两个层次布设,即由控制点组成的首级网(控制网)、由观测点及所联测的控制点组成的次级网(拓展网);对于单个建筑物上部或构件的位移监测,可将控制点连同观测点按单一层次布设。控制网可采用测角网、测边网、边角网和导线网等形式,扩展网和单一层次布网有角度交会、边长交会、边角交会、基准线和附合导线等形式。各种布网均应考虑网形强度,长短边不宜差距过大。

水平位移监测的常用方法有视准线法、测小角法、前方交会法、后方交会法、导线测量法等。水平位移监测的这些方法对于不同的现场,有不同的特点,不一定采用一种方法,可以采用两种或者两种以上方法结合来进行水平位移的监测。这里我们主要介绍测小角法的水平位移监测。

当需要测定变形体某一特定方向(譬如垂直于基坑维护体方向)的位移时,常使用视准线法或小角度法。测小角法是利用精密经纬仪精确地测出基准线方向与置镜点到观测点的视线方向之间所夹的小角,从而计算出观测点相对于基准线的偏离值。测小角法的原理如图 14-5 所示,如需观测某方向上的水平位移 PP',在监测区域

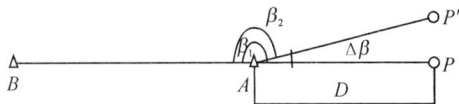

图 14-5 测小角法位移观测

一定距离以外选定工作基点 A,水平位移监测点的布设应尽量与工作基点在一条直线上。沿监测点与基准点连线方向在一定远处(100~200m)选定一个控制点 B,作为零方向。测定一段时间内观测点与基准点连线与零方向间角度变化值 $\Delta\beta$。在 A 点安置经纬仪,在 B 点安置觇牌,用测回法观测水平角 $\angle BAP$ 和 $\angle BAP'$,则角值之差 $\Delta\beta$ 为

$$\Delta\beta = \beta_1 - \beta_2 \tag{14-3}$$

其位移量 δ 的计算为

$$\delta = \Delta\beta \times D/\rho \tag{14-4}$$

式中:D 为观测点 P 至工作基点 A 的距离;$\rho = 206265$。

项目二　竣工总平面图的编绘

问题提出

2013 年 9 月××省××市××高校新校区建成,作为新完工的建筑工程项目,必须经过规划局的竣工验收。竣工图就是建筑工程竣工验收必须提交的资料之一,那竣工测量和竣工图的绘制都包括哪些内容呢?

提示与分析

建筑工程竣工测量是工程施工测量的最后一个环节,在建筑物和构筑物竣工验收时,为获得工程建成后的各建筑物和构筑物及地下管网的平面位置和高程等资料需要进行竣工测量工作。以竣工测量成果绘制的竣工总平面图是设计总平面图在施工后实际情况的全面反映,设计总平面图不能完全代替竣工总平面图。

知识链接

一、竣工测量

建(构)筑物竣工验收时进行的测量工作,称为竣工测量。为做好竣工总平面图的编制工作,应随着工程施工进度,同步记载施工资料,并根据实际情况,在竣工时,进行竣工测量。

每一个单项工程的完成情况,直接关系到下一工序的进行,所以必须进行竣工验收测量,并提出该工程的竣工测量成果,为整个工程最后编绘竣工总平面图提供部分依据。

竣工测量主要是对施工过程中设计有更改的部分、直接在现场指定施工的部分及资料不完整无法查对的部分,根据施工控制网进行现场实测或加以补测。对于有下列情况之一者,必须进行现场实测。

(1)不能及时提供建筑物或构筑物的设计坐标,而在现场制定施工位置的工程。

(2)设计图上只标明与地物相对尺寸而无法推算坐标和标高的地物点。

(3)由于设计多次变更而无法查找到确定的设计资料的。

(4)竣工现场的竖向布置、围墙和绿化情况,施工后尚保留的大型临时设施。

建筑工程的施工过程是根据设计单位提供的设计总平面图进行的,但是在具体施工过程中,会遇到很多实际的问题。

二、竣工测量的内容和特点

竣工测量的测量内容与测点方法特点,基本与地形测量类似,但还是有以下几个不同点。

(一)图根控制点密度要求

竣工测量中对图根控制点的密度要求要大于地形测量中对图根控制点的密度要求。

(二)精度要求

竣工测量的数据精度要满足解析精度的要求,要精确到厘米级;而地形测量的数据只要求满足图解精度就可以了。

(三)测量内容

竣工测量的内容主要包括工业厂房及一般建筑的房角坐标;铁路和公路等交通线路的起止点、转折点、交叉点的坐标;地下管网的高程、编号;架空管网的转折点、结点、交叉点的坐标等。

从以上几个方面,可以看出竣工测量的内容对相对普通地形的测量要求更加丰富。

三、竣工总平面图的编绘

建设工程项目竣工后,应编绘竣工总平面图。竣工总平面图是设计总平面图在施工后实际情况的全面反映,工业与民用建筑工程是根据设计总平面图施工的。在施工过程中,由于种种原因,使建(构)筑物竣工后的位置与原设计位置不完全一致,所以,设计总平面图不能完全代替竣工总平面图。

编制竣工总平面图的目的是为了将主要建(构)筑物、道路和地下管线等位置的工程实际状况进行记录再现,为工程交付使用后的查询、管理、检修、改建或扩建等提供实际资料,为工程验收提供依据。竣工总平面图的绘制包括以下几个步骤。

1.绘制方格网

施工总平面图的坐标方格网的绘制方法、精度要求与地形测量的坐标方格网相同。绘制时一般采用1∶1000的比例尺,局部也采用1∶500的比例尺来更清晰地表示。

2.展绘控制点

在方格网绘制完成后，将施工控制点按坐标值展绘在图纸上。展点对所临近的方格而言，其容许误差为±0.3mm。

3.展绘设计总平面图

根据坐标方格网，将设计总平面图的图面内容，按其设计坐标，用铅笔展绘于图纸上，作为底图。

4.展绘竣工总平面图

对按设计坐标进行定位的工程，应以测量定位资料为依据，按设计坐标（或相对尺寸）和标高展绘。对原设计进行变更的工程，应根据设计变更资料展绘。对有竣工测量资料的工程，若竣工测量成果与设计值之比差，不超过所规定的定位容许误差时，按设计值展绘；否则，按竣工测量资料展绘。

竣工总平面图编绘完成后，应经原设计及施工单位技术负责人审核、会签。

习 题

一、单选题

1.竣工图章应采用全市统一的竣工图章，一律采用（　　）印油盖章。

A.黑色　　　　　　B.蓝色　　　　　　C.红色　　　　　　D.黄色

2.地下管线竣工图的编制，应采用（　　），不得使用假定标高。

A.相对标高　　　B.不要标高　　　C.黄海高程系统　　D.假定标高

3.竣工图的修改，应根据不同变更情况可以有所区别，采用施工蓝图修改的，应采用（　　）法修改，并注明修改依据。

A.刮改　　　　　　B.涂改　　　　　　C.杠改　　　　　　D.附变更通知单

二、多选题

1.建设工程竣工图是在施工完成后根据实际情况所绘制的反映工程建设实际面貌和构造的一种定型图样。它是（　　）施工结果在图纸上的反映。

A.建筑物　　B.桥梁　　　C.道路　　　D.构筑物　　　E.管线工程

2.竣工图目录，应是新蓝图，它包括以下内容（　　）。

A.序号　　B.图纸名城　　C.竣工图号　　D.原施工图号　　E.备注

三、简答题

1.编制竣工图有哪些依据？

2.简述建筑物沉降观测检测变形观测点的布点原则。

3简述竣工平面图的绘制方法和步骤。

模块十五　数字测图技术

能力目标

1. 能够熟练使用全站仪和 GPS 等仪器进行数字测图外业工作；
2. 能够熟练使用南方 CASS 等软件进行数字测图内业绘图工作；
3. 完成校园 1：500 数字化测图。

知识目标

1. 了解数字测图的各种方法；
2. 了解数字测图的各种仪器设备；
3. 了解数字测图的任务及要求。

背景资料

1. 某公司因工程需要引进一批全站仪和 GPS，但由于公司并无熟悉全站仪者，故要求我们针对公司测量员进行设备操作培训，根据工程施工现场实际需求情况，使公司测量员能熟悉全站仪和 GPS 的构造并熟练使用它们的一些的常用功能。

2. 注意事项：

由于全站仪和 GPS 较为贵重，在教学期间一定要严格保证仪器设备的准确使用与安全。

工作任务

根据工程测量规范要求，完成全站仪和 GPS 的基本测量任务。

任务说明

测量任务是工程建设的基础工作。

项目一　数据采集与处理

知识链接

一、数字测图的认识

（一）数字测图概述

数字测图（Digital Surveying and Mapping，DSM）系统是以计算机及其软件为核心，在外接输入输出设备的支持下，对地形空间数据进行采集、输入、成图、绘图、输出、管理的测绘系统。

数字地图（Digital Map）是以数字形式存贮在磁盘、磁带、光盘等介质上的地图。通常我们所看到的地图是以纸张、布或其他可见真实大小的物体为载体的，地图内容是绘制或印制在这些载体上。而数字地图是存储在计算机的硬盘、软盘或磁带等介质上的，地图内容是通过数字来表示的，需要通过专用的计算机软件对这些数字进行显示、读取、检索、分析。

数字地图上可以表示的信息量远大于普通地图。数字地图可以非常方便地对普通地图的内容进行任意形式的要素组合、拼接，形成新的地图。数字地图可以进行任意比例尺、任意范围的绘图输出。它易于修改，可极大地缩短成图时间；可以很方便地与卫星影像、航空照片等其他信息源结合，生成新的图种。可以利用数字地图记录的信息，派生新的数据，如地图上等高线表示地貌形态，但非专业人员很难看懂。利用数字地图的等高线和高程点可以生成数字高程模型，将地表起伏以数字形式表现出来，可以直观立体地表现地貌形态。这是普通地形图不可能达到的表现效果。在人类所接触到的信息中约有80％与地理位置和空间分布有关。因此，Internet和地理信息系统等现代信息技术的发展，对空间信息服务软件和提供服务的方式方法的要求也越来越高。运用空间信息技术的工具和手段，为监测全球变化和区域可持续发展服务，为社会各阶层服务。空间信息作为全球变化与区域可持续发展研究提供获取时空变化信息的技术方法、为政府部门提供空间分析和决策支持和为普通大众提供日常信息服务的功能越来越引起人们的重视。"数字地球"应运而生。

数字地图是"数字地球"的重要组成部分，"数字地球"这一工程实现了地球资源的数字化信息化，以解决目前存在的海量地学数据分散、保存方法落后、查询困难、利用率低等问题。测绘工作者面前主要工作是测绘信息化，数字测图是信息化的基础工作，是测绘信息化的前期工作。

（二）传统测图与数字测图

传统的测图（白纸测图）实质上是将测得的观测值用图解的方法转化为图形。这一转换过程几乎都是在野外实现的，即使是原图的室内装饰一般也要在测区驻地完成，因此劳动强度较大。在信息剧增、建设日新月异的今天，一纸之图已经很难承载这么多的图形信息，变更修改也极为不方便,实在是难以满足当前经济建设的需要。数字测图就是要实现丰富的地形信息和地理信息数字化、作业过程的自动化或半自动化。它希望尽可能缩短野外测图时间,减轻野外劳动强度,而将大部分作业内容安排到室内去完成。与此同时,将大量的手工作业转化为电子计算机控制下的机械操作,这样不仅能减轻劳动强度,而且还会提高成图的精度。

数字测图的基本思想是将地面上的地形和地理要素转换为数字量,然后由电子计算机对其进行处理,得到内容丰富的电子地图,需要时有图形输出设备输出地形图或各种专题图图形。将模拟量转化为数字这一过程通常称为数据采集。目前,数据采集的方法主要有野外地面数据采集法、航片数据采集法、原图数据采集法等。

(三)数字测图的基本思想与过程

通过采集有关的绘图信息并记录在数据终端,然后在室内通过数据接口将采集到的数据传输给电子计算机,并由电子计算机对数据进行处理,通过一定的软件进行人机交互的屏幕编辑,形成绘图数据文件。数字测图的生产成品虽然仍旧是以提供图解地形图为主,但它却是以数字形式保存着地形模型及地理信息。

二、数字测图数据采集设备及方法

数据采集主要有以下几种方法。

(一)野外测量数据采集

野外测量数据采集是使用测量仪器直接在野外进行数据采集。根据所用仪器的不同分为大地测量仪器法和 GPS 接收机采集法。

1.大地测量仪器法

用全站仪或测距仪、经纬仪等大地测量仪器进行实地测量,并将野外采集的数据自动传输到电子手簿、磁卡或便携机,现场自动记录。由于目前测量仪器的测量精度高,而电子记录又能如实地记录和处理,无精度损失,所以地面数字测图是数字测图中精度最高的一种,是城市大比例尺(特别是 1∶500)测图中主要的测图方法。目前全站仪已经普及,并且功能越来越强大,已经成为野外数据采集的主要仪器

2.GPS 接收机采集法

该方法是通过 GPS 接收机采集野外碎部点的信息数据。20 世纪 90 年代出现的载波相位差分技术,又称 RTK(Real Time Kinemtic)实时动态定位技术,这种测量模式是位于基准站(一直打基准点)的 GPS 接收机通过数据链将其观测值及基准站坐标信息一起发给流动站的 GPG 接收机。流动站不仅接受来自参考站(基准站)的数据,还直接接收 GPS 卫星发射的观测数据,组成相位差分观测值,并实时处理,能够实时提供测点在指定坐标系的三维坐标成果,在 20km 测程内可达到厘米级的测量精度。实时差分观测时间短,移动站与基准站不用通视,并能够实时给出定位坐标,所以是外业数据采集的主要手段之一。目前,随着 RTK 技术的不断完善,制造工艺的不断创新,价格更低廉,重量更加轻,体积更加小,已越来越多地被应用在开阔地区的地面数字测图中。

(二)原图数字化采集

为了充分利用已有的测绘成果,可以利用原图(已测绘的模拟图)在室内采集数据。这

种数据采集方法常称为原图数字化。原图数字化通常有两种方法：数字化仪数字化和扫描仪数字化。

（三）航片数字采集

利用测区的航空摄影测量获得的立体像，在解析测图仪上或在经过改装的立体量测仪上采集地形特征点，自动转换成数字信息。这种方法工作量小，是我国测绘基本图的主要方法。但由于精度原因，在大比例尺（如1∶500）测图中受到一定限制，今后该法将逐渐被计算机上直接显示立体的全数字摄影测量系统所取代。

三、数据处理

实际上，数字测图的全过程都是在进行数据处理，但这里讲的数据处理阶段是指在数据采集以后到图形输出之前对通行数据的各种处理。数据处理主要包括数据传输、数据预处理、数据转换、数据计算、图形生成、图形编辑与整饰、图形信息的管理与应用等。数据预处理包括坐标转换、各种数据资料的匹配、测图比例尺的统一、不同结构数据的转换等。数据转换内容很多，如将野外采集到的带简码的数据文件或无码数据文件转换为带测图编码的数据文件，供自动绘图使用；将 AutoCAD 的图形数据文件转换为 GIS 的交换文件等。数据计算主要是针对地貌关系的。当数据输入计算机后，为建立数字地面模型绘制等高线，需要进行插值模型建立、插值计算、等高线光滑处理三个过程的工作。在计算过程中，需要给计算机输入必要的数据，如插值等高距、光滑的拟合步距等。必要时需对插值模型进行修改，其余的工作都由计算机自动完成。数据计算还包括对房屋类呈直角拐弯的地物进行误差调整，消除非直角化误差等。

经过数据处理后，可产生平面图形数据文件和数字地面模型文件。想要得到一幅规范的地形图，还要对数据处理后产生的原始图形进行修改、编辑、整理；还需要加上汉字注记、高程注记，并填充各种面状地物符号；还要进行测区图形拼接、图形分幅和图廓整饰等。数据处理还包括对图形信息的全息保存、管理、使用等。

四、成果输出

数据处理是数字测图的关键阶段。在数据处理时，既有对图形数据进行交互处理，也有分批处理。数字测图系统的优劣取决于数据处理的功能。

经过数据处理以后，即可得到数字地图，也就是形成一个图形文件，由磁盘或磁带作永久性保存。也可将数字地图转换为地理信息所需要的图形格式，用于建立和更新 GIS 图形数据库。输出图形是数字测图的主要目的，通过对图层的控制，可以编制和输出各种专题地图（包括平面图、地籍图、地形图、管网图、带状图、规划图等），以满足不同客户的需要。可采用矢量绘图仪、栅格绘图仪、图形显示器、微缩系统等绘制或显示地形图图形。为了使用方便，往往需要用绘图仪或打印机将图形或数据资料输出。在用绘图仪输出图形时，还可按层来控制线划的粗细或颜色，绘制美观、实用的图形。如果以生产出版原图为目的，可采用带有光学绘图头或刻针的平台矢量绘图仪，它们可以产生带有线划、符号、文字等高质量的地图图形。

五、数字测图的作业模式

由于软件设计者思路的不同,使用的设备不同,数字测图有不同的作业模式。归纳起来可区分为数字测记模式和电子平板测绘模式两大作业模式。数字测记模式就是用全站仪在野外测量地形特征点的点位,用电子手簿或编码记录测点的几何信息及其属性信息,或配合草图到室内将测量数据由全站仪或电子手簿传输到计算机,利用相应绘图软件编辑成图。测记式外业设备轻便,操作方便,野外作业时间短。由于是"盲式"作业,对于较复杂的地物地形,通常要绘制草图。电子平板测绘模式就是"全站仪+便携机+相应测图软件"外业测图模式。这种模式将便携机的屏幕模拟测板在野外直接测图,可及时发现并纠正错误,外业工作完成了,图也就出来了,实现了内外业一体化。

从实际作业来看,数字测图的作业模式是多种多样的。不同的软件支配不同的作业模式,一种软件也可以支配多种测图模式。由于用户的设备不同,要求不同,作业习惯不同,细分目前我国数字测图作业模式大致有如下几种:

①"全站仪+电子手簿"测图模式。

②"平板仪测图+数字化仪"测图模式。

③"普通经纬仪+电子手簿"测图模式。

④旧图数字化成图模式。

⑤测站电子平板测图模式。

⑥航测相片量测成图模式。

六、数字测图的特点

数字测图的特点主要表现在以下几个方面。

(一)测图作业实现自动化和智能化

传统测图作业方式主要是建立在野外落后的测量手段、复杂的测量程式、沉重的经济负担和内业大量低效的手工计算及作图方式之上,所有的过程基本上都由人工参与完成。数字测图则使手工作业向自动化、系统化作业方向发展,数据采集、记录、计算、处理、制图等几个作业单元有机结合实现内外业一体化,整个作业过程有计算机自动处理,传统意义上的内、外业界线已不再明显。目前,电脑型全站仪配合丰富的应用软件,向全能型和智能化方向发展。

(二)测图的精度高

传统的测图技术以光学仪器和视距测量方法为基础,地物点平面位置的误差受解析图根点的测量误差、展绘误差,测定地物点的视距误差、方向误差,地形图上地物点的刺点误差等综合影响;而且控制测量采用从整体到局部、逐级布设的方式,等级和环节过多,使最终成果产生了一定的精度损失,在不同程度上限制了地形图的精度。数字测图则不然。当采用内外业一体化成图模式作业时,全部碎部点均采用全站仪测量,避免了传统测量方法中影响地形图精度的各种中间环节,控制层次也相对减少,所以数字测图的精度明显高于白纸测图。

（三）测图作业劳动强度小

传统测图作业时，地形原图必须在野外绘制，工作烦琐，效率低下，费时费力。而采用全站仪观测碎部点时，观测范围不受视距的限制，碎部点观测可以在很大的范围内进行，从而减少了搬站的工作量。另外，电子测量仪器配合电子记录手簿使用，可省却记录工作，快捷、方便、准确，在不同程度上减轻了测绘工作者的劳动强度。

（四）图形实现数字化

用计算机存储单元保存数字地形图。

知识实训

1. 数字测图与传统测图相比有何优点？
2. 数字测图中数据采集有哪些方式？

项目二　全站型电子速测仪

知识链接

一、全站仪在数字测图中的应用

（一）数字测图系统

数字测图系统是以计算机为核心，在外连的输入、输出设备硬件和软件的支持下，对地形空间数据进行采集、输入、成图、处理、绘图、输出、管理的测绘系统。数字测图系统主要由数据采集、数据处理和数据输出三部分组成。

1. 数据采集

数据采集工作是数字测图的基础，它是通过全站仪测定地形特征点的平面位置和高程，将这些点位信息自动记录和存储在全站仪中，再传输到计算机中。每一个地形特征点都有记录，包括点号、平面坐标、高程、属性编码和与其他点之间的连接关系等。属性编码指示了该点的性质，计算机根据这些属性编码来区分不同的地图要素；点与点的连接关系，标明了哪些点按何种连接顺序构成一个有意义的实体，通常采用绘草图的方式来确定。

在利用全站仪进行野外数据采集的过程中，既可以像常规测图那样，先进行图根控制测量，再进行碎部测量，也可以采取图根控制测量和碎部测量同时进行的方法，充分体现了数字测图数据采集过程的灵活性。由于全站仪具有很高的测量精度，一般在几百米的范围内测量误差均在 1cm 左右。因此，在通视良好、定向边较长的情况下，一个测站的测图范围可以比常规测图时大。野外数据采集的碎部测量方法仍以极坐标法为主，同时在有关软件支持下，也可以灵活采用其他方法，如方向直线交会法、单交会法、正交内插法、导线法、对称点法和填充法等。

2.数据处理

数据处理是数字测图过程中的中心环节,它直接影响最后输出地形图的质量和数字地图在数据库中的管理。数据处理是通过相应的计算机软件来完成的,计算机软件主要包括地图符号库、地物要素绘制、文字注记、图形编辑、图形显示、图形裁剪、图形接边和地图整饰等功能。通过计算机软件进行数据处理,生成可进行绘图输出的图形文件。

3.绘图输出

绘图输出是数字测图的最后阶段,可在计算机控制下通过数控绘图仪绘制完整的纸质地形图。除此之外,还可根据需要绘制不同规格和不同形式的图件,如开窗输出、分层输出和变化输出等。

（二）全站仪野外数字测图系统

全站仪野外数字测图系统是利用全站仪在野外直接采集有关地形信息并将其传输到计算机中,经过测图软件进行数据处理形成绘图数据文件,最后输出地形图。由于全站仪具有较高的测量精度和方便灵活的特点,一般适用于小范围、大比例尺测图。目前我国1：1000和1：500比例尺的数字测图主要采用这种方法。

二、全站仪数字测图系统

随着全站仪和数字化成图软件的迅速发展,数字测图的作业模式也在不断发展。这里主要介绍全站仪数字成图系统的软硬件设备和作业模式。

全站仪数字测图系统是利用计算机技术将全站仪野外数据采集系统与内业机助制图系统相结合,对地形空间数据进行数据采集、数据处理及数据输出的系统。它包括硬件和软件两个部分。

（一）全站仪数字测图系统硬件

1.计算机

计算机作为全站仪数字测图系统中的一个主要设备,具有数据传输、数据处理、数据保存及修改、图形输出等功能,是数字测图系统中不可缺少的一部分。

计算机硬件由中央处理器(CPU)、存储器、输入设备、输出设备、总线等几部分组成,每一部分分别按要求执行特定的基本功能。计算机软件由系统软件和各种各样的应用软件组成,在全站仪数字测图系统中,应用软件就是指数字化成图软件,将在后面详细介绍。

2.全站仪

全站仪,即全站型电子速测仪(Electronic Total Station)。它是由电子测角、电子测距、电子计算和数据存储单元等组成的三维坐标测量系统,其测量成果能自动显示,并能与外围设备交换信息。

近年来,全站仪的发展异常迅猛,以至于从某种意义上说,改变了测量工作的作业习惯和方式,也拓展了测量技术的一些概念和手段,使全站仪的应用前景更加广阔。在全站仪数字测图中,全站仪是野外数据采集的重要的仪器设备。

（二）数字成图软件

数字成图软件有很多种,在我国应用最为广泛的是CASS软件,这里主要介绍这款软件。

南方地形地籍成图软件 CASS 是广州南方测绘仪器公司基于 AutoCAD 平台开发的 GIS 前端数据采集系统。主要应用于地形成图、地籍成图、工程测量应用三大领域。它全面面向 GIS,打通了数字化成图系统与 GIS 的接口。

CASS 以 AutoCAD 为平台,充分利用 AutoCAD 的最新技术,采用真色彩 XP 风格界面,重新编写和优化了程序代码,加强了等高线、电子平板、断面设计等技术,系统运行更高效、更稳定。同时其大量使用快捷工具,使数据浏览编辑和系统设置更加方便快捷。

CASS 7.0 成图软件技术特色如下:

(1)采用 CELL 技术的人机交互界面,数据编辑管理、系统设置更方便快捷。

(2)方便灵活的电子平板多测尺功能,更符合测量习惯。

(3)完全可视化的断面设计功能,图数互动、设计过程更直观。

(4)方便的图幅管理功能,地形图分幅更规范省心。

(5)数据质量全程控制,与主流 GIS 无缝接口。

三、全站仪数据采集

(一)数据采集

全站仪数字测图采用全野外数据采集的作业模式。这是指所用成图数据全部在野外用全站仪实地测量(碎部测量),并将数据经通信线传入计算机,再用绘图软件处理并编辑成图。全站仪全野外数据采集主要是数字测记模式(测记法)。下面简单介绍测记法。

1.所需的主要仪器

全站仪 1 套(主机、三脚架、棱镜和对中杆若干)

2.人员安排

每组一般需仪器观测员(兼记录员)1 名,绘草图领镜员 1 名,立镜员 1～2 名,其中绘草图员是作业组的指挥者,需技术全面的人担任。

3.测前准备

进入测区后,绘草图员首先对测站周围的地形、地物分布情况大概看一遍,认清方向,即时按近似比例尺绘一份含主要地物、地貌的草图(若在放大的旧图上可以更准确地标明地物、地貌特征),便于观测时在草图上标明所测碎部点的位置和点号。

4.工作流程

仪器观测员指挥立镜员到事先选好的某已知点上准备立镜定向;快速架好仪器,量取仪器高;然后启动全站仪,选择测量状态,输入测站点信息和仪器高;瞄准定向棱镜,定好后,通知立镜员开始跑镜。立镜员跑到位置立好棱镜后,观测员确定棱镜高及所立点的性质,输入镜高、地物代码,准确照准棱镜后按电子手簿回车键,将数据记录至电子手簿。

观测完毕,观测员要及时告知立镜者,以便对照手簿上记录的点号和绘草图者标注的点号,保证两者一致。

测记法数据采集分为有码作业和无码作业。有码作业需要现场输入野外操作码。无码作业现场不输入数据编码,而用草图记录绘图信息。绘草图人员在镜站把所测点的属性及连接关系在草图上反映出来,以供内业处理、图形编辑时用。

（二）操作步骤

本项目以南方全站仪数据采集说明为例。

1.设置测站点

(1)按 MENU 键进入主菜单,按 F1 键—选择数据采集功能。如图 15-1 所示。

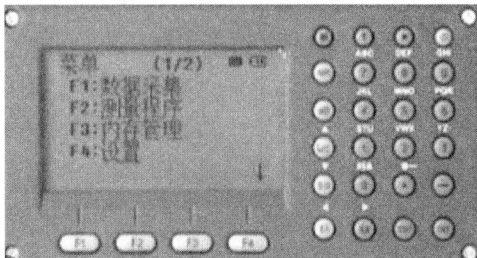

图 15-1　主菜单界面

(2)选择一个文件后,按回车键确认结束。如图 15-2 所示。

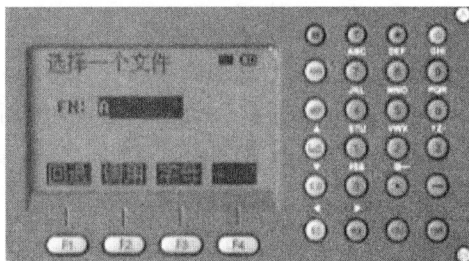

图 15-2　文件选择界面

(3)按 F1 键—输入测站点,按 F1 键—输入点名、编码、仪高,再按 F4 键确认。如图 15-3 所示。

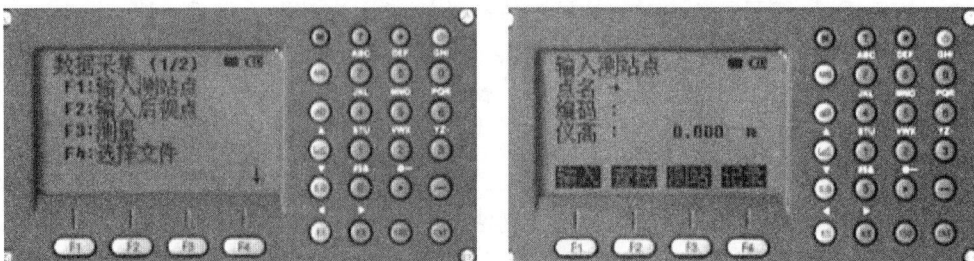

图 15-3　数据采集界面

(4)按 F4(坐标键)进入测站点坐标输入界面,输入坐标 N、E、Z 的值。按回车键确认后结束。按 F4 键记录,按 F4 键(即:是,记录数据)。如图 15-4 所示。

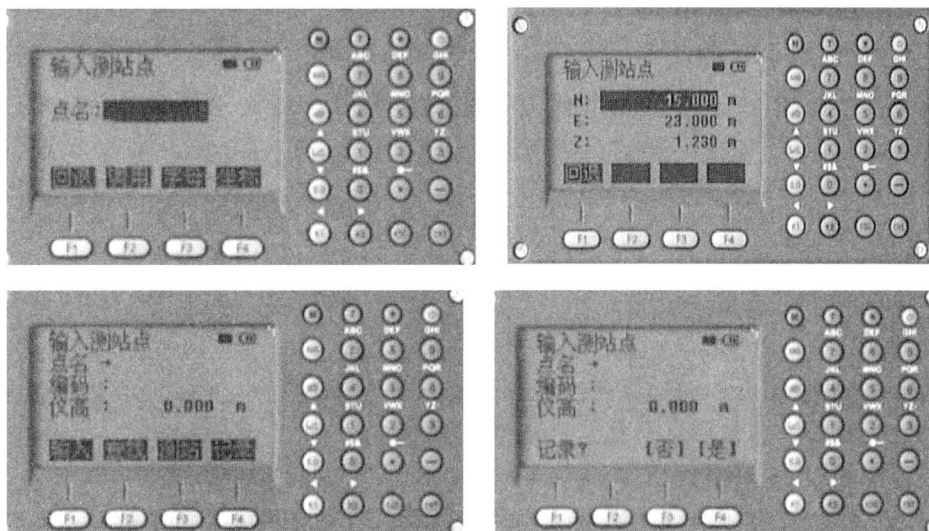

图 15-4 测站点坐标高程输入界面

(5)然后进入仪器高的输入界面,输入仪器高度,按回车键确认。这时完成测站点的设置。如图 15-5 所示。

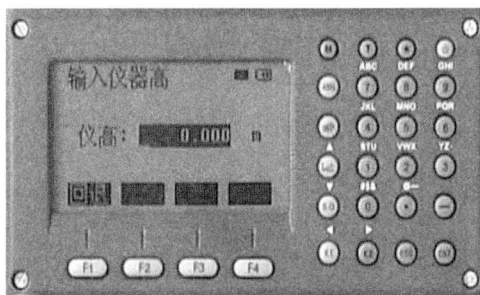

图 15-5 输入仪器高界面

2.设置后视点

(1)回到数据采集菜单。在数据采集菜单中按 F2—输入后视点键。如图 15-6 所示。

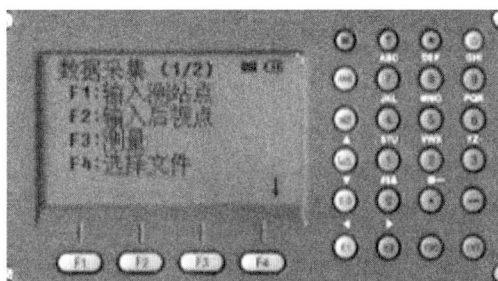

图 15-6 数据采集界面

(2)按 F1 键—输入点名、编码,仪器高度,按 F3 后视键,进入后视点输入界面。输入点名后,按 F4 键,进行后视点坐标输入,按回车键确认。如图 15-7 所示。

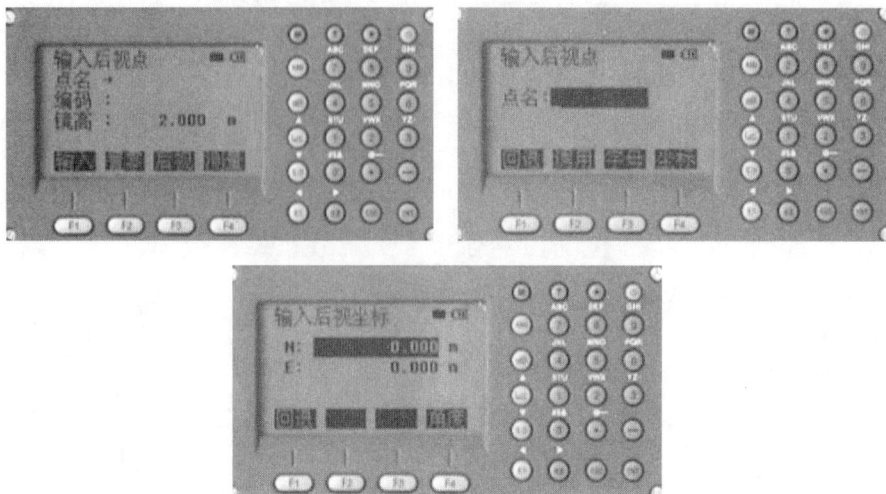

图 15-7　后视点坐标设置

（3）然后按 F4 测量键，再按 F1 角度键，显示后视点方位角，按 F4 键（即：记录）。完成后视点的设置。如图 15-8 所示。

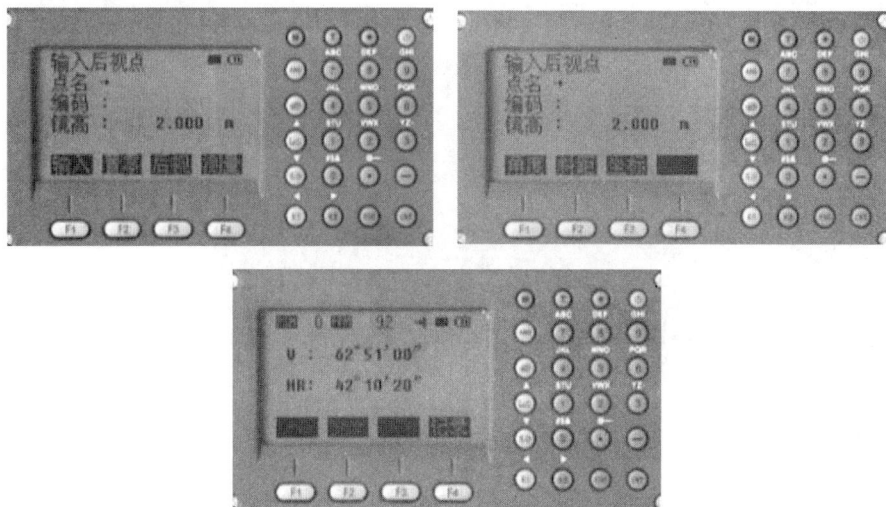

图 15-8　后视方向方位角显示

3.开始数据采集

（1）回到数据采集菜单。在数据采集菜单中按 F3 键（测量）。如图 15-9 所示。

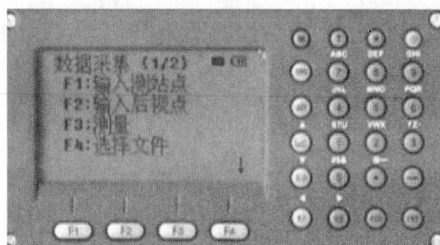

图 15-9　数据采集界面

（2）按 F1 键，输入观测点点名、编码、棱镜高度，按回车键确认。按 F3（测量键），按 F3 坐标键，开始坐标测量。测量完成后，按 F4 记录键，记录数据。如图 15-10 所示。

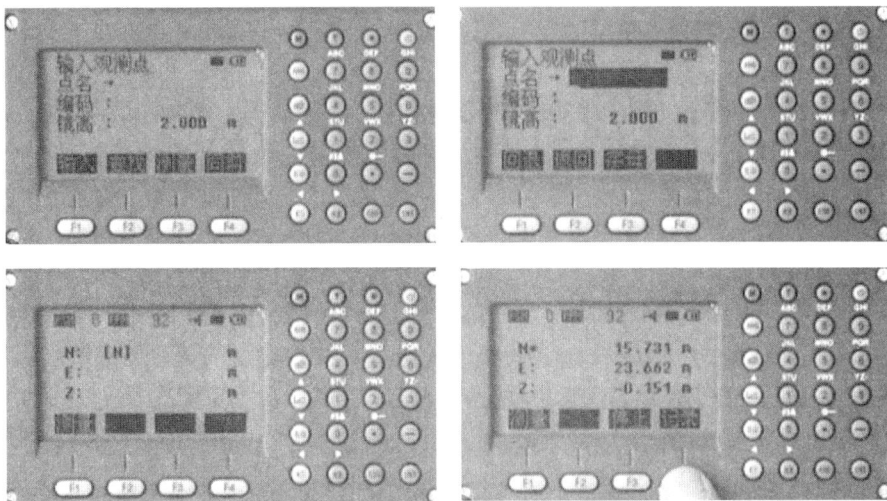

图 15-10　野外点的采集

（3）按 F4 同前键，可进行下一个点的坐标测量工作。

知识实训

简述全站仪数据采集一个测站的操作步骤。

项目三　GPS-RTK 测量系统

知识链接

一、GPS-RTK 测量系统在数字测图中的应用

（一）GPS-RTK 的概述

RTK（Real-Time Kinematic）控制系统是一种新的常用的 GPS 测量方法，以前的静态、快速静态、动态测量都需要事后进行解算才能获得厘米级的精度，而 RTK 是能够在野外实时得到厘米级定位精度的测量方法，它采用了载波相位动态实时差分方法，是 GPS 应用的重大里程碑。它的出现为工程放样、地形测图等各种控制测量带来了新曙光，极大地提高了外业作业效率。

高精度的 GPS 测量必须采用载波相位观测值，RTK 定位技术就是基于载波相位观测值的实时动态定位技术，它能够实时地提供测站点在指定坐标系中的三维定位结果，并达到

厘米级精度。在 RTK 作业模式下,基准站通过数据链将其观测值和测站坐标信息一起传送给流动站。流动站不仅通过数据链接收来自基准站的数据,还要采集 GPS 观测数据,并在系统内组成差分观测值进行实时处理,同时给出厘米级定位结果,历时不足一秒钟。流动站可处于静止状态,也可处于运动状态;可在固定点上先进行初始化后再进入动态作业,也可在动态条件下直接开机,并在动态环境下完成整周模糊度的搜索求解。在整周未知数解固定后,即可进行每个历元的实时处理,只要能保持四颗以上卫星相位观测值的跟踪和必要的几何图形,则流动站可随时给出厘米级定位结果。

（二）GPS-RTK 的发展

随着卫星定位技术的快速发展,人们对快速高精度位置信息的需求也日益强烈,而目前使用最为广泛的高精度定位技术就是 RTK。RTK 技术的关键在于使用了 GPS 的载波相位观测量,并利用参考站和移动站之间观测误差的空间相关性,通过差分的方式除去移动站观测数据中的大部分误差,从而实现高精度（分米甚至厘米级）的定位。

RTK 技术在应用中遇到的最大问题就是参考站校正数据的有效作用距离。GPS 误差的空间相关性随参考站和移动站距离的增加而逐渐失去线性,因此在较长距离下（单频>10km,双频>30km）,经过差分处理后的用户数据仍然含有很大的观测误差,从而导致定位精度的降低和无法解算载波相位的整周模糊。所以,为了保证得到满意的定位精度,传统的单机 RTK 的作业距离都非常有限。

为了克服传统 RTK 技术的缺陷,在 20 世纪 90 年代中期,人们提出了网络 RTK 技术。在网络 RTK 技术中,线性衰减的单点 GPS 误差模型被区域型的 GPS 网络误差模型所取代,即用多个参考站组成的 GPS 网络来估计一个地区的 GPS 误差模型,并为网络覆盖地区的用户提供校正数据。而用户收到的也不是某个实际参考站的观测数据,而是一个虚拟参考站的数据和距离自己位置较近的某个参考网格的校正数据,因此网络 RTK 技术又被称为虚拟参考站技术（Virtual Reference）。

（三）GPS-RTK 的新技术

RTK 技术的关键在于数据处理技术和数据传输技术,RTK 定位时要求基准站接收机实时地把观测数据（伪距观测值、相位观测值）及已知数据传输给流动站接收机,数据量比较大,一般都要求 9600 的波特率,这在无线电上不难实现。

随着科学技术的不断发展,RTK 技术已由传统的 1+1 或 1+2 发展到了广域差分系统 WADGPS,有些城市建立起 CORS 系统,这就大大提高了 RTK 的测量范围,当然在数据传输方面也有了长足的进展,电台传输发展到现在的 GPRS 和 GSM 网络传输,大大提高了数据的传输效率和范围。在仪器方面,不仅精度高而且比传统的 RTK 更简洁、容易操作。

（四）GPS-RTK 的应用

(1)各种控制测量,如传统的大地测量、工程控制测量采用三角网、导线网方法来施测,不仅费工费时,要求点间通视,而且精度分布不均匀,且在外业不知精度如何。采用常规的GPS 静态测量、快速静态、伪动态方法,在外业测设过程中不能实时知道定位精度,如果测设完成后,回到内业处理后发现精度不合要求,还必须返测,而采用 RTK 来进行控制测量,能够实时知道定位精度,如果点位精度要求满足了,用户就可以停止观测了,而且知道观测质量如何,这样可以大大提高作业效率。如果把 RTK 用于公路控制测量、电力线路测量、水利工程控制测量、大地测量,则不仅可以大大减少人力强度、节省费用,而且大大提高工作效率,测一个控制点在几分钟甚至于几秒钟内就可完成。

(2)地形测图。过去测地形图时一般首先要在测区建立图根控制点,然后在图根控制点上架上全站仪或经纬仪配合小平板测图。现在发展到外业用全站仪和电子手簿配合地物编码,利用大比例尺测图软件来进行测图,甚至于最近的外业电子平板测图等都要求在测站上测四周的地貌等碎部点。这些碎部点都与测站通视,而且一般要求至少 2~3 人操作,在拼图时一旦精度不合要求还得到外业去返测。采用 RTK 时,仅需一人背着仪器在要测的地貌碎部点待上一两秒钟,并同时输入特征编码,通过手簿可以实时知道点位精度,把一个区域测完后回到室内,由专业的软件接口就可以输出所要求的地形图。这样用 RTK 仅需一人操作,不要求点间通视,大大提高了工作效率,采用 RTK 配合电子手簿可以测设各种地形图,如普通测图、铁路线路带状地形图,公路管线地形图,配合测深仪可以用于测水库地形图、航海海洋测图等。

(3)施工放样是测量一个应用分支,它要求通过一定方法采用一定仪器把人为设计好的点位在实地给标定出来,过去采用常规的放样方法很多,如经纬仪交会放样、全站仪的边角放样等,一般要放样出一个设计点位时,往往需要来回移动目标,而且要 2~3 人操作,同时在放样过程中还要求点间通视情况良好,在生产应用上效率不是很高,有时放样中遇到困难的情况需借助于很多方法才能放样。如果采用 RTK 技术放样时,仅需把设计好的点位坐标输入电子手簿中,背着 GPS 接收机,它会提醒你走到要放样点的位置,既迅速又方便,由于GPS 是通过坐标来直接放样的,而且精度很高也很均匀,因而在外业放样中效率会大大提高,且只需一个人操作。

注意事项:该方法要求接收机在观察过程中,保持对所测卫星的连续跟踪。一旦发生失锁,便需重新进行初始化的工作。

（五）GPS-RTK 的推广

1.北斗应用

RTK 接收机进入基于北斗卫星导航系统的多星应用时代,成为国际首款,国内首创,拥有完全自主知识产权的多系统多频率的 RTK 接收机。基于北斗卫星导航系统的多星测量型接收机,采用独有的 kRTK 核心技术和高可靠的载波跟踪算法适应各种环境变换,为用户提供高质量定位结果。

2.双星系统

双星系统(GPS＋GLONASS,双系统导航定位)是 GPS RTK 发展的热点,它可接收14~20颗左右卫星,是常规 RTK 所无法比拟的,该技术使 GPS 设备具备最短时间达到厘米级精度的能力与最强的抗干扰遮挡能力。

单频双星系统(GPS＋GLONASS,或 GPS＋BDS),RTK 或 PPP 可以得到 1cm 的定位精度。

3.VRS

VRS(Virtual Reference Station,虚拟参考站)正在改善着 RTK 定位的质量和距离,增强 RTK 的可靠性,并减少 OTF 初始化的时间。VRS 技术,可以在 50km 左右时使 RTK 定位平面位置精度为 1~2cm,并无须设立自己的基准站。其应用领域将逐渐涵盖陆地测量、地籍测量、航空摄影测量、GIS、设备控制、电子和煤气管道、变形监测、精准农业、水上测量、环境应用等诸多领域。

4.GPS

GPS 为代表的卫星导航应用产业已成为当今国际公认的八大无线产业之一,也是全球发展最快的三大信息产业(蜂窝网 Mobile cellular/PCS、因特网 Internet/Intranet/Extranet 和全球定位系统 GPS)之一。GPS 与计算机、通信、GIS、RS 等技术的集成与融合必将使 GPS 技术的应用领域得到更大范围的拓广。

国内测量型 GPS 主要生产厂商有上海华测导航技术有限公司、广州市中海达测绘仪器有限公司、南方测绘;国外有天宝、宾得、徕卡、拓普康等。

RTK(Real-Time Kernel)实时内核、RTOS(Real-Time Operation Syetem 的内核部分),以中断的方式实现任务实时调度,常用于嵌入式系统。

二、实时动态测量的作业模式与应用

(一)实时动态(RTK)定位技术简介

实时动态(Real Time Kinematic-RTB)测量技术,是以载波相位观测量为根据的实时差分 GPS(RTD GPS)测量技术,它是 GPS 测量技术发展中的一个新突破。

实时动态测量的基本思想是:在基线上安置一台 GPS 接收机,对所有可见 GPS 卫星进行连续地测量,并将其观测数据,通过无线电传输设备,实时地发送给用户观测站。在用户站上,GPS 接收机在接收 GPS 卫星信号的同时,通过无线电接收设备,接收基准站传输的观测数据,然后根据相对定位的原理,实时地计算并显示用户站的三维坐标及其精度。

(二)RTK 作业模式与应用

根据用户的要求,目前实时动态测量采用的作业模式,主要有以下几种。

1.快速静态测量

采用这种测量模式,要求 GPS 接收机在每一用户站上静止地进行观测。在观测过程中,连同接收到的基准站的同步观测数据,实时地解算整周未知数和用户站的三维坐标。如果解算结果的变化趋于稳定,且其精度已满足设计要求,便可适时结束观测。

采用这种模式作业时,用户站的接收机在流动过程中,可以不必保持对 GPS 卫星的连续跟踪,其定位精度可达 1~2cm。这种方法可应用于城市、矿山等区域性的控制测量、工程测量和地籍测量等。

2.准动态测量

同一般的准动测量一样,这种测量模式,通常要求流动的接收机在观测工作开始之前,首先在某一起始点上静止地进行观测,以便采用快速解算整周未知数的方法实时地进行初始化工作。初始化后,流动的接收机在每一观测站,只需静止观测数历元,并连同基准站的同步观测数据,实时地解算流动站的三维坐标。目前,其定位的精度可达厘米级。

该方法要求接收机在观测过程中,保持对所测卫星的连续跟踪。一旦发生失锁,便需重新进行初始化的工作。

准动态实时测量模式,通常主要应用于地籍测量、碎部测量、路线测量和工程放样等。

3. 动态测量

动态测量模式，一般需首先在某一起始点上静止地观测数分钟，以便进行初始化工作。之后，运动的接收机按预定的采样时间间隔自动地进行观测，并连同基准站的同步观测数据，实时确定采样点的空间位置。目前，其定位的精度可达厘米级。

这种测量模式，仍要求在观测过程中，保持对观测卫星的连续跟踪。一旦发生失锁，则需重新进行初始化的工作。对陆上的运动目标来说，可以在卫星失锁的观测点上，静止地观测数分钟，以便重新初始化，或者利用动态初始化（AROF）技术，重新初始化，而对海上和空中的运动目标来说，则只有应用 AROF 技术，重新完成初始化的工作。

实时动态测量模式，主要应用于航空摄影测量和航空物探中采样点的实时定位、航空测量、道路中线测量及运动目标的精度导航等。

三、GPS-RTK 数据采集

（一）RTK 测绘地形图的准备工作

1. 基准站设置

作业前，首先要对基准站进行设置。基准站可架设在已知点上，也可架设在未知点上。以徕卡 1200 接收机为例，说明基准站的设置过程：基准站的架设包括电台天线的安装，电台天线、基准站接收机、DL3 电台、蓄电池之间的电缆连线。基准站应当选择视野开阔的地方，这样有利于卫星信号的接收。首先将基准站架设在未知点上，将基准站接收机与手簿连接好（进行基准站设置），设置完成后断开连接，基准站接收机与电台主机连接，电台主机与电台天线连接好；基准站与无线电发射天线最好相距 3m 开外，最后用电缆将电台和电瓶连接起来，但应注意正负极。注意事项：无线电发射天线，不是架设的越高越好，根据实际情况调整天线高度。风大时天线尽量架低以免发生意外。

2. 设置参考站的配置集

在主菜单上选择第 3 个图标“管理”，选择第 5 项“配置集”，然后按 F2 键—新建，输入名字。按 F1 键—存储，在“实时模式”处（见图 15-11）回车键选择—参考站，到下面窗口图 15-12。

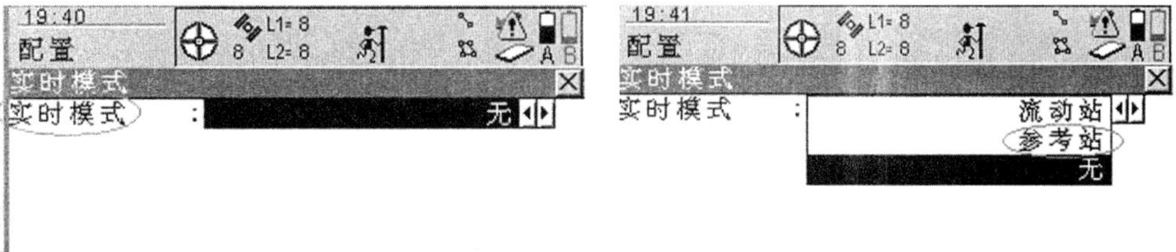

图 15-11 实时模式

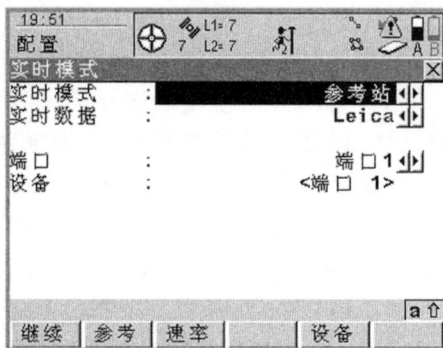

图 15-12　参考站

在"实时数据"处选择电台数据传输类型,即数据格式,可选 Leica 专用格式,CMR、CMR+和 RTCM 格式。选什么样的格式都行,要注意的是,参考站选了什么格式的数据,流动站必须与之相同。"端口"可任选其一,然后按 F5 键—设备,到图 15-13(a)。

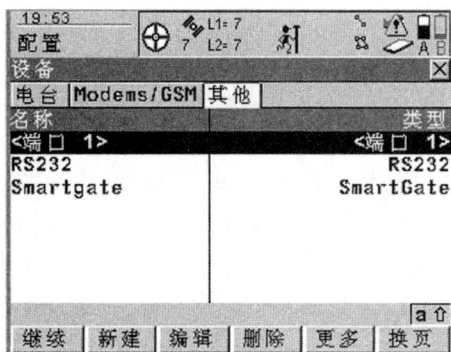 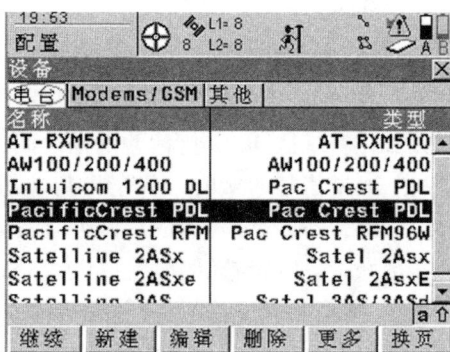

(a)　　　　　　　　　　　(b)

图 15-13　选择电台数据传输类型

如图 15-13(a),按 F6 键—换页到图 15-13(b),在电台卡页处选择"PacificCrest PDL"电台,按 F1 键—继续,到图 15-14(a)。

 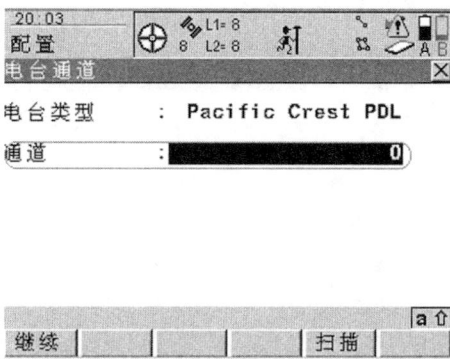

(a)　　　　　　　　　　　(b)

图 15-14　参数选择

如图 15-14(a)所示按 F1 键—继续,到图 15-14(b),在"通道"处修改电台通道,每一个通道对应一个频率,可直接输入通道号值,如"1",按回车键确认即可。注意,如果参考站通道选"1",流动站电台通道必须也选为"1",按 F1—继续,设置天线,如图 15-15 所示。

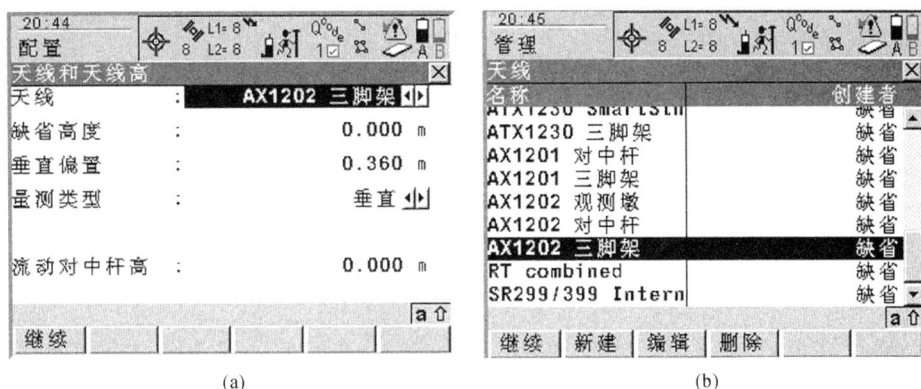

(a)

(b)

图 15-15　天线选择

按 F1 键—继续,到图 15-16。

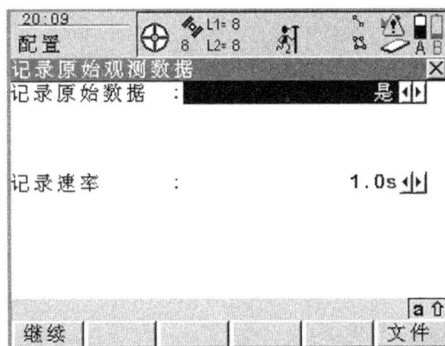

图 15-16　数据记录

在此处,"记录原始数据"选为"是"或者"否"均可。一般地,做 RTK 测量不需要记录原始数据。按 F1 键—继续,直到结束保存。配置集建立完成后回到主菜单。

3.新建一个作业文件

在主菜单界面选"管理",见图 15-17。

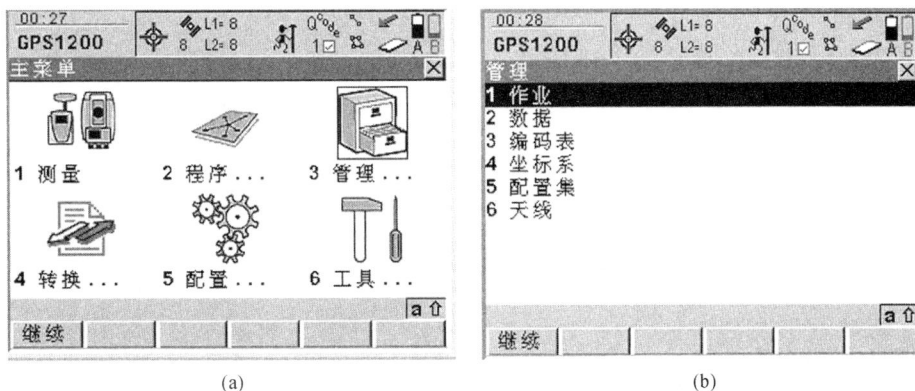

(a)

(b)

图 15-17　管理

选"作业"进入图 15-18(a)。

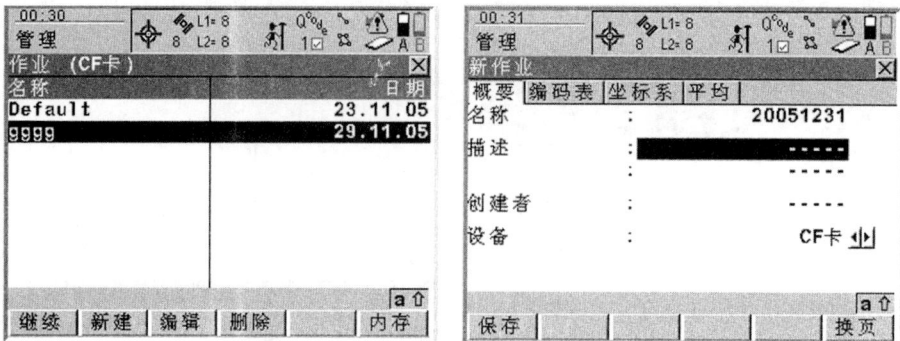

图 15-18 新作业

在图 15-18(a)按 F2 键—新建,如图 15-18(b)所示,输入作业名称,描述、创建者、编码表、坐标系、平均设置均可不选,"设备"必须选 CF 卡,不能选内存。

按 F1 键—保存,到图 15-19。

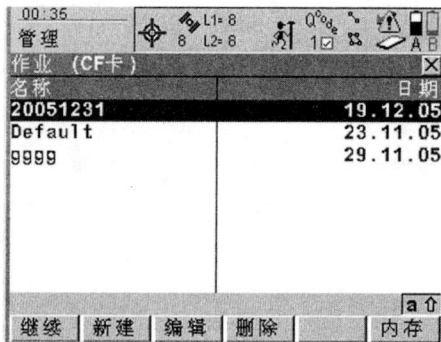

图 15-19 保存作业名称

光标在要选用的作业处,按 F1 键—继续,这个作业被选用,以后要输入数据才能进入这个作业里面。回到主菜单。

4.连接仪器,设置仪器为参考站

把仪器连接好并设置好以后,在主菜单界面选择测量,进入测量界面,见图 15-20。

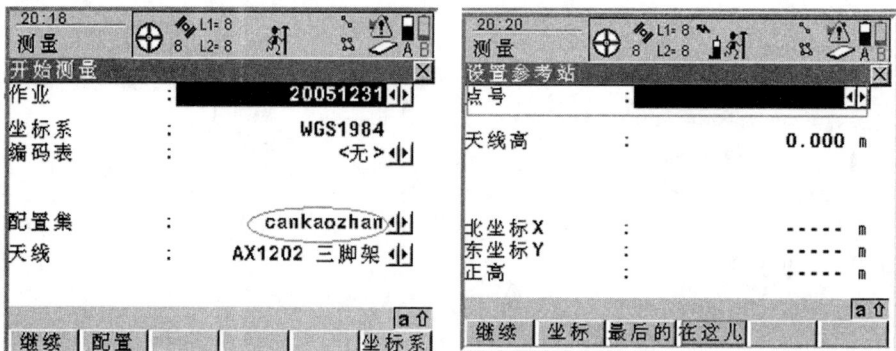

图 15-20 测量

380

选择作业,选择配置集、天线,按 F1 键—继续,到图 15-20(a),如果参考站点坐标已知,我们可预先把此点的坐标输入到仪器里面,在"点号"处选择参考站所在点的点号,输入仪器高。

按 F1 键—继续使参考站开始工作。或者在图 15-20(b)所示,光标在"点号"处回车,见图 15-21。

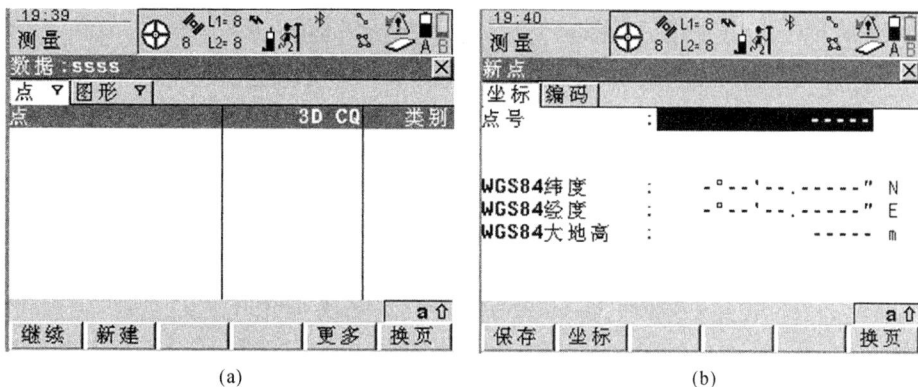

(a)   (b)

图 15-21　输入点坐标

按 F2 键—新建,如图 15-21(a)所示,输入已知点号和已知 84 坐标,按 F1 键—保存,再按 F1 键—继续,输入仪器高,再按 F1 键—继续,参考站开始工作。

如果参考站仪器所在点位的 WGS84 坐标未知,则按 F4 键—"在这儿",见图 15-22。

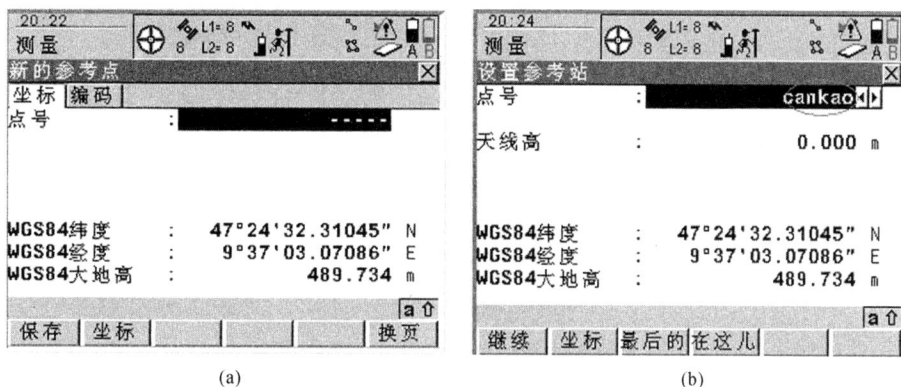

(a)   (b)

图 15-22　设置参考站

仪器自动测量出当前点位的 WGS84 坐标,输入点号,按 F1 键—保存,如图 15-22(a)所示,输入仪器高,按 F1 键—继续,见图 15-23。

参考站仪器设置完成。设置好以后,正常情况下图 15-23 中红色小圈里的箭头应该是向着左上方,有规律的一闪一闪,说明参考站仪器开始正常工作了。

当要停止工作时,只需按一下 F1 键—"停止"即可回到主菜单。

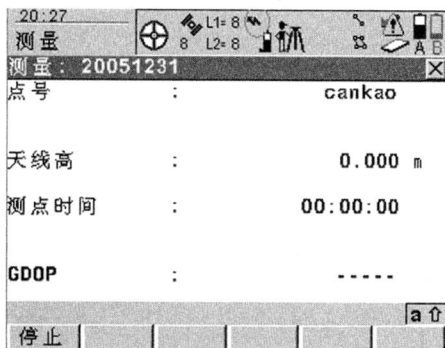

图 15-23　参考站测量

5.流动站设置

(1)设置流动站的配置集。

首先设置流动站的配置集。前面步骤同参考站设置一样,一直到图 15-24 所示的界面。

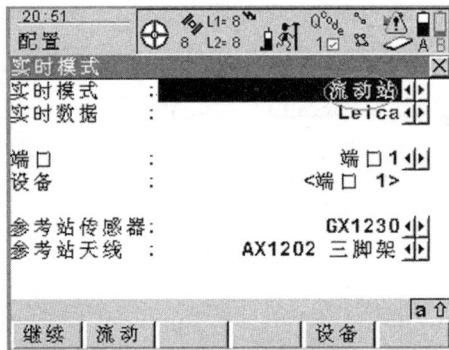

图 15-24　流动站配置

"实时模式"选择"流动站","实时数据"要和参考站选为一样的类型,"参考站传感器"和"参考站天线"选项如图 15-24,按 F5 键—"设备",到图 15-25。

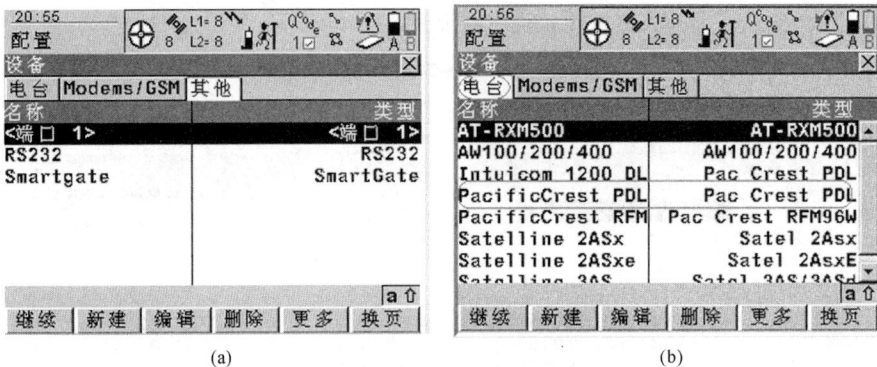

(a)　　　　　　　　　　(b)

图 15-25　选择电台

按 F6 键到图 15-25(a),按图所示选择,按 F1 键—"继续",到图 15-26。

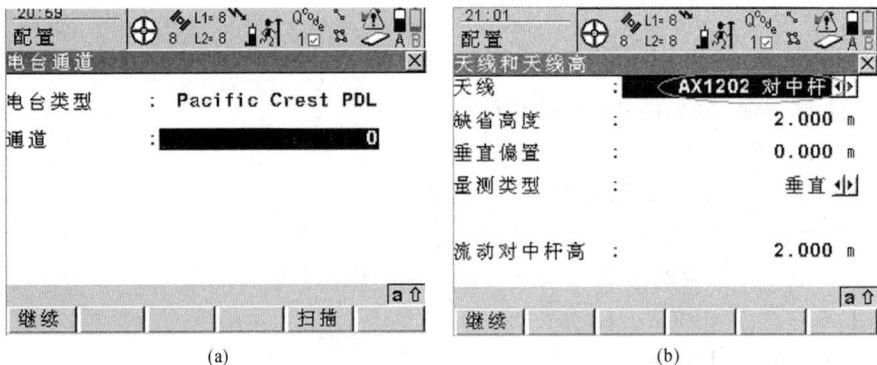

(a)　　　　　　　　　　(b)

图 15-26　电台通道和天线设置

"通道"要和参考站仪器选为一样。按 F1 键—"继续",到图 15-26(b)。

"流动站天线"按图 15-26(b)所示选择,其他不变,"继续",之后的设置同前面所讲静态设置一样。

(2)新建一个作业文件。

在主菜单界面选"管理",见图 15-27。

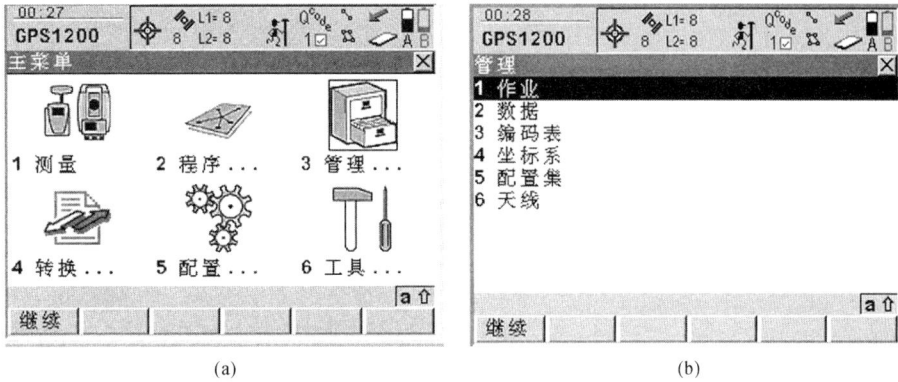

(a)   (b)

图 15-27　管理

选"作业"进入图 15-28。

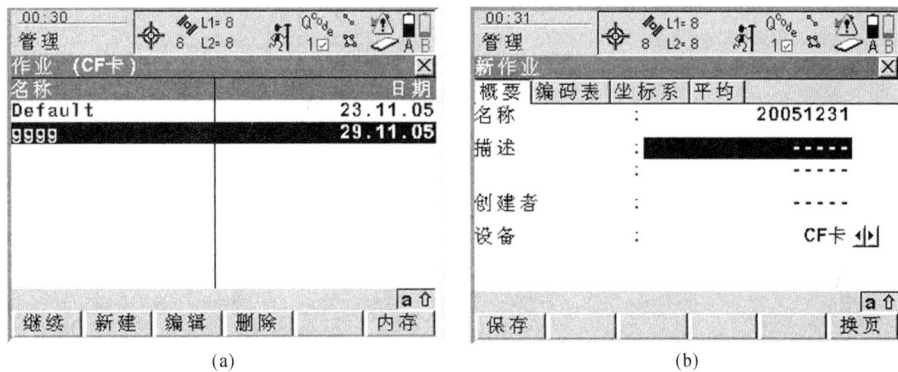

(a)   (b)

图 15-28　新作业

在图 15-28(a)按 F2 键—"新建",如图 15-28(b)所示,输入作业名称,描述、创建者、编码表、坐标系、平均设置均可不选,"设备"必须选 CF 卡,不能选内存。

按 F1 键—"保存",到图 15-29。

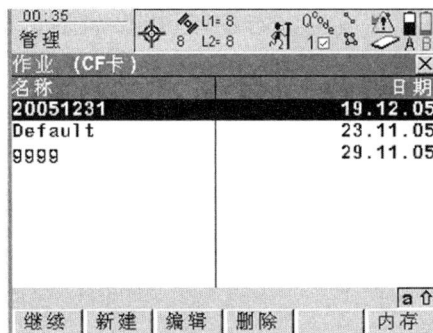

图 15-29　作业

光标在要选用的作业处,按 F1 键—"继续",这个作业被选用,以后要输入数据才能进入这个作业里面。回到主菜单。

(3)测量。

在主菜单进入测量界面,见图 15-30。

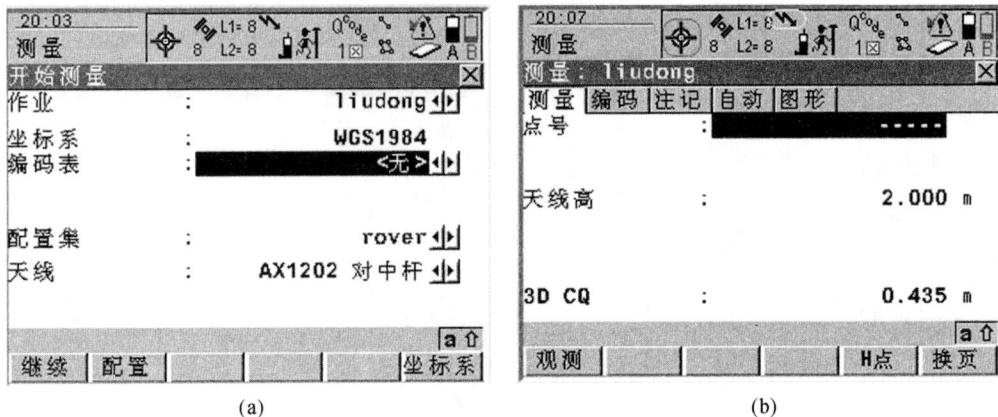

<table>
<tr><td>(a)</td><td>(b)</td></tr>
</table>

图 15-30 测量

如图 15-30(a)所示,选择建立的作业,选择建好的流动站的配置集,按 F1 键—"继续",到图 15-30(b),注意图 15-30(b)黄圈处的箭头应该朝向右下方有规律地一闪一闪,表明电台信号连通了,图 15-30(b)红圈处应为十字丝,才表明仪器初始化完成,得到固定解。只有固定解才满足一定的测量要求。

如果如图 15-30(b)所示,十字丝中间有小圆圈,说明解结果为浮动解,精度约为分米级。

输入点号,按 F1 键—"观测",如图 15-31 所示。

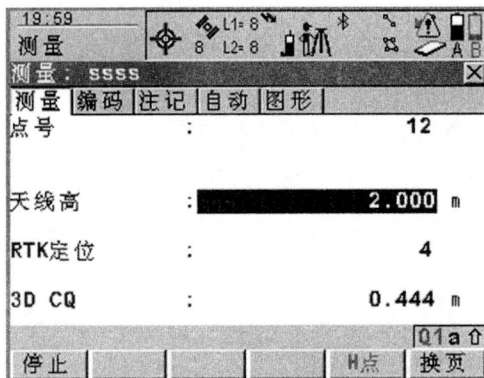

图 15-31 观测

3D CQ 处能显示精度。一般地,固定解的精度应该在厘米级或者毫米级,看"RTK 定位"后面的数值表示测量了几个历元。只要是固定解,测量几秒即可。

按 F1 键—"停止",再按 F1 键—"保存",此点测量完成,移动仪器到下一点重复测量。

6.建立坐标系统

因为 GPS 接收机测量的坐标为 WGS84 坐标,而我们需要的坐标为地方平面坐标,所以必须建立一个转换关系,即建立一个坐标系,把 GPS 坐标转换成我们需要的坐标。

在 LEICA-1230 GPS 接收机里面建立坐标系有三种方法,一步法、两步法和经典三维法。一般地,在不太大的区域工作(小于 200km²)我们可以选用一步法,在大区域工作可以选用两步法和经典三维法。

一步法是最简单的方法,这种方法不需要知道椭球参数,不需要知道投影方法,只需要知道一到多个点的已知平面坐标(平面坐标既可以是地方坐标也可以是北京 1954 坐标或者西安 1980 坐标)和 WGS84 坐标即可。

两步法和经典三维法必须知道椭球参数、投影方法(如高斯投影),平面坐标必须是北京 1954 坐标或者西安 1980 坐标。而且,经典三维法必须知道三个以上点的已知坐标值。

要建立坐标系,我们必须将已知点的地方坐标和 WGS84 坐标输入仪器,再来建立坐标系。

但是,我们经常只知道地方坐标而不知道 WGS84 坐标。那我们可以利用 RTK 流动站直接到已知点上面去通过 RTK 测量得到这个点的 WGS84 坐标。这样,这些点的地方坐标和 WGS84 坐标均已知。

现在我们已知三个点的地方坐标和 WGS84 坐标,地方坐标点号为 1、2、3,保存在作业名称为 difang 里面,WGS84 坐标点号为 W1、W2、W3,保存在作业名称为 WGS84 里面,下面建立坐标系。(两步法介于一步法和经典三维法之间,就不详细介绍了)。

(1)一步法。

在仪器主菜单,选"程序",进入菜单,到图 15-32。

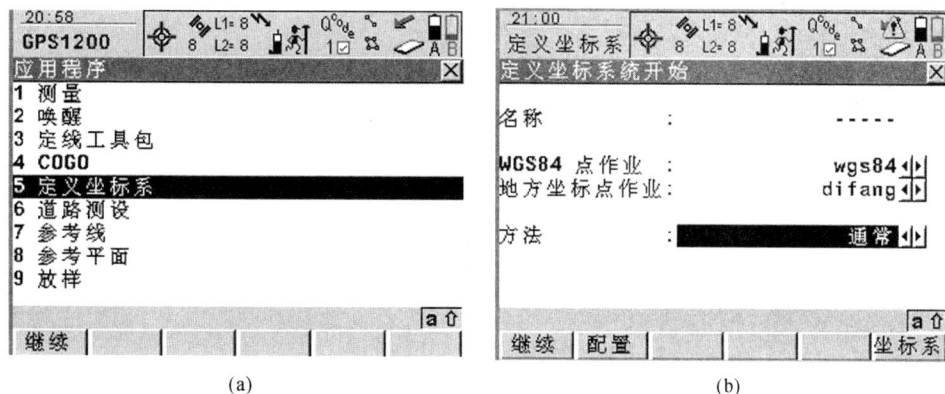

图 15-32　应用程序

选择"定义坐标系"到图 15-32(b),在"名称"处输入要建的坐标系名称,如 onestep,在"WGS84 点作业"处选择已知的 WGS84 坐标点所在的作业,在"地方坐标点作业"处选择已知的地方坐标点所在的作业,"方法"选择—通常,按 F1 键—"继续",到图 15-33。

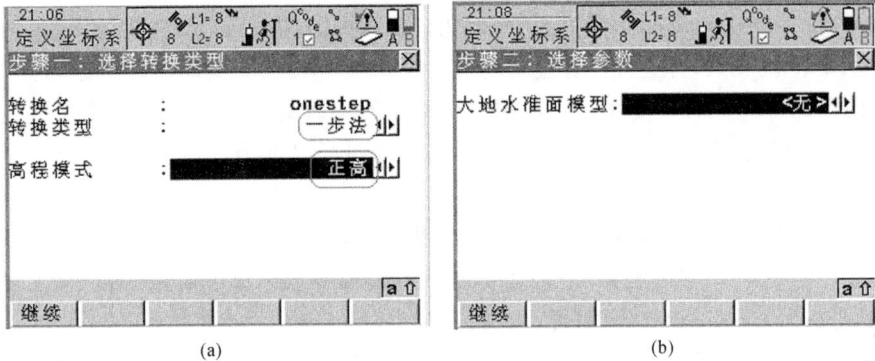

(a)   (b)

图 15-33　定义坐标系

如图 15-33(a)所选，按 F1 键—"继续"，到图 15-33(b)，大地水准面模型选"无"，按 F1 键—"继续"，到图 15-34。

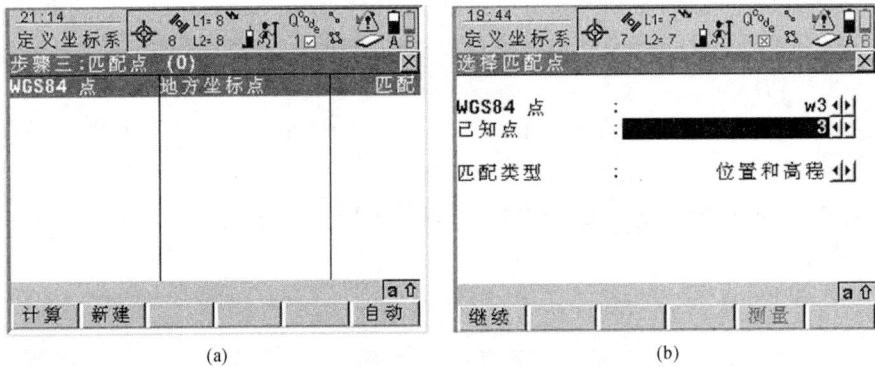

(a)   (b)

图 15-34　匹配点

在图 15-34(a)，按 F2 键—"新建"，到图 15-34(b)，在"WGS84 点"选一个点，在"已知点"处选一个与 84 点对应的点，"匹配类型"中选择图 15-34(b)，按 F1 键—"继续"，到图 15-35。

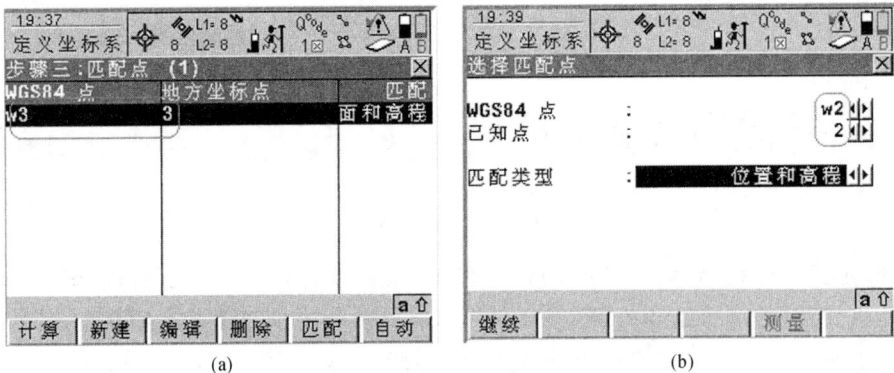

(a)   (b)

图 15-35　新建匹配点

在图 15-35(a)按 F2 键—"新建"到图 15-35(b)，再选择一对对应的点，按 F1 键—"继续"，再如上两步，直到所有的点都加入进来，如图 15-36。

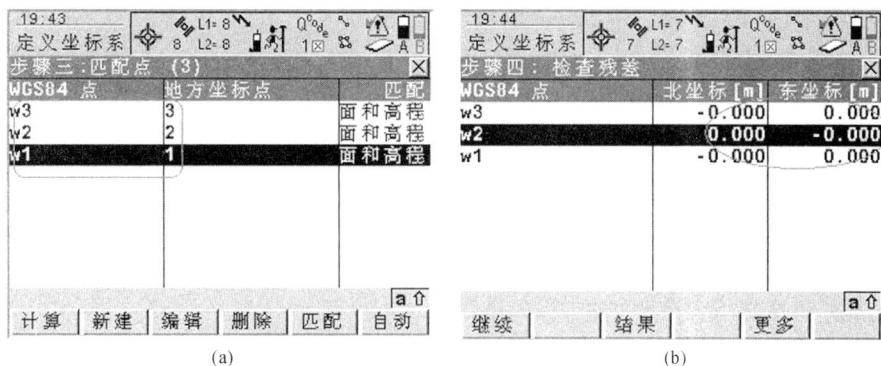

图 15-36　匹配点

如图 15-36(a)所示按 F1 键—"计算",到图 15-36(b),如红圈处,看残差是否满足要求。一般地,残差应该为厘米级或者毫米级。

按 F3 键—"结果",再按 F4 键—"比例",如图 15-37 所示。

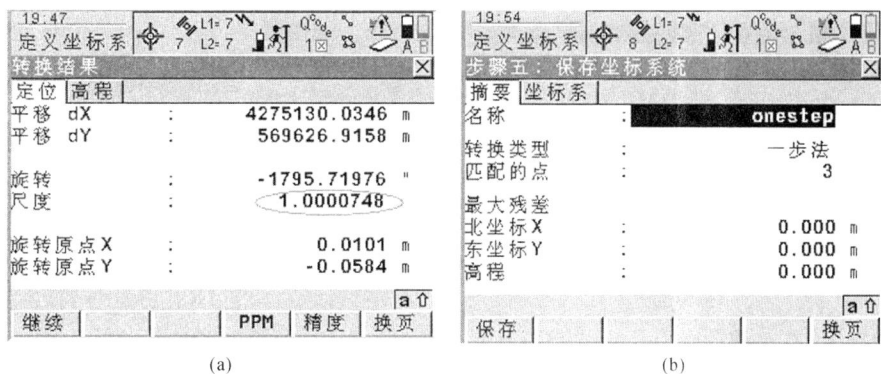

图 15-37　转换结果

如图 15-37(a)所示,看"尺度"是否合适。一般地,只要坐标没有问题,尺度应该很接近1,如 0.9999728 或 1.0000748,否则就有问题,要重新检查已知坐标是否有错。

按 F1 键—"继续",再按 F1 键—"继续",到图 15-37(b),再按 F1 键—"保存"即可。此坐标系建立完成。

回到主菜单,进入测量界面,如图 15-38 所示。

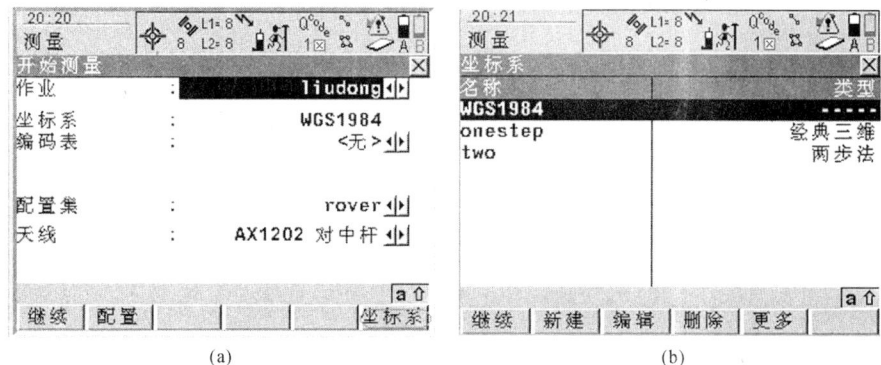

图 15-38　选择坐标系

如图 15-38（a）所示，按 F6 键—"坐标系"，到图 15-38（b），选择建好的坐标系，按 F1 键—"继续"，回到测量界面，如图 15-39 所示。

如图 15-39 所示，坐标系变为自己建立的坐标系，再继续进入测量，这样所测量得到的坐标就是我们自己需要的地方的坐标了。

（2）经典三维法（以北京 1954 坐标系为例）。

在仪器主菜单选择程序菜单进入，见图 15-40。

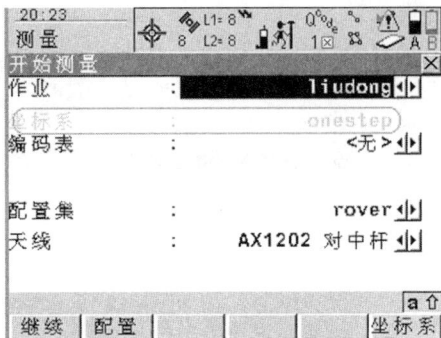

图 15-39　开始测量

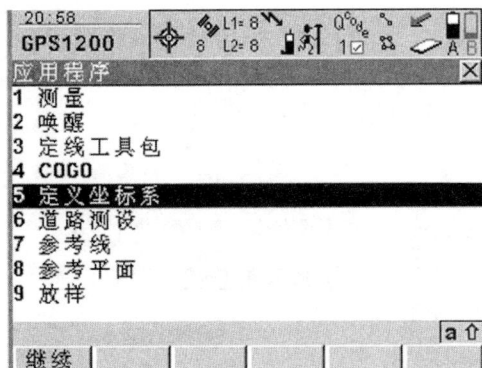

(a)

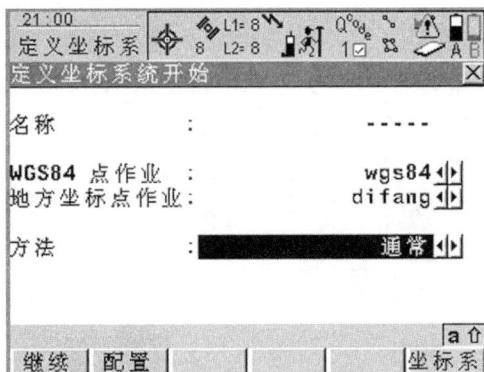

(b)

图 15-40　应用程序

选择"定义坐标系"到图 15-40（b），在"名称"处输入要建的坐标系名称，如 sanwei，在"WGS84 点作业"处选择已知的 WGS84 坐标点所在的作业，在"地方坐标点作业"处选择已知的地方坐标点所在的作业，"方法"选择——通常按 F1 键—"继续"，到图 15-41。

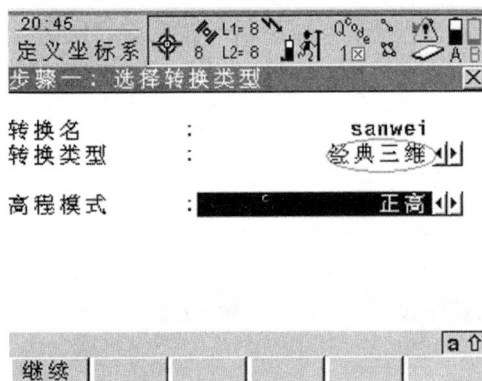

(a)

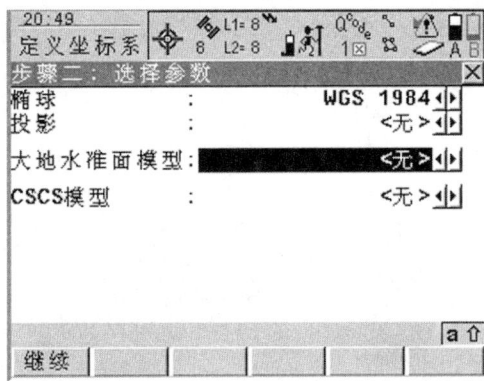

(b)

图 15-41　选择转换类型和参数

如图 15-41（a）所选，按 F1 键—"继续"到图 15-41（b），在"椭球"处按回车键，如图 15-42 所示。

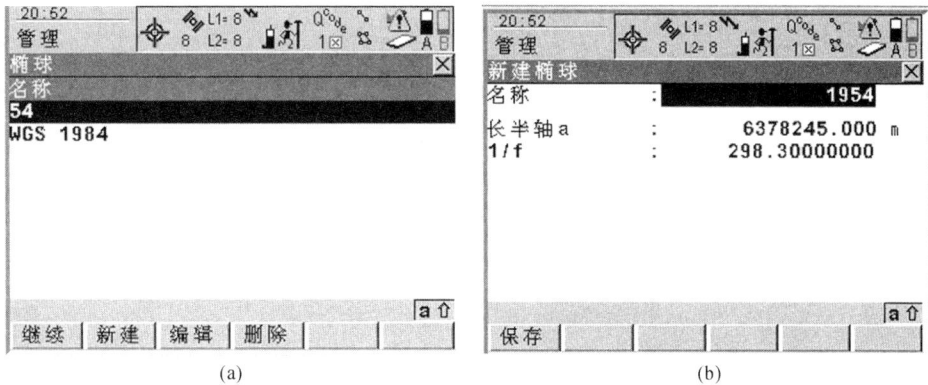

(a)

(b)

图 15-42　椭球

按 F2 键—"新建",如图 15-42(b)所示,输入椭球名称和椭球参数,按 F1 键—"保存",再按 F1 键—"继续"到图 15-43。

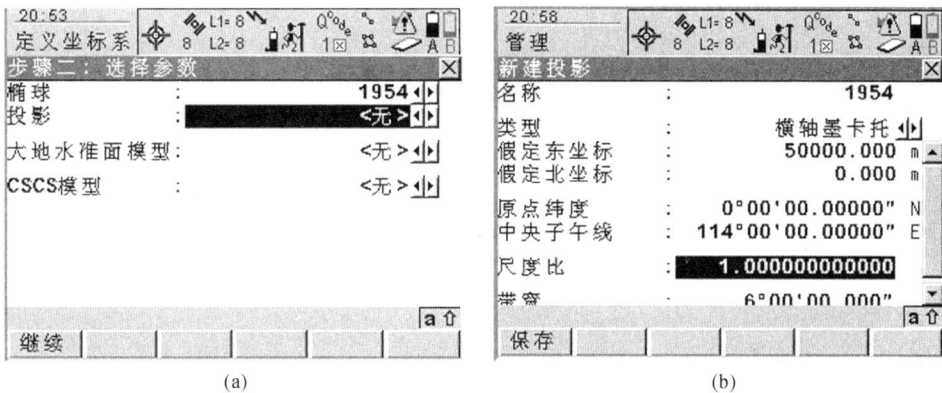

(a)

(b)

图 15-43　新建投影

在"投影"处按回车键,如图 15-43(b)所示,在"名称"处输入投影名称,在"类型"处选择如图 15-43(b)所示,"假定东坐标"处输入"500000 米","中央子午线"输入工作所在地的投影带的中央经度,尺度比为"1",带宽有 3 度和 6 度之分,输好后按 F1 键—"保存",再按 F1 键—"继续"到图 15-44。

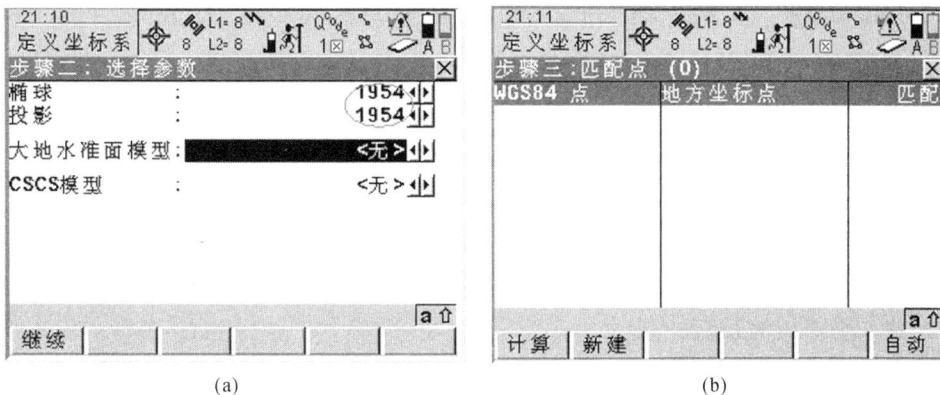

(a)

(b)

图 15-44　匹配点

大地水准面和 CSCS 模型我们国内没有,就选"无",按 F1 键—"继续"到图 15-44(b),按 F2 键—"新建"到图 15-45(a)。

按 F1 键—"继续",重复上一步骤,直到如图 15-45(b)所示。要注意的是,经典三维法必须有不少于 3 个点是已知点才可计算,前面所讲的一步法只要两个点就可以计算。一般地,点越多效果越好,当然已知点的坐标值精度要足够好,且已知点最好是同级别精度的点,下面操作同上面所讲的一步法一样,按 F1 键—"计算",检查结果,保存即可。

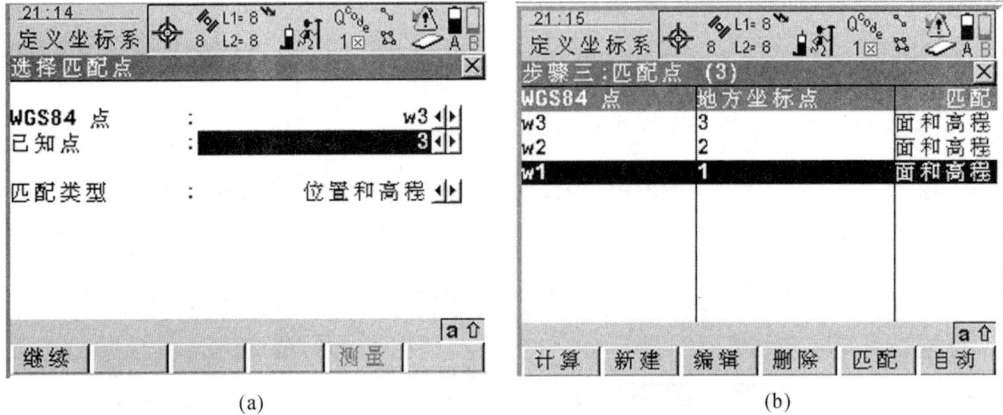

(a)   (b)

图 15-45　选择匹配点

四、RTK 联合全站仪测图实例

(一)测区概况

某单位承担了某测区的测量任务,总面积约为 1.5km^2,成图比例尺为 1∶2000。该测区位于丘陵地带,地形条件复杂,测区内部有两个主要的山体,山上以荒草和灌木为主。两个建筑物密集区(一村庄、一矿山集中区)。综合测区以上情况,通过认真讨论、试验和分析,决定对接收卫星信号较好的山坡和平坦地区采用 RTK 进行碎部测量;其余地区采用全站仪进行碎部测量;全站仪所需图根控制点采用 RTK 进行测定。测图方式为野外数字化测图,使用一套徕卡 1200(1＋3)动态 GPS 接收机、两台徕卡全站仪进行外业采集,应用南方公司 CASS 5.0 地形地籍软件成图,为便于规划设计,地形图不进行分幅,等高距为 1m。

(二)人员配置

在人员分工上,RTK 分为 3 组(每个流动站为一组),每组 3 人,1 人操作 RTK,1 人画草图;另有 1 人留守基准站,负责基准站的安全;每组画草图的人员将野外采集的数据导入计算机,根据野外草图进行数字化成图。全站仪组为 3 人,1 人施仪,1 人跑尺,1 人画草图。人员配置共 7 人,RTK 与全站仪分开时段测图。

(三)已有资料分析

测区附近有 GPS 四等点 3 个,保存完好,精度满足要求。1 个点在测区外,2 个点在测区内,用这 3 个点做 RTK 的点校正。

（四）数据采集

在本次的地形图测绘中利用 RTK 随时为全站仪测图测量图根点。按照《城市测量规范》中地形测量的要求进行地形图的碎部测量。测量方法是全站仪与 RTK 联合进行地形要素的自动采集和存储，并通成图。对于开阔的地段(主要是田野、公路、河流、沟、渠、塘等)直接采用 RTK 进行全数字野外数据采集。实地绘制地形草图，对于树木较多或房屋密集的村庄等采用 RTK 给定图根点位，利用全站仪采集地形地物等特征点，实地绘制草图。回到室内将野外采集的坐标数据通过数据传输线传输到计算机，根据实地绘制的草图，在计算机上利用 CASS 5.0 成图软件进行制图。

1.RTK 作业的具体操作

(1)采用 RTK 技术进行碎部点采集，所采集的数据为当地平面坐标。

(2)应用 RTK 采集碎部点时，遇到一些对卫星信号有遮蔽的地带的，可采用 RTK 给出图根点的点位坐标，然后采用全站仪测碎部点坐标。

2.全站仪作业的具体操作

(1)整平对中，对中偏差不得超过 1mm。

(2)启动全站仪，进入文件管理界面，建立文件名，并选择该文件在文件下存储。

(3)以后视点为检核点进行检核，偏差在限差范围内方可进行点收集，否则查明原因，符合限差要求方可采集数据。

(4)采集碎部点数据信息。

3.全站仪注意事项

(1)一个测站应一个方向观测，切勿盘左盘右不分。

(2)测站仪器如有碰动需重新对中整平检核。

（五）RTK 成果的质量检验

为了检验 RTK 图根点实际精度，RTK 测量结束后，应用徕卡全站仪对部分通视图根点间的相对位置关系进行实测检查。检查工作共布设两条附合导线，导线起算点为已知 GPS 点，共联测检查 20 个图根点。根据导线测量成果与 RTK 结果的较差，可算出图根点相对于相邻点点位中误差和高程中误差，见表 15-1。根据表中的数据可算出图根点点位中误差 m_p ＝±4.3cm，高程中误差 m_h＝±6.3cm，分别小于预设精度±10cm，也小于《城市测量规范》规定值±20cm；完全符合图根控制和碎部点精度要求。

由于 RTK 测设的相邻图根点之间并没有直接联系，因此，其"相邻点"与导线测量中所讲的相邻点意义不同，它仅仅是地理位置的相邻，彼此之间没有误差传递，相邻点之间的点位误差只与卫星信号的质量及卫星的分布质量有关。因此，不能以导线测量的相对误差、角度中误差等指标作为衡量 RTK 相邻点精度的指标。

表 15-1　图根点与导线点精度对比分析表

点号	坐标较差		点位较差	高程较差
	d_x/cm	d_y/cm	d_p/cm	d_H/cm
T1	＋3.1	－2.3	3.9	＋7.1
T2	－0.9	＋3.5	3.6	＋5.0

续 表

点号	坐标较差		点位较差	高程较差
	d_x/cm	d_y/cm	d_p/cm	d_H/cm
T3	+4.3	+4.0	5.9	+8.0
T4	+3.7	+5.1	6.3	+7.8
T5	+1.1	+3.9	4.1	+6.5
T6	+2.7	−2.2	3.5	−4.3
T7	+4.8	−3.7	6.1	−9.7
T8	−1.1	+0.8	1.4	+6.0
T9	+0.7	+1.8	1.9	−0.8
T10	+3.5	+4.7	5.9	+9.3
T11	+5.0	+3.7	6.3	+10.1
T12	−0.9	+1.1	1.4	+4.3
T13	+0.2	+1.8	1.8	−0.2
T14	−0.1	+1.5	1.5	+0.6
T15	+3.4	+2.1	4.0	−3.7
T16	+5.8	+3.1	6.6	+7.0
T17	+1.2	+0.8	1.4	+4.6
T18	+4.7	+3.4	5.8	+6.1
T19	+4.3	−0.9	4.4	−40.7
T20	−0.9	+6.3	6.4	+5.7

知识实训

1. 全球定位系统一般采用哪个坐标系?

2. GPS-RTK 数据采集需要哪些设备?

项目四　数字测图内业

知识链接

一、内业成图

外业测图完成后,我们进入内业成图阶段。数字测图内业是相对于数字测图外业而言的,简单地说,就是将野外采集的碎部点数据在室内传输到计算机上并进行处理和编辑的过程。本项目主要介绍数据传输、数据处理、数字地形图的绘制。

(一)数据传输

所谓全站仪的数据通信,是指全站仪和计算机之间经通信线路而进行的数据交换。这里主要介绍 GTS 330 全站仪的数据传输。

数据传输步骤:

(1)将全站仪用配套的数据线和计算机连接起来,然后首先查看全站仪通信参数。在测量主界面上依次选择:"MEMU"→"存储管理"→"数据通信",如图 15-46 所示。然后返回主界面,选择"MEMU"→"通讯"→"下载",选择要传输的项目,按"ENT"进入图 15-46 所示界面。

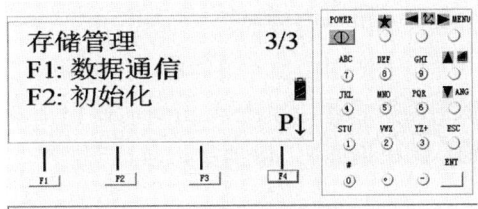

图 15-46　数据传输

(2)全站仪通信参数设置完成后,打开 CASS 软件,执行下拉菜单"数据"→"读取全站仪数据",弹出"全站仪内存数据转换"对话框,进行仪器、通信口、波特率、校验、CASS 坐标文件等的选择和设置,完成后,单击"转换",提示先在计算机上按回车键,然后在全站仪上点回车键,根据提示操作后,即开始数据传输。

(二)数据处理

1.展野外测点点号

数据传输完成后,进行数据处理工作。本项目数据处理工作主要是展野外点和简码识别。在展点之前,应先在 CASS 软件下进行参数设置,以方便接下来的数据处理和数字地形图的绘制。依次选择下拉菜单"文件"→"CASS 参数设置",弹出对话框,如图 15-47 所示。

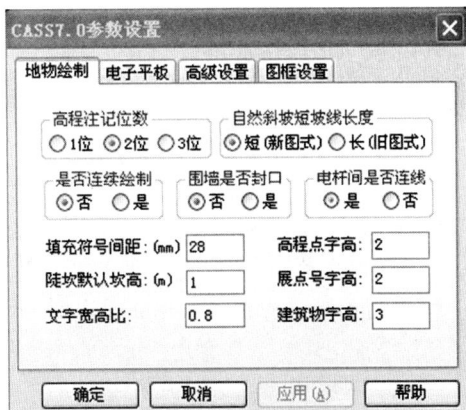

图 15-47　参数设置

设置完成后开始展野外点。

依次单击下拉菜单的"绘图处理"→"展野外测点点号",出现一个对话框,如图 15-48 所示。

图 15-48　展野外测点点号

在"查找范围"中找到要展的测点数据,单击"打开",即可完成展点。

2.简码识别展点

由于测图中独立地物的测绘采用了简码识别的方法,而展野外测点点号无法展用简码识别测得的点,所以还要用到简码识别展点。依次单击下拉菜单的"绘图处理"→"简码识别",弹出如图 15-49 所示的对话框。

图 15-49　简码识别

在"查找范围"中找到要展的测点数据,单击"打开",即可完成展点。

经过展野外测点点号和简码识别,野外测得的点便被展至绘图主界面,如图 15-50 所示。

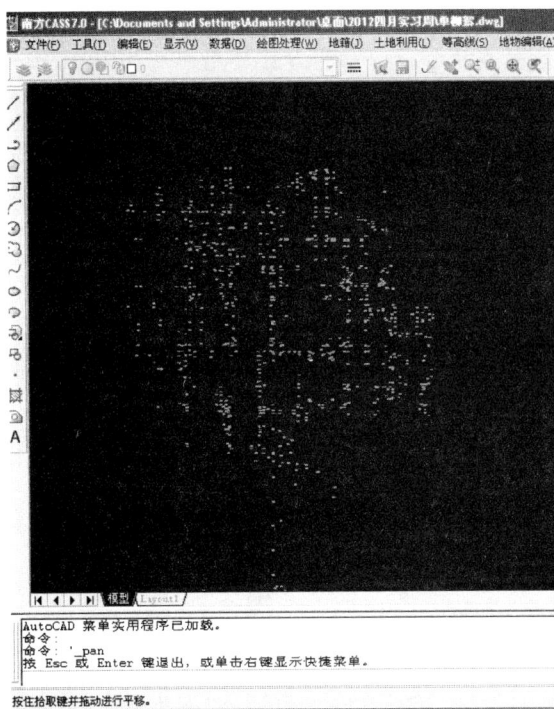

图 15-50 展点完成

之后可以进行下一步的数字地形图的绘制和处理工作。

3. 软件介绍

这里主要介绍南方 CASS 7.0 绘图软件和数字地形图的绘制方法。打开南方 CASS 7.0 软件的操作界面,如图 15-51 所示。

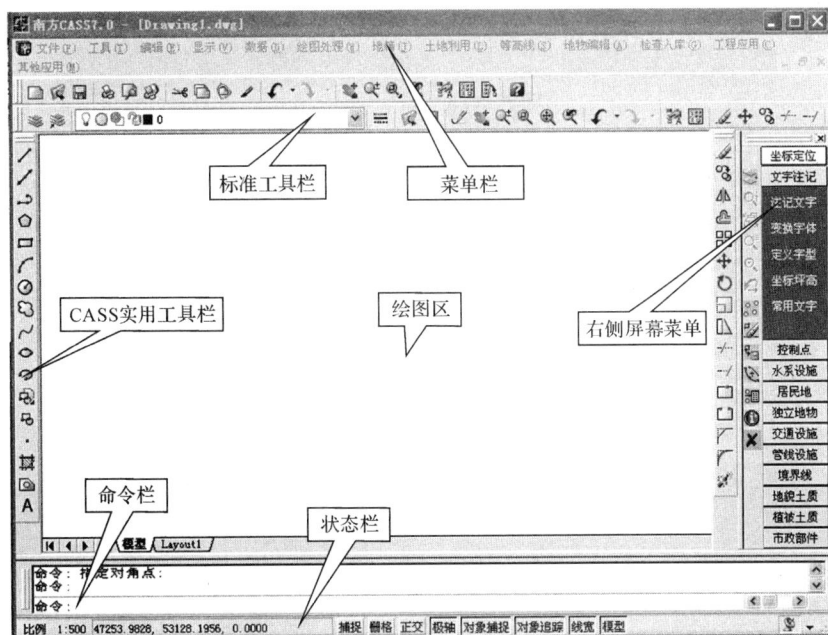

图 15-51 CASS 7.0 软件的操作界面

南方 CASS 7.0 软件的操作界面主要分为三部分:顶部下拉菜单、右侧屏幕菜单和工具条,每个菜单项均以对话框或命令行提示的方式与用户交互应答,操作灵活方便。

顶部下拉菜单中每一个菜单下面又分为多级菜单,这些菜单几乎包括了 CASS 7.0 和 AutoCAD 的所有图形编辑命令。右侧屏幕菜单是一个测绘专用的交互绘图菜单,是数字地形图绘制过程中最常用的菜单栏,在使用该菜单的交互编辑功能绘制地形图时,必须先确定定点方式。

(三)数字地形图的绘制

1.绘图前的准备工作

熟悉了南方 CASS 7.0 软件的基本组成和使用方法,就可以绘制数字地形图了。绘制数字地形图前的准备工作:

(1)熟悉工作草图和绘图软件右侧菜单栏各项菜单的功能,以便作图时提高效率。

(2)打开 CASS 7.0 软件,将外业测得的点展出。

2.绘图的技巧

(1)应按"从整体到局部"的方式绘图,先绘出地形图的边界线和内部的主要道路、街区,再绘制局部的地形地物。

(2)绘图时充分利用快捷键功能,提高作图效率。

(3)当地物不能正常打开时,选择"地物编辑"→"重新生成"重新生成图形。

(4)刚开始画时由于点过于密集绘图出现困难时,可以先挑选简单的画,然后再对照草图画困难的部分。应遵循先易后难的顺序绘图。

(5)展出的点和草图不一致时,应在此处标出,全部画完后到实地察看。

3.主要地物的绘制

(1)房屋。

在右侧屏幕菜单中单击"居民地",选择适当的房屋类型,如图 15-52 所示。

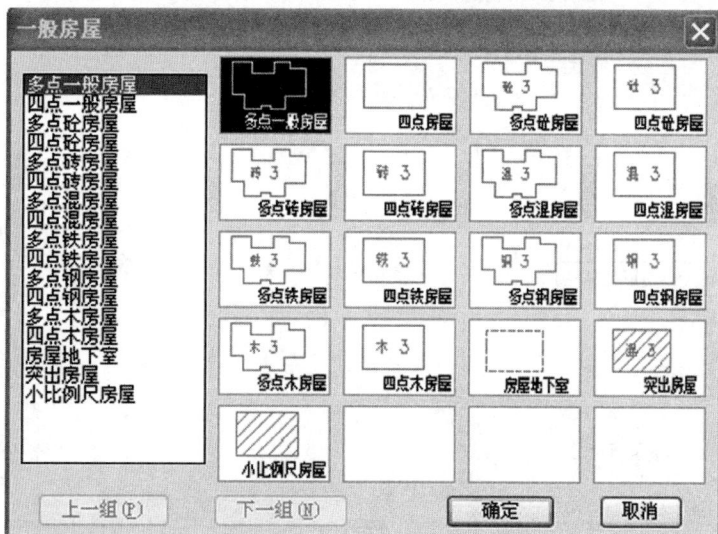

图 15-52　房屋绘制

选中后,在绘图区根据测得的房屋碎部点顺次连取,然后按照下方命令栏的提示加上房屋层数等属性信息。

(2)道路。

在右侧屏幕菜单中单击"交通设施",选择适当的道路类型,如图 15-53 所示。

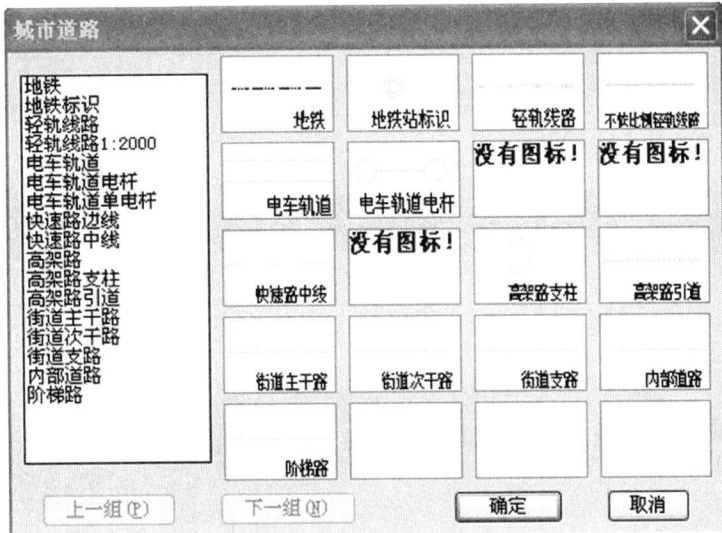

图 15-53　交通设施绘制

作图方法同房屋的作图方法。

(3)河流。

在右侧屏幕菜单中单击"水利设施",选择适当的水利设施类型,如图 15-54 所示。

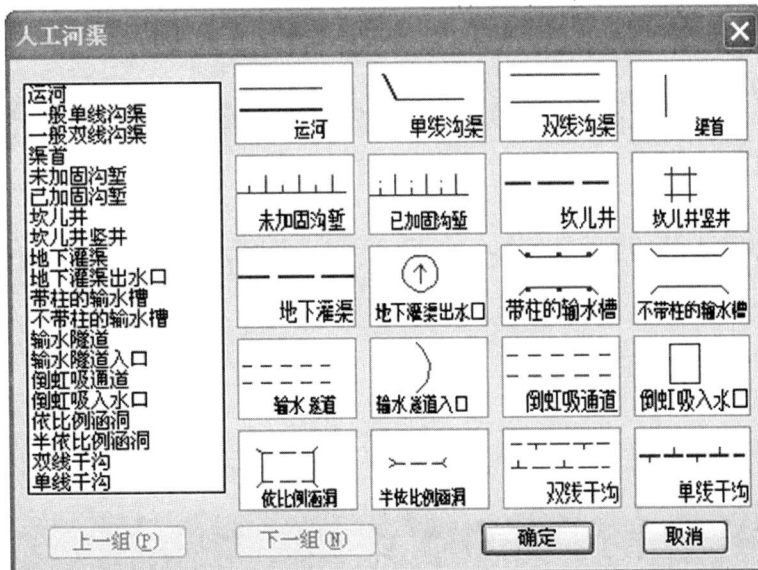

图 15-54　河流绘制

二、数字地形图整饰

(一)图形接边

本次作业将黄河水院新校区分成四部分,每一小组测一部分,故最后各组的成果需要进行图形整合接边。方法是:选择其中一个组的成果为底图,先将其他组的成果在 CASS 中生成交换文件,保存。打开地图,读入交换文件,成果就到一张图上了。不过图上各组分界处图形还没有接边,要进行接边工作。在"地物编辑"菜单项,选择"图形接边",然后根据提示操作(多余的部分需要手工删除)。

(二)图形分幅和加入图框

如测区较小且是一个整体,可不进行分幅处理,而是将数字地形图整体加入图框即可。加入图框的方法是:单击"绘图处理"菜单栏,选择"任意图幅",弹出如下对话框,如图 15-55所示。依次输入图名、图幅尺寸、接图表等即可。

图 15-55　图幅整饰对话框

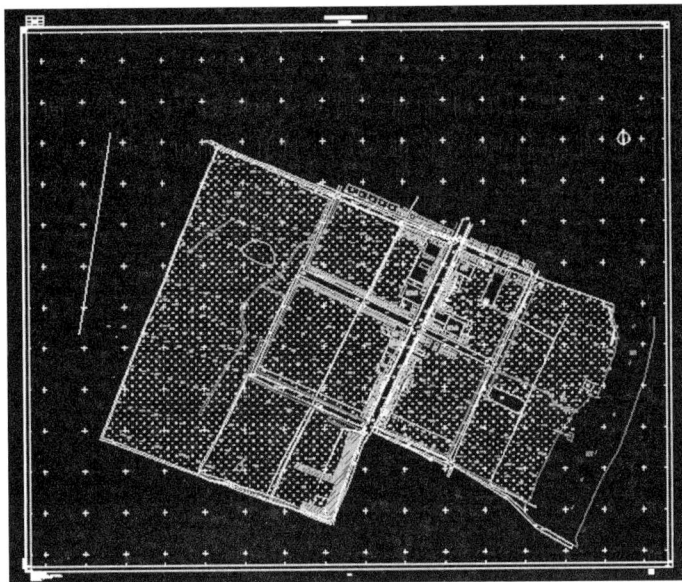

图 15-56 加入图框后的数字地形图

数字地形图绘制工作完成。如图 15-56 所示。

参考文献

[1]胡勇,李莲.建筑工程测量[M].哈尔滨:哈尔滨工业大学出版社,2012.

[2]李向民.建筑工程测量实训[M].北京:机械工业出版社,2011.

[3]王宏俊,董丽君.建筑工程测量[M].2版.南京:东南大学出版社,2014.

[4]本书编委会.建筑工程测量与施工放线一本通[M].北京:中国建材工业出版社,2009.

[5]来丽芳,王云江,柳小燕.工程测量[M].北京:中国建筑工业出版社,2012.

[6]郭邦,楼江明,胡仲洪.建筑工程测量[M].北京:高等教育出版社,2012.

[7]业衍璞.建筑测量[M].北京:高等教育出版社,1994.

[8]张正禄等.简明工程测量学[M].北京:测绘出版社,2005.

[9]潘益民.建筑工程测量[M].北京:北京大学出版社,2012.

[10]章书寿,华锡生.工程测量[M].北京:水利电力出版社,1999.

[11]中华人民共和国建设部.工程测量规范:GB 50026—2007[S].北京:中国计划出版社,2008.

[12]王根虎.土木工程测量[M].郑州:黄河水利出版社,2011.

[13]覃辉.土木工程测量[M].上海:同济大学出版社,2004.

[14]周建郑.建筑工程测量[M].北京:中国建筑工业出版社,2007.

[15]顾孝烈,鲍峰,程效军.测量学[M].上海:同济大学出版社,2006.

[16]张国辉.工程测量实用技术手册[M].北京:中国建筑工业出版社,2009.

[17]国家测绘地理信息局职业技能鉴定指导中心.测绘案例分析[M].北京:测绘出版社,2012.

[18]李强,余培杰,郑现菊.工程测量[M].长春:东北师范大学出版社,2012.

[19]刘绍堂.建筑工程测量[M].郑州:郑州大学出版社,2006.

[20]张博.数字化测图[M].武汉:武汉大学出版社,2012.